Deepen Your Mind

序言

隨著通訊、雲端運算、大數據、網際網路等技術的快速發展，資料中心的建設應運而生，如雨後春筍，蓬勃發展。資料中心從科學研究機構逐步走向各個企業，更多的傳統業務與資訊技術緊密地結合在一起，爆發出極大的能量，推動著人類社會跨越式的發展。

資料中心是電子資訊技術所需的基礎設施，從現有的網際網路、電信網、廣電網等到物聯網，電子資訊的傳輸、運算和儲存都離不開資料中心的支援。綜觀全球電子資訊技術的發展，可以深深地感受到，我們正處於資訊大爆炸的時代，各行各業將依賴於電子資訊的發展而發展，世界在資訊網路的互連下，成為一個地球村，在人們未來的工作和生活中，資訊網路就像水和電一樣，成為不可缺少的元素。人們處理的事情，越來越多地由處在世界各地的資料中心來完成。就像發電廠為電網提供源源不斷的電力支援一樣，資料中心為資訊網路提供源源不斷的資訊支援。

資料中心企業是朝陽企業。從事資料中心規劃、設計、施工和執行維護的工作者，肩負著保障資料中心安全執行的重任。隨著電子資訊技術的發展，資料中心的建設技術也在不斷發展。我們希望此書能為大家提供一次學習和增長知識的機會。

現在，爆炸式增長的資料傳輸量，以及快速的產品創新和反覆運算，讓每個機構和企業都切實感受到全面 IT 轉型的必要性和迫切性。在這場「資料革命」中，Docker 如同一劑資料中心轉型的催化劑，加速了低耗電、低成本高可用性的發展。容器技術也是架設企業 PaaS 平台以及新一代私有雲最核心的技術，目前流行的 Kubernetes 和 Mesos，其底層都是以容器技術為基礎架設的，而且越來越多的組織（企業）正基於 Docker 和 Kubernetes 來改造或新增自己新一代的 PaaS 平台。

目前在建和已建成的各種電子資訊系統機房或資料中心有幾十萬個，資料中心的規模也從幾百平方公尺的單一機房，發展到幾十萬平方公尺的資料中心園區。近年來，隨著新增和改建的資料中心專案逐步竣工，資料中心如何有效應對不斷變化的新需求，已經成為各組織（企業）必須面對的重大現實課題。為推進資料中心新技術的應用，促進資料中心健康發展，作者結合資料中心在全面 IT 轉型的實作經驗，歷時兩年完成本書。

本書內容豐富、接近實作，是雲端運算時代決策者、諮詢者和技術開發者不可多得的一部工具書和普及讀物。它緊接資訊時代的發展潮流，深入淺出、循序漸進地解讀了資料中心的基礎理論與進階技術，對加強各企、事業單位的資訊化水準和核心競爭力具有較強的參考價值。我與作者相識多年，馬獻章高級工程師長期從事資料科學工作，曾主持過「珠峰」可信資料庫的開發和多項資訊系統建設，勤學敬業，思維敏捷，筆耕不輟，論著頗豐。本書就是他多年心血的結晶，我向本書的出版表示祝賀。同時感謝清華大學出版社的編輯獨具慧眼，為我們提供了一部好教材。希望本書能成為讀者們的良師益友。

陳鯨

中國工程院院士

前言

人類活動的空間延伸到哪裡，資料便從哪裡產生。資料是人類活動的重要資源。資料管理技術的優劣會直接影響到資料處理的效率，影響決策的時效。資料中心是支援組織（或網際網路企業）業務的關鍵。近幾年，雲端運算、大數據、人工智慧等技術層出不窮，在這些新技術的背後，資料中心的基礎設施和相關技術也在不斷演進和創新，誰能夠掌握最新的資料中心技術，誰就能在激烈的競爭中佔領主導地位，處於優勢地位。

每一次新的工業革命，都會推動人類社會的極大進步與變革。席捲而來的第四次工業革命不僅將突破人類社會在石化能源應用方面的限制，而且將繼續促進與推動第三次工業革命資訊革命的發展。其中的 IT 應用技術，特別是資料中心應用技術的成熟和發展，實際上才剛剛開始，以虛擬運算和雲端運算為核心概念的新一代資料中心應用技術也才剛剛登上殿堂，追求能效和 IT 資產使用效率的現代營運理念與雲端運算、虛擬化技術相結合將推動資料大集中處理的建設，新一代資料中心的規劃建設已經不再是傳統意義上的規劃建設，而是基於新一代計算技術、容器技術和開發運行維護一體化技術的全新資料中心建設。

2013 年年初，dotCloud 公司將內部專案 Docker 開放原始碼，之後 Docker 很快風靡整個 IT 領域。容器並不是全新的概念，Docker 所採用的關鍵技術也早已存在，但正是 Docker 的創新，使得以容器技術來建置雲端運算平台更加方便、快速。容器技術不僅改變了系統架構的設計方式，還改變了研發過程和系統運行維護的方式，使得人們長久以來所期盼的開發速度更快、系統品質更好、執行維護更容易成為現實。Docker 的出現是雲端運算發展的里程碑，成為雲端應用大規模推廣的基礎。

相比傳統的虛擬化方案，Docker 虛擬化技術具有明顯的優勢：可以讓應用瞬間具有可攜性，可以非常容易地使用容器部署應用，而且啟動 Docker 實例的速度明顯快於傳統虛擬化技術。同時，建立一個 Docker 實例所佔用的資源也要遠遠小於傳統的虛擬機器，相同的電腦硬體，執行容器實例的速度是虛擬機器的 4 ～ 10 倍。這表示在相同的資料中心負載下，使用 Docker 虛擬化技術可以執行更多的應用程式。

本書以第四次工業革命前夜的變革背景為基礎，歸納最新的資料中心設計、應用理論、方法和實作經驗，為資料中心規劃設計提供全新的理論架構、設計邏輯和方法、評估模型與實作，希望能為資料中心建設拋磚引玉。

本書由 3 部分組成：第 1 部分為 Docker 資料中心導論，由第 1 ～ 4 章組成。該部分內容是背景知識，專為 IT 部門主管、企（事）業單位的 CEO、CIO 以及大學生、研究所學生學習現代資料中心而準備，介紹 Docker 資料中心的概念、整體結構、技術架構建設標準與原則；從人員、流程、技術 3 個方面，分為執行管理工作和機構與基本制度、資料資源管理、執行日常管理、基礎設施管理、執行管理的新理念與新技術 5 個部分，介紹如何做好資料中心的執行管理；針對隨著資訊化的深入推進，人們對於資料科學的新理念、新需要，介紹容器技術和微服務技術，並討論這些技術對生產力的提升作用。

第 2 部分為 Docker 資料中心理論基礎，由第 5 ～ 8 章組成。該部分內容包含 Docker 通用主控台知識、較為深入的授信 Docker 映像檔倉庫、Docker 安全，以及規模化使用 Docker，讀者可以由此掌握最先進的知識。這一部分適合大學生、研究所學生和具有一定資料中心理論基礎的讀者學習。

第 3 部分為 Docker 資料中心進階技術，由第 9 ～ 12 章組成。主要內容是企業級資料建模，目的是幫助組織（或企業）更進一步地運作。關聯式資料庫與 NoSQL 資料庫的最佳化、應用設計和重構、可程式化資料中心等知識，能夠幫助組織（或企業）更進一步地應對變化。設定這部分內容主要是考慮大部分學生在未來要實現或重構資料庫及其應用程式，只有很少一部分學生會去建置資料庫管理系統，因此，這部分內容篇幅很大，分量很重，是本書的重點。資料庫重構技術也是資料庫領域專家必備的知識。此外，本書包含大量的案例介紹資料庫的語言和 API，例如嵌入式 SQL、動態 SQL、ODBC、JDBC 和 ADO. NET 介面等，這一部分適合具有一定資料庫理論基礎的讀者學習。

在撰寫過程中，許多友人從最初策劃到架構結構的確定和實際內容的撰寫都傾注了大量心血，並提出了非常寶貴的意見，在此謹表示衷心的感謝。特別是戴浩院士對書稿進行了專業指導，陳鯨院士親自撰寫了序言；孔輝博士、柳虔林博士、侯富博士對本書的內容列出了大量寶貴的回饋意見；馬甯工程師、李金衿工程師、侯富博士、韓政博士對書中實例進行了詳細驗證。他們為本書的撰寫、審定和出版付出了辛勤的工作，貢獻了卓越的智慧，在本書付梓之際，謹表示最誠摯的感謝和崇高的敬意。感謝我的妻子王麗平，在我撰寫這本書的過程中對我一如既往的支援。

在本書撰寫過程中，汲取、參考了國內外一些學者和同行的最新研究成果，在此向他們表示衷心的感謝！正是有了他們的工作成果才使得我能夠站在「巨人肩上」看得更遠，也才能使本書得以問世。

由於資料中心尚處在快速發展之中，許多學術問題有待進一步研究，因此儘管為此做了很大努力，但由於能力、水準和時間有限，仍會有不盡人意之處，懇請讀者批評指正。

編註：本書有提供繁體及簡體原始程式碼，請至本公司深智數位官網資源下載區，搜尋書名後，輸入書號 DM2041 下載。

目錄

第 3 部分
Docker 資料中心進階技術

09　企業級資料建模

10 資料庫效能最佳化

11 資料庫重構

12 可程式化資料中心

A 資料備份與災難恢復

資料中心概述

資料是資訊的基礎,是決策的依據。隨著資料理念、網路與計算技術的發展,資料中心(Data Center)的重要性和基礎性地位日益凸顯,其所蘊含的新技術也隨之快速發展。資料中心是指在一個實體空間內實現對資料資訊的集中處理、儲存、傳輸、交換、管理的實體和邏輯場所,一般含有電腦、伺服器、網路、通訊、儲存等關鍵裝置。資料中心是各級資訊系統的中樞,它既是資訊交換系統的中心節點,又是各級資訊資料的交匯節點。該系統集現代資訊技術、電子技術、通訊技術、機電技術、資料管理技術、行政管理技術於一體。許多機構和單位為進一步加強系統的資料保固能力,在各級系統中都在建設或籌畫建設資料中心。本章主要介紹資料中心的概念與發展歷程、資料中心的建設標準與原則,以及資料中心規劃等內容。

1.1 資料中心的概念與發展歷程

1.1.1 資料中心的概念

資料中心是在大規模服務系統的基礎上發展起來的一種伺服器叢集系統,用於容納電腦、伺服器和網路系統以及組織 IT 需求的元件的實體或虛擬基礎架構。

它透過高速網路互連、分散式檔案系統、雲端儲存等現有技術，將大規模的伺服器透過硬體 / 軟體的方式集合起來，並對外提供標準服務的應用介面，以供組織以及個人使用。

資料中心通常需要大量容錯或備用電源系統、冷卻系統、容錯網路連接和以策略為基礎的安全系統，以執行企業的核心應用程式。

因為資料中心集中管理大規模伺服器，且伺服器的比較值可控，因此，相較於大型伺服器（如 IBM z 系列大型主機），資料中心具備資源整合管理、成本低廉可控、高速內部互連等服務優勢。在此基礎上發展起來的雲端運算，就是一種充分利用資料中心優勢的計算服務。雲端運算透過資料中心虛擬化的資源來提供動態可擴充的資源、軟體或應用服務等。隨著雲端運算的深入發展，越來越多的企業開始架設屬於自己的資料中心，並透過一些特定的介面為企業或個人提供公有雲或私有雲端服務。近年來，越來越多的核心業務被部署到資料中心上，並且以資料中心為基礎的服務程式設計架構也獲得了極為廣泛的應用，如 Hadoop、Spark 等。

資料中心主要應用的特點如下：

- 單執行緒伺服器：優點是無競爭，缺點是伺服器資源使用率低。
- 多執行緒模型：優點是資源使用率高，缺點是競爭引起平行可擴充性問題。
- 多處理程序模型：相較於多執行緒模型的隔離性更好，但是仍然要面對高負載時 I/O 瓶頸的問題。
- 動態負載模型：在執行時期，應用程式的負載狀況和執行特徵，甚至是節點的應用部署情況會發生改變。

這就需要作業系統能充分利用硬體資源並合理排程程式。因此，如何確保和提升資料中心伺服器上作業系統的效能已成為一個不可忽視的問題。

與傳統計算環境相比，目前資料中心在雲端運算場景中，其應用的作業系統要求不僅包含保證應用的效能和安全，而且還包含在多核心處理器上的可擴充性，在多應用部署環境中（或虛擬機器多租戶）的隔離性，以及在虛擬環境下的易遷移性等。除此之外，資料中心還面臨大數據處理的需求，以及多核心處理器、異質計算元件等發展所帶來的新的問題和挑戰。

資料中心作業系統主要有單體核心 Linux、微核心、外核心和多核心 4 種，如圖 1-1 所示。

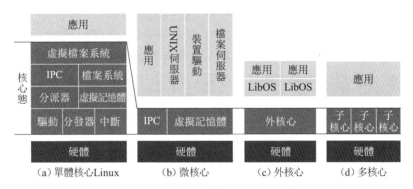

圖 1-1　資料中心作業系統架構示意圖

其中，圖 1-1（b）所示是微核心系統架構，它是以減小核心堆疊為基礎的設計原則建置的，透過減少核心程式堆疊，來提升核心的安全性和靈活性。區別於傳統單體核心，微核心將系統核心大幅地削減，將核心服務子系統建置為使用者態的「系統伺服器」在用戶空間實現。理想情況下，微核心只需實現位址空間管理、處理程序間通訊（Inter-Process Communication，IPC）和基本的處理程序排程。應用處理程序呼叫 IPC 介面，透過核心定址找到系統伺服器並獲得服務回應。此外，微核心透過 Capability 機制實現了應用和系統伺服器物件導向的存取控制。相較於單體核心，微核心帶來了顯著的技術優勢：①由於不同系統伺服器和應用執行在不同 CPU 核心上，應用或系統伺服器執行時期都不被其他處理程序先佔，不存在單體核心造成的上下文切換負擔；②微核心可以線上取代指定的伺服器程式而不需要重新啟動或重新編譯核心；③微核心相較於單體核心其程式量更小，服務驅動程式基本實現於使用者態，因此其可信計算基（Trusted Computing Base，TCB）更小，且使用者態系統伺服器的當機不會造成整個系統當機。

圖 1-1（c）所示是外核心（Exokernel）系統架構。外核心是 1994 年由 MIT 設計實現的一種類似微核心的作業系統架構。Exokernel 的基本設計原則是「機制與策略分離」，即核心提供通用的服務機制，而不同應用針對機制在使用者態實現實際的服務策略。外核心的設計初衷是為了針對不同應用類型，提供訂製的系統服務策略最佳化，減少核心對應用效能的影響。在如圖 1-1（c）所示

的外核心架構中，核心透過將實體資源安全地曝露給使用者態函數庫 LibOS，由使用者空間的靜態程式庫實現各種系統服務策略。應用透過呼叫 LibOS 中的服務函數來取得系統服務，因此外核心中的程序呼叫取代了單體核心中的系統呼叫。因為每個應用獨佔自己的 LibOS 函數庫，因此每個 LibOS 對於相同服務子系統的服務策略（如記憶體管理、處理程序排程、I/O 策略等）可以有不同的實現，進一步提供靈活的訂製優化。外核心架構中最重要的一項技術就是在核心中提供實體資源的「安全綁定」（Secure Binding），即為不可信的應用分配可平行爭用的實體資源。安全綁定技術提供了一組簡單的基本操作操作來實現快速的保護驗證，並且只在資源被初始分配到不同應用時進行驗證，進一步「解耦」資源的管理和資源的保護。一般的外核心實現採用硬體驗證、軟體快取和核心機制這三種安全綁定驗證方式。其中，硬體驗證可以利用實體硬體特性（例如頁框屬性等）在底層完成安全驗證和資源劃分，而不需要上層軟體的配合，執行效率最高。

圖 1-1（d）所示是多核心（Multikernel）系統架構。近年來，隨著多核心 CPU、多核心 CPU 以及異質硬體的出現，資料中心 OS 在多核心架構下的可擴充性問題，以及異質硬體的管理都成了研究熱點。集中資源管理的單體核心對於實體資源和核心資料結構透過鎖實現的資源狀態共用，成了可擴充性問題的主要原因。大量研究開始偏好將 OS 核心解耦合或時空劃分來降低資源爭用，多核心系統架構是其中代表性的解決方案。Barrelfish 是由 ETH 與 Microsoft 公司聯合研發的一種多核心、單一系統映像檔的作業系統。其設計理念來自分散式系統，並以支援多核心、異質硬體為設計目標。Barrelfish 可以看作是共用部分系統服務的多 OS 分散式系統，其核心間通訊採用訊息傳遞機制，複製而非共用核心狀態。Barrelfish 所針對的異質不僅包含異質的處理器，還包含 FPGA、可程式化晶片等類型的異質硬體資源。Barrelfish 在每個 CPU 核心上部署一個單獨的微核心，微核心底層提供 CPU Driver 來處理異質 CPU 的硬體差異。借助這種多核心架構，OS 的多個異質 CPU 可以提供統一的向上介面，進一步將異質硬體向應用透明，在核心層進行資源排程。Popcorn Linux 和 Barrelfish 類似，是針對多核心異質硬體的多核心作業系統，但與 Barrelfish 不同的是，其每個核心不是一個重新建置的微核心，而是透過修改 Linux 核心啟動模組，在一個伺服器節點上啟動多個 Linux 核心。HeliOS 是 Microsoft 研發的針對異

質平台的作業系統架構，目的是在異質硬體上提供統一的向上抽象，高效利用底層硬體，相容不同架構的 CPU 或可程式化硬體，並提供機制將程式排程到合適的硬體上執行。Tessellation 是針對 CPU 的多核心趨勢設計的一種新的作業系統結構，在採擷多核心平行性的同時，滿足資料中心應用的多樣化需求（如即時、高流量等）。FOS（Factored Operating System）主要針對多核心架構下的高可擴充性，設計的一種三層架構的系統，該架構與微核心架構相似，將作業系統的各個功能分解為多個系統服務，並引用了訊息傳遞機制將服務提供給上層應用程式使用。

1.1.2　資料中心整體結構

資料中心的整體結構由基礎設施層、資訊資源層、應用支撐層、應用層和支撐系統5 大部分組成，如圖 1-2 所示。資料中心從頂層上規劃總體技術架構、設計技術路線和方法，確保網路、資料資源、應用系統、安全系統等各要素組成一個有機的整體，實現資料資源管理的多層次和資訊的即時監測、整理與分析。

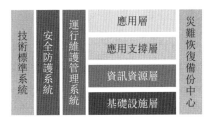

圖 1-2　資料中心的整體結構示意圖

1. 基礎設施層

基礎設施層是指支援整個系統的底層支撐，包含機房、主機、儲存媒體、網路通訊環境、其他硬體和系統軟體。

2. 資訊資源層

資訊資源層包含資料中心的各種資料、資料庫、資料倉儲，負責整個資料中心資料資訊的儲存和規劃，涵蓋了資訊資源層的規劃和資料流程的定義，為資料中心提供統一的資料交換平台。

3. 應用支撐層

應用支撐層建置應用層所需要的各種元件，是以元件化設計思想和重用為基礎的要求提出並設計的，也包含採購的協力廠商元件。

4. 應用層

應用層是指以資料中心訂製開發為基礎的應用系統,服務於擔負不同工作需求(包含共性需求和修改化需求)的部門單位。

5. 支撐系統

支撐系統包含標準系統、運行維護管理系統、安全保證系統和災難恢復備份系統。

1.1.3 資料中心技術架構

資料中心技術架構採用針對服務的設計思想,對建立的業務應用系統進行水平和垂直整合,整體技術架構如圖 1-3 所示。

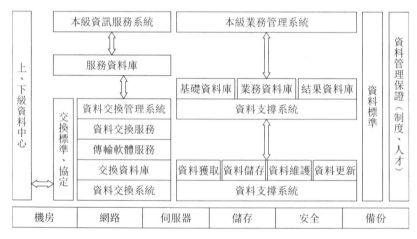

圖 1-3　資料中心的技術架構示意圖

在業務基礎平台中,以針對服務的思想建立統一的業務模型,利用系統服務、系統元件和業務元件架設業務應用系統。各業務應用系統內部和業務應用系統之間在平台元件架構的支援下,透過統一介面標準,利用服務互動和訊息傳遞等功能元件,實現業務應用系統的水平整合。

在資料交換系統建設中,利用針對服務的標準,透過交易驅動、資料驅動、訊息驅動等方式對服務進行整合。在統一的資料傳輸協定、資料內容標準等的支援下,利用服務互動、訊息處理、安全性等功能元件提供資料交換服務,實現資料中心級間垂直業務應用系統的多層次、資訊的傳輸和資料交換，並實現與企業（機構）相關部門之間的資料交換與共用。

1.1.4 資料中心發展歷程

資料中心起源於早期電腦裝置的巨大電腦機房。早期電腦系統體積非常大，本身就需要佔用很大的空間，同時執行和維護也都很複雜，必須在一個特殊的環境中執行，因此需要許多電纜連線所有的元件，如標準機架安裝裝置、高架地板和電纜盤（安裝在屋頂或架空在地板下）。此外，電腦也需要大量的電力，會產生大量的熱量，透過專用的電腦房和冷卻系統可以對散熱效果進行較好的控制。安全也很重要，當時電腦是很昂貴的裝置，主要用於軍事目的或重要的經濟研究領域，因此，對電腦的存取受到了嚴格的控制。這就是資料中心雛形時的狀況。

從電腦誕生到目前網路滲透到各個領域的發展過程來看，人類社會的計算方式經歷了從集中主機到分散運算再到資料大集中的過程，這個過程看似往復，其實是個螺旋式上升的過程。

第一階段：1945-1971 年，電腦元件的組成主要以電子管、電晶體為主，體積大、耗電高，主要運用於國防、科學研究等軍事或準軍事機構。同時，也誕生了與之搭配的第一代的資料中心機房。UPS、精密機房和專業空調就是在這個階段誕生的。

第二階段：1971-1995 年，隨著大規模和超大型積體電路的迅速發展，電腦一方面針對巨型機方向發展，另一方面朝著小型主機和微型機方向快速演進。在這個階段，計算的形態整體來說是以分散為主，分散與集中並存，因此，資料中心的形態也就必然是各種小型、中型、大型主機房並存的局勢，特別是中、小型主機房獲得了爆炸式的發展。

第三階段：1995-2009 年，網際網路的興起被視為 IT 企業自發明電腦之後的第二個里程碑。在這個階段，運算資源再次集中，典型的特點有兩個：一是分散的個體計算資源本身的運算能力急速發展；二是個體運算資源被網際網路整合，而這種整合現在也成了一個關鍵環節，並不斷演進。

第四階段：2010 年以來，資料中心建設的理念在發展中更加趨於成熟和理性，不斷地超越原來「機房」的範圍，電腦機房在這個階段呈現出一種更為獨立的新形態 -- 資料中心。資料中心按規模劃分為部門級資料中心、企業級資料中心、網際網路資料中心以及雲端運算資料中心等。

與上述發展相對應，資料中心的業務經營發展可以粗略劃分為三個階段，每一階段服務形態有所不同，但都表現出基礎設施的特性。

第一階段，是資料中心的外包業務時期。在這一階段，資料中心剛剛誕生，業務範圍比較狹窄，不能做分散式運算，提供的服務大部分屬於場地、電源、頻寬等資源的出租服務和維護服務等，服務針對的客戶群眾主要是一些大型的企業和特殊企業。這一階段一直持續到 2007 年。在 2007 -2008 年，資料中心市場發生了劇烈的變化，資料中心的服務商數量驟減，從一千多家減少到三百多家。大量的中小型企業為了生存下去，自發地進行整合，合併為大型企業繼續經營發展。也有少數幾家資料中心的服務商經歷過市場動盪的考驗之後，開始將眼光放長遠，積極準備海外上市。從此，各個資料中心企業開始擺脫服務上的同質性，積極打造本身獨特的品牌，為不同的企業提供不同類型的服務，資料中心市場的劃分越來越精細，資料中心的發展進入了第二階段。這個階段，被廣泛稱為主機託管（Hosting Service）時期。

第二階段，資料中心的業務範圍獲得了擴充，除了基礎資源的出租服務和維護服務外，還產生了一些加值業務，資料中心的服務模式也變成了「基礎資源出租業務＋加值業務」的服務模式。在這一時期，由於使用者對各種網際網路裝置的安裝、維護要求大幅加強，加值業務所佔據的收入比例也大幅增加。加值業務的種類包含網站託管、伺服器託管、應用託管、網路加速、網路安全方案、負載平衡、虛擬私人網路等。這個階段，網際網路資料中心（IDC）被廣泛認可。

第三階段，資料中心的概念被擴充，功能更加多樣化。這一階段的資料中心以虛擬化、綜合化、大型化為主要特徵。雲端運算服務的產生，導致資料中心儲存處理資料的能力大幅增強，運算能力更加突出，裝置維護管理更加全面。受到雲端運算服務模式的影響，資料中心的服務理念也隨之發生變化，採用高性能的基礎架構，按照客戶的需求來提供基礎業務和加值業務，加強資料資源的使用效率。這種服務模式對資料中心的網路拓樸模式、營運管理和產品開發能力都提出了更高的要求。

目前，資料中心正處於從第二階段向第三階段的轉型期，傳統電信企業和資料中心企業基於資料中心進行升級，如 AT&T、NTT 等，一方面滿足本身業務發展的需要，另一方面也為協力廠商和最後使用者提供 IaaS、PaaS、SaaS 等新型雲端產品服務（圖 1-4 所示為一個大型資料中心機房）。Docker 發佈的 Docker 資料中心（DDC）為大型和小型企業建立、管理和分發容器提供了一個整合管理主控台。DDC 包含 Docker Universal Control Plane、Docker Trusted Registry 等商業元件，以及 Docker Engine 開放原始碼元件。這個產品讓企業在一個中心管理介面中就可以管理整個 Docker 化程式的生命週期，同時也帶來了敏捷性。目前，多國政府已經將網路資料與資訊資源看成影響國家科技創新和產業發展的戰略性資源和核心競爭力，支援巨量資料儲存和處理的資料中心以及相關技術被提升到國家戰略層面進行部署。

圖 1-4　大型資料中心機房

根據世界資料中心調查統計顯示，從 2010 年起，全球資料中心的市場規模一年比一年龐大，已經從 2010 年的 20 億美金擴展到 2017 年的 54.6 億美金，平均每年增長幅度達到了 14.7%。各種資料中心的規模、設定、投資與業務有很大的差異，一些大型資料中心面積達幾千平方公尺，投資上億元；一些小型的資料中心面積通常只有幾百平方公尺甚至僅數十平方公尺，投資多在百萬元左右。然而，不管這些資料中心的規模、設定、投資與業務如何，資料中心的所有業務操作都是圍繞著資料進行的，資料中心的資料永遠處於三種狀態，即計算、傳輸及儲存。資料在應用系統中被建立、增加、修改、刪除、查詢時，處於「計算」狀態；資料在網路上傳送時，處於「傳輸」狀態；資料在儲存裝置中時，處於「儲存」狀態。

資料中心儲存著一個組織的重要資料，這些資料是組織數位化營運的結晶，是核心資產。資料的使用率越高，表明該資料越有價值；資料交換越頻繁，表明組織的營運越高效。可以說，資料是現代化組織數位化營運的核心，資料中心建設只有以「資料服務」為核心，才能更進一步地為組織的營運服務。

在充分了解資料中心本質的基礎上，資料中心的結構設計必然會跳出重硬體、輕軟體，重環境、輕資料的傳統思維，表現出以「資料服務」為核心的架構。早期的資料中心，主要靠規模制勝，透過不斷增加資料中心裡伺服器的數量，來提升資料處理的效能，透過將更多的伺服器加入到一個計算叢集中，並同時工作來提升資料處理效率。曾經有相當長一段時間，各家資料中心比拼的都是誰的規模更大，以便吸引到更多的客戶使用資料中心的業務。這種狀況持續一段時間後，出現了新的問題，即增加伺服器的數量與處理資料的效率並不成正比，相反，當伺服器增加到某種程度後，伺服器之間互動的中間資料逐漸增多，大幅增加了計算的複雜性，同時也帶來了運行維護管理上的困難，尤其當出現故障時，分析和排除起來變得極為困難。此後，資料中心規劃者就不再刻意去強調規模，而是強調資料中心要與自己業務相比對，要靠優質取勝，而不是靠規模取勝。

傳統上，資料中心一直是靠硬體裝置打天下的市場，直到「軟體定義」概念的出現。「軟體定義」包含以下內容：「軟體定義網路（SDN）」、「軟體定義資料中心（SDDC）」、「軟體定義儲存（SDS）」、「軟體定義基礎架構（SDI）」，Gartner 2014 年度十大戰略技術報告中將「軟體定義一切」列入其中。軟體定義的本質是將資料中心推向虛擬化的世界，不是簡單地將硬體轉變為軟體，而是透過軟體技術來充分發揮硬體資源的能力。軟體定義資料中心，其資料中心的一切都成了虛擬資源，可以隨選分配，自動轉換。這些資源與硬體裝置早已鬆散耦合，沒有傳統的一對一關聯性，虛擬資源可以是來自資料中心任意一個角落的資源，如此縹渺但卻是真實地存在著。資料中心只要管好這些虛擬資源，然後按照業務要求去分配資源即可，相當大地減少了運行維護成本。一個大的資料中心，甚至在全球擁有數十個基地的大型資料中心，做運行維護的管理人員也許只要十幾個，人力成本獲得降低。同時，業務的部署變得輕鬆且簡單，只要點點滑鼠就可以完成；裝置的版本不用人工升級，由控制器定期發送最新的版本，在選定指定時間，將裝置上的業務切換到其他裝置上，再自動完成裝置的版本升級，一切都變得簡單易行。當然，雲端資料中心就符合這樣的實現，只不過現在的雲端資料中心只能部分地實現，還沒有完全達到「軟體定義」的理想目標。

據 IDC 統計，整個網際網路活動每分鐘都會創造出超過 1820 TB 的新資料，這些新的資料資訊都需要被儲存、處理，並在世界各地的資料中心之間進行共用。如果沒有資料中心，也就根本不會有雲端服務了。

在過去的 10 年裡，網際網路的規模已經增長了 100 倍。為了適應這一增長，人們不得不大幅增加資料中心的運算能力，使得其運算能力增長了 1000 倍。而為了在未來 10 年內繼續滿足網際網路進一步發展的需求，人們還將需要在資料中心增加同樣容量的計算能力。目前，沒有人真正知道我們要如何才能真正實現對未來資料處理需求的充分滿足。

如今，電信業者們都從大局考慮，期望透過大型資料中心來滿足客戶所需要的資料計算和處理能力。大型資料中心將更多地使用軟體定義的基礎設施，並充分利用開放式軟體和硬體架構的優勢。

1.1.5 資料中心的發展

為了打造未來的資料中心，需要顯著簡化網路。幸運的是，整個資料中心企業已經在向更簡單、更高效的網路架構傳輸了。人們需要在網路的關鍵領域部署創新的、顛覆性的技術。

1. 資料中心目前面臨的變革

1）微服務和容器所引發的資料中心變革
軟體定義基礎架構、微服務和容器是目前 IT 領域最熱門的話題，這些技術對資料中心的建置和執行方式產生了顛覆性影響，並且能夠提升系統性能、彈性以及便利性。資料中心正在從傳統的死板架構轉變為更加靈活和快速回應的全新架構，甚至成為快速資源設定的發起者。以 Docker 資料中心為代表的新類型資料中心能夠作為敏捷性問題的解決方案，容器中的微服務可以在幾微秒內完成啟動過程，由此引發的資料中心變革是促進 IT 環境更加易用，並且由租戶執行，而非由 IT 部門精心設定，在資源使用上將更加高效、靈活和易用。

2）運行維護導向的資料中心時代

資料中心是個相對廣義的概念，負責資料中心運行維護的人員主要由每天與 "0" 和 "1" 進行處理的 IT 團隊以及每天與「風、火、水、電」進行處理的基礎設施部門組成。這兩個部門的人具有極不相同的工作背景和風格，但他們都不約而同地在 2016 年第一次選擇了 7 月 24 日作為自己的節日，即「運行維護日」。選擇「7 月 24 日」，是因為他們的生活時脈就是 7X24 小時不間斷執行的，這既是生活寫照，又是工作追求的目標。「運行維護日」的出現，反映了運行維護人員自我意識的提升，這也是資料中心進入運行維護思維導向時代的鐘聲。

資料中心的使命是透過優良的運行維護來支援業務系統的穩定執行。所以，運行維護是資料中心的最後狀態。規劃、設計、建設都應該以終為始，充分考慮到運行維護的方便性。因此，由「資料中心設施討論區理事會」推出的 OM Ready 計畫，將催生資料中心運行維護的裝置及其操作流程（SOP）、維護流程（MOP）及應急回應流程（EOP），這些流程可以大幅減少運行維護團隊在日常操作中犯錯誤的機會，確保資料中心對業務的持續支援能力。

2. 資料中心的發展趨勢

1）高速乙太網路

隨著資訊技術的發展，10Gb/s 乙太網路已經基本發展成熟，並且已經廣泛應用到資料中心當中。10Gb/s 乙太網路的發展和應用，為 40Gb/s 乙太網路和 100Gb/s 乙太網路打下了良好的基礎，乙太網路正在向著高速化的趨勢發展。目前，10Gb/s 乙太網路的效能尚能滿足伺服器虛擬化、雲端運算、光纖整合的要求，但是，隨著社會的發展，網路資料的傳輸速率要求也會越來越高，乙太網路的傳輸速率也必將隨之增加。

根據科學研究人員的調查統計結果，全球網路伺服器的資料輸出量每兩年就會增加一倍，而通訊企業的通訊量每一年半就會增加一倍。這種形式迫使乙太網路的傳輸速率必須儘快加強，而這正是困擾著全球各家資料中心企業的主要問題。

2）綠色資料中心

由於資訊時代的資料量出現了爆炸性的增長，資料中心的規模也隨之擴大，進一步引發了一系列的後果，例如伺服器數量大幅增加，伺服器的執行負擔加重，消耗的電力能源增加，對供電企業的要求更苛刻等。據中國大陸用電管理部門調查統計，在過去的 10 年中，提供給資料中心伺服器的電量增長了 10 倍，資料中心的營運成本有一半都是由能源消耗帶來的。

所以，新時代的資料中心必須向著綠色、節能、環保的方向發展，努力降低資料中心的能源消耗水準。只有能源消耗水準下降了，資料中心的營運成本降低了，才能具備更強的競爭力，佔據更大的市佔率，實現社會效益與經濟效益的全面增長。

3）虛擬化

虛擬化是建立在雲端運算技術應用基礎之上的。在傳統的資料中心中，資料的蒐集、整合、處理和展示等工作是由伺服器來進行的，而虛擬化就是讓這一過程脫離空間位置的束縛，從實際的伺服器傳輸到虛擬的系統環境中。換言之，資料中心的虛擬化，就是要將底層的運算資源、儲存資源和網路資源抽調出來，方便上層進行呼叫。虛擬化的發展趨勢主要是為了改善目前電信業、網際網路企業和資訊企業中伺服器規模越來越大，數量越來越多，硬體成本越來越高，管理工作越來越煩瑣的現象。透過資料中心的虛擬化，伺服器的數量將大幅減少，硬體的成本大幅減低，管理工作的難度也會變小，有利於企業增加資金周轉的效率，節省工作人員的精力。

事物都有兩面性，在具有這些優點的同時，虛擬化的發展趨勢也會對資料中心的性能造成一定的負面影響，例如存取虛擬化軟體延遲會變長，儲存和連線的速度也會變慢，對使用者體驗會造成一定的負面影響。這些負面影響有多大，該如何消除這些影響，則是資料中心企業在發展過程中必須考慮的問題。

4）資訊安全

資料量的爆炸性增長和資料中心的規模擴大，既加強了資料中心在網路中佔據的地位，也凸顯了資訊安全的問題。在未來的資訊時代，資料中心面臨著一系列的網路安全威脅，除了傳統的網際網路安全風險，例如電腦病毒、網路攻擊、木馬程式，還有一些雲端運算技術應用所帶來的風險，例如 IaaS 服務系統的延遲、PaaS 服務系統存在的漏洞等。資料中心的資訊安全維護是一項系統性的工程，需要從實體區域的劃分、網路隔離與資訊過濾、服務監測、裝置強化、使用者身份的認證和審核多個角度入手。

1.2 Docker 資料中心介紹

Docker 資料中心（Docker Datacenter，DDC）是 Docker 發佈的企業級容器管理和服務部署的整體解決方案平台，也是開發人員和 IT 運行維護團隊的點對點整合平台，可用於任何規模的敏捷應用程式開發和管理。Docker 資料中心建立在 Docker Engine 的基礎上，能夠提供整合的編排、管理和安全性保證，可以跨叢集管理存取、映像檔、應用程式和網路等資源。

Docker 公司把 Docker 資料中心稱為容器，即服務（Container-as-a-Service，CaaS）平台，如圖 1-5 所示。透過該平台預先編譯的雲端範本，開發者和 IT 運行維護人員可以無縫地把容器化的應用遷移到亞馬遜 EC2 或微軟的 Azure 等環境中，無須修改任何程式。Docker 資料中心在 Docker 官網的地址為 https://www.docker.com/products/docker-datacenter。

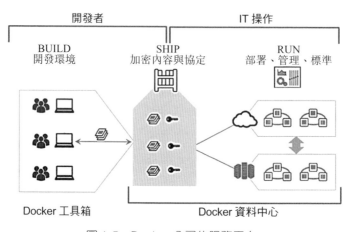

圖 1-5　Docker 公司的服務平台

1.2.1 Docker 資料中心概述

Docker 資料中心的組成如圖 1-6 所示。其中 Docker 統一控制面板（Docker Universal Control Plane，UCP）是一套圖形化的管理介面，一種企業級的叢集管理方案,幫助客戶透過單一管理面板管理整個叢集;安全 Docker 映像檔倉庫(Docker Trusted Registry,DTR)是一種映像檔儲存管理方案,幫助客戶安全儲存和管理 Docker 映像檔;Docker Engine 是提供技術支援的嵌入式 Docker 引擎。

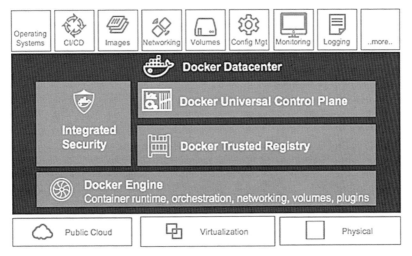

圖 1-6　Docker 資料中心的組成

Docker 資料中心主要針對企業使用者在企業內部部署。使用者註冊自己的 Docker 映像檔至安全 Docker 映像檔倉庫,Docker 統一主控台管理整個 Docker 叢集,並且這兩個元件都提供了 Web 介面。與 Docker 資料中心相對應,Docker 公司為個人使用者提供了一個 Docker Cloud 的線上產品,其功能與 Docker 資料中心類似,個人無須架設雲端環境即可使用資料中心的功能。

使用 Docker 資料中心需要購買,不過 Docker 公司提供為期一個月的免費試用,可以在 Docker 官網註冊後直接下載。

Docker 資料中心的部署架構如圖 1-7 所示。其中,Controller 主要執行 Docker 統一主控台元件,安全 Docker 映像檔倉庫執行其元件,Worker 主要執行客戶自己的 Docker 服務。整個 Docker 資料中心環境都部署在 VPC 網路下,所有的 ECS 加入同一個安全群組。每個元件都提供了一個負載平衡,供外網存取,而運行維護操作則透過跳板機實現。為了提升可用性,整個 Docker 資料中心環境都是高可用部署,也就是説 Controller 至少需要兩台,而安全 Docker

映像檔的倉庫也至少需要兩台。

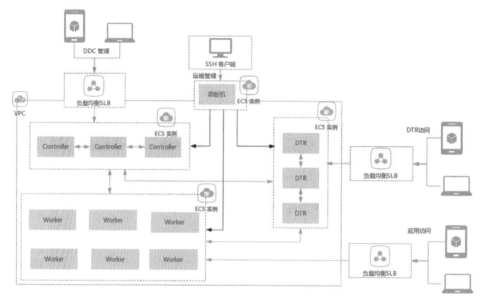

圖 1-7　Docker 資料中心部署架構示意圖

1.2.2 Docker 資料中心的功能

最新版本的 Docker 資料中心包含許多新功能和對原有功能的改進，主要集中在以下領域：

- 企業編排和操作多容器應用程式變得簡單、安全和可擴充；
- 整合的點對點安全性，涵蓋與應用程式管線互動的所有元件和人員；
- 使用者體驗和效能的改進可確保即使是最複雜的操作也能獲得有效處理。

其實際如下。

1. 具有向後相容性的企業業務流程

Docker 資料中心不僅使用 swarm 模式和服務整合了 Docker Engine 1.12 的內建編排功能，而且還可以使用 docker run 指令為獨立容器提供向後相容性。為了幫助企業應用程式團隊遷移，Docker 資料中心為應用程式提供了連續性支援，包含新 Docker 服務和單一 Docker 容器的環境。這項功能是透過同時啟用 swarm 模式並在同一個節點叢集中執行熱容器來實現目的,對使用者完全透明;swarm 和 Docker Engine 1.12 可視為 Docker 資料中心的一部分來處理,管理員無須額外設定即可使用。使用 Docker Engine 1.10 和 1.11 上的 Docker Compos(版本 2)檔案建置的應用程式,在部署到執行 Docker 資料中心的 1.12 叢集時仍然可以繼續執行。

2. Docker 服務、負載平衡和服務發現

每個 Docker 服務都可以透過宣告一個理想的啟動來進行輕鬆擴充,以便增加其他實例。這樣可以在群組上建立複製的、分散式的負載平衡過程,其中包含虛擬 IP(VIP)和使用 IPVS 的內部負載平衡。這一切都可以透過 Docker 資料中心以及 CLI 和新更新的 GUI 來解決。這些 GUI 檢查建立和管理服務過程,特別是在人員更替頻繁的單位,即使是新手也可以輕鬆應對。當然,還可以選擇使用名為 HTTP Routing Mesh 的實驗性功能增加以 HTTP 主機名稱為基礎的路由,如圖 1-8 所示。

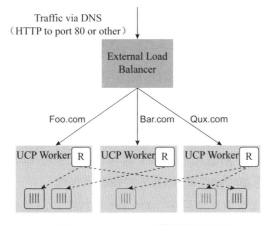

圖 1-8　Docker 負載平衡示意圖

3. 綜合影像簽名和政策執行

Docker 資料中心透過與 Docker Content Trust 的整合來提升內容安全性,既可以實現無縫安裝體驗,也可以基於映像檔簽名在叢集中實施部署策略。要啟用安全的軟體供應鏈,需要直接在平台中建置其安全性,並使其成為任何管理工作的自然組成部分。

4. 清新的使用者介面和新功能

Docker 資料中心借助清新的 GUI 可以為管理和設定螢幕增加更多的有用資源。這個功能對於大規模操作應用程式非常重要，尤其是在數十個甚至數百個快速變化的不同容器自由組成的應用程式環境中，如圖 1-9 所示。

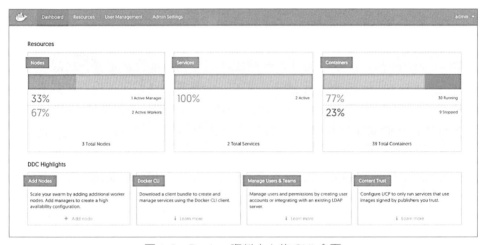

圖 1-9　Docker 資料中心的 GUI 介面

將業務流程整合到 Docker 資料中心，表示可以直接在 GUI 中公開這些新功能。例如：直接從 Docker 資料中心 UI 部署服務，只需輸入服務名稱、映像檔名稱、備份數量和此服務的許可權等參數，即可完成，如圖 1-10 所示。

除了部署服務之外，Web UI 還增加了以下新功能。

- 節點管理：能夠從節點增加、刪除、暫停節點和排空容器，還可以管理分配給每個節點的憑證的標籤和 SAN（主題備用名稱）。
- 標記中繼資料：在映像檔倉庫中，Docker 資料中心為發送到倉庫的每個標記顯示其中繼資料，以便更進一步地了解正在發生的事情以及誰在推動每個映像檔的更改。
- 容器執行狀況檢查：Docker Engine 1.12 中引用的命令列在 Docker 資料中心 UI 中作為容器詳細資訊頁面的一部分予以提供。
- 網路存取控制：可以為網路分配粒度等級的存取控制標籤，就像服務和容器一樣。

- DTR 安裝程式：可以從 UI 內部獲得部署受信任登錄檔的指令，因此可以比以往更輕鬆地儘快完成安裝工作。
- 擴充儲存支援映像檔：Docker 資料中心增加並增強了對映像檔儲存的支援，包含對 Google 雲端儲存、S3 相容物件儲存（例如 IBM Cleversafe）的支援以及 NFS 的增強設定。

圖 1-10　Docker 的 GUI 介面

1.2.3 Docker 資料中心的特點

1. 易於設定及使用

Docker 資料中心能夠完成各種實際性工作，傳統上需要投入大量時間以確保安裝、設定與升級等流程，而得以能夠快速簡便地完成。Docker 統一主控台與安全 Docker 映像檔倉庫本身就屬於 Docker 化應用程式，因此能夠在 Docker 資料中心快速啟動。而一旦投入執行，適用於 UCP 與 DTR 的 Web 管理員 UI 則開始負責後續設定工作，實際包括儲存、憑證以及使用者管理，且一切都可透過幾次點擊輕鬆實現。同一套 UI 還可作用於使用者，確保他們便捷地同應用程式、repo、網路以及存取分捲進行互動，如圖 1-11 所示。

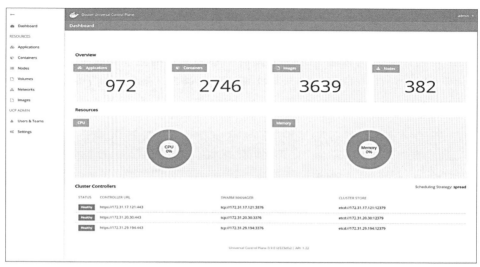

圖 1-11　商業智慧儀表板畫面

2. Docker 原生配備 Engine、Networking 與 Swarm

Docker 資料中心支援 Docker API，並可在平台中直接嵌入多種高人氣 Docker 開放原始碼專案，預設包含 Docker Engine 以及 Swarm 等。這表示應用程式開發人員能夠利用一行簡單的 docker-compose up 指令直接定義 Docker Compose 與 UCP 之間的協作，整個過程不涉及任何重新定義與調整，只需立足開發成果將其敏捷部署至 Swarm 即可。這個特點，不僅能夠實現對整個 Swarm 叢集內的各應用、網路及分卷冊的可視能力與管理能力，而且在本質上還能夠確保應用程式的可移植能力，包含由開發向生產的流程乃至跨越各網路與儲存供應程式（外掛程式）以及任意雲端環境（私有雲與公有雲）。

在圖 1-12 中可以看到 Networks 是 UCP UI 中的第一個類別物件。我們可以直接在 UI 中建立網路，或使用 docker-compose up 指令定義一個檔案並在其中做出網路定義。在此之後，UCP 將建立對應網路並將其顯示在 Networking 介面中。

3. 內建高可用性與安全性

為了確保應用程式管線的順暢推進，Docker 資料中心還內建有針對應用程式環境的高可用性與安全性機制。UCP 能夠利用多台主機上的控制器，輕鬆設定以實現高可用性。一旦其中某台主機發生當機或故障,整體系統將繼續保持 Swarm 叢集同 UCP 設定、帳戶乃至許可權狀態的一致性。TLS 亦會在加入該叢集的同時在各 Docker 主機上實現自動化設定,這樣大家就能夠在無須額外調整的前提下在自己的 Docker 環境內確保安全通訊。需要存取 UCP 中的用戶端時,透過使用者指定用戶端綁定各自所需的憑證與認證金鑰,進而確保對 UCP 上執行的應用程式的正確管理許可權。

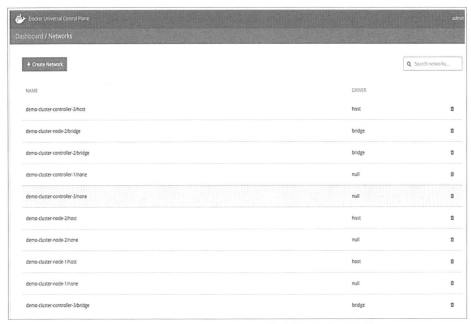

圖 1-12　Networks 是 UCP UI 中的第一個類別物件

4. 從開發到生產全程配合整合化內容安全保護

多層級的安全才是真正的安全。Docker 資料中心將 Docker Content Trust 與 DTR 相結合,提供了一整套貫穿應用程式生命週期的整合化內容安全保證機制。Content Trust 透過數位化金鑰進行映像檔標記,進而對這些映像檔簽名加以驗證。舉例來說,中央 IT 團隊能夠建立基礎映像檔、標記並將它們上傳至安全 Docker 映像檔倉庫當中。Content Trust 與 DTR 相整合,能夠將簽名狀態顯示在 UI 中,供開發人員及 IT 人員查閱。開發者們可以分析這些映像檔,以其為基礎建置應用程式並透過部署實現生產環境測試。當 Content Trust 被啟動，環境中的 Docker Engine 將無法存取或執行那些未被標記的映像檔。

5. 貫穿整個應用程式生命週期的使用者與存取管理機制

要對執行在容器內的負載進行安全保護，首先需要透過指令來控制哪些負載能夠運行在環境之內。更進一步，需要控制有資格對負載進行存取的使用者身份，這代表著一種新的控制層級：誰有資格存取，允許其執行哪些操作，能夠存取哪些實際內容。UCP 與 DTR 都允許透過 GUI 實現使用者及團隊管理，或整合至現有 LDAP/AD 伺服器以繼承已定義的使用者及群組成員。與 DTR 類似，UCP 允許以角色為基礎的方式為團隊分配指向特定容器群組的許可權（例如設定「唯讀」以實現對容器的羅列 / 檢查，而設定「全部控制」以開啟、停止、刪除、檢視容器）。這種細粒度存取控制機制，確保了每個團隊都能夠隨時根據實際需要以適當方式存取應用程式及其資源。

6. 靈活選擇外掛程式、驅動程式與開放 API

每一家企業都擁有不同的系統、工具與流程。Docker 資料中心在設計上充分考慮到了目前執行環境的實際需要，並提供出色的靈活性，以在無須進行應用程式碼重構的前提下對基礎設施內的任意部分做出調整。舉例來說，其網路外掛程式能夠幫助使用者輕鬆利用 Docker 定義各應用容器網路的對接方式，同時選出特定數量的提供程式以發佈底層網路基礎設施。Docker 資料中心亦有多種針對儲存系統的外掛程式選項。儲存驅動程式能夠輕鬆地將 DTR 與儲存基礎設施結合，進一步儲存映像檔及 API，允許從記錄檔記錄及監控系統中提取狀態及記錄檔等資料。以這種模式已建立起了極具生命力為基礎的生態系統，目前有數百家合作夥伴為 Docker 使用者提供各種網路、儲存、監控以及工作流自動化等可行選項。

1.2.4 關於 Docker.Inc

Docker.Inc 是 Docker 開放原始碼平台的後台推手，也是 Docker 生態系統的主要贊助商。

Docker 是一個開放平台，供開發人員和系統管理員建置、發佈和執行分散式應用程式。

借助 Docker，IT 組織可以將應用程式發佈時間從幾個月縮短到幾分鐘，不僅在資料中心和雲之間可以輕鬆移動工作負載，並且可以將運算資源的使用效率加強 20 倍。受活躍社區和透明開放原始碼創新的啟發，Docker 容器的下載量已超過 20 億次，Docker 被全球數千個最具創新性的組織中的數百萬開發人員所使用，包含 eBay、百度、BBC、Goldman Sachs、Groupon、ING、Yelp 和 Spotify。Docker 的迅速普及催生了一個活躍的生態系統，產生了超過 28 萬個 "Dockerized" 應用程式，超過 100 個與 Docker 相關的初創公司以及與 AWS、Cloud Foundry、Google、IBM、Microsoft、OpenStack、Rackspace、Red Hat 和 VMware 的整合合作夥伴關係。

1.3 資料中心的建設標準與規劃

資料中心不僅是一個儲存資料的地方，資料和運算能力的高度集中對現有資料中心提出了新的要求。在實現資料集中和運算能力集中的過程中，要想建立與工作以及現實情況相符合的資料中心，需要我們真正表現以資料為中心的建設思想，從技術上確保資料中心的穩定、安全、經濟執行，既要符合相關政策規定，又必須滿足單位實際要求，精心規劃，精心設計。

1.3.1 資料中心的建設目標

資料中心的建設目標是：建置滿足目前和今後一個時期需求的資料中心，為資訊化建設的各項應用服務提供高性能、高可用性、高擴充性和高安全性的硬體架構、軟體平台及技術支援，滿足各單位間的資料共用要求，確保各單位資料中心間的互連互通。

1.3.2 資料中心的建設工作

（1）建設完整的機房環境，為資料中心構築可靠、高效、好用的網路系統平台，資料庫系統平台和公共服務基礎平台，建置良好的主機（伺服器）系統、儲存系統、安全系統和資料備份與災難恢復系統。

（2）運用現代資訊技術方法，將各單位不同時期開發的獨立系統有機地聯繫起來，實現資訊的高度共用，徹底解決「資訊孤島」問題。同時將不同單位部門的資料資源進行整合、採擷，轉換成可靠、實用的資訊。

（3）透過統一的資料標準與各部門應用系統間建立聯繫，實現各級單位相互獨立的資訊系統資料資源的整合。把分佈在各級單位網路資訊孤島上的資料整合到一起，實現資料的統一儲存、分析、處理和傳遞，最後實現資訊的高度共用。

（4）提供統一的資料儲存服務。資料中心集中儲存各系統所有共用資料，能夠為上級應用系統提供資料，為決策提供資料依據，也能為各級單位提供共用、交換資料。

（5）以已有為基礎的各部門應用系統，建立針對使命工作的資料倉儲，應用連線線上分析處理（OLAP）從現有的資料中取出、轉換、採擷出有用的決策資訊，為指揮決策工作提供可靠、科學的決策依據。

1.3.3 基礎設施規劃

基礎設施包含兩個部分：機房和網路系統。

1. 機房

機房是資料中心重要的基礎設施，機房規劃的宗旨是確保各種裝置與電腦系統穩定、可靠地執行，確保機房工作人員有良好的工作環境，而且應該盡可能地採用最先進的技術，使資料中心高效、節能、安全地執行。

1）機房位置與佈局

選擇機房位置時應遠離強噪音源、粉塵、油煙、有害氣體，避開強電磁場干擾。資料中心機房平面佈局設計應考慮以下三方面的因素。

- 機房佈局需考慮製程需求、功能間的分配，按照電腦裝置和機櫃數量規劃布置機房面積與裝置間距。
- 機房的功能必須考慮各個系統的設定。
- 機房佈局要符合相關國家標準和規範，並滿足電氣、通風、消防、環境標準工程的要求。

2）機房的組成

資料中心機房的設定應根據電腦系統執行特點及各種裝置的實際要求確定，一般由主機房、基本工作間、第一種輔助房間、第二種輔助房間、第三種輔助房間等部分組成。

- 主機房：包含網路交換機、伺服器群、記憶體、資料登錄／輸出裝置、配線、通訊區和網路監控終端等。
- 基本工作間：包含辦公室、緩衝間、走廊、更衣室等。
- 第一種輔助房間：包含維修室、儀器室、備件間、磁媒體儲存間、資料室。
- 第二種輔助房間：包含低壓配電、UPS 電源室、蓄電池室、精密空調系統用房、氣體滅火器材間等。
- 第三種輔助房間：包含儲藏室、一般休息室、洗手間等。

3）機房的設定

資料中心的主機房內放置大量網路交換機、伺服器群，是資訊系統的資料匯聚中心，其特點是網路裝置 24 小時不間斷執行，電源和空調不允許中斷，對機房的潔淨度、溫濕度要求也較高。

機房安裝有 UPS、精密空調、機房電源等搭配裝置時，需要設定輔助機房。此外，機房佈局時還應設獨立的出入口；當與其他部門共用出入口時，應避免人流、物流交換；人員出入主機房和基本工作間時應更衣換鞋。機房與其他建築物合建時，應單獨設定防火分區。機房安全出口不應少於兩個，並應盡可能地設定於機房兩端。

資料中心機房的各個系統是按功能需求設定的，主要功能包含機房區、辦公區、輔助區的裝潢與環境工程；可靠的供電系統工程（UPS、供配電、防雷接地、機房照明、備用電源等）；專用空調及通風；消防警告及自動滅火工程；智慧化弱電工程（視訊監控、門禁管理、環境和漏水檢測、綜合佈線系統等）。

2. 網路系統

網路是資料中心執行的神經系統，是支撐資料中心的高速公路。各種資料中心由於地位、作用與業務的不同，其網路系統規模與設定也會有不少差異，國內尚未有完整的建設標準和規範。一般而言，一個典型的資料中心主要包含網路系統、主機系統、儲存系統、災難恢復系統、安全系統、應用系統和管理系統等部分，其中網路系統的作用是將其他各系統的裝置連接為一個有機整體，實現資源的全面共用和有機協作，使人們能夠有效地利用資源並隨選取得資訊。

1）網路整體規劃

網路整體規劃應透過區域化、層次化、模組化的設計理念，使網路層次更加清楚、功能更加明確。此外，網路整體規劃應表現高性能、高可用性、高擴充性、高安全性和先進性的設計原則。以此為基礎，建設一個高安全性、高性能、高可用性的靈活的網路平台，為各種應用的執行提供可靠穩定的支撐環境。

依照設計理念和設計原則，資料中心網路應根據業務性質或網路裝置的作用進行區域劃分，然後再設計網路整體架構。通常需要考慮 3 方面的內容。

（1）按照傳送資料業務性質及針對使用者的不同，資料交換網路可以劃分為內部核心網、遠端業務專網以及公眾服務網等區域。

（2）按照網路結構中裝置作用的不同，資料交換網路可以劃分為核心層、匯聚層、連線層。層次化結構也有利於網路的擴充和維護。

（3）綜合考慮網路服務中資料應用業務的獨立性、各業務的互訪關係，以及業務的安全隔離需求，資料交換網路在邏輯上還可以劃分為儲存區、應用業務區、前置區、系統管理區、託管區、外聯網路連線區、內部網路連線區等。

2）網路負載平衡

網路系統要採用負載平衡和備份的方法，採用核心交換機與伺服器群連接，避免單點故障，使網路系統能夠提供不間斷的服務。

負載平衡交換機放置於伺服器群的前端，所有伺服器間均進行負載平衡。設定伺服器和資料庫，作為整體伺服器群的備份，網路中任何伺服器出現問題時，備份伺服器啟動接管提供服務。中心伺服器群透過網路負載平衡的設定，確保伺服器出故障時網路應用服務不中斷。

在最壞的情況下，當所有正常的伺服器全部中斷時，備份伺服器在效能允許的範圍內能提供所有的服務，以確保服務不中斷。

與此同時，負載平衡伺服器能夠抵禦外界對伺服器群的 DDOS 攻擊，為伺服器群的健康執行提供安全保證。為達到以上要求，負載平衡交換機要採用先進的多處理器技術，基本設定應帶有專用處理器的管理模組，以實現可靠的裝置管理和控制。網路管理包含裝置管理、VLAN 管理、使用者管理、ACL 管理、事件管理、流量管理和安全管理等內容。在資料中心設定網路管理軟體，讓網路管理人員可以有效地追蹤及進行設定更改、軟體更新、確定和解決網路故障，使網路可以高效執行。實施和監控覆蓋全網的複雜功能更改，包含存取控制清單和虛擬區域網路、軟體和設定更新，以及處理網路警告和事件等。

網路管理軟體基於用戶端 / 伺服器模式，中心網管伺服器執行網管軟體後，各客戶端無須安裝任何用戶端軟體即可透過 Web 方式存取該伺服器，根據其許可權對對應的裝置進行管理。

1.3.4 主機系統規劃

主機系統是在網路環境下提供網上客戶端共用資源（包含查詢、儲存、計算等）的裝置，具有高可用性、高性能、高吞吐能力、大記憶體容量等特點。主機（Host）可以根據 CPU 匯流排架構、作業系統、運算能力以及可用性等因素分為三種類型，即大型主機、小型主機和 PC 伺服器（Server）。

1. 主機伺服器的基本要求

根據資料中心的業務需要，主機系統伺服器應滿足以下要求。

- 採用先進、成熟的技術和開放系統結構。
- 系統具有高可用性、可管理性和可擴充性。
- 效能優良、設定合理，具備良好的比較值和擴充能力。
- 選擇技術領先，市場和技術前景良好的產品。
- 滿足資料中心系統的業務要求，確保資料的準確性，不出現資料遺失的情況，系統能 7×24 小時不斷執行；系統故障頻率較低，具有良好的可恢復性，對於問題的出現有良好的可預測性等。
- 支援多處理器，採用 64 位元處理器；主機的處理能力要求滿足所有業務應用和一定使用者規模的需求，而且需考慮全部系統的負擔及應用切換時的效能餘量。系統設計時應考慮 30% 的效能容錯。選擇以 64 位元為基礎的 UNIX 作業系統，滿足資料倉儲、連線交易處理（OLTP）、科學計算和決策支援等應用需要。

- 記憶體容量的設定要考慮到主機正常執行狀態下的記憶體使用率不應大於 70%，保證系統在業務高峰時仍具有較強的抗衝擊能力。
- 主機的硬碟、網路介面、網路連接及電源均考慮足夠的容錯；能支援電源、I/O 裝置、儲存裝置的熱抽換；主機系統平均無故障時間大於 1 萬小時。
- 主機系統裝置具有適當的擴充能力，包含 CPU 的擴充、記憶體容量的擴充及 I/O 能力的擴充等；並可支援 CPU 模組的升級和叢集內節點數的平滑擴充。
- 核心資料庫伺服器採用標準的雙機熱備份方式。

2. 不同等級伺服器的應用

資料中心的伺服器群是在網路環境中為客戶端提供各種服務的、特殊的專用電腦。在資料中心，伺服器承擔著資料的儲存、轉發和發佈等關鍵工作。按應用等級劃分是伺服器最為普遍的一種劃分方法，它主要根據伺服器在資料中心應用的層次，依據伺服器的綜合性能，特別是所採用的一些伺服器專用技術來衡量的。按這種劃分方法，伺服器可分為入門級伺服器、工作群組級伺服器、部門級伺服器和企業級伺服器。

1）入門級伺服器

這種伺服器是最低階的伺服器，隨著電腦技術的日益加強，現在許多入門級服務器與個人電腦（PC 機）的設定差不多。

入門級伺服器所連的終端比較有限（通常為 20 台左右），其穩定性、可擴充性以及容錯效能較差，僅適用於沒有大型資料交換、日常工作網路流量不大、無須長期不間斷開機的小型資料中心。這種伺服器主要採用 Windows 網路作業系統，可以充分滿足辦公室型的小型網路使用者的檔案共用、資料處理、網際網路連線及簡單資料庫應用的需求。

2）工作群組級伺服器

工作群組級伺服器是比入門級高一個層次的伺服器，但仍屬於低階伺服器。它只能連接兩個工作群組（50 台左右）的使用者，網路規模較小，伺服器的穩定性和其他效能方面的要求也相對要低一些。

工作群組級伺服器較入門級伺服器來說效能有所加強，功能有所增強，有一定的可擴充性，能滿足中小型資料中心使用者的資料處理、檔案共用、網際網路連線及簡單資料庫應用的需求。但容錯和容錯效能仍不增強，也不能滿足大型資料庫系統的應用要求。

3）部門級伺服器

這種伺服器屬於中階伺服器，一般採用 RISC 結構的 CPU，支援雙 CPU 以上的對稱處理器結構，所採用的作業系統一般是 UNIX 系列或 Linux 作業系統，具備比較全面的硬體規格，如磁碟陣列、儲存托架等。部門級伺服器的最大特點是除了具有工作群組級伺服器的全部特點外，還整合了大量監測及管理電路，具有全面的伺服器管理能力，可監測如溫度、電壓、風扇、主機殼等狀態參數，結合標準伺服器管理軟體，使管理人員即時了解伺服器的工作狀況。大多數部門級伺服器具有優良的系統擴充性，使得使用者在業務量迅速增大時能夠即時線上升級系統，充分保護了使用者的投資。它是資料中心網路中分散的各基層資料獲取單位與最高層的資料中心保持順利連通的必要環節，一般為中型資料中心的首選。

部門級伺服器可連接 100 個左右的電腦使用者，適用於對處理速度和系統可用性要求高一些的中小型資料中心網路，其硬體規格相對較高，可用性也比工作群組級伺服器高一些。

4）企業級伺服器

企業級伺服器屬於高階伺服器。企業級伺服器最起碼要採用 4 個以上 CPU 的對稱處理器結構，有的高達幾十個；一般還具有獨立的雙 PCI 通道和記憶體擴充板設計，具備高記憶體、高速網路卡、大容量熱抽換硬碟和熱抽換電源、超強的資料處理能力和叢集效能等。企業級伺服器的主機殼一般為機櫃式，有的還由幾個機櫃組成，像大型主機一樣。

企業級伺服器產品除了具有部門級伺服器的全部特點外，其最大的特點是具有高度的容錯能力、優良的擴充效能、故障預警告功能、線上診斷功能等，RAM、PCI、CPU 可以進行熱抽換。有的企業級伺服器還引用了大型電腦的諸多優良特性，所採用的操作系統一般是 UNIX 或 Linux。企業級伺服器用於聯網電腦在數百台以上、對處理速度和資料安全要求非常高的大型資料中心。企業級伺服器的硬體規格最高，系統可用性也最強。企業級伺服器適合執行在需要處理大量資料、高處理速度和對可用性要求極高的金融、證券、交通、郵電、通訊等大型資料中心。

需要注意的是，這 4 種類型伺服器之間的界限不是絕對的，大多數情況下是針對不同生產廠商的整個伺服器產品線來說的。隨著伺服器技術的發展，各種層次的伺服器技術也在不斷地發展變化，業界也沒有一個硬性標準來嚴格劃分這幾種伺服器。由於伺服器的型號非常多，硬體規格也有較大差別，因此，不必拘泥於某級伺服器，而應當根據網路的實際規模和服務的實際需要來選擇伺服器，並適當考慮相對的容錯和系統的擴充能力。因為隨著資料中心網路規模的擴大，對伺服器的要求也會隨之增長，如果伺服器具有較強的擴充能力，則只需購買一些擴充元件即可完成對伺服器效能的升級。

3. 伺服器的設定

資料中心的網路系統通常選配多台伺服器以完成不同的工作。在整個網路系統中佔主導地位的伺服器常稱為主要伺服器，根據系統建設的規模和經費，主要伺服器可選擇企業級或部門級伺服器。

1）資料庫應用

資料庫應用伺服器專門提供線上交易處理（OLTP）、企業資源規劃（ERP）和資料儲存。

這種應用需要相當可觀的 CPU 處理能力；在資料儲存上，需要適合資料快取記憶體的極大記憶體容量。此外，因為要對大量資料進行目錄撰寫、析取和分析，所以要額外增加 CPU 和記憶體，並加強輸入 / 輸出能力。

2）基本應用

檔案和印表伺服器需要的 CPU 處理能力比資料庫伺服器弱，但是要處理往來於網路用戶端的資料，因此有很高的 I/O 需求。這種伺服器的記憶體和 I/O 插槽的擴充性是具備最高優先權的。網域控制站需要對域名尋找請求做出快速回應。

資訊 / 電子郵件伺服器需要高速的磁碟 I/O。磁碟 I/O 在這些類型的系統中是常見的瓶頸。為了實現更為有效的儲存和恢復資訊資料，根據資訊伺服器的檔案類型選擇不同種類的 RAID 儲存方案是非常必要的。

3）Web 和 Internet 服務

Web 伺服器為客戶提供動態 Web 頁。與靜態 Web 頁相比，動態網頁（例如微軟公司的 Active Server Pages，ASP）要求較高的 CPU 處理能力。Web 伺服器的主要元件包括高速磁碟 I/O 和多網路卡。

大、中型資料中心的核心儲存伺服器的資料計算與交換量很大，需要強大的 CPU 處理能力，並且需要選擇支援可擴充性的多路 CPU，要有較大的記憶體容量和很好的擴充性。網際網路服務提供者（ISP）經常為有需求的公司提供專用伺服器來實現電子郵件或 Web 服務。對這種需要為每個資料中心機房提供較多伺服器的 ISP 來說，伺服器密度是首要因素。因此，應考慮伺服器的實際尺寸、I/O 速度和記憶體容量等因素。單路或多路處理器通常都可接受。

由於伺服器本身硬體規格複雜，不同硬體對系統的作用和影響也各有不同，因此必須整體考慮。在選擇不同硬體的設定時，使用者應當根據資料中心本身網路的特點和要求來做決定。

1.3.5 儲存系統

各級業務活動的大量資料都集中儲存在資料中心，因此，對資料的保護就顯得極為重要。需要對各種資料進行統一儲存、集中備份，這就要求資料的儲存平台具備強大的可擴充性、可用性、優良的效能以及異質環境下的連通性。

1. 儲存系統的基本要求

1）儲存系統必須具有良好的可擴充性

儲存系統必須能夠滿足資料中心應用系統日益增長的儲存容量需求，能夠靈活地擴充儲存空間，能夠從儲存裝置與儲存結構兩個方面來加強儲存系統的可擴充性。應充分考慮資料中心各業務在未來許多年內的發展趨勢，具有一定的前瞻性，並充分考慮系統升級、擴充、擴充和維護的可行性。

2）儲存系統能夠提供良好的效能

儲存系統不僅負責資料的儲存，更重要的是還要負責資料的傳輸，所以儲存系統必須能夠提供高性能。其效能表現在兩個方面：一方面是巨量的儲存能力，能夠適應資料中心系統快速的資料增長需要；另一方面是 I/O 讀寫效能，能夠從 I/O 效能方面確保應用系統的整體執行效能。

3）儲存系統需具備高可用性、安全性和可管理性

儲存系統必須能夠滿足高可用性、安全性和可管理性的要求。可用性是系統在一定時間內無故障執行的能力，能擔當和適應 7X24 小時不間斷執行的工作。它能夠透過容錯結構來加強儲存系統的高可用性；能夠透過如 RAID 等多種安全方法來加強資料儲存的安全性；能夠為核心業務資料提供一個安全可靠的儲存環境；能夠為使用者、維護人員提供方便的管理工具與管理介面。

4）儲存系統能夠支援異質環境

隨著資料中心的應用不斷加強，需要儲存系統能夠為異質環境提供支援：在作業系統方面，能夠支援包含 UNIX、Linux、Windows 以及 Solaris 在內的多種作業系統；在伺服器方面，能夠支援包含 PC Server 和 UNIX Server 在內的所有伺服器；在資料庫方面，能夠支援 Oracle、SQL Server、DB2 等多種企業資料庫產品；在儲存裝置方面，能夠支援多個廠商的產品。

2. 儲存系統的規劃

對於儲存系統的規劃，整體來講包含以下兩個方面：

（1）資料中心，尤其是大、中型資料中心宜選用 SAN（儲存區域網路）方式。SAN 實際上是一個單獨的電腦網路，它以光纖通道技術為基礎的電纜、交換機和集線器，將很多的儲存裝置連接起來，再與由很多不同的伺服器組成的網路相連接，以多點對多點的方式進行管理。

（2）光纖通道架構具備的雙工交換能力，可以顯著改善儲存和恢復效能。此外，光纖通道是針對大量資料高效可靠傳輸這一目標而設計的，與以網際協定（IP）為基礎的網路相比，它具有更高的效率和更好的可用性。伺服器到共用儲存裝置的大量資料傳輸是透過 SAN 網路進行的，區域網只承擔各伺服器之間的通訊（而非資料傳輸）工作，這種分工使得儲存裝置、伺服器和區域網資源獲得更有效的利用，使 SAN 網路速度更快，擴充性和可用性更好。

3. 儲存結構的擴充

隨著資料中心資料量的不斷增長，專案建設初期設計的磁碟儲存容量可能會無法滿足資料量的需求，這時就需要為原有的磁碟儲存系統增加容量。增加新的磁碟陣列到原有的儲存 SAN 網路，即購買新的磁碟陣列，將新的磁碟陣列透過光纖連接至原有的光纖交換機。

1.3.6 資料中心應用規劃

1. 資訊資源規劃

資料規劃以「資訊資源規劃的理論與方法」為指導，在現代通訊和電腦網路基礎上重建資料環境，以資料中心基礎平台，建置新型為基礎的、整合化、網路化的資訊。資訊資源規劃（IRP）是指對生產經營活動所需要的資訊，從產生、取得，到處理、儲存、傳輸及利用進行全面規劃。

資訊資源規劃是由資訊工程（IE）、資訊資源管理（IRM）等理論發展而來的。可以透過資訊資源規劃整理業務流程，明確資訊需求，建立資訊標準和資訊系統模型，再用這些標準和模型來衡量企業現有的資訊系統及各種應用，符合的就繼承並加以整合，不符合的就進行改造最佳化或重新開發，進而穩步推進資訊化建設。

2. 應用支撐平台規劃

應用支撐平台是支撐資料中心應用建設的基礎平台環境，建置在應用伺服器之上，提供針對應用的系統結構和服務模組，進一步實現各個系統之間的互連、互通和互通性，以及資料的安全、共用與整合。

應用支撐平台一般應由執行支撐系統和應用支撐系統兩部分組成。圖 1-13 為應用支撐平台的範例。

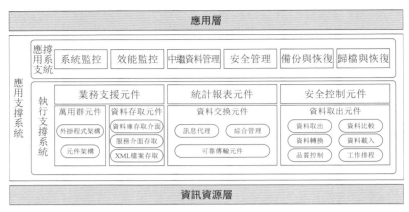

圖 1-13　應用支撐平台範例

執行支撐系統主要由資料存取元件、資料取出元件、資料交換元件、業務支援元件、安全控制元件、統計報表元件、萬用群元件等組成。應用支撐系統的建設需要選用對應元件延伸開發和重組，以便應用功能執行時期所需的資源能夠有效地分配和排程。

應用支撐系統主要由系統監控、效能監控、中繼資料管理、備份與恢復、歸檔與恢復等部分組成。資料中心應用層的系統以應用支撐系統建設，來確保資料中心應用資源為基礎的可管理和可維護。

3. 應用系統規劃

一個典型的資料中心應用功能架構範例，如圖 1-14 所示。

圖 1-14　典類型資料中心應用功能架構範例

資料交換平台是資料中心資料與其他應用系統溝通的橋樑，是進行資料交換的基地台。

資料交換平台負責從各個業務系統擷取資料，對資料進行清洗與整合，按照資料中心建設標準資料，形成核心資料庫，並提供給其他應用系統使用。

資料交換平台的功能由支撐功能與應用功能兩部分組成。支撐功能是資料交換平台的基礎，包含資料獲取、中繼資料管理、資料交換服務匯流排、平台監控以及安全管理；應用功能是指與實際業務系統相關的功能，利用資料交換平台的資料交換服務匯流排，以資料交換服務的形式為各業務系統提供資料共用服務。

資料應用分析系統是採擷資料中心資料價值的利器。只有採擷出的資料才能為使用者提供有效的決策支援。系統以 SOA 為基礎的架構，在能夠滿足業務效能要求的前提下，應用層優先考慮將決策分析功能封裝為服務，以提供給其他使用者。

入口系統是資料中心價值表現的視窗，使用者最後只有透過入口應用才能真正體會到資料中心帶來的好處。統一入口系統的功能是為企業（機構）提供資料資訊發佈的統一平台，是資料中心的統一存取入口和管理平台。它提供應用整合功能，透過多種方式整合決策分析應用系統開發出的應用功能，實現單點登入；提供資訊發佈管理功能、內容管理功能以及個性化平台；提供資料整合功能。

入口系統以支援業務管理為首要目的，能夠解決業務管理中的主要業務問題，加快企業（機構）內部資訊流通，加強工作效率。因此，設計的定位不僅是一個入口系統，同時還要與業務管理相關的系統整合在一起，進一步滿足目前業務的需要，適應新的業務要求。目標是建設整合現有業務系統的、協作工作的安全資訊入口。

1.3.7 安全保證系統規劃

資料中心的安全是一項複雜的系統工程，需要從實體環境、鏈路與網路、電腦系統、應用系統等組成要素和人為因素的各方面來綜合考慮資料中心安全防範問題。

根據 OSI 資訊安全系統架構和國家資訊安全保證系統，資料中心安全防範系統架構結構設計如表 1-1 所示。

表 1-1　資料中心安全防範系統總表

技術系統	組織體系	管理系統
實體安全 鏈路和網路安全 電腦系統安全 應用安全	機構 人員	技術標準 管理制度

其中，資料中心安全防範組織體系負責操控資料中心安全防範技術；資料中心安全防範技術系統是一切資訊安全行為的基礎；資料中心安全防範安全管理系統負責管制資料中心安全防範技術系統和組織體系。

（1）機構設定。資料中心安全防範組織結構包含資料中心安全主管機構和資料中心安全工作機構，如圖 1-15 所示。

（2）人員設定。資料中心安全防範工作機構應包含圖 1-16 所示的人員設定。

圖 1-15　資料中心安全防範組織結構　　圖 1-16　資料中心安全防範工作機構人員設定

資料中心安全防範技術系統分為實體環境安全、鏈路和網路安全、電腦系統安全和應用安全等部分，如圖 1-17 所示。

圖 1-17　資料中心安全防範技術系統

其中，實體環境安全包含機房環境安全和裝置安全等內容；鏈路和網路安全包含安全區域設計、邊界安全防護、入侵防護設計、內網安全稽核設計、漏洞掃描設計、網路裝置安全設計和桌面安全防護系統設計等內容；電腦系統安全包含作業系統安全、病毒防治系統和資料庫安全等內容；應用安全包含資料傳輸安全、使用者簽到、使用者許可權管理、記錄檔和稽核、業務記錄檔、業務監控、程式安全、密碼管理、操作安全、身份認證和授權等內容。

1.3.8 資料備份與災難恢復規劃

資料備份與資料恢復是保護資料的最後一種方法，也是防止主動型資訊攻擊的最後一道防線。災難恢復系統的建設有關資料中心組織架構、業務流程、規章制度、外部協作關係、資金投入等各方面。必須經過演練改進其不足，使災難恢復系統在需要時真正造成災難恢復的作用。

備份與災難恢復是儲存領域兩個極其重要的部分，二者具有緊密的聯繫。首先，在備份與災難恢復中都包含資料保護工作，備份大多採用磁帶方式，效能低、成本也低；災難恢復採用磁碟方式即時進行資料保護，效能高、成本也高。其次，備份是儲存領域的基礎，在一個完整的災難恢復方案中必須包含各個必須的部分；同時，備份還是災難恢復方案的有效補充，因為災難恢復方案中的資料可能遺失，儲存也有完全被破壞的可能，而備份提供了額外的一道防線，即使資料遺失也可以從備份資料中恢復。

保護資料需要架設資料備份和災難恢復系統。很多使用者在架設了資料備份系統之後就認為可以高枕無憂了，其實還需要架設災難恢復系統。資料災難恢復與資料備份的聯繫主要表現在以下兩個方面。

1. 資料備份是資料災難恢復的基礎

資料備份是資料高可用性的最後一道防線，其目的是在系統資料當機時能夠快速地恢復資料。雖然它也算一種災難恢復方案，但它的災難恢復能力非常有限，因為傳統的備份主要是採用資料內建或外接的磁帶機進行冷備份，而備份磁帶也在機房統一管理，一旦整個機房出現了災難，如火災、盜竊和地震時，這些備份磁帶也會隨之毀壞，所儲存的磁帶備份便起不到真正的災難恢復作用。

2. 資料災難恢復能力的分級

真正的資料災難恢復就是要避免傳統冷備份的先天不足，它能在災難發生時全面、即時地恢復整個系統。資料災難恢復按其能力的高低可分為多個層次，例如國際標準 SHARE78 定義的災難恢復系統有 7 個等級，即從最簡單的僅在本機進行磁帶備份，到將備份的磁帶儲存在異地，再到建立應用系統即時切換的異地備份系統，恢復時間也可以從幾天到小時級、分鐘級、秒級，甚至零資料遺失等。

無論採用哪種災難恢復方案，資料備份都是最基礎的，沒有備份的資料，任何災難恢復方案都沒有現實意義。但光有備份是不夠的，災難恢復也必不可少。災難恢復對於資料中心而言，就是一個能防止各種災難的電腦資訊系統。

資料中心管理

隨著資料中心建設與應用在國內的蓬勃發展，資料中心運行維護管理問題越來越獲得業內的廣泛重視。資料顯示，2015 年中國大陸資料中心運行維護市場規模達 83 億元 (人民幣，下同)，2016 年中國大陸資料中心運行維護市場規模達到 95 億元，年增長率為 14.46%；2017 年中國大陸資料中心運行維護市場規模達到 127 億元，年增長率為 33.68%；預計後續幾年，資料中心運行維護服務的年增長率持續在 14% 以上。由於使用者對資料中心運行維護管理服務於業務價值的進一步解析，運行維護管理服務在企業發展生命週期中獲得了前所未有的高度重視。為做好資料中心的運行維護管理工作，應探索並奠定科學先進的運行維護管理理論和技術基礎，逐步建立增強高效、標準的資料中心運行維護管理制度系統，確保資料中心安全、可靠、持續與高效執行，為業務資訊系統穩定執行和資訊資源綜合利用提供堅實的基礎支援。本章主要介紹資料中心的管理及制度、資料中心執行的日常管理和資料中心網路效能指標融合等內容。

2.1 資料中心管理及其制度

要確保資料中心安全、可靠、持續、經濟、低耗與高效的執行，必須做好執行管理工作。要做好執行管理工作，必須儘快建立高效、標準的運行維護系統。

只有將標準和流程引用到複雜且易混亂的執行環境中，讓每個運行維護技術人員一絲不苟地按標準做，讓經常做的事情制度化，讓制度化的事情標準化，讓標準化的事情規範化，才能建置增強、規範的運行維護系統，提升運行維護管理水準。在建立健全運行維護系統的過程中，要不斷引用執行管理的新理念、新技術與新方法，實現節能、高效、簡化管理的目的，改善系統的運行維護品質，確保資料中心安全、穩定執行。

資料中心的執行管理，實際上指的是對資料中心各系統及執行裝置的管理，它包含為業務和分析系統提供資料安全儲存、可靠執行支撐的 IT 基礎設施（包含執行環境、網路、儲存、伺服器）和通用軟體（作業系統、資料庫、中介軟體）等軟、硬體系統的組合平台，還包含與使用該裝置的人員進行溝通和交流的過程。它的基礎就是對使用者、軟體和系統裝置的支援。這裡從人員、流程、技術 3 個方面，分執行管理工作和機構與基本制度、資料資源管理、執行日常管理、基礎設施管理、執行管理的新理念與新技術 5 個部分來介紹如何做好資料中心的執行管理工作。

2.1.1 資料中心管理概述

1. 管理的目標

執行管理的目標是透過強化與標準執行管理工作，確保資料中心安全穩定地執行，為資料中心的 IT 關鍵裝置營運管理和資料資訊安全提供可持續的有力保證；為實現資訊資源的儲存、保護和應用，以及核心營運提供高可用性的、持續可靠的服務支撐。

2. 管理的工作

資料中心進入使用階段後，主要工作是對資料中心進行管理和維護，包含對基礎設施、業務系統、資料庫及業務系統執行狀態的監視監測，即時發現與處理問題；對應用系統的執行進行即時控制，記錄其執行狀態，進行必要的修改與功能擴充，以便使應用系統更符合管理決策的需要，為管理決策者服務，使資料中心真正發揮作用。

3. 管理的內容

高效的資料中心，如果缺乏科學的組織與管理，資料中心就不能充分發揮作用，且本身也會陷入混亂。管理是多方面的，既包含資料中心日常的規章制度及規章制度的執行程度，又包含對資料中心各系統執行的可用性管理。執行管理主要關注以下 8 方面內容：

（1）運行維護管理小組的建設。在資料中心運行維護過程中，人員應該是首要考慮的因素。

　　無論多麼先進的裝置和技術，如果沒有人進行管理都是不可極佳地發揮作用的。因此，企業（機構）必須注意培塑生態系統，資料中心在建設過程中就必須考慮人才小組的建設問題，如果等資料中心從「建設期」轉到「維護期」才考慮人才小組建設，那就太遲了，不利於加強執行管理效率。

（2）資料中心應配備專職運行維護人員，劃分合理的角色，明確職責。

（3）建立對應的管理維護制度，對管理許可權、維護記錄、執行記錄檔等方面做規定。

（4）建立通暢的回饋機制，使研發、服務、執行形成良性循環。

（5）整理管理流程，加強運行維護效率和管理水準，改善服務品質。

（6）透過自動化、資源整合與管理、虛擬化、安全以及能源管理等新技術，對資料中心進行 7×24 小時的監控和執行維護。

（7）建設運行維護執行資訊系統，實行資料中心集中化管理。將資料中心監控和管理維護納入整體集中監控和運行維護，使資料中心高效、安全、穩定地執行。

（8）加強應急管理，加強系統可用率。建立完整的執行管理專項應急備援，明確運行維護人員在技術、管理、業務、安全等方面的職責；定期進行備援演練，並根據演練結果即時更新備援。配備核心應用和關鍵裝置的備品備件，以備出現突發事件時儘快更換，即時修復，減少影響，縮短停運時間，加強可用率。

4. 管理制度的組成

完整的管理制度是執行管理的保證。資料中心的基本規章制度包含 3 方面：管理標準、技術標準和操作指南（或作業指導書）。

（1）管理標準是從標準管理人員及使用者行為出發的各種制度、規定、辦法與獎懲措施。

（2）技術標準用來規範運行維護人員在執行維護過程中的各種行為與工作流程，例如《應用服務管理規定》《機房管理規定》《資訊系統執行管理程序》《資料備份策略》等。

（3）操作指南是指導執行管理人員及使用者管理使用各種網路與資訊系統的操作指南與使用者手冊，例如《網站簡易維護指南》《資訊入口使用指南》《OA 系統安裝使用手冊》《生產 MIS 作業指導書》《伺服器安裝手冊》等。

可以看出，資料中心的建設重點應從系統實施轉向應用運行維護提升，運行維護的品質保證、安全機制變得重要起來，這時除了技術保證以外，制度保證也越發顯得重要。

2.1.2 資料中心管理制度的建立

作為資料中心主管人員，首先應是一位管理專家，其次才是技術專家。由此，建立完整的運行維護制度是最主要的工作內容，是企業（機構）資訊化有效執行和監督的立足點。資料中心本身管理不好，就不可能為業務部門提供滿意的資訊服務，業務部門對資訊部門的滿意度就會降低，使資訊部門陷入困境。所以，建立高效標準的運行維護機制是資料中心主管走向戰略管理的第一步。對資料中心來說，可從以下 3 個方面使執行管理制度化。

（1）轉變運行維護觀念，樹立規範化意識。只有樹立制度化的運行維護意識，才能在日常煩瑣的工作中有效地區分工作的優先順序，將有限的資源投入到最能滿足需要的工作中。細節決定成敗。在管理上，存在 "100-1 ≠ 99、100-1=0" 的風險，1% 的錯誤會導致 100% 的失敗。資料中心是否可穩定可靠地執行，關鍵是是否可把運行維護工作和制度化緊緊地綁定到一起。沒有規矩，不成方圓。運行維護工作很瑣碎，核心在於標準而非創新。只有各種運行維護人員一絲不苟、規規矩矩按標準做，才能把事情做好。

同時，建立運行維護制度非常重要，但是有了制度還要有人去執行，要強化執行制度比建立制度更重要的觀念和意識。對資料中心來說，儘管由於人力、財力非常有限，難以系統地建設管理流程，但制度化的運行維護思維的引用仍然是必要的。

（2）建立事件處理流程，強化標準執行力道。流程是最重要的，因為流程是 IT 管理的基礎。在 IT 管理的過程中，針對同一問題的實際實施步驟可能不同，但流程是不會改變的。

首先需要建立故障和事件處理流程，利用運行維護管理系統或表格工具等記錄故障及其處理情況，以建立運行維護記錄檔，並定期回顧從中辨識和發現問題的線索和根源，分析經典「案例」形成知識庫。建立每種事件的規範化處理指南，減少運行維護操作的隨意性，大幅降低故障發生的機率。

其次採用以工作流技術實現為基礎的流程管理，它具有以下優點：

- 每個員工的工作在流程中有明確定義，方便進行量化管理。
- 管理者可以監控所有工作流程的執行狀態，實現閉環管理和精確管理。
- 增強業務各環節的協作能力，使業務運作更加順暢。
- 即時發現業務瓶頸，以便改善業務流程。
- 設立 ITIL 服務台，引用優先處理原則。設立服務台以確定服務要求和 IT 運行維護目標，ITIL 指南要求資料中心管理者定義服務台的關鍵流程，不僅定義流程是什麼，還包含它們是如何運作的，並指出每個流程的影響和意義。

（3）引用運行維護服務評價管理。資料中心要建立並增強運行維護績效評價標準，給各種人員負責管理的系統或客戶服務建立一個能夠量化的運行維護目標。這樣不僅能夠務實地加強服務品質和管理水準，還能夠在目標達成後作為團隊工作改進的成績獲得肯定，提高 IT 人員的工作成就感。

對於一個良好營運的資料中心，其生命週期經歷了諮詢規劃、佈局建設、使用維護、升級最佳化等多個階段。在這漫長的過程中，「運行維護」是其中最重要，也是最長久的環節。在運行維護工程中，安全、架構、自動化、預警、虛擬化、流程、工具、教育訓練等無不貫穿其中。因此，做好資料中心執行管理工作，對加強資料中心效率、節能降耗、安全穩定地執行具有重要意義。

2.2 資料中心執行的日常管理

資料中心執行的日常管理主要包含軟體資源管理、硬體資源管理、執行安全管理、執行記錄檔記錄、執行故障管理和執行文件管理等內容。

2.2.1 軟體資源管理

資料中心的軟體資源是指資料中心各系統所有關的包含系統軟體（如作業系統、資料庫系統等）、通用軟體（如流程管理軟體、文書處理軟體、試算表處理軟體等）和專用軟體（如資料視覺化軟體、資訊系統的業務處理軟體和管理軟體、中介軟體軟體、儲存軟體、備份軟體、監控系統軟體、電腦病毒防治軟體、系統工具軟體等）在內的各類別軟體的總和。這些軟體是整個資料中心各系統正常執行和工作的重要工具，系統操作人員透過執行這些軟體完成對應的業務操作，執行各種功能處理，提供各種資訊服務。因此，必須對軟體資源進行科學管理，以確保軟體系統始終處於正常執行狀態。

對於大型資料中心，由於有關的軟體種類可能非常多，因此可以設定專門的部門和人員進行軟體資源管理。對於小型資料中心，可以不必安排專職人員來完成這些工作，但也要指定能夠切實負責的人員來兼職管理這些事情。

軟體資源管理的內容主要包含軟體的採購、軟體的儲存、相關文件資料的保管、軟體的分發與安裝設定、軟體執行的技術支援、軟體的評價與效能檢測、軟體使用的教育訓練等。

對於使用商品化軟體的單位，軟體的維護工作由銷售廠商負責，使用者負責操作維護，組織中可以不配備專職的軟體管理員，而由指定的系統操作員兼任。對於自行開發的軟體，組織中一般應該配備專職的系統維護員，系統維護員負責系統的硬體裝置和軟體的維護，即時排除故障，確保系統的正常執行，負責日常的各種程式、標準摘要、資料及來源程式的校正性維護、適應性維護工作，有時還負責系統的增強性維護。

所有軟體儲存媒體未經同意一律不准外借，不准流出企業（機構）；軟體媒體需定期（通常為每半年）進行檢查，一旦發現媒體損壞，應立即更換備份；磁碟、磁帶等介質使用有效期為 3 年，3 年後需更換新媒體進行備份。

（1）對於移動儲存媒體的管理。儲存媒體的軟體使用應符合企業（機構）的軟體管理規定。儲存媒體的管理實行「自管」制度，資產掛個人賬；對於個人用儲存媒體，使用者要對其安全負責；對於部門公用、偵錯測試用的可攜式電腦及儲存媒體，由對應的部門資產管理員妥善保管，認真交接，並對資產的安全負責。

（2）儲存媒體借用管理。借用人對借用期間的資產安全負責。因使用人職位調換不再需要的儲存媒體應即時進行資產傳輸和清退。

外來人員攜帶的儲存媒體、示範用儲存媒體均須由接待人在檢查站登記後方可進入企業（機構），並憑檢查站的登記記錄出門。接待人員有義務提醒來訪人員遵守企業（機構）的儲存媒體管理規定，並承擔安全保密責任。

因工作職位變動不再需要使用儲存媒體時，應即時辦理資產傳輸或清退手續。儲存媒體在進行資產傳輸或清退時，應刪除保密資料。

歸還部門公用、偵錯測試用的儲存媒體時，應向管理員移交使用密碼，並刪除儲存媒體內的全部調測軟體和資料。

2.2.2　硬體資源管理

資料中心的硬體資源是指資料中心各系統所有關的電腦主機、週邊裝置、網路通信裝置、基礎設施、備品配件及各種消耗性材料在內的所有有形物質的總和。為了完成如前所述的資料分類、資料儲存、資料更新、資料備份及例行資訊服務工作，為資料中心的 IT 關鍵裝置營運管理和資料資訊安全，要求各種硬體裝置始終處於正常執行狀態。為此，需要配備一定的硬體工作人員和管理人員，負責所有硬體裝置的執行、管理與維護工作。

對於大型資料中心，這一工作需要有較多的專職人員來完成。對於小型資料中心，則不要求有那麼多的人員及專門裝置，這也是小型資料中心的主要優點。然而，這並不是說，小型資料中心不需要進行硬體執行及維護，相反，如果沒有人對硬體裝置的執行維護負責，裝置就很容易損壞，進一步使整個資料中心的正常執行失去物質基礎，這種情況已經在許多企業（機構）多次發生。

這裡所説的執行、管理和維護工作，包含資料中心各系統硬體裝置、機房環境監控裝置以及網路通訊裝置的使用管理，定期裝置檢修，備品配件的採購、配發及使用，各種消耗性材料的使用及管理，電源系統及工作環境的管理等。對資料中心來説，須指定能夠切實負責的人員來主管或兼管這些事情，絕對不能無人負責。

硬體維護的目的是儘量減少硬體的故障率，當故障發生時能在盡可能短的時間內恢復工作，加強硬體的可用率。為此，在設定硬體時要選購高品質的硬體裝置，配備技術超強的維護人員，同時還要建立完整的應急管理制度和關鍵故障的應急備援。

系統硬體維護是硬體資源管理的主要工作之一，其主要內容包含：

（1）實施對系統硬體裝置的日常檢查和維護，做好檢查記錄，以確保系統的正常執行。

（2）在系統發生故障時，即時進行故障分析，排除故障，恢復系統執行。硬體維護工作中，小故障一般由本單位的硬體維護人員負責，較大的故障應即時與硬體供應商或服務商聯繫解決。

（3）在裝置更新、擴充、修復後，由系統管理員與硬體維護員共同研究決定，並由系統硬體維護人員負責安裝和偵錯，直到系統執行正常。

（4）在系統環境發生變化時，隨時做好適應性維護工作。在硬體維護工作中，關鍵裝置、較大的維護工作一般是外包由銷售或整合廠商進行的，使用單位一般只進行一些小的維護工作。硬體維護員有時可以由機房管理員或裝置管理員兼任。系統執行維護記錄檔登記表，見表 2-1。

表 2-1　系統執行維護記錄檔登記表

單　位		日　期		維護人員	
所屬系統		開始時間		結束時間	
維護性質		維護類型			
實際維護內容					
完成情況		相關票單		票單編號	
備　駐	-				
説　明					
維護性質選項	對應的維護類型選項			説　明	

計畫維護	廣域網路裝置巡檢及其他	對應於年執行方式檢修計畫
日常維護	作業系統更新更新重新啟動、程式更新、程式安裝、檔案整理、設定修改等	對應日常操作、預防性操作或用戶需求等
緊急維護	網路故障、硬體故障、系統軟體問題、應用程式問題、電源故障、資料庫問題、使用問題、病毒或惡意軟體問題等	對應故障處理
備　　駐	1. 維護性質分為計畫維護、日常維護、緊急維護 2. 相關票單選項有工作票、服務單、使用者需求單 3. 可以透過上述內容如實統計月報資料	

2.2.3 執行安全管理

執行安全管理是指為了防止外部對資料中心各系統資源非法的使用和存取，確保資訊系統的硬體、軟體和資料不被破壞、洩露、修改或複製，維護正當的資訊活動，保證資訊系統安全執行所採取的措施。資訊系統的安全性表現在可用性、完整性、保密性、可控制性、可用性 5 個方面。安全管理也是資料中心執行管理過程中的一項非常重要的日常工作。

1. 安全管理機構

1）安全管理機構的組織架構與職能

安全管理機構是實施資料中心安全、進行安全管理的必要保證。一般來說國家重要的資料中心的安全問題由國家專門機構控制和管理，由健全的安全管理機構保證和實施應用系統的安全措施。

（1）安全審查機構。它是負責國家安全的權威機構，負責重要部門所應用的保密套件的密碼編碼審查。

（2）安全決策機構。該機構根據安全審查機構對安全措施的審查意見，確定安全措施實施的方針和政策。

（3）最高主管機構。最高主管機構的主管負責制定安全策略和安全原則，它必須經常地、實實在在地過問電腦的安全問題，這是安全的基點。沒有這種主管，就沒有安全的資料中心。同時該機構還要組織一支強有力的資料中心安全小組，並撥出必要的經費使安全措施得以完成。

（4）資訊主管。資訊主管的工作是制定保密策略、協調安全管理、監督檢查安全措施的執行情況，以防止機密資訊洩露，確保機密資訊的安全。

（5）安全管理機構。安全管理機構的設定由資料中心的大小而定。若一個資料中心的地理覆蓋面很大，則在每個區域內應設立一個安全管理機構。

（6）安全稽核機構。安全稽核機構也可歸入安全管理機構，同樣擔負保護系統安全的責任，但工作重點偏向於監視系統的執行情況，收集對系統資源的各種非法存取事件，並對非法事件進行記錄，然後進行分析處理。

（7）安全管理人員。資料中心安全管理是一個複雜的過程，需要多方面的人才。資料中心安全管理機構由安全、稽核、系統分析、軟硬體、通訊、保安等有關方面的人員組成。這些人員的實際職能劃分如下：

① 安全管理機構負責人。負責整個資料中心的安全，可有經理、主任、處長等稱謂，重點負責對系統修改的授權、特權和密碼的授權；對每日違規報告、主控台記錄、系統警告記錄等的審稿；制訂對安全人員的教育訓練計畫；對所遇重大問題即時向系統主管報告等。

② 安全管理員。實際負責本區域內安全性原則的實現，確保安全性原則的長期有效性，負責可信硬體、軟體的安裝和維護，日常操作的監視，應急條件下安全措施的恢復和風險分析等。

③ 安全稽核員。負責監視系統的執行情況，收集對系統資源的各種非法存取事件，並對非法事件進行記錄，然後進行分析處理。如有必要，還要將稽核的事件即時上報主管。

④ 保安員。主要負責非技術性的、正常的安全工作，如資訊處理場地的保衛、辦公室安全、驗證出入資訊中心的手續和多項規章制度的完成。

⑤ 系統管理員。系統管理員是系統安全執行的重要組成部分，其主要工作是安裝和升級系統，控制系統的操作、維護和管理，使系統時刻處於最佳狀態。

以上是針對大型重要資料中心的情形，對於諸如企事業單位等普通資料中心的安全要求則與此有較大差別。在普通資料中心，高層主管一般不直接參與安全管理工作，而常常由秘書或專職安全人員負責安全管理工作。但是，普通資料中心的進階管理機構、資料中心主管、專職的系統安全管理人員，以及所有資料中心的工作人員，在安全工作中都具有舉足輕重的作用。為了保護這些應用部門的利益，需要做許多安全工作，對應的部門需制定對應的安全性原則，如資料中心的系統管理、磁介質的安全管理、威脅評估、安全教育和安全檢查等。

2）安全管理機構的作用

安全管理機構的作用有以下 5 個方面：

（1）制訂安全計畫、應急救災措施，防止越權存取資料和非法使用系統資源的方法。

（2）規定資料中心使用人員及其安全標示，對進入機房的人員進行識別，實行進出管理，防止非法冒充。

（3）對資料中心進行安全分析、設計、測試、監測和控制，確保資訊系統安全目標的實現。

（4）隨時記錄和掌握資料中心的安全執行情況，防止資訊洩露與破壞，隨時應對不安全的情況。

（5）定期巡迴檢查系統設施的安全防範措施，即時發現不正常情況，防患於未然。

2. 安全管理的原則與內容

1）安全管理的基本原則

資料中心的安全管理主要有多人負責、職責分離、工作分立、任期有限 4 項基本原則。

（1）多人負責原則。在資料中心主管認為無法保證安全以及資料中心人員足夠的情況下，必須由兩人或多人一起從事每項與安全有關的工作。工作人員必須由資料中心主管指派，忠誠可靠、勝任工作，並認真記錄簽署工作的情況，以證明安全工作已獲得保證。

所謂與安全有關的活動包含硬體和軟體的維護：系統軟體的設計、實現和維護；處理保密資訊；系統用媒介的發放與回收；存取控制用證件的發放與回收；重要程式和資料的刪除及銷毀等。

（2）職責分離原則。未經資料中心主管批准，任何資料中心的工作人員都不得打聽、了解或參與其職責以外的任何與系統安全有關的事情。

（3）工作分立原則。對電腦操作與電腦程式設計、電腦操作與系統用媒介的保管等資訊處理工作、機密資料的接收和傳送、安全管理和系統管理、應用程式和系統程序的編制、存取證件的管理和其他工作必須分開，不得由相同人員或團隊執行。

（4）任期有限原則。絕不能由一人長期擔任安全管理職務。工作人員應不定期循環任職，強制實行休假制度，並規定對工作人員進行輪流教育訓練，以使任期有限制度切實可行。

2）安全管理的主要內容

安全管理的內容包含使用者同一性檢查、使用者使用權限檢查和建立執行記錄檔等。

（1）使用者同一性檢查。同一性檢查是指使用者在使用系統資源時，事先檢查是否規定使用者有存取資料資源的權力。通常先檢查使用者程式是否正確，接著檢驗使用者的密碼是否正確，當兩者完全與機器中設定的程式相同時，才能使用系統的資料資源。

在設計使用者同一性檢查時，為防止非法修改，必須注意設定更改使用者存取表的許可權。同一性檢查需要一定的花費，應結合多方面因素進行綜合考慮，合理設計，達到最佳效果。

（2）使用者使用權限檢查。在同一性檢查之後，還要進一步檢查使用者的處理要求是否合法，即檢查使用者是否有權存取想存取的資料。系統管理人員根據系統執行的要求、組織許可權、業務許可權等給使用者設定實際處理許可權。設定許可權控制清單時，絕不能有模糊不清的許可權，要給使用者規定實際需要的最小許可權。

處理的資源和物件包含：資料檔案、記錄、資料庫等資料物件；指令、程式等可運行的資源；終端、印表機等裝置；磁帶、磁碟等儲存媒體；業務處理常式；應用中的控制碼等。

（3）建立執行記錄檔。系統執行記錄檔是記錄系統執行時期產生的特定檔案，它是確認、追蹤與系統的資料處理和資源利用有關的事件的基礎，它提供發現許可權檢查中的問題、系統故障的恢復、系統監察等資訊，也提供給使用者檢查自己使用系統情況的記錄。

在系統設計時，要從系統的安全控制和費用兩方面來考慮定義執行記錄檔中記錄的項目和記載的程度。另外，還要考慮監察的水準，資料的型和量、時間、處理的複雜性、安全控制的效果以及系統對硬體裝置的要求和影響等。舉例來說，關注機房環境的安全執行情況，可以採用表 2-2 所示的格式記錄。

表 2-2　機房環境安全執行情況登記表

上午巡查時間			下午巡查時間			值班管理員	
所屬系統			開始時間			結束時間	
一、機房環境巡查（註：正常項留空白，例外項打 "X" 符號）							
機房環境整體是否正常（註：未填寫為「正常」）							
機房位置	電源裝置		機房溫度 / 濕度		空調執行		機房整潔		備註
A 區機房	上午	下午	上午	下午	上午	下午	上午	下午	
B 區機房									
一號機房									
二號機房									
三號機房									
……									

把運行維護工作前移是確保資料中心安全穩定執行的關鍵。在新系統整合過程必須啟用安全性原則，關閉不必要的系統服務及通訊埠，消除漏洞和脆弱密碼。新裝置投入使用和新系統上線執行前，必須進行安全測試。

3. 安全管理制度標準

安全管理機構要根據安全管理原則和資訊系統處理資料的保密性，制定對應的管理制度或採取對應的標準，實際應做好以下工作。

1）確定系統的安全等級和安全管理範圍

資訊系統安全等級的劃分十分重要，關係到後續工作的展開和進行。安全的可用性可分為 A、B、C、D 四個等級，一般根據系統的實際情況確定其安全等級，並由此確定安全管理範圍。

2）限制資料的提供

絕不向使用者提供受限的資訊資料，而應從資料的數量、結合、解釋和時效性等方面入手，對資料進行有效限制。

3）建立科學的機房管理制度

為了確保工作品質和良好的機房秩序，機房應建立科學的管理制度。主要包含以下 6 方面：

（1）制定對應的出入管理制度。對於安全等級要求較高的資料中心，設計者應依據特定的標準，如計畫專案、產品、人員等，確定整個資料中心環境中的各個控制區域，並實行分區控制，限制工作人員出入與己無關的區域。進出口由專人負責管理，對進入機房的人員進行識別，防止非授權人員非法使用電腦系統。出入管理可以採用身份證件進行識別或安裝自動識別登記系統，採用臉部識別、虹膜識別、身份卡等方法對人員進行識別和登記管理。

（2）制定嚴格的操作規程。操作規程根據安全管理中職責分離、多人負責的原則，各自負責各自的工作，不能超越自己的管轄範圍；備好操作說明書，使電腦系統的操作完全標準化，以便能正確、迅速地完成業務處理，及早發現不正常的故障部位或災害，並迅速、妥善地採取應急措施。

（3）制定完備的系統維護制度。要定期進行系統維護，以便在需要時恢復系統丟失的資料，確保系統的安全可靠。系統維護時要採取以下保護措施：維護前要經主管部門的批准；維護時重要資料要備份，系統上的資料要刪除；對拆卸的磁碟和磁帶等應從裝置上卸下；維護過程中要有安全管理人員在場，並將維護的部位、故障的原因、維護內容和維護前後的詳細情況記錄在案。

（4）制定應急備援，定期檢查。要制定系統在緊急情況下儘快修復系統的應急措施，使損失減至最小。同時，要定期巡查機房及其他有關的防災防範措施，用監控系統監視例外情況，及早發現不正常狀態，即時報告給對應的系統管理員，以便採取對應行動。巡檢是了解情況的過程，為日常維護保養提供依據，以便隨時發現亟待解決的問題，防患於未然。舉例來說，震動轉動元件、機電結合元件或光電結合元件，常會由於機械運動而產生故障，因此，巡檢時要特別注意電源、馬達、電風扇等裝置管理及防火、防水、防雷、防盜等技術措施的實施狀況。

（5）編制系統的維護記錄。維護記錄是維護電腦、進行故障診斷和安全監護的重要依據和基本原始材料。它主要記錄系統的使用時間、使用人員、使用情況、機房環境條件、作業執行及操作情況、軟體使用情況（名稱、使用次數）、出錯資訊（顯示、列印等資料）、故障分析及診斷處理、試用效果等。

（6）機房環境的監測與維護。隨著電腦技術的迅速發展，電腦的品質和可靠性不斷加強，環境條件要求逐步降低，推動了電腦的普及應用。而資訊系統由大量易受環境條件影響的電子裝置、機械裝置和機電裝置組成，機房環境對電腦系統的元件、電腦的效能和壽命、機器的穩定性及可用性影響相當大，是資訊系統安全執行的重要因素之一，是系統維護與管理的首要步驟。

4）安全人員管理

安全人員管理主要包含人員審查和錄用、分層負責、基礎教育訓練、工作績效評價、人事檔案管理等。

（1）人員審查和錄用。凡接觸到機密資訊的人員，必須堅持先審查後錄用的原則。審查一般包含政治審查、歷史污點審查、與被錄用人員簽署入職和保密協定、對在職人員進行定期或不定期的審查等。

（2）分層負責。資料中心一般需要以下幾方面的人員：安全管理、安全稽核、系統管理、系統分析、系統工程、系統維護、系統操作、資訊輸入等。在這些人員的職位確定之後，責任分工就是安全管理的基礎，所以要制定出每一種人員的職責範圍。絕不允許工作人員的行為超出自己的責任範圍，必須各負其責，相互限制，確保安全。

（3）基礎教育訓練。對剛被錄用的人員要進行教育訓練，教育訓練內容包含職業道德、工作崗位上可能遇到的新技術或新工作方法、各種操作規程等，以防止洩露機密資訊。對已錄用的人員也要定期進行教育訓練，以加強其工作水準。

（4）工作績效評價。要定期對工作人員進行工作成績的評價，以檢查其思想狀況、業務素質，一方面可觸發工作人員的工作熱情，另一方面也為人事部門對職員的晉升提供依據。

（5）人事檔案管理。建立制度，限制無關人員接觸人事檔案。一旦工作人員的崗位和職責發生變化，要即時在檔案內補充，以確保檔案反映工作人員的工作、生活實情。

2.2.4 執行記錄檔記錄

在完成上述各項日常管理工作的同時，應該對資料中心的系統執行情況進行詳細記錄。這個問題很容易被忽視，因此這裡要做進一步的強調和説明。

系統的執行情況是對資料中心管理、評價十分重要且十分寶貴的資料。人們對資料中心執行管理的專門研究，還只是剛剛開始，許多問題都處於探討階段。即使對某一單位某一部門來説，也需要從實作中摸索和總結經驗，進一步加強執行管理水準。而不少單位卻缺乏各種系統執行情況的基本資料，只停留在一般的印象上，無法對系統執行情況進行科學分析和合理判斷，難以進一步加強執行管理水準，這是十分可惜的。資料中心的主管人員應該從系統執行的開始就注意累積系統執行情況的詳細材料，因此，要安排專人值班，做好系統的日常巡檢監視工作，按要求填寫執行記錄檔。執行記錄檔的範例見表 2-3。

表 2-3 XXX 分公司值班記錄檔

專案類別	專案名稱				
資料網路 □正常 □例外	廣域網路 ATM 裝置 □正常□例外	廣域網路連線交換機 □正常□例外	區域網中心交換機 □正常□例外	區域網連線交換機 □正常□例外	……
	寬頻網防火牆 □正常□例外	外網 VPN □正常□例外	2M 協定轉換 □正常□例外		……
應用系統 □正常 □例外	OA 系統 □正常□例外	檔案系統 □正常□例外	生產系統 □正常□例外	財務系統 □正常□例外	……
	線損系統 □正常□例外	銀聯系統 □正常□例外	行銷系統 □正常□例外	行銷監控系統 □正常□例外	……
	輸電線路系統 □正常□例外	行動廣告系統 □正常□例外	瑞星防病毒系統 □正常□例外	稽核系統 □正常□例外	……
各種網站 □正常 □例外	商務網站 □正常□例外	內部辦公網站 □正常□例外	廉政建設網站 □正常□例外	黨建網站 □正常□例外	……
防病毒系統 □正常 □例外	系統中心更新版本 □是□否	系統通訊代理連接 □正常□例外			……

機房環境 □正常 □例外	UPS 裝置 □正常□例外	消防裝置 □正常□例外	機房溫度 □正常□例外	機房濕度 □正常□例外	……
	空調執行 □正常□例外	裝置執行 □正常□例外	裝置例外聲音 □是□否	機房清潔 □是□否	……

在系統執行過程中，需要收集和累積的資料包含以下 5 個方面。

（1）有關工作數量的資訊。例如開機的時間，每天、每週、每月提供的報表數量，每天、每週、每月輸入資料的數量，系統中累積的資料量，修改程式的數量，資料使用的頻率，滿足使用者臨時要求的數量等。這些資料反映了系統的工作負擔及提供的資訊服務的規模。這是反映電腦應用系統功能的最基本資料。

（2）工作的效率。工作的效率是指系統為了完成規定的工作，佔用了多少人力、物力即時間。例如完成一次年度報表的編制，用了多長時間、多少人力；又如使用者提出一個臨時的查詢要求，系統花費了多長時間才列出所要的資料。此外，系統在日常運行中，例行的操作所花費的人力是多少，消耗性材料的使用情況如何等。隨著經濟體制的改革，各級長官越來越多地注意經營管理。任何新技術如果不注意經濟效益便不可能獲得廣泛應用。

注意

① 值班記錄檔包含定期檢查工頁、值班主要記事。
② 定期檢查項按照資料網路、應用系統、機房環境等列出每工作日必須檢查的內容。
③ 值班主要記事要記錄當天系統整體執行情況、當天重要工作或系統重大變更、交代下一班人員要注意的事宜、主管交辦的工作等。如未填寫注意事宜，則當天系統整體執行情況為必填工頁。

（3）系統提供的資訊服務品質。資訊服務和其他服務一樣，不能只看數量、不看品質。如果一個資訊系統產生的報表並不是管理工作所需要的，管理人員使用起來並不方便，那麼這樣的報表產生得再多再快也是沒有意義的。同樣，使用者對於提供的方式是否滿意，所提供資訊的精確程度是否符合要求，資訊提供得是否即時，臨時提出的資訊需求是否可獲得滿足等，也都屬於資訊服務的品質範圍。

（4）系統的維護修改情況。系統的資料、軟體和硬體都有一定的更新、維護和檢修工作程序，這些工作都要有詳細、即時的記載，包含維護工作的內容、情況、時間、執行人員等。這不僅確保了系統的安全和正常執行，還有利於系統的評價及進一步擴充。

（5）系統的故障情況。無論故障大小，都應該即時地記錄以下情況：故障的發生時間、故障的現象、故障發生時的工作環境、處理的方法、處理的結果、處理人員、善後措施以及原因分析。要注意的是，所說的故障不只是指電腦本身的故障，還包含整個資訊系統。例如：由於資料收集不即時，年度報表未能按期完成，這是整個資訊系統的故障，而非電腦的故障；同樣，收集來的原始資料存在缺失或錯誤，這也不是電腦的故障，然而這些錯誤類型、數量等的統計資料是非常有用的資料，因為其中包含了許多有益的資訊，對於整個系統的擴充與發展具有重要的意義。

在以上提到的 5 個方面中，那些正常情況下的執行資料是比較容易被忽視的，因為發生故障時，人們常常比較重視對有關情況的記載，而在系統正常執行時期，則不那麼注意。事實上，要全面掌握系統的情況，必須十分重視正常執行時期的情況記錄。

例如：伺服器發生了故障，就需要檢查它是在累計工作多長時間之後發生的故障，如果這時沒有平時的工作記錄，就無從了解這一情況。在可用性方面，人們常常需要平均無故障時間這一重要指標，如果沒有日常的工作記錄，這一指標也就無法計算。

對自動化程度較低的資料中心來說，這些資訊主要靠人工方式記錄。大型電腦一般都有自動記載本身執行情況的功能。不過，即使是大型電腦也需要有人工記錄作為補充方法，因為某些情況是無法只用電腦記錄的，如使用者的滿意程度、所產生的報表的使用頻率就只能用人工方式收集和記錄。而且，當電腦本身發生故障時，它當然就無法詳細記錄本身的故障情況了。因此，不論在哪種資訊系統中，都必須有嚴格的運行記錄制度，並要求有關人員嚴格遵守、認真執行。

為了使資訊記錄得完整準確，一方面要強調在事情發生的當時當地、由當事人記錄，絕不能代填或倒填（這是許多地方資訊收集不準確的原因之一），避免時過境遷，使資訊記錄失真；另一方面，儘量採用固定的表格或本冊進行登記，而不要使用自然語言含糊地表達。這些表格或登記簿的編制應該使填寫者容易填寫、節省時間。同時，需要填寫的內容應該含義明確、用詞確切，並且儘量給予定量的描述。對於不易定量化的內容，則可以採取分類、分級的辦法，讓填寫者進行選擇。總之，要努力透過各種方法，儘量詳盡、準確地記錄系統執行的情況。

在資料中心，各種運行維護人員都應該擔負起記載執行資訊的責任。硬體操作人員應該記錄硬體的執行及維護情況；軟體操作人員應該記錄各種程式的執行及維護情況；機房管理員負責機房環境設施的日常巡檢，應記錄溫濕度、電源負荷、空調執行參數等；負責資料驗證的人員應該記錄資料收集的情況，包含各種錯誤的數量及分類；輸入人員應該記錄輸入的速度、數量、出錯率等。要透過嚴格的制度及經常的教育，使各種人員明白日常巡檢的重要性，使所有工作人員都把記錄執行情況作為自己的重要工作。

對自動化程度較高的資料中心來說，應盡可能開發利用各種基礎設施監控系統記錄的資訊資料，自動定義產生執行報表。因此，在建立資料中心運行維護管理系統時，必須考慮與監控系統間的介面問題，不然系統建成後仍是依靠人工處理。

有些情況不是在系統執行過程中記錄下來的，如使用者滿意度、產生表格的使用率、使用者對例行報表的意見等。對於這些資訊應該透過網站、使用者回訪或發調查表等方式向使用者徵集，這是由應用系統的服務性質決定的。這種工作可以定期進行，例如結合季、半年或一年的工作總結進行，也可以根據系統執行的情況不定期地進行。不論採用哪種方式，資料中心的主管人員都必須親自動手，滿足企業（機構）或組織的需求是資料中心的出發點和內容，是對整個資料中心工作最根本的檢驗。企業（機構）或組織的主管也應該以此作為對資料中心及資訊管理部門工作情況評價的標準。

2.2.5 執行故障管理

1. 資料中心故障概述

現代以電腦為基礎的資料中心各系統在執行過程中都不可避免地會遇到因故障而故障的情況。硬體故障、軟體錯誤、人工作業失誤甚至對系統的惡意破壞，這些都可能導致系統執行的非正常中斷，影響系統中資料的正確性，或破壞系統的資料庫，使部分甚至全部資料遺失。

透過系統的可用性（或可用率）指標可以衡量和預測系統故障的發生。系統的可靠性是指在滿足一定條件的應用環境中系統能夠正常執行的能力。由於資料中心各系統在邏輯上是由各個子系統和功能模組成的，因此，可以按照一般工程系統的可用性研究方法進行單元可用性和系統可用性的評價，也可以透過系統平均無故障執行時間、系統可用率和系統平均維修時間等指標來定量衡量。

系統可用性實際上還包含了對資料安全性的要求，因為不完整的業務資料必然會導致用戶在實際業務應用上的障礙，所以組織必須在確保業務資料安全性的前提下考慮資訊系統的可用性。運用適當的策略和方法，可以確保發生故障時業務資料的完整性，並且在某種程度上確保系統在較短時間內恢復正常執行。儘管如此，對某些要求業務系統不間斷執行的組織而言，即使是極短時間的執行中斷也是無法接受的，這時就需要具有極高的系統可用性。

實施故障恢復可能會非常困難，僅簡單地找出問題並在中斷處恢復執行常常是不可能的，系統需要對大量附加的容錯資料操作處理。因此系統所採用的恢復技術對系統的可用性具有決定性的作用，對系統的執行效率也有很大影響，它是衡量資訊系統效能優劣的一項重要指標。

2. 故障的種類

影響資料中心各系統安全、穩定執行的故障主要有以下 6 類別。

1）硬體故障

電腦硬體系統是支援資訊系統執行的物質基礎。硬體故障是指資訊系統所有關的各種硬體裝置發生的故障，例如 CPU、記憶體、磁碟、主機板、各種電路板外掛程式、顯示器、KVM 等出現的故障。

硬體故障發生的原因有多種，如系統各種配件之間的相容性差、某些硬體產品的質量不過關等。

2）軟體故障

電腦軟體系統是指實現資訊系統執行的支援平台和應用工具。軟體故障是指資訊系統所有關的各種程式發生的故障，例如作業系統當機、應用程式執行過程中發生的重大錯誤等。

軟體故障發生的原因也有多種，例如軟體參數設定錯誤、軟體使用人員操作錯誤、系統程式安全性漏洞、應用程式中的設計缺陷、電腦病毒破壞等。

3）網路故障

現代資訊系統一般都是以電腦網路環境為基礎的系統。網路通訊的暢通常常是整個資訊系統正常執行的前提。網路故障是指由於各種原因導致的無法連接到網路或網路通訊非正常中斷，如使用者端網路、網路連接線路等問題。根據網路故障發生的原因，一般可以把網路故障細分為兩大類。

（1）網路硬體故障。例如：網線、網路卡、集線器、交換機和路由器等網路裝置本身的故障；網路裝置在佔用系統資源（如插斷要求、I/O 位址）時發生衝突；驅動程式之間、驅動程式與作業系統之間、驅動程式與主機板 BIOS 之間不相容的問題。

（2）網路軟體設定故障。例如：網路通訊協定設定問題，網路通訊服務的安裝問題，網路標示的設定問題，網路通訊阻塞、廣播風暴以及網路密集型應用程式造成的網路阻塞等故障。

4）週邊保證設施故障

週邊保證設施故障包含電源、冷卻、保全控制、佈線、環境、加密系統、浮水印系統等設施故障直接或間接造成的資訊系統執行故障。

5）人為故障

資訊系統中人員的因素尤其重要。人為故障是指由於系統管理人員或操作人員的誤操作或故意破壞（如刪除資訊系統的重要資料）而導致的資訊系統執行不正常甚至中斷故障。

6）不可抗力和自然災害

這種故障主要是指因不可抗拒的自然力以及不可抗拒的社會暴力活動造成的資訊系統執行故障，如地震、火災、水災、風暴、雷擊、強電磁輻射干擾、戰爭等。這些因素一般直接危害資訊系統中硬體實體的安全，進而導致資訊系統軟體資源和資料資源發生重大損失。

3. 故障的預防策略

在新系統上線投入正式執行前的系統測試，是檢測系統可用性、預防系統故障的一種主要方法。但是，系統測試不可能發現資訊系統中的所有錯誤，特別是軟體系統中的錯誤。所以，在系統投入正常使用後，還有可能在執行中曝露出隱藏的錯誤。另一方面，使用者、管理體制、資訊處理方式等系統應用環境也在發生變化，也可能由於系統不適應環境等因素的變化而發生故障。系統可用性要求在發生上述問題時能夠使系統儘量不受錯誤的影響，或把故障的影響降至最低，並能夠迅速地修正錯誤或修復故障，進一步使系統恢復正常執行和功能實現。

要加強系統可用性，預防系統故障的發生就必須制定適當的故障預防策略。這些策略主要有下列 4 種：

（1）故障約束。故障約束就是在資訊系統中透過預防性約束措施，防止錯誤發生或在錯誤被檢測出來之前防止其影響範圍繼續擴大。例如採取故障點自動隔離、強制中斷錯誤的資訊處理活動等約束方式。

（2）故障檢測。故障檢測就是對系統的資訊處理過程和執行狀態進行監控和檢測，使已經發生的錯誤在一定範圍或步驟內能夠被檢測出來。例如採取基礎設施集中監控、資料驗證、裝置執行狀態自動監控與警告等技術方法來實現故障檢測。

（3）故障恢復。故障恢復就是將系統從錯誤的狀態恢復到某一個已知的正確狀態，且為了減小資料損失而盡可能恢復到接近發生系統當機的時刻。舉例來說，透過更換或修復故障裝置、軟體系統重新設定、利用備份資料進行資料恢復等技術，將發生故障的系統迅速從故障中恢復，繼續正常執行。

（4）針對資料中心的裝置、環境等執行情況，要充分做好應急事件預想，制定相應的應急備援，透過安全應急備援的完成，確保在發生各種資訊安全事件的情況下，能夠從容處理事件，縮小影響，減少停運時間，降低損失，確保網路與資訊系統執行的安全，確保網路與資訊系統內資訊的安全，確保網路與資訊系統管理控制的安全。

4. 預防性維護策略

預防性維護策略即在問題發生前校正錯誤，週期性的維護可以降低營運費用並且保持資料中心高效執行。

預防性維護雖然常被忽視，但對降低營運成本並且確保資料中心高效執行具有至關重要的作用。一輛汽車如果定期進行保養，那麼相對於只是時不時地進行維護或乾脆只是在有元件損壞的情況下才維修，其執行一定更高效，維修次數一定更少，正常執行時間一定更長。對於資料中心來說，也是同樣的道理。

預防性維護策略可以讓資料中心保持在最佳狀態下高效率地執行、降低因意外情況發生造成的修復成本，並且加強資料中心整體層面的可用性。

1）預防性維護可有效避免問題變成災難

在系統元件故障發生前主動確認潛在當機事件，那麼資料中心管理者就不會在半夜接到有關小問題演變成災難的電話了。這要歸功於他們在資料中心應用了預防性維護策略。

預防性維護策略要求對供電和冷卻系統進行系統性的定期巡檢。它包含元件更換、斷路器面板的熱量檢測、元件／系統調整、清洗過濾、潤滑相關裝置以及升級韌體等一系列服務。預先安排的定期巡檢能有效排除常見的隱憂，有效避免了問題出現或意外發生所致的緊急情況。等到緊急情況出現再進行的維護是無計畫的，成本昂貴且存在很大的潛在破壞性。

預防性維護傳統的方法是關注單一元件的正常狀態，但是思想超前的資料中心管理人員正在轉向一種整體性策略，那就是將資料中心看成一個整體，不管是發生在 UPS 斷路器、開關，還是電路中的錯誤，都看作是電力事件。

2）預防性維護由誰來完成

經過教育訓練並認證過的技術人員知識與經驗都非常豐富，與系統設計工程師易於溝通。

同時他們在影響資料中心的供電和冷卻問題上知識豐富。生產廠商和授權的協力廠商服務供應商在全球擁具有充足的保固原廠備件，同時可充分利用其成千上萬工時的現場經驗來加強現場服務工程師的專業水準。

而未經授權的協力廠商服務商一方面多餘的備件數量很有限（而且可能是從「黑市」購買的元件），另一方面由於本身的安裝量就非常少，因此會經常碰到以前未碰到過的問題。他們對於資料中心的了解也僅限於如何修復單一元件。

當機會帶來極大的損失，因此如何有效加強系統可用性最關鍵的一環就是將定期的預防性維護提上日程。對此可提供最高服務水準的最強有力團隊就是全球的生產廠商及授權的協力廠商技術人員。

5. 故障的記錄與報告

1）故障資訊搜集與記錄

當資訊系統執行發生故障或例外情況時，執行管理人員必須對故障或例外進行相關的資訊搜集與記錄。因為對系統故障進行統計分析，必須依賴大量可靠的故障資料。故障記錄的主要內容包含故障時間、故障現象、故障部位、故障原因、故障性質、記錄人、故障處理人、處理過程、處理結果、待解決問題和結算費用等。

（1）故障時間資訊。收集故障停機開始時間、故障處理開始時間、故障處理完成時間。停機開始時間到故障處理開始時間屬於等待時間。從故障處理開始到故障處理完成，這段時間的長短反映了故障特點和故障維護人員的業務能力與技術水準，它既是研究系統可維修性的有用資料，也是對維護人員關注的依據。

（2）故障現象資訊。故障現象是判斷故障原因的主要依據。在執行過程中，資訊系統一旦出現例外應該立即停止相關操作，要仔細觀察，記錄故障現象，為故障分析打下基礎。

（3）故障部位資訊。故障部位的記錄也是一項重要的內容。確切掌握系統的故障部位，不僅為分析和處理故障提供依據，而且可以直接了解系統各部分的可用性，為改善系統、加強系統可用性提供依據。造成系統故障的原因很多，也可能比較複雜，有些故障是單一因素造成的，而大多情況下卻是多種因素綜合影響的結果。因而只有從故障現象入手，研究工作機制，確定故障部位，才能找出真正的原因並加以解決。

（4）故障性質資訊。由故障原因可歸納為 6 類故障：硬體故障、軟體故障、網路故障、週邊保證設施故障、人為故障、自然災害。將故障性質的記錄進行分類，分清故障責任，劃歸有關部門，使之制定行之有效的措施，可防止類似故障的發生。

（5）故障處理資訊。有些硬體故障可以透過調整、換件、維修等徹底排除，但有些時候因為硬體設計缺陷，裝置老化、磨損加劇所形成的精度降低、重複性故障、多發性故障則很難排除，所以需要安排計畫檢修或裝置改造、更新，以徹底排除故障。大部分軟體故障可以透過重新調整參數，安裝更新程式，升級軟體版本，甚至重裝系統軟體等方式排除。透過加強操作人員的技術技能教育訓練，加強人員業務素質來避免人員因素造成的故障。對於自然災害，一般透過建立系統整體的災難恢復容錯方案予以預防和應急處理。對故障處理資訊的收集，可以為今後處理新故障提供方法和依據，大幅加強故障處理的工作效率。

儘管一些大型資料中心都有故障自動記錄與警告功能，但是，這些資訊通常僅對故障現象進行簡單記錄，不夠精確或不夠完整。因此，必須安排專門的人員對故障資訊進行搜集、整理與詳細記錄。

2）故障分析

故障分析是指對故障記錄資料進行統計分析，從中發現某些規律，獲得有價值的資訊，用以指導對系統的合理使用和維護保養，並從故障原因入手，採取積極措施，盡可能從根本上把握故障機制，大幅地減少故障，降低故障損失。

故障的數理統計分析是一項專業技術性較強的工作，要求相關人員既要有一定的專業理論知識，又要有豐富的實際工作經驗。故障統計的目的在於發現各種裝置故障的分布，找出多發故障裝置，掌握各種裝置的多發故障點。

故障分析的主要內容如下：

（1）根據故障的代表，分清故障的類型和性質，找出故障的根源。

（2）透過對統計資料的分析，取得有價值的資訊。故障的統計分析作為故障管理的重要一環，是制定故障對策的依據。可對故障記錄文件中的各個記錄項逐月分別進行統計。

3）故障報告

（1） 當系統執行過程中發生故障後，應該按規定程序報告給相關的主管部門，以便派人即時進行故障排除處理。對於硬體故障應該即時報告故障資訊給裝置責任人或設備製造廠商；對於軟體故障，如果是軟體本身的問題，應該即時報告故障資訊給軟體開發部門或軟體廠商；對於網路故障，如果租用的是商業網路通訊線路，應該即時報告故障資訊給對應的網路服務商，以協助解決或取得技術支援。

（2） 建立資料中心資訊安全突發事件資訊通報制度。當發生網路與資訊安全突發事件時，按要求應立即電話通知資訊主管部門和分管主管，並填寫《網路與資訊安全突發事件報告單》，按照突發事件不同等級的要求，即時上報資訊安全資訊，不得遲報、漏報或瞞報。

2.2.6 執行文件管理

1. 執行文件管理的意義

資料中心執行文件主要包含系統維護操作手冊、記錄、草稿，售後服務保證檔案，資料憑證，儲存資料和程式的磁碟及其他儲存媒體，系統開發過程中產生的各種文件及其他資料。執行文件管理在整個資料中心的執行管理工作中起注重要的作用。

1）良好的文件管理是系統工作連續進行的保證

執行管理文件也是一種重要的資料資源。文件是各項資訊活動的歷史記錄，也是檢查各種人員責任事故的依據。只有系統執行文件儲存良好，才能了解組織在經營管理過程中的各種差錯和不足，才能確保這些資訊在前後期的相互利用，才能確保資訊系統操作的正確性、可繼續教育訓練性和系統的可維護性。

2）良好的文件管理是系統維護的保證

各種開發文件是資訊系統的重要組成部分。對資訊系統來說，其維護工作有以下特點：

（1）了解別人精心設計的程式通常非常困難，而且軟體文件越不全，越不符合要求，了解起來越困難。

（2）當要求對系統進行維護時，不能依賴系統開發人員。另外，由於維護階段持續的時間很長，當需要解釋系統時，常常原來寫程式的人已經不在該單位了。

（3）資料中心是一個非常龐大的線上系統工程，即使是其中的子系統也是非常複雜的，而且還相容了實際業務與電腦兩方面的專業知識，了解與維護系統非常困難。以上這些關於資訊系統維護的特點決定了在沒有完整儲存的系統開發文件時，系統維護將非常困難，甚至不可能。如果出現這樣的情況，很可能帶來資訊系統的長期停止運轉，嚴重影響資訊系統工作的連續性。

3）良好的文件管理是保證系統內資料資訊安全的關鍵環節

當系統程式、資料出現故障時，常常需要利用備份的程式與資料進行恢復；當系統需要處理以前年度或電腦內沒有的資料時，也需要將備份的資料複製到電腦內；系統的維護需要各種開發文件。因此，良好的文件管理是保證系統內資料資訊安全完整的關鍵環節。

4）良好的文件管理是系統各種資訊得以充分利用，更進一步地為管理服務的保證

讓管理人員從繁雜的交易性工作中解脫出來，充分利用電腦的優勢，即時為管理人員提供各種管理決策資訊，是資訊化的主要目標。俗話説「巧婦難為無米之炊」，要實現執行管理的根本目標，必須有儲存完好的歷史資料。只有良好的文件管理，才可能在出現各種系統故障時，即時恢復被毀壞的資料；只有儲存完整的資料，才能利用各個時期的資料，進行比較分析、趨勢分析、決策分析等。所以説良好的文件管理是資訊得以充分利用，更進一步地為管理服務的保證。

2. 執行文件管理的工作

執行文件管理的工作主要包含以下內容。

（1）監督、確保按要求產生各種文件。按要求產生各種文件是文件管理的基本工作。一般説來，各種開發文件應由開發人員撰寫，開發人員應該提供完整、符合要求的開發文件；各種報表與憑證應按預先的要求列印輸出；各種系統資料應定期備份。重要的資料應強制備份；軟體的原始程式碼應有多個備份。

（2）確保各種文件的安全與保密。資訊系統中有些資料資訊是進行各種資訊活動的重要依據，絕不允許隨意洩露、破壞和遺失。各種資訊資料的遺失與破壞自然會影響到資訊系統的安全與保密；各種開發文件及程式的遺失與破壞都會危及系統的執行，從而危及系統中資料的安全與完整。所以，各種文件的安全與保密和資訊系統的安全密切相關，應加強文件管理，確保各種文件的安全與保密。

（3）確保各種文件獲得合理、有效的利用。文件中的資訊資料是了解組織營運情況、進行分析決策的依據。各種開發文件是系統維護的保證，各種資訊資料及系統程式是系統出現故障時恢復系統、確保系統連續執行的保證。

2.3 資料中心網路效能指標融合

隨著資料中心建設的不斷深入，對資料中心網路效能評估的要求也越來越高。透過對大量工程實作的歸納，在分析資料中心網路結構的基礎上，列出了資料中心網路效能的指標系統、資料中心管理資料的融合模型和融合演算法，實現全網的綜合評估。

2.3.1 資料中心網路結構

資料中心是各種資訊系統的核心，為確保系統穩定可靠，宜採用雙鏈路方式連線廣域網；為確保資料高效儲存和可靠備份，可採用 FC SAN 架構建置資料儲存系統。根據業務系統規模和類型，設定較多數量的伺服器，並從實體上將資料中心分為應用服務區、資料庫服務區、資料儲存與備份區和技術保證區等。

資料中心的裝置主要由伺服器、儲存裝置、網路裝置、安全保密裝置等組成。

1. 伺服器

根據功能和工作的不同，伺服器分為資料庫伺服器、應用伺服器、備份伺服器和管理伺服器。

2. 儲存裝置

資訊中心採取以光纖通道技術為基礎的儲存區域網路，以滿足線上儲存的要求。SAN 是位於伺服器後端，為連接伺服器、磁碟陣列、磁帶庫等儲存裝置而建立的高性能網路。SAN 將各種儲存裝置集中起來形成一個儲存網路，以便資料的集中管理。

3. 網路裝置

網路裝置主要包含核心交換機和連線交換機。核心交換機多採用多層 10GB 交換機作為中心交換機，具備高通訊埠密度、高性能的交換能力，支援多種類型的網路介面，具有第三層和第四層的交換和控制功能，設定容錯交換機互為備份。連線交換機多採用兩層 GB 交換機，具備高通訊埠密度、高性能的交換能力，支援多種類型的網路介面，設定容錯交換機互為備份。

傳統資料中心網路一般採用三層結構，如圖 2-1 所示。機架 A 內的伺服器使用架頂式交換機互連，透過二層交換機組成區域網，再透過連線路由器和核心路由器向外網提供服務。傳統資料中心支援兩種流量：①內部伺服器之間的流量，如業務系統之間的互相存取；②內部伺服器與外部終端使用者之間的互動流量。負載平衡裝置提供互動流量的負載平衡，終端使用者透過廣域網路，經過連線路由器存取內部伺服器。內部伺服器之間的流量主要透過二層交換機來支撐。

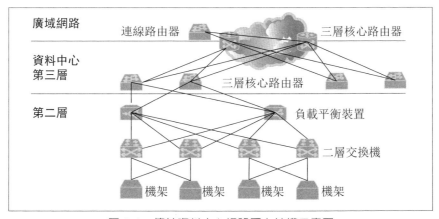

圖 2-1　傳統資料中心網路層次結構示意圖

4. 安全保密裝置

安全保密裝置通常由統一威脅管理（UTM）、抗 DDOS 產品、虛擬私人網路（VPN）、終端加密裝置等組成，為資料中心提供全面的保護。

其中 UTM 用於提供網路防護牆、入侵偵測、入侵預防、防病毒閘道等多種安全功能。抗 DDOS 產品用來對堵塞頻寬的流量進行過濾，確保正常的流量透過。VPN 是一種用於連接大型企業或團體與團體間的私有網路的通訊方法。終端加密裝置對外部交換的重要資訊實施信源加密和完整性認證保護；提供以憑證為基礎的數位簽章，防止事後否認；提供以憑證為基礎的身份驗證，防止非授權開機、非授權存取等。

資料中心網路的虛擬化方式包含「多虛一」「一虛多」和「M 虛 N」等形式。其中，「多虛一」是將多台實體伺服器虛擬化成一台功能更加強大的超級伺服器，用於大型計算，典型應用是網格計算；「一虛多」是在一台實體伺服器上虛擬多個獨立的虛擬伺服器，提供給不同使用者使用，包含作業系統虛擬化、主機虛擬化等形式；「M 虛 N」是上述兩種虛擬化方式的結合。

2.3.2 管理指標系統

管理指標系統建置是指資料中心網路效能和故障管理資料指標組成，及其相互關係開展相關研究，將複雜的資料中心管理資料指標和相互關係簡化為有序的遞階層次結構，使這些指標歸併為不同的層次，形成一個多層次的指標結構，最後將對資料中心管理資料指標的分析歸結為最底層相對於最高層的相對重要性權重。

從實體結構看，由於資料中心節點多，在網路拓樸時一般採用分區域分級網路拓樸，將兩個或多個機架上的節點連線到同一個連線交換機，形成一個切換式網路；不同切換式網路的節點再逐級透過上層交換機進行通訊，適合建立層次化的指標系統。從通訊協定看，監測指標可分為鏈路層、網路層、傳輸層和應用層指標，也是一個多層次指標系統。

對於單節點指標而言，它主要是根據通訊協定層次，建立反映網路效能和故障特徵的指標系統。單節點網路管理指標系統如圖 2-2 所示。

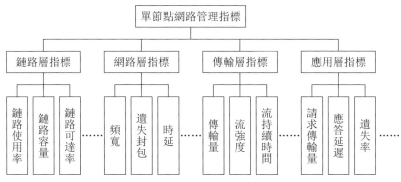

圖 2-2　單節點網路管理指標系統示意圖

在單節點網路管理指標系統中，網路管理指標集合可根據所反映的效能在協定系統結構中劃分為鏈路層、網路層、傳輸層和應用層效能指標。

（1）鏈路層效能指標主要包含鏈路使用率、鏈路容量、可達性、突發性、單一流或匯聚流的強度、持續時間等指標。這些指標描述了通訊鏈路、網路裝置等的執行狀態。

（2）網路層指標是利用對 IP 資料封包的分析或在 IP 層利用某種測量技術實現的測量指標，它主要反映了網路層對特定資料封包的支援能力和承載水準。典型的網路層效能指標包含頻寬、延遲、封包遺失率、使用率、可達性、延遲、延遲抖動等，這些指標實際上反映了網路能給應用提供的服務效能的基準線。

（3）傳輸層效能指標。傳輸層協定主要包含有連接的 TCP 協定和不需連線的 UDP 協定。由於網路中承載的應用主要是以 TCP 協定為基礎的，因此傳輸層的效能指標主要包含 TCP 連接的傳輸量、流強度、流持續時間等。傳輸層效能指標反映點對點的連接特性。

（4）應用層效能指標。不同的應用系統其相關協定類型的差別在於應用層協定的不同。應用層有多種協定類型，如 HTTP、RTP、FTP 等，不同的協定類型有其特定的效能指標。以 HTTP 協定為基礎的 Web 系統為例，採用請求 / 回應方式進行工作，它的基本通訊單位是 HTTP 請求和回應。因此基於這種請求 / 回應方式提出了幾個效能評價指標：請求傳輸量、回應延遲、遺失率、系統請求容量、連接數等。

資料中心網路的綜合執行分析與評估是在各層效能指標的綜合分析基礎上，對資料中心執行資料以及網路流量資料的擷取、整理與計算。圍繞網路品質、服務品質，資料中心網路管理指標系統如表 2-4 所示。

表 2-4 資料中心網路管理指標系統

一級指標	二級指標	可測量的效能指標
可用性	網路連通性	網路拓撲、鏈路狀態
	路徑效能	延遲、封包遺失率、延遲抖動
	請求成功率	使用者完成服務請求的比例
	服務性	服務相關資料流量不中斷的可能性、網路可用性、封包遺失率
	功能滿足性	服務滿足使用者所要求功能的程度
使用率	頻寬使用率	網路流量、可用頻寬、瓶頸頻寬
	服務強度	單位時間記憶體取的使用者量
	空閒率	服務相關的資料流量消失的時間段
服務速度		資料傳輸速率、網路頻寬
使用者滿意度		資訊服務介面度、達到使用者需求的程度（使用者體驗回饋）

2.3.3 效能指標資料融合模型

對於 IP 網路綜合性能評估模型，主要有關路由器綜合性能評估、點對點綜合性能評估和網路綜合性能評估等方面。結合現有資料融合和網路綜合評估技術基礎，應當對指標融合、節點融合、鏈路融合、時間融合、感知層融合 5 種資料中心網路效能指標資料融合模型給予確定，實際內容如下。

1. 指標融合

指標融合的目標在於將已有的、從不同角度描述網路特徵的多種效能指標綜合化，使其能夠表示網路整體的綜合性能特徵。各個指標的確定，即元指標集的確定，是與網路承載業務或網路主要承載業務緊密相關的。根據網路承載業務或主要承載業務的業務特性，確定對其影響較大的分項指標集合，其中每一個元素都作為維度綜合化的一維。分項指標，即維度綜合化的元指標，其指標本身特性是不同的。根據其本身特性劃分，可分為正指標和反指標。正指標是指，指標值越大表示這一對應網路品質分量越好；反指標是指，指標值越小表示這一對應網路品質分量越好。要進行維度綜合化（指標綜合化），必須先進行指標規格化，即將不同量綱、不同性質（正指標、反指標）的指標轉化為無量綱的、性質相同的規格化指標。

指標融合，即將選取出的原始指標集合中的元素值（元指標）按每個元素在由該網路承載業務或主要承載業務所決定的評估參數中的權重權重處理的過程。透過這一過程，完成針對網路承載業務或網路主要承載業務的執行品質評估多指標融合處理。

2. 節點融合

節點融合的目的在於將已有的某一區域內表示網路局部特徵的指標進行權重計算，使其能夠表示該區域網路的整體特徵。

網路可以按照區域和層次分別進行劃分。對於較大規模的資料中心網路，一般難以透過一次計算直接獲得網路的整體效能評價，因此需要按照不同區域、不同層次分別進行綜合化，然後再進行整個網路的綜合化。

在一個節點內，不同的網路裝置的同一種效能指標存在差異，很難用某一台裝置的指標來代表該網路節點的效能，因此透過對節點內各個裝置的指標按照重要性進行處理計算，產生代表該網路節點的綜合指標。

3. 鏈路融合

鏈路融合的目的在於將一個業務鏈路不同段的網路局部特徵指標進行綜合處理，得出全路徑的綜合指標，使其能夠表示該鏈路的整體特徵。

在資料中心網路中，很多業務都是點對點的。以測量為基礎的傳統網路執行品質研究中，經常測量的網路指標是點對點的。在傳統網路管理監控系統中，大量能夠檢測到的指標是孤立點的或逐段監控的。因此，當研究整個網路鏈路執行品質的時候，不但需要對許多點對點指標進行融合，還要融合逐段或各個點的監測指標，產生代表整個鏈路的綜合指標。

4. 時間融合

如果只進行指標融合、節點融合和鏈路融合，獲得的將是網路在某一時間點上的綜合效能值，這並不能反應網路在某一段時間內的平均效能、效能穩定狀況等網路特徵。因此，需要對局部網路或整個網路在某一時段或某一時間週期內的綜合性能特徵進行考核，以獲得網路平均效能狀況、網路效能穩定度等特徵資訊，以便為網路管理者、決策者的管理、決策過程提供有力支援。

網路在某一時間段內的執行狀況可以從兩方面衡量：平均執行品質和執行品質穩定度。平均執行品質指網路在某一時間段內的執行品質狀況的平均值；執行品質穩定度指網路在某一段時間內執行穩定情況的衡量。如果需要定量分析網路在一個時間段內的平均執行品質，需要由平均執行品質指標列出。此外，雖然網路執行品質走勢大致相同，但穩定狀況相差很大，如果需要定量分析網路在一段時間內執行的穩定狀況，需要由網路執行穩定性指標提供。

5. 感知層融合

在大規模資料中心網路中，透過部署分散式感知點形成網路效能感知層，負責對各類別網路裝置、鏈路、通訊埠進行效能監測，存在不同感知點同時感知同一被感目標的情況。感知層融合主要解決多個感知點同時擷取、上報裝置效能指標帶來的資料容錯問題，保證資料的準確性和唯一性。

2.3.4 效能指標資料融合演算法

針對前面提出的資料中心網路管理指標系統和管理資料融合模型，研究人員列出了資料中心網路效能指標資料融合演算法，包含元指標選取、資料前置處理、局部網路特徵選取、時間特徵選取、綜合指標計算 5 個步驟。

1. 元指標選取

元指標是指前面提出的資料中心網路管理指標系統中的底層指標，主要包含連通性、傳輸量、頻寬、封包轉發率、通道使用率、通道容量、頻寬使用率、封包損失率、傳輸延遲時間、延遲時間抖動等。元指標選取就是從現有指標集中選取一系列典型指標，作為綜合指標計算的基礎，通常由使用者或專家指定。

2. 資料前置處理

資料前置處理是指對不同來源、不同量綱的效能指標資料進行歸一化處理，形成標準的指標資料。資料前置處理指進行融合計算的前期資料準備工作。

3. 局部網路特徵選取

網路局部特徵選取，即完成節點融合和鏈路融合。首先，對研究目標網路進行分析，根據其拓撲特徵，將目標網路劃分成許多個規模較小的區域性子網路和將這些區域性網路連接起來的骨幹子網路，根據網路的拓撲特徵及業務分佈特徵，將劃分出的子網路運行品質指數按不同權重綜合化，獲得整個網路的執行品質指數。對獲得的許多個子網路，再次按近似劃分、綜合，直到目前網路本身就是最小子網路，不能夠再次劃分。然後將最小子網路分解成許多條路徑，根據網路本身特徵及業務特徵，將不同路徑進行綜合化。

在資料中心網路中，由於網路拓撲相對固定，因此局部網路特徵的選取可以採用預先設定選擇策略或使用者指定方式來完成。

4. 時間特徵選取

時間特徵選取的目標是為了研究兩種網路執行品質指標：網路執行平均品質和網路品質穩定性。網路執行平均品質研究的是網路在某一段時間內的平均品質表現，網路質量穩定性研究的是網路在某一段時間內的執行穩定性表現。時間特徵選取一般透過預先設定選擇策略或使用者根據需要動態指定方式來完成。

5. 綜合指標計算

計算綜合指標時，首先根據選擇的元指標、預先或現場設定的權重得出綜合指標具體的計算模型，然後進行計算。在實際計算時，需要根據指標的特徵，選取合適的演算法，如權重平均法、相當大似然估計、最小平方法、貝氏估計法、分群分析法等。

容器技術

容器技術引用的貨櫃化思維方式正在徹底影響和改變著 IT 產業，軟體的設計理念、生命週期及運行維護管理都因容器技術的引用而發生了革命性的變化。可以毫不誇張地說，容器技術正在改變著世界。本章將簡介容器的基本概念、類型、組成和建立原理。

3.1 容器的概念

3.1.1 容器的定義

容器是獨立執行的或一組應用，以及它們的執行態環境，它是輕量級的操作系統級虛擬化，可以讓使用者在一個資源隔離的處理程序中執行應用及其依賴項。執行應用程式所必需的元件都將包裝成一個映像檔並可以重複使用。執行映像檔時，它執行在一個隔離環境中，並且不會共用宿主機的

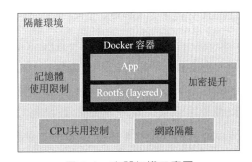

圖 3-1　容器架構示意圖

記憶體、CPU 以及磁碟，這就確保了容器內的處理程序不能監控容器外的任何處理程序，其架構如圖 3-1 所示。

對於容器可以這樣了解：

- 容器是從映像檔建立的執行實例，在啟動時建立寫入層作為最上層（因為映像檔是唯讀的）。
- 容器可以被啟動、開始、停止、刪除。每個容器都是相互隔離、確保安全的平台。
- 可以把容器看作是一個簡易版的 Linux 環境（包含 root 使用者許可權、處理程序空間、使用者空間和網路空間等）和執行在其中的應用程式。
- 容器是一種建置、發佈、部署、具象化應用程式的全新方法，是隔離、資源控制且可移植的作業環境。
- 容器是一個隔離的裝置，應用程式可在其中執行，而不會影響系統的其他部分，並且系統也不會影響該應用程式。
- 容器是虛擬化的一種進化。

就使用體驗而言，如果使用者在容器內，看起來會像是在一個新安裝的實體電腦或虛擬機器內一樣。

3.1.2 容器技術的歷史

X86 上的虛擬機器技術與容器技術基本上是平行且獨立發展的，初期虛擬機器技術佔上風，到了 2005 年，容器技術開始被廣泛接受。容器技術的發展離不開 Google 的推動，從表面上來看容器技術的先驅者是 Docker 公司，實際上真正的後台推手是 Google 公司。

Google 的整個生產系統中一直沒有使用虛擬機器技術，而是全部採用容器技術。在 2015 年的 EuroSys 會議上，Google 公司開放了多年以來的容器叢集方面的秘密：Google 早些年構建了一個管理系統，用於管理其叢集、容器、網路以及命名系統。第一個版本取名為 Borg，後續版本稱為 Omega，目前每秒鐘會啟動大約 7500 個容器，每週可能會啟動超過 20 億個容器。利用多年在大規模容器技術上的實作經驗和技術累積，Google 建置了一個以 Docker 容器為基礎的開放原始碼專案 Kubernates，借此奠定了自己在容器界的霸主地位。

2006 年 KVM 開始發展，Google 也開放了其容器的底層核心技術原始碼 cgroups，cgroups 隨後被納入到 Linux 核心中，接下來的開放原始碼專案 LXC（Linux Container）提供了建立 Linux 容器的整合式 API 封裝，此後，容器技術引起了 IT 界的關注。但是由於 LXC 技術對環境的依賴性很強，在一台機器上用 LXC 包裝出來的映像檔，如果遷移到別的機器上執行就會出現問題，所以容器技術一直沒有流行開來。直到 Docker 的出現，才徹底改變了容器技術面對的這種尷尬局面。Docker 對容器技術做了革命性的升級，建立一整套的階層式檔案系統，標準化容器映像檔，使容器在不同的環境、作業系統間遷移時，完全不受外界的影響，加強整個系統的可遷移性，使容器技術真正成為可實用的技術，徹底解決了 LXC 遷移性、獨立性、可控管性的問題。於是，2013 年以 Docker 為代表的容器技術開始爆發，Docker 成了容器技術的代言人。

2015 年是容器化發展歷程上的重要里程碑，全球容器化標準組織雲端原生運算基金會（Cloud Native Computing Foundation，CNCF）正式成立，這是一個由 Google 公司策劃、Linux 基金會支援的新組織，旨在推動容器技術的標準化發展。2016 年，微軟公司在其作業系統 Windows Server 2016 裡第一次支援 Docker，解決了基於 Windows 系統使用容器的難題。這樣一來，Docker 不僅可以執行在 Linux 上，還可以執行在 Windows 上。可以看到，容器正在改變整個世界，不管是什麼樣的作業系統，都對容器技術提供了支援。

3.1.3 容器的功能特點

容器在處理應用的依賴項、作業系統、靈活性和安全性上有許多顯著的特點，如圖 3-2 所示。

我們知道，每個應用程式都有自己的依賴項，包括軟體（服務、函數庫檔案）和硬體（CPU、記憶體、儲存），其中的任何一個依賴項在測試、生產環境中如與開發環境不一致，都會導致失敗。實際上，測試和生產環境通常是由多個應用共存的複雜環境，應用依賴項之間的衝突難以避免，容器可以有效解決這一難題。容器引

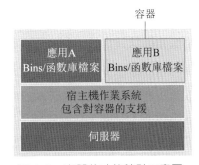

圖 3-2　容器的功能特點示意圖

擎是一種輕量級虛擬化機制，透過把應用封裝到虛擬容器中，可將每個應用程式的依賴項相互隔離，這樣就有效地解決了依賴項之間的衝突問題。

在所需的作業系統方面，容器內的處理程序可與使用者空間的其他容器相互隔離，但需要與宿主機和其他容器共用一個核心。換句話說，同一使用者空間的容器共用宿主機操作系統。

在靈活性方面，透過抽象消除了底層作業系統和基礎架構之間的差異，簡化「隨處部署」的程式和方法。

在快速方面，容器幾乎可隨時建立，透過快速伸縮滿足需要的變化。容器與虛擬機器的真正區別如圖 3-3 所示。容器是共用同一個宿主機的作業系統，而虛擬機器則需要有一個完整的作業系統，因此容器是輕量級的，僅包含了相關的使用者程式和所需的類別庫，因此也被稱為處理程序級的虛擬化。在一個作業系統上建立一個容器，實際上就相當於在一個作業系統上建立一個應用，因此它的啟動速度和回應與虛擬機器完全不在一個層面上。

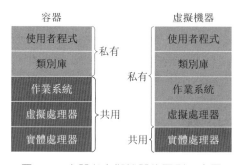

圖 3-3　容器與虛擬機器的區別示意圖

容器與虛擬機器在包裝的映像檔尺寸上區別很大。虛擬機器要包含一個完整的作業系統和各種類別庫，所以其映像檔也非常大，通常可達數 GB；而容器化映像檔通常只有幾十到幾百百萬位元組。

此外，映像檔大小會大幅影響整個系統彈性伸縮和快速部署的速度。例如：容器可以實現秒級的快速彈性伸縮，最主要的原因就是它的映像檔尺寸比虛擬機器小很多，能很快通過網路下載到目的機器並啟動起來，而虛擬機器可能僅下載映像檔就需要數分鐘，甚至更長時間。

容器 + 虛擬機器則適合不同場景的部署。如圖 3-4 所示，虛擬機器內部包含容器，透過將容器與虛擬機器結合在一起，使用者可以部署多個使用不同作業系統的虛擬機器，並在虛擬機內部的客戶作業系統部署多個容器。將容器與虛擬機器結合在一起，使用數量更少的虛擬機即可為大量應用提供支援。當然，虛擬機器數量減少，表示對儲存的佔用也隨之降低。每個虛擬機器可支援多個隔離的應用，進而增大應用的密度。

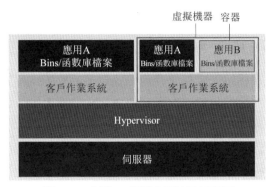

圖 3-4　容器 + 虛擬機器特性示意圖

靈活性方面，在虛擬機器內部執行容器，可透過即時遷移等功能最佳化資源使用率並簡化宿主機的維護工作。

不過，將容器部署在虛擬機器上，目前還會有不少爭議。不少人認為，將容器部署在虛擬機器上需要經過兩層虛擬化，其網路 I/O 和儲存 I/O 都會受到很大影響，因此，建議容器尤其是關鍵類別的應用最好部署在實體機上，這樣在管理、擴充時就完全沒有障礙。舉例來說，電信企業、軍用的容器都部署在實體機上。但是，如果組織內部已經有以虛擬機器為基礎的私有雲端平台，在上面部署容器也沒有太大問題，需要注意的是應將效能損耗考慮在內。

3.1.4　容器技術引發的變革

容器技術帶來的變革主要有以下兩個方面。

1. 推動了微服務架構設計理念的實踐

以 Docker 為代表的容器推動了微服務架構設計理念的實踐。它把一個原來很龐大的複雜的單位（單處理程序）應用拆分成一個個以業務功能為基礎的完全獨立的小程式，並且分布式部署在一個叢集中，以增加系統的穩定性和水平擴充能力，這就是微服務架構的核心思想。

微服務架構相對傳統單位應用來說，有兩個明顯的優勢。

- 在開發上，一個很大的團隊完全可以拆成一個個小的專業團隊，各自關注不同的業務功能的開發，使系統的開發反覆運算、更新和升級變得非常敏捷。
- 由於微服務架構本身就是分散式架構，所以很容易實現系統的高可用以及快速彈性擴充。當某個業務隨著存取量的增大而出現效能瓶頸時，可以快速地對其進行彈性伸縮，增加服務實例數量，以改善整個系統的效能。

微服務的理念早就被提出。它要求使用者把一個完整的應用拆成一個個獨立部署的微服務處理程序，並且部署在多個機器組成的叢集中，每個機器上會部署很多微服務處理程序，不僅增加了系統發佈、測試和部署的工作量，而且後續系統升級和運行維護管理的難度和複雜度也會大幅提升。因此，在缺乏自動化工具和相關平台支撐的情況下，微服務架構很難實踐，長期以來只在一些大型網際網路公司中推行。

Docker 的出現，打破了這一切。Docker 作為新瓶裝舊酒的一種技術，用簡單便捷的操作相當大地改變了軟體開發的流程與生態環境。在 Docker 的幫助下，可以把每個微服務處理程序包裝成獨立的映像檔，儲存在統一的映像檔倉庫中。升級後的版本包裝成新的映像檔，採用新的標籤來區別於舊版本。只要寫一個簡單的指令稿，以容器方式啟動各個微服務程序，就能很快地在叢集中完成整個系統的部署。還可以借助 Docker 引擎提供的 API，以程式設計方式來實現圖形化的管理系統，一鍵發佈系統、一鍵升級系統、自動修復系統等高階功能也都容易實現了。實際上，Google 開放原始碼的 Kubernetes 平台第一次將微服務架構的思想貫穿到底，在 Kubernetes 的世界裡，任何一個應用都是由一個個獨立的服務（Service）組成的，一個實際業務流程實際上是由一個個服務串在一起完成的，部署應用的時候也按照服務部署，無須關注服務到底會分佈到哪些機器上，因為 Kubernetes 會自動調度 Service 對應的容器實例到可用的節點上，並加強高可用和彈性伸縮功能。實際上，Kubernetes 目前實現的功能特性早已超過微服務架構本身的要求，因此越來越多的組織開始使用 Kubernetes 平台打造自己的微服務架構系統。

2. Docker 大幅提升了軟體開發和系統運行維護的效率

Docker 不僅大幅提升了軟體開發和系統運行維護的效率，而且促進了 DevOps 系統的成熟與發展。Docker 最大的特點是對應用的發佈版做了一個標準化的封裝，解決了應用的環境依賴難題，並且不再需要安裝部署過程。開發人員包裝應用映像檔之後就可以將映像檔原封不動地轉給測試人員，只要執行一個簡單的啟動指令，測試人員就可以在任意支援 Docker 的機器上成功地執行應用程式，並進入測試階段。如果測試成功了就可以把這個映像檔上傳到映像檔函數庫中，隨後運行維護人員可以直接從映像檔函數庫裡把映像檔拿出來並部署在生產叢集中。這個過程完全可以建立一整套標準化流程，因為每個環節傳遞的都是經過認證的標準化映像檔，所以可在後台透過一系列工具來控制整個流程的實現和度量。

透過一個管線串聯並驅動整個應用的開發生命週期過程，包含原始程式編譯、映像檔打包、自動部署或升級（測試環境）、自動化測試，以及運行維護階段的監控警告、自動擴充等環節，這就是 DevOps 的實作想法。由於在這個過程中引用了 Docker 技術，因而很大程度上提升了系統運行維護的可控管性、可度量性、可監控性等重要指標，這就是 Docker 帶來的第二個重要變革，即促進了 DevOps 的實踐和發展。因此，在容器化平台履行建設完成之後，下一個重點目標就是建設 DevOps 平台，以促進整個軟體的開發運行維護流程進一步向自動化、可控管的目標邁進。

容器技術雖然是由 Docker 公司開放原始碼並發揚光大的，但背後是以 Google 為首的 IT 巨頭在推進並使之成為標準，類似當年的 J2EE 組織，所以容器技術的影響力和影響範圍會進一步擴大。

容器技術也是架設企業 PaaS 平台以及新一代私有雲最核心的技術，目前流行的 Kubernetes 和 Mesos，其底層都是以容器技術為基礎架設的，而且越來越多的組織（企業）正基於 Docker 和 Kubernetes 來改造已有或新增新一代的 PaaS 平台。

3.1.5 容器的重要概念

容器本質上是宿主機上的處理程序。容器透過 namespace 實現了資源隔離，透過 cgroups 實現了資源限制，透過寫時複製機制（Copy On Write）實現了高效的檔案操作。

1. namespace

容器要實現資源隔離,需使用 chroot 指令,它可實現根目錄掛載點的切換,即隔離檔案系統。為了在分散式的環境下進行通訊和定位,容器必然要有獨立的 IP、通訊埠、路由等,因此,需要與網路隔離。同時,容器還需要一個獨立的主機名稱,以便在網路中標識自己。有了網路,其處理程序間的通訊自然也需要隔離。對應地,使用者和使用者群組也必須隔離,實現使用者許可權的隔離。最後,執行在容器中的應用需要有處理程序號(PIO),自然也需要與宿主機中的 PIO 進行隔離。由此,基本上完成了一個容器所需的 6 項隔離。Linux 內核心提供了對這 6 種 namespace 隔離的系統呼叫,如表 3-1 所示。當然,真正的容器還需要處理許多其他工作。

表 3-1　namespace 的 6 項隔離

namespace	系統呼叫參數	隔離內容
UTS	CLONE __ NEWUTS	主機名稱與域名
IPC	CLONE __ NEWIPC	號誌、訊息佇列和共用記憶體
PID	CLONE __ NEWPID	處理程序編號
Network	CLONE __ NEWNET	網路裝置、網路堆疊、通訊埠等
Mount	CLONE __ NEWNS	掛載點(檔案系統)
User	CLONE __ NEWUSER	使用者和使用者群組

實際上,Linux 核心實現 namespace 的主要目的之一就是實現輕量級虛擬化(容器)服務。在同一個 namespace 下的處理程序可以感知彼此的變化,而對外界的處理程序一無所知。這樣就可以讓容器中的處理程序產生錯覺,仿佛自己置身於一個獨立的系統環境中以達到獨立和隔離的目的。

2. cgroups 資源限制

cgroups 最初名為 process container,由 Google 工程師 Paul Menage 和 Rohit Seth 於 2006 年提出,後來由於 container 有多重含義容易引起誤解,在 2007 年被改名為 controlgroups ,並整合進 Linux 核心。顧名思義 cgroups 就是把工作[1] 放到一個群組裡面統一加以控制。

1　在 Linux 系統中,核心本身的排程和管理並不對處理程序和執行緒加以區分,只是根據 clone 建立時傳導入參數的不同,從概念上區別處理程序和執行緒,所以本章統一稱之為工作。

cgroups 的官方定義

cgroups 是 Linux 核心提供的一種機制，這種機制可以根據需求把一系列系統工作及其子工作整合（或分隔）到按資源劃分等級的不同群組內，進一步為系統資源管理提供一個統一的架構。

換句話說，cgroups 可以限制、記錄工作群組所使用的實體資源（包含 CPU、Memory、I/O 等），為容器虛擬化提供一個基本保證，是建置 Docker 等一系列虛擬化管理工具的基礎。

從開發者角度看，cgroups 有以下 4 個特點。

（1）cgroups 的 API 以一個偽檔案系統的方式實現，使用者態的程式可以透過檔案操作實現 cgroups 的組織管理。

（2）cgroups 的組織管理操作單元可以細粒度到執行緒等級，另外使用者可以建立和銷毀 cgroup，進一步實現資源再分配和管理。

（3）所有資源管理的功能都以子系統的方式實現，介面統一。

（4）子工作建立之初與其父工作處於同一個 cgroups 控制群組。

本質上說，cgroups 是核心附加在程式上的一系列鉤子（hook），透過程式執行時期對資源的排程觸發對應的鉤子以達到資源追蹤和限制的目的。

3. cgroups 的作用

實現 cgroups 的主要目的是為不同使用者層面的資源管理提供一個統一的介面。從單個工作的資源控制到作業系統層面的虛擬化，cgroups 提供了以下 4 大功能。

（1）資源限制：cgroups 可以對工作使用的資源總額進行限制，如設定應用執行時期使用記憶體的上限，一旦超過這個配額就發出 OOM（Out of Memory）提示。

（2）優先順序分配：透過分配的 CPU 時間切片數量及磁碟 I/O 頻寬大小，實際上就相當於控制了工作執行的優先順序。

（3）資源統計：cgroups 可以統計系統的資源使用量，如 CPU 使用時長、記憶體用量等，這個功能非常適用於費率。

（4）工作控制：cgroups 可以對工作執行暫停、恢復等操作。

cgroups、工作、子系統[2]、層級[3] 四者間的關係及基本規則如下。

規則1 同一個層級可以附加一個或多個子系統。如圖 3-5 所示，CPU 和 Memory 的子系統附加到了一個層級。

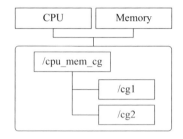

圖 3-5　同一個層級可以附加一個或多個子系統示意圖

規則2 當且僅當目標層級有唯一一個子系統時，一個子系統可以附加到多個層級。圖 3-6 中小圈中的數字表示子系統附加的時間順序，CPU 子系統附加到層級 A 的同時不能再附加到層級 B ，因為層級 B 已經附加了記憶體子系統。如果層級 B 沒有附加過記憶體子系統，那麼 CPU 子系統允許同時附加到兩個層級。

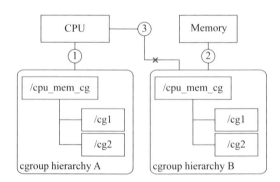

圖 3-6　一個已經附加層級的子系統不能附加到其他含有別的子系統的層級上

2　cgroups 中的子系統就是一個資源排程控制器。例如 CPU 子系統可以控制 CPU 時間分配，記憶體子系統可以限制 cgroup 記憶體使用量。

3　層級由一系列 cgroup 以一個樹狀結構排列而成，每個層級透過綁定對應的子系統進行資源控制。層級中的 cgroup 節點可以包含零或多個子節點，子節點繼承父節點掛載的子系統。整個作業系統可以有多個層級。

規則 3 系統每次新增一個層級時，該系統上的所有工作預設加入這個新增層級的初始化 cgroup，這個 cgroup 也被稱為 root cgroup。對於建立的每個層級，工作只能存在於其中一個 cgroup 中，即一個工作不能存在於同一個層級的不同 cgroup 中，但一個任務可以存在於不同層級的多個 cgroup 中。如果操作時把一個工作增加到同一個層級的另一個 cgroup 中，則會將它從第一個 cgroup 中移除。在圖 3-7 中可以看到，httpd 工作已經加入到層級 A 的 /cg1，而不能加入同一個層級的 /cg2 中，但是可以加入層級 B 的 /cg3 中。

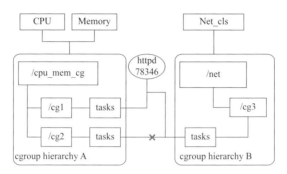

圖 3-7　一個工作不能屬於同一個層級的不同 cgroup

規則 4 工作在 fork/clone 本身時建立的子工作，預設與原工作在同一個 cgroup 中，但是子工作允許被移動到不同的 cgroup 中，即 fork/clone 完成後，父子工作間在 cgroup 方面是互不影響的。圖 3-8 小圈中的數字表示工作出現的時間順序，當 httpd 剛 fork 出另一個 httpd 時，兩者在同一個層級的同一個 cgroup 中。但是隨後如果 ID 為 3416 的 httpd 需要移動到其他 cgroup，也是可以的，因為父子工作間已經獨立。簡言之，初始化時子工作與父工作在同一個 cgroup 中，但是這種關係在其後是可以改變的。

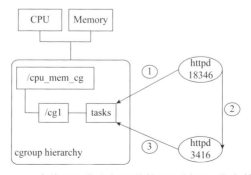

圖 3-8　剛 fork/clone 出的子工作在初始狀態下與其父工作處於同一個 cgroup

4. 倉庫

倉庫（Regostry）是集中儲存映像檔檔案的場所，可以是公有倉庫，也可以是私有倉庫。

最大的公有倉庫是 Docker Hub。中國大陸的公有倉庫包含 Docker Pool 等。當使用者建立了自己的映像檔之後就可以使用 push 指令將它上傳到公有或私有倉庫，這樣下次在另外一台機器上使用這個映像檔時，只需從倉庫中 pull（下拉）即可。

Docker 倉庫的概念與 Git 類似，註冊伺服器可以視為 GitHub 這樣的託管伺服器。

3.2 Docker 容器

3.2.1 Docker 的誕生

Docker 公司的前身叫作 dotCloud，其產品是一個商業化的 PaaS 平台。不過，這個平台並沒有產生好的經濟效益，因為有實力的公司會自己開發 PaaS 平台，很少有公司願意花錢購買。這就導致 dotCloud 公司的日子越來越艱難，同時其背後的投資公司急著要 dotCloud 找到新的出路，於是 dotCloud 的創辦人 Solomon Hykes 決定放手一搏，效法開放原始碼運動的精神，把公司在開發 PaaS 平台時為了方便採用 Linux Container 研發的一整套工具（Docker 的原始版本）開放原始碼出來。此後，這套新穎的容器工具受到了很多軟體工程師的青睞，開發人員開發完成後只要用 Docker 包裝成映像檔交給測試人員，測試人員在本機就能使用這個映像檔啟動容器並進行快速測試。不同的版本可以被固定為不同的映像檔，所以很容易進行回歸測試，且幾個不同的映像檔版本可以同時測試。由此開始，Docker 在業界贏得了很好的口碑並迅速流行開來。後來，dotCloud 公司改名為 Docker。

2014 年 6 月對 Docker 來說是非常重要的發展節點，Google 公司宣佈支援 Docker，並且投資了 Docker 公司。網際網路巨頭 Google 的這一舉動，被其他公司認為是風向球，紛紛跟風，越來越多的企業開始使用 Docker 技術。

2015 年 6 月，容器化標準組織 OCP 成立後，更多的大企業和創業公司開始擁抱 Docker。同年，Google 開放原始碼的 Kubernetes 奠定了其在容器領域微服務架構之王的地位，隨後 Docker 公司的 Swarm 專案開始「模仿」Kubernetes，Mesos 則第一時間擁抱了 Kubernetes 這個重量級新事物。2016年中國移動通訊公司率先成功地在電信領域嘗試大規模部署和應用 Docker & Kubernetes 平台。Docker 專案的社區程式貢獻者也由 2016 年年初的 900 多個增加到了目前的 12710 個。

3.2.2 Docker 架構

Docker 使用了傳統的用戶端 / 伺服器架構模式，總架構如圖 3-9 所示。使用者透過 Docker Client 與 Docker Daemon 建立通訊，並將請求發送給後者。而 Docker 的後端是鬆散耦合結構，不同模組各司其職並有機組合，完成使用者的請求。

從圖 3-9 中可以看出，Docker Daemon 是 Docker 架構中的主要使用者介面。首先，它提供了 API Server 用於接收來自 Docker Client 的請求，其後根據不同的請求分發給 Docker Daemon 的不同模組執行對應的工作。

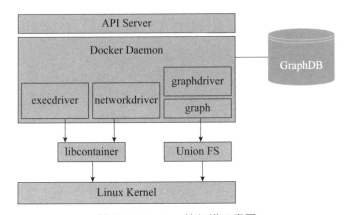

圖 3-9　Docker 總架構示意圖

Docker 透過 driver 模組實現對 Docker 容器執行環境的訂製。當需要建立 Docker 容器時，可從 Docker Registry 中下載映像檔，並透過映像檔管理驅動 graphdriver 將下載的映像檔以 graph 的形式儲存在本機；當需要為 Docker 容器建立網路環境時，則透過網路管理驅動 networkdriver 建立並設定 Docker

容器的網路環境；當需要限制 Docker 容器執行資源或執行使用者指令等操作時，則透過 execdriver 來完成。libcontainer 是一個獨立的容器管理包，networkdriver 和 execdriver 都透過 libcontainer 來實現對容器的實際操作，包含利用 UTS、IPC、PID、Network、Mount、User 等 namespace 實現容器間的資源隔離和利用 cgroup 實現對容器的資源限制。當執行容器的指令執行完畢後，一個實際的容器就處於執行狀態，該容器擁有獨立的檔案系統、安全且相互隔離的執行環境。

Docker 總架構中各個模組的功能如下。

1. Docker Daemon

Docker Daemon 是 Docker 最核心的後台處理程序，它負責回應來自 Docker Client 的請求，然後將這些請求翻譯成系統呼叫完成容器管理操作。該處理程序會在後台啟動一個 API Server，負責接收由 Docker Client 發送的請求；接收到的請求將透過 Docker Daemon 內部的路由分發排程，再由實際的函數來執行請求。

2. Docker Client

Docker Client 是一個泛稱，用來向指定的 Docker Daemon 發起請求，執行對應的容器管理操作。它既可以是 Docker 命令列工具，也可以是任何遵循了 Docker API 的用戶端。目前，社區中維護著的 Docker Client 種類非常豐富，涵蓋了 C#（支援 Windows）、Java、Go、Ruby、JavaScript 等常用程式語言，甚至還有使用 Angular 函數庫撰寫的 WebUI 格式的用戶端，足以滿足大多數使用者的需求。

3. graph

graph 元件負責維護已下載的映像檔資訊及它們之間的關係，所以大部分 Docker 映像檔相關的操作都會由 graph 元件來完成。graph 透過映像檔「層」和每層的中繼資料來記錄這些映像檔的資訊，使用者發起的映像檔管理操作最後都轉換成了 graph 對這些層和中繼資料的操作。正是由於這個原因，以及很多時候 Docker 操作都需要載入目前 Docker Daemon 維護著的所有映像檔資訊，graph 元件常常會成為效能瓶頸。

4. GraphDB

Docker Daemon 透過 GraphDB 記錄它所維護的所有容器（節點）以及它們之間的 link 關係（邊），這也就是為什麼這裡採用了一個圖結構來儲存這些資料。實際來說，GraphDB 就是一個以 SQLite 為基礎的最簡單版本的圖形資料庫，能夠為呼叫者提供節點增、刪、檢查、連接、所有父子節點的查詢等操作。這些節點對應的就是一個容器，而節點間的邊就是一個 Dockerlink 關係。每建立一個容器，Docker Daemon 都會在 GraphDB 裡增加一個節點，而當為某個容器設定了 link 操作後，在 GraphDB 中就會為它建立一個父子關係，即一條邊。顯然，雖然名字容易混淆，但是 GraphDB 與前面提到的負責鏡像操作的 graph 元件沒有多大關係。

5. driver

前面提到，Docker Daemon 負責將使用者請求翻譯成系統呼叫，進而建立和管理容器的核心處理程序。而在實作方式過程中，為了將這些系統呼叫抽象成為統一的操作介面方便呼叫者使用，Docker 把這些操作分成容器管理驅動、網路管理驅動、檔案儲存驅動 3 種，分別對應 execdriver、networkdriver 和 graphdriver。

execdriver 是對 Linux 作業系統的 namespaces、cgroups、apparmor、SELinux 等容器執行所需的系統操作進行的一層二次封裝，其本質作用類似 LXC，但是功能要更全面。這也就是為什麼 LXC 會作為 execdriver 的一種實現而存在。當然，execdriver 最主要的實現也是現在的預設實現，即 Docker 官方撰寫的 libcontainer 函數庫。

networkdriver 是對容器網路環境操作所進行的封裝。對容器來說，網路裝置的配置相比較較獨立，並且應該允許使用者進行更多的設定，所以在 Docker 中，這一部分是單獨作為一個 driver 來設計和實現的。這些操作實際包含建立容器通訊所需的網路，容器的 network namespace，這個網路所需的虛擬網路卡，分配通訊所需的 IP，服務存取的端口和容器與宿主機之間的通訊埠對映，設定 hosts、resolv.conf、iptables 等。

graphdriver 是所有與容器映像檔相關操作的最後執行者。graphdriver 會在 Docker 工作目錄下維護一組與映像檔層對應的目錄，並記下容器和映像檔之間關係等中繼資料。這樣，使用者對映像檔的操作最後會被對映成對這些目錄檔案以及中繼資料的增刪改查，進一步隱藏掉不同檔案儲存實現對於上層呼叫者的影響。目前 Docker 已經支援的檔案儲存實現包含 aufs、btrfs、devicemapper、overlay 和 vfs。

3.2.3 Docker 工作原理

Docker 是一個 Client-Server 模式的架構，後端是一組鬆散耦合的模組，模組各司其職。其中，使用者使用 Docker Client 與 Docker Daemon 建立通訊，並發送請求給後者。Docker Daemon 作為 Docker 架構的主體部分，首先提供 Docker Server 的功能使其可以接受 Docker Client 的請求。Docker Engine 執行 Docker 內部的一系列工作，每一項工作以一個 Job 的形式存在。在 Job 執行過程中，當需要容器映像檔時，則從 Docker Registry 中下載映像檔，並透過映像檔管理驅動 Graphdriver 將下載的映像檔以 Graph 的形式儲存。當需要為 Docker 建立網路環境時，透過網路管理驅動 Networkdriver 建立並設定 Docker 容器網路環境。當需要限制 Docker 容器執行資源或執行使用者指令等操作時，則透過 Execdriver 來完成。Libcontainer 是一個獨立的容器管理套件，Networkdriver 以及 Execdriver 都是通過 Libcontainer 來實現實際對容器的操作的。

1. 發起請求

發起請求由 Docker Client 模組負責完成。

（1）Docker Client 是和 Docker Daemon 建立通訊的用戶端。使用者使用的可執行檔案為 docker 類型檔案，docker 指令透過使用後接參數的形式來實現一個完整的請求指令。例如：docker images 指令，其中 docker 為指令關鍵字；images 為參數（可變的參數）。

（2）Docker Client 可以透過 tcp：//host：port、unix：//path_to_socket 和 fd：//socketfd 三種方式與 Docker Daemon 建立通訊。

（3）Docker Client 發送容器管理請求後，由 Docker Daemon 接收並處理請求，當 Docker Client 接收到傳回的請求回應並簡單處理後，Docker Client 一次完整的生命週期就結束了。這個過程（包含從發送請求到處理請求再到傳回結果三個環節）與傳統的 C/S 架構請求流程完全一致。

2. 後台守護處理程序

後台守護處理程序由 Docker Daemon 模組負責完成。Docker Daemon 的拓撲結構如圖 3-10 所示。當 Docker Daemon 收到 Docker Client 的請求後，排程分發請求就由 Docker Server 模組完成，Docker Server 的拓撲結構如圖 3-11 所示。

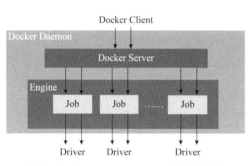

圖 3-10　Docker Daemon 拓撲結構圖

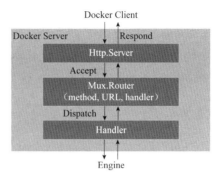

圖 3-11　Docker Server 拓撲結構圖

1）Docker Server

Docker Server 的功能與 C/S 架構的伺服器一樣，功能為接收並排程分發 Docker Client 發送的請求。接收請求後，Docker Server 透過路由與分發排程，找到對應的 Handler 來執行請求。

在 Docker 的啟動過程中，透過套件 gorilla/mux 建立了一個 mux.Router 來提供請求的路由功能。在 Golang 中 gorilla/mux 是一個強大的 URL 路由器以及排程分發器。該 mux. Router 中增加了許多的路由項，每一個路由項由 HTTP 請求方法（PUT、POST、GET 或 DELETE）、URL、Handler 三部分組成。

建立完 mux.Router 之後，Docker 將 Server 的監聽位址以及 mux.Router 作為參數來建立一個 httpSrv=http.Server{ }，最後執行 httpSrv.Serve( ) 為請求服務。

在 Docker Server 的服務過程中，Docker Server 在 listener 上接收 Docker Client 的存取請求，並建立一個全新的 goroutine 來服務該請求。在 goroutine 中，首先讀取請求內容並進行解析，根據對應的路由項呼叫對應的 Handler 來處理該請求，最後 Handler 處理完請求之後回覆該請求。

2）Docker Engine

Docker Engine 是 Docker 執行的核心模組，是 Docker 架構中的執行引擎。Docker Engine 扮演著 Docker Container 儲存倉庫管理員的角色，透過執行 Job 的方式來操縱管理容器。

需要特別說明的是 Docker Engine 中的 Handler 物件。這個 Handler 物件儲存的是關於許多特定 Job 的 Handler 處理存取控制碼。例如：Docker Engine 的 Handler 物件中有一項為 {"create": daemon.ContainerCreate}，說明當名為 "create" 的 Job 在執行時期，執行的是 daemon.ContainerCreate 的 Handler 物件。

3）Job

Job 是 Docker Engine 內部最基本的工作執行單元。Docker 可以做的每一項工作，都可以抽象為一個 Job。例如：在容器內部執行一個處理程序，是一個 Job；建立一個新的容器，也是一個 Job。Docker Server 的執行過程也是一個 Job，是名為 ServeApi 的一個 Job。

對於設計者，Job 與 UNIX 處理程序相似，都有名稱、參數、環境變數、標準的輸入/輸出、錯誤處理、傳回狀態等。

3. 映像檔註冊中心

映像檔倉庫（又稱映像檔註冊中心）由 Docker Registry 模組完成。Docker Registry 是一個儲存容器映像檔的雲端映像檔倉庫。倉庫按 Repository 進行分類，docker pull 依據 [repository] : [tag] 來精確定義一個實際的映像檔（Image）。

在 Docker 的執行過程中，Docker Daemon 會與 Docker Registry 進行通訊，並實現搜索映像檔、下載映像檔、上傳映像檔 3 種功能。這 3 種功能對應的 Job 名稱分別為 "search"、"pull" 與 "push"。

Docker Registry 可分為公有倉庫（Docker Hub）和私有倉庫。

4. Docker 內部資料庫

Docker 內部資料庫由 Graph 模組完成，如圖 3-12 所示。

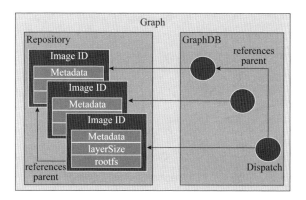

圖 3-12　Docker Graph 拓撲結構圖

1）Repository

Repository 是已下載映像檔的保管員（包含下載的映像檔和透過 Dockerfile 建置的映像檔）。一個 Repository 表示某類別映像檔的倉庫（例如 Ubuntu），同一個 Repository 內的映像檔用 Tag 來區分（表示同一種映像檔的不同標籤或版本）。一個 Registry 包含多個 Repository，一個 Repository 包含同類型的多個 Image。

映像檔的儲存類型有 aufs、devmapper、btrfs、vfs 等，其中 devmapper 為 CentOS 7.x 以下版本使用。同時在 Graph 的本機目錄中儲存有關於每一個的容器映像檔實際資訊，包含該容器映像檔的中繼資料、容器映像檔的大小資訊以及該容器映像檔所代表的實際 rootfs 等內容。

2）GraphDB

GraphDB 是已下載容器映像檔之間關係的記錄器。GraphDB 是一個建置在 SQLite 之上的小型資料庫，實現了節點的命名以及節點之間連結關係的記錄。

5. 驅動模組

驅動模組的執行部分由 Driver 模組完成。透過 Driver 驅動，Docker 可以實現對 Docker 容器執行環境的訂製，即 Graph 負責映像檔的儲存，Driver 負責容器的執行。

1）管理驅動

管理驅動由 Graphdriver 模組完成，如圖 3-13 所示。

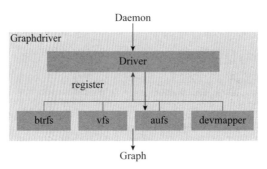

圖 3-13　Graphdriver 拓撲結構圖

Graphdriver 主要用於完成容器映像檔的管理，包含儲存與取得。儲存時，透過 docker pull 指令下載的映像檔由 Graphdriver 儲存到本機的指定目錄（Graph）中。取得時，透過 docker run（create）指令用映像檔建立容器，需由 Graphdriver 到本機 Graph 目錄下取得。

2）網路驅動

網路驅動由 Networkdriver 模組完成，如圖 3-14 所示。

Networkdriver 用於完成 Docker 容器網路環境的設定，功能包含：Docker 啟動時為 Docker 環境建立橋接器；Docker 容器建立時為其建立專屬虛擬網路卡裝置；Docker 容器分配 IP、通訊埠並與宿主機進行通訊埠對映時，設定容器防火牆策略等。

3）執行驅動

執行驅動由 Execdriver 模組完成，如圖 3-15 所示。

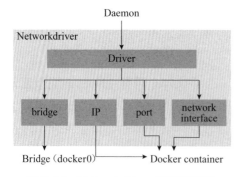

圖 3-14　Networkdriver 拓撲結構圖

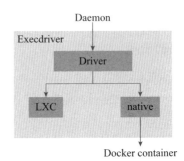

圖 3-15　Execdriver 拓撲結構圖

Execdriver 作為 Docker 容器的執行驅動，負責建立容器執行命名空間、容器資源使用的統計與限制、容器內部處理程序的真正執行等工作。目前，Execdriver 預設使用 native 驅動，不依賴於 LXC。

3.2.4 Client 和 Daemon

Docker 指令有 Client 模式和 Daemon 模式兩種。

1. Client 模式

Docker 指令對應的原始檔案是 docker/docker.go（如果不做說明，根路徑是專案的根目錄 docker/），它的格式如下：

```
docker [OPTIONS] COMMAND [arg…]
```

其中 OPTIONS 參數稱為 flag，任何時候執行一個 Docker 指令，Docker 都需要先解析這些 flag。如果在解析 flag 中途發現使用者宣告了 -d，Docker 就會建立一個執行在宿主機的 Daemon 處理程序（docker/daemon.go#mainDaemon），然後宣告 docker -d xxx 指令執行成功。不然 Docker 繼續解析剩餘的 flag，按照使用者宣告的 COMMAND 向指定的 Docker Daemon 發送對應的請求，這便是 Client 模式。

1）解析重要的 flag 資訊

在上述 flag 中，有一些比較重要的資訊需要特別注意。

- flDebug，對應 -D、--debug 和 -l/--log-level=debug 參數，它將系統中增加的 DEBUG 環境變數設定值為 1，並把記錄檔顯示等級調為 DEBUG 級。預設情況下系統不會加入 DEBUG 環境變數。不過 flDebug 極有可能會在後續版本移除，使用新的 flLogLevel 替代。

- flHosts，對應 -H 參數，對於 Client 模式，就是指本次操作需要連接的 Docker Daemon 位置，而對於 Daemon 模式則提供所要監聽的位址。若 flHosts 變數或系統環境變數 DOCKER_HOST 不為空，說明使用者指定了 host 物件；否則使用預設設定。預設情況下 Linux 系統設定為 unix:///var/ run/ docker.sock。

- flDaemon，對應 -d 參數，表示將 Docker 作為 Daemon 啟動。預設情況下 Docker 不作為 Daemon 啟動。

- protoAddrParts，這個資訊來自 -H 參數中 "://" 前後兩部分的組合，即與 Docker Daemon 建立通訊的協定方式與 Socket 位址。

2）建立 Client 實例

Client 的建立就是在已有設定參數資訊的基礎上，呼叫 api/client/cli.go# NewDockerCli，需要設定好 proto（傳輸協定）、addr（host 的目標位址）和 tlsConfig（安全傳輸層協定的設定），另外還會設定標準輸入 / 輸出及錯誤輸出。

3）執行實際的指令

Docker Client 物件建立成功後，執行實際指令的過程就交給 api/client/cli.go 來處理了。

（1）從指令對映到對應的方法。cli 主要透過反射機制從使用者輸入的指令（例如 run）獲得符合的執行方法（例如 CmdRun），這也是所謂「約定大於設定」的方法命名標準。同時，cli 會根據參數清單的長度判斷是否用於多級 Docker 指令支援，然後根據找到的執行方法，傳入剩餘參數並執行。若傳入的方法非法或參數不正確，則傳回 Docker 指令的 Help 資訊並退出。

（2）執行對應的方法，發起請求。找到實際的執行方法後，即可予以執行。雖然請求內容會有所不同，但執行流程大致相同。最後獲得的請求方法都在 Docker 的 api/ client/commnds.go 中，基本的執行流程如下：①解析傳入的參數，並針對參數進行設定處理。②取得與 Docker Daemon 通訊所需要的認證設定資訊。③根據指令業務類型，替 Docker Daemon 發送 POST、GET 等請求。④讀取來自 Docker Daemon 的傳回結果。可見，在請求執行過程中，大多都是將命令列中關於請求的參數進行初步處理，並增加對應的輔助資訊，最後透過指定的協定給 Docker Daemon 發送 Docker Client API 請求，主要的工作執行均由 Docker Daemon 完成。

2. Daemon 模式

一旦 Docker 進入 Daemon 模式，剩下的初始化和啟動工作就都由 Docker 的 docker/daemon.go#mainDaemon 來完成。

Docker Daemon 透過一個 Server 模組（api/server/server.go ）接收來自 client 的請求，然後根據請求類型，交由實際的方法去執行。因此 Daemon 首先需要啟動並初始化這個 Server。另外，啟動 Server 後，Docker 處理程序需要初始化一個 Daemon 物件（daemon/ Daemon.go ）來處理 Server 接收到的請求。
Docker Daemon 啟動與初始化過程如下：

1）**APIServer** 的設定和初始化過程

首先，在 docker/daemon.go#mainDaemon 中，Docker 會繼續按照使用者的設
定完成 Server 的初始化並啟動它。Server 又稱 APIServer，顧名思義是專門
負責回應使用者請求並交給 Daemon 實際方法去處理的處理程序。它的啟動
過程如下：①建立 PID 檔案。②建立一個負責處理業務的 Daemon 物件（對
應於 daemon/damone.go ）作為負責處理使用者請求的邏輯實體。③載入所
需的 Server 輔助設定，包含記錄檔、是否允許遠端存取、版本以及 TLS 認證
資訊等。④根據上述 Server 設定，加上之前解析出的使用者指定的 Server 配
置（例如 flHosts），透過 goroutine 的方式啟動 APIServer。這個 Server 監聽的
socket 位置就是 flHosts 的值。⑤設定一個 channel，確保上述 goroutine 只有在
Server 出錯的情況下才會退出。⑥設定訊號捕捉，當 Docker Daemon 處理程序
收到 JINT、TERM、QUIT 訊號時，關閉 APIServer，呼叫 shutdownDaemon 停
止這個 Daemon。⑦如果上述操作都成功，APIServer 就會與上述 Daemon 綁
定，並允許接受來自 Client 的連接。⑧最後，Docker Daemon 處理程序向宿主
機的 init 守護處理程序發送 "READY= 1" 訊號，表示這個 DockerDaemon 已經
開始正常執行了。

2）**Daemon** 物件的建立與初始化過程

建立 Daemon 物件應用的是 daemon/daemon.go#NewDaemon 方法。NewDaemon
過程會按照 Docker 的功能點，逐筆為 Daemon 物件所需的屬性設定使用者或
系統指定的值，這是一個相當複雜的過程，其主要功能如下：

■ Docker 容器的設定資訊

容器設定資訊的主要功能是供使用者自由設定 Docker 容器的可選功能，使
得 Docker 容器的執行更接近使用者期待的執行場景。設定資訊的處理包含以
下 3 個方面：①設定預設的網路最大傳輸單元。當使用者沒有對 -mtu 參數進
行指定時將其設定為 1500。不然使用使用者指定的參數值。②檢測橋接器設
定資訊：此部分設定為進一步設定 Docker 網路提供準備。③查驗容器通訊設
定：主要用於確定使用者設定是否允許對 iptables 設定及容器間通訊，分別用
--iptables 和 --icc 參數表示，若兩者皆為 false 則顯示出錯。

- 驗證系統支援及使用者許可權

初步處理完 Docker 的設定資訊之後，Docker 對本身執行的環境進行了一系列檢測，主要包含 3 個方面：①作業系統類型對 Docker Daemon 的支援，目前 Docker Daemon 只能執行在 Linux 系統上。②使用者許可權的等級，必須是 root 級許可權。③核心版本與處理器的支援，只支援 "AMD64" 架構的處理器，且核心版本必須升至 3.10.0 及以上。

- 設定 Daemon 工作路徑

設定 Docker Daemon 的工作路徑，主要是建立 Docker Daemon 執行中所在的工作目錄，預設為 /var/lib/docker。若該目錄不存在，則會建立並指定 "0700" 許可權。

- 設定 Docker 容器所需的檔案環境

設定 Docker 容器所需的檔案環境時，Docker Daemon 會在 Docker 工作根目錄 /var/lib/docker 下初始化一些重要的目錄和檔案，主要有：

（1）設定 graphdriver 目錄，它用於完成 Docker 容器映像檔管理所需的聯合檔案系統的驅動層。所以，這一步的設定工作就是載入並設定映像檔儲存驅動 graphdriver，建立鏡像管理所需的目錄和環境。建立 graphdriver 時首先會從環境變數 DOCKER_DR IVER 中讀使用者自訂的驅動，若為空，則開始檢查優先順序陣列，選擇一個 graphdriver。優先順序從高到低依次為 aufs、btrfs、zfs、devicemapper、overlay 和 vfs，不過隨著核心的發展，這個順序後續很可能會發生變化。當識別出對應的 driver 後（例如 aufs），Docker 會執行這個 driver 對應的初始化方法（位於 daemon/graphdriver/aufs/aufs.go），這個初始化的主要工作包含：確定 aufs 驅動根目錄（預設為 /var/lib/docker/aufs）載入核心 aufs 模塊，發起 statfs 系統呼叫，取得並儲存目前的檔案系統資訊，在根目錄下建立 mnt、diff 和 layers 目錄作為 aufs 驅動的工作環境。

（2）建立容器設定檔目錄。Docker Daemon 在建立 Docker 容器後，需要將容器內的設定檔放到容器設定檔目錄下統一管理。目錄的預設位置為 /var/lib/docker/containers，其下會為每個實際容器儲存以下幾個設定檔，其中 xxx 為容器 ID：

```
ls /var/lib/docker/containers/xxx
```

```
xxx-json.log config.json hostconfig.json hostname hosts
resolv.conf resolv.conf.hash
```

這些設定檔裡包含了該容器的所有中繼資料。

（3）設定映像檔目錄，主要工作是：在工作根目錄下建立一個 graph 目錄來儲存所有映像檔描述檔案，預設目錄為 /var/lib/docker/graph。對於每一個映像檔層，Docker 在這裡使用 json 和 layersize 兩個檔案分別描述這一層映像檔的父映像檔 ID 和本層大小，而真正的鏡像內容儲存在 aufs 的 diff 工作目錄的名稱相同（相同 ID）目錄下。

（4）呼叫 volume/local/local.go#New 建立 volume 驅動目錄（預設為 /var/lib/docker/ volumes），Docker 中 volume 是宿主機上掛載到 Docker 容器內部的特定目錄。由於 Docker 需要使用實際的 graphdriver 來掛載這些 volumes，所以採用 vfs 驅動實現 volumes 的管理。這裡的 volumes 目錄下僅儲存一個 volume 設定檔 config.json，其中會以 path 指出這個目錄的真正位置，例如 /var/lib/docker/vfs/dir/xxx 以及這個目錄的讀寫許可權。

（5）準備「可信映像檔」所需的工作目錄。在 Docker 工作根目錄下建立 trust 目錄，並建立一個 TrustStore。這個儲存目錄可以根據使用者列出的可信 url 載入授權檔案，用來處理可信映像檔的授權和驗證過程。

（6）建立 TagStore，用於儲存映像檔的倉庫列表。TagStore 中主要記錄的內容如下：

- path：TagStore 中記錄映像檔倉庫的檔案的所在路徑，預設為 /var/lib/docker/repositories[driver]。
- graph：對應的 graph 實例物件。
- Repositories：記錄實際的映像檔倉庫的 map 資料結構。
- pullingPool：記錄池，記錄有哪些映像檔正在被下載，若某一個映像檔正在被下載，則駁回其他 Docker Client 發起的下載該映像檔的請求。
- pushingPool：記錄池，記錄有哪些映像檔正在被上傳，若某一個映像檔正在上傳，則駁回其他 Docker Client 發起上傳該映像檔的請求。

綜上，這裡 Docker Daemon 需要在 Docker 根目錄（/var /lib/docker ）下建立並初始化一系列跟容器檔案系統密切相關的目錄和檔案，如圖 3-16 所示。

■ 建立 Docker Daemon 網路

建立 Docker Daemon 執行環境時，其中的網路環境是極為重要的一部分，不僅關係著容器對外的通訊，而且也關係著容器間的通訊。在最新的版本中，網路部分已經被抽離出來作為一個單獨的模組，稱為 libnetwork。libnetwork 透過外掛程式的形式為 Docker 提供網路功能，使得使用者可以根據自己的需求實現自己的 driver 以提供不同的網路功能。需要注意的是，和前述的 Docker 網路一樣，bridge driver 並不提供跨主機通訊的能力，之後官方會推出 overlay driver 用於多主機環境。

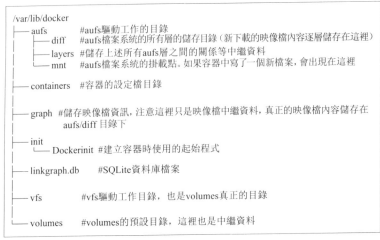

圖 3-16　Docker 根目錄

■ 建立 GraphDB

GraphDB 是一個建置在 SQLite 之上的圖形資料庫，用來記錄 Docker Daemon 維護的所有容器（節點）以及它們之間的 link 關係（邊）。所以這一步初始化 GraphDB 實際上就是建立資料庫連接的過程：首先確定 GraphDB 的目錄，預設為 /var/lib/ docker/linkgraph.db，檢視其資料來源是否已經存在；隨後透過 "sqlite3" 驅動初始化並啟動資料庫。

■ 初始化 Execdriver

Execdriver 是 Docker 用來管理 Docker 容器的驅動。在執行 Execdriver 建立之前，首先要取得 dockerinit 二進位檔案的所在路徑並將其複製到根目錄下的指定資料夾中，預設命名為 /var/lib/docker/init/dockerinit [版本編號]，並賦以 0700 的執行許可權。

■ Daemon 物件的誕生

Docker Daemon 處理程序在經過以上諸多設定以及建立物件之後，最後建立出了 Daemon 物件實例。

■ 恢復已有的 Docker 容器

當 Docker Daemon 啟動時，會檢視 daemon.repository，也就是在 /var/lib/docker/ containers 中的內容。若有已經存在的 Docker 容器，則將對應資訊收集並進行維護，同時重新啟動 restart policy 為 always 的容器。

Docker Daemon 的啟動看起來非常複雜，這是 Docker 在演進的過程中不斷增加功能點造成的。但不管今後 Docker 的功能點增加多少，其 Docker Daemon 處理程序的啟動都將遵循以下 3 步驟：①首先啟動一個 APIServer，它工作在使用者透過 -H 指定的 socket 上面；②然後 Docker 使用 NewDaemon 方法建立一個 Daemon 物件來儲存資訊和處理業務邏輯；③最後將上述 APIServer 和 Daemon 物件綁定起來，接收並處理 Client 的請求。

3.2.5 從 Client 到 Daemon

Daemon 回應並處理來自 Client 的請求的過程如下。

1. 發出請求

（1）docker run 指令開始執行，使用者端的 Docker 進入 Client 模式，開始 Client 工作過程；
（2）經過初始化，新增一個 Client；
（3）上述 Client 透過反射機制找到 CmdRun 方法。

CmdRun 在解析使用者提供的容器參數等一系列操作後，最後發出以下兩個請求：

```
"POST" , "/containers/create？"+containerValues    // 建立容器
"POST" , "/containers/"+createResponse.ID+"/start" // 啟動容器
```

至此，Client 的主要工作結束。

2. 建立容器

這一步，Docker Daemon 並不需要真正建立一個 Linux 容器，它只需要解

析使用者透過 Client 送出的 POST 表單，然後使用 POST 表單提供的參數在 Daemon 中新增一個 container 物件即可。這個 container 實體就是 daemon/container.go，其最重要的定義片段如範例 3-1 所示。

需要特別注意的是 Daemon 的屬性，即 container 能夠知道管理它的 Daemon 處理程序資訊，很快會看到這個關係的作用。

上述過程完成後，container 的資訊會作為 Response 傳回給 Client，Client 緊接著會發送 start 請求。

範例 3-1：建立容器程式範例

```
// Definition of Docker Container
ID                string
Created           time.Time
Path              string
Config            *runconfig .Config
ImageID           string json: It Image"
NetworkSettings   *network.Settings
ResolvConfPath    string
HostsPath         string
Name              string
ExecDriver        string    // 很重要，後面會提到
RestartCount      int
UpdateDns         bool
MountPoints       map[string]*mountPoint
...
command    *execdriver.Command   // 重要，後面會提到
monitor    *containerMonitor
daemon     *Daemon
```

3. 啟動容器

APIServer 接收到 start 請求後會告訴 Docker Daemon 進行啟動容器操作，這個過程是由 daemon/start.go 來完成的。

由於 Container 所需的各項參數如 NetworkSettings、ImageID 等都已經在建立容器過程中賦好了值，因此 Docker Daemon 在 start.go 中直接執行 container.Start，就能夠在宿主機上建立對應的容器了。

強調一下，container.Start 實際上執行的操作是

```
container.daemon.Run(container …)
```

即告訴目前這個 Container 所屬的 Daemon 處理程序：請使用本 Container 作為參數，執行對應 execdriver 的 Run 方法。

4. 最後一步

所有需要跟作業系統進行處理的工作都交給了 ExecDriver.Run（實際是哪種 Driver 由 container 決定）來完成。

Execdrvier 是 Daemon 的重要組成部分，它封裝了 namepace、cgroup 等所有對作業系統資源操作的方法。而在 Docker 中，Execdriver 的預設實現（native）就是 libcontainer。因此，在這最後一步，Docker Daemon 只需要向 Execdriver 提供以下 3 個參數，等待傳回的結果就可以了。

- command：該容器需要的所有設定資訊集合（container 的屬性之一）。
- pipes：用於將容器的 stdin、stdout、stderr 重新導向到 daemon。
- startCallback()：回呼方法。

3.2.6 libcontainer

libcontainer 是 Docker 架構中一個使用 Go 語言設計實現的函數庫，設計初衷是希望該函數庫可以無須依賴而直接存取核心中與容器相關的 API。Docker 可以直接呼叫 libcontainer 來操縱容器的 Namespace、Cgroups、Apparmor、網路裝置以及防火牆規則等。

容器是一個與宿主機系統共用核心但與系統中的其他處理程序資源相隔離的執行環境。Docker 透過對 namespaces、cgroups、capabilities 以及檔案系統的管理和分配來「隔離」出一個上述執行環境，這就是 Docker 容器。

前述的 Execdriver，其首要完成的工作就是在拿到了 Docker Daemon 送出的 command 資訊之後，產生一份專門的容器設定清單。這個容器設定清單的產生過程雖然複雜，但是原理很簡單。例如：在 Docker Daemon 送出的 command 中，包含 namespace、cgroups 以及未來容器中將要執行的處理程序的重要資

訊。其中 Network、Ipc、Pid 等欄位描述了隔離容器所需的 namespace。設定
容器程式範例，見範例 3-2。

範例 3-2：設定容器程式範例

```
type Command struct {
    Network       *Network      'json:"network"'    //namespace 相關設定
    Ipc           *Ipc          'json:"ipc"'
    Pid           *Pid          'json:"pid"'
    UTS           *UTS          'json:"uts"'
    Resources     *Resources    'json:"resources"' // cgroups 相關設定
    ......
    ProcessConfig ProcessConfig 'json:"process_config"' // 描述容器中的處理程序
    ......
}
```

Resources 欄位包含了該容器 cgroups 的設定資訊，定義如範例 3-3 所示。

範例 3-3：cgroups 的設定資訊範例

```
type Resources struct {
    Memory       int64       'json:"memory"'
    MemorySwap   int64       'json:"memory_Swap"'
    CpuShares    int64       'json:"cpu_shares"'
    CpusetCpus   string      'json:"cpuset_cpus"'
    CpusetMems   string      'json:"cpuset_mems"'
    CpuPeriod    int64       'json:"cpu_period"'
    CpuQuota     int64       'json:"cpu_quota"'
    ...
}
```

ProcessConfig 欄位描述容器中未來要執行的處理程序資訊，定義如範例 3-4 所
示。

範例 3-4：ProcessConfig 的描述程式範例

```
type ProcessConfig struct {
    ...
    Entrypoint string 'json:"entrypoint"'    //dockerfile 裡指定的 Entrypoint，
                                              預設是 /bin/sh -c
    Arguments []string 'json:"arguments"'    // 使用者指定的 cmd 會作為
                                              Entrypoint 的執行參數
    ...
}
```

這時，execdriver 會載入一個預先定義的容器設定範本，然後在範本中增加 command 中的相關資訊，見範例 3-5。

範例 3-5：在容器設定範本中增加的相關資訊程式範例

```
Container := &configs.Config{
    ...
    Namespaces: configs.Namespaces([ ]configs.Namespace{
        {Type:  "NEWNS"},
        {Type:  "NEWUTS"},
        {Type:  "NEWIPC"},
        {Type:  "NEWPID"},
        {Type:  "NEWNET"},
        }),
        Cgroups: configs.Cgroup(
                ...
                Memory:     1024*1024
                CpuShares:  1024
                BlkioWeight: 100
                ...
        )
        ...
}
```

等到上述容器設定範本所有項都按照 command 裡提供的內容填好之後，一份該容器專屬的容器設定 container 就產生了。注意：小寫的 container 其實是一個 Config 物件，它只是一份設定檔而已，而大寫的 Container 才是 libcontainer 裡的容器物件。這份容器設定清單可以視為 libcontainer 與 Docker Daemon 之間進行資訊交換的標準格式。之後，libcontainer 就能根據這份設定清單，知道它需要在宿主機上建立 MOUNT、UTS、IPC、PID、NET 這 5 個 namespace 以及對應的 cgroups 設定，進一步建立出 Docker 容器。

1. libcontainer 的工作方式

OCI（Open Container Initiative）組織成立以後，libcontainer 進化為 runC，因此從技術上説，未來 libcontainer/runC 建立的將是符合 OCF（Open Container Format）標準的容器。

這個階段，Execdriver 需要借助 libcontainer 進行以下工作。

- 建置容器需要使用的處理程序物件（非真正處理程序），稱為 Process。
- 設定容器的輸出管線，這裡使用的是 Daemon 提供的 pipes。
- 使用名為 Factory 的工廠類別，透過 factory.Create（< 容器 ID>，< 容器設定 container>）建立一個「邏輯」上的容器，稱為 Container。在這個過程中，容器配置 container 會填充到 Container 物件的 config 項裡，container 的使命至此就完成了。
- 執行 Container.Start（Process）指令啟動實體的容器。
- Execdriver 執行 startCallback 指令完成回呼動作。
- Execdriver 執行 Process.Wait 指令，等待上述 Process 的所有工作全部完成。

可以看到，libcontainer 對 Docker 容器做了一層更進階的抽象，它定義了 Process 和 Container 來對應 Linux 中「處理程序」與「容器」的關係。一旦「實體」的容器建立成功，其他呼叫者就可以透過容器 ID 取得這個邏輯容器，接著使用 Container.Stats 獲得容器的資源使用資訊，或執行 Container.Destory 來銷毀這個容器。

簡言之，libcontainer 中最主要的內容是 Process、Container 以及 Factory 三個邏輯實體的實現，而 Execdriver 或其他呼叫者只要依次執行「使用 Factory 建立邏輯容器 Container」「啟動邏輯容器 Container」和「用邏輯容器建立實體容器」，即可完成 Docker 容器的建立。

2. libcontainer 的實現原理

我們可以先把前面 Daemon 借助 Execdriver 建立和啟動容器的過程，歸納為如範例 3-6 所示的一段虛擬程式碼，以便讀者對這個過程產生初步認識。

範例 3-6：daemon 借助 execdriver 建立和啟動容器的過程

```
// 在 Docker daemon 中建立 driver( 預設用 libcontainer)，並在這個過程中初始化
// Factory，默認為 Linux 的工廠類別
factory = libcontainer.New()
......

// Docker daemon 會呼叫 execdriver.Run，送出容器要執行的指令、管線描述符號和回呼函數
// 3 個參數
driver.Run(command, pipes, startCallback)
// 接下來建立容器的全過程都在 driver 中執行，也就是 libcontainer
```

```
// 1. 使用工廠 Factory 和容器設定 container 建立邏輯容器 (Container)，container 中的
// 各項內容均來自 command 參數
Container = factory.Create("id", container)

// 2. 建立將要在容器內執行的處理程序 (Process)
Process = libcontainer.Process{
    // Args 陣列就是使用者在 Dockerfile 裡指定的 Entrypoint 的
    // 指令和參數集合，同樣解析自 command 參數
    Args: "/bin/bash" , "-x",
    Env: "PATH = /bin",
    User: "daemon",
    Stdin: os.Stdin,
    Stdout: os.Stdout,
    Stderr: os.Stderr,
}

// 3. 使用上述 Process 啟動邏輯容器
Container.Start(Process)
// 在這裡執行回呼方法 startCallback 等，略

// 4. 等待，直到實體容器建立成功
status = Process.Wait()

// 5. 如果需要的話，銷毀實體容器
Container.Destroy()
```

其實際過程說明如下：

1）用 **Factory** 建立邏輯容器 **Container**

libcontainer 中 Factory 存在的意義，就是能夠建立一個邏輯上的「容器物件」Container。這個邏輯上的「容器物件」並不是一個執行著的 Docker 容器，而是包含了容器要執行的指令及其參數、namespace 和 cgroups 設定參數等。對 Docker Daemon 來說，容器的定義只需一種就夠了，不同的容器只是實例的內容（屬性和參數）不一而已。對 libcontainer 來說，由於它需要與底層系統進行處理，不同的平台需要建立出完全異質的「邏輯容器物件」（例如 Linux 容器和 Windows 容器）。這也就解釋了為什麼這裡會使用「工廠模式」：今後 libcontainer 可以支援更多平台各種類型容器的實現，而 Execdriver 使用 libcontainer 建立容器的方法卻不會受到影響。

Factory 的 Create 操作實際工作如下：

- 驗證容器執行的根目錄（預設為 /var/lib/docker/containers）、容器 ID（字母、數字和底線組成，長度範圍為 1 ～ 1024 ）和容器設定這三項內容的合法性。
- 驗證上述容器 B 與現有的容器不衝突。
- 在根目錄下建立以 ID 為名的容器工作目錄（/var/lib/docker/ containers/{ 容器 ID} ）。
- 傳回一個 Container 物件，其中的資料包含容器 ID、容器工作目錄、容器設定、初始化指令和參數（即 dockerinit），以及 cgroups 管理員（這裡有直接透過檔案操作管理和 systemd 管理兩個選擇，預設選第一種）。

2）啟動邏輯容器 Container

Container 主要包含容器設定、控制等資訊，是對不同作業系統下容器實現的抽象，目前已經實現的是 Linux 平台下的容器。

參與實體容器建立過程的 Process 一共有兩個實例，第一個是 Process，用於實體容器內處理程序的設定和 I/O 管理，前面的虛擬碼中建立的 Process 就是指它；另一個是 ParentProcess，負責從實體容器外部處理實體容器啟動的工作，與 Container 物件直接進行互動。啟動工作完成後，ParentProcess 負責執行等待、發訊號、獲得容器內處理程序 pid 等管理工作。

Container 的 Start() 啟動過程主要進行兩項工作：建立 ParentProcess 實例，然後執行 ParentProcess.start() 來啟動實體容器。

建立 ParentProcess 的過程如下：

（1）建立一個管線（pipe），用來與容器內未來要執行的處理程序通訊。

（2）根據邏輯容器 Container 與容器內未來要執行的處理程序相關的資訊建立一個容器內處理程序啟動指令 cmd 物件，需要從 Container 中獲得的屬性包含啟動指令的路徑、指令參數、輸入 / 輸出、執行指令的根目錄以及處理程序管線 pipe 等。

（3）為 cmd 增加一個環境變數 -LIBCONTAINER_INITTYPE=standard 來告訴將來的容器處理程序（dockerinit）目前執行的是「建立」動作。設定這個標示是因為 libcontainer 還可以進入已有的容器執行子處理程序，即

docker exec 指令執行的效果。

（4）將容器需要設定的 namespace 增加到 cmd 的 Cloneflags 中，表示將來這個 cmd 要執行在上述 namespace 中。若需要加入 user namespace，還要針對設定項目進行使用者對映，預設對映到宿主機的 root 使用者。

（5）將 Container 中的容器設定和 Process 中的 Entrypoint 資訊合併為一份容器設定清單加入到 ParentProcess 中。

實際上，ParentProcess 是一個介面，上述過程真正建立的是一個稱為 initProcess 的實作方式對象。cmd、pipe、cgroup 管理員和容器設定這 4 部分共同組成了一個 initProcess。這個物件是用來「建立容器」所需的 ParentProcess，主要是為了同 sentProcess 區分，後者的作用是進入已有容器。邏輯容器 Container 啟動的過程實際上就是 initProcess 物件的建置過程，而建置 initProcess 則是為建立實體容器做準備。

3）用邏輯容器建立實體容器

邏輯容器 Container 透過 initProcess.start() 方法新增實體容器的過程如下：

（1）Docker Daemon 利用 Golang 的 exec 套件執行 initProcess.cmd，其效果相等於創建一個新的處理程序，並為它設定 namespace。這個 cmd 裡指定的指令就是容器誕生時的第一個處理程序。對 libcontainer 來說，這個指令來自 Execdriver 新增容器時載入 Daemon 的 initPath，即 Docker 工作目錄下的 /var/lib/docker/init/dockerinit-{version} 檔案。dockerinit 處理程序所在的 name-space 即使用者為最後的 Docker 容器指定的 namespace。

（2）把容器處理程序 dockerinit 的 PID 加入到 cgroup 中管理。至此我們可以説 dockerinit 的容器隔離環境已經初步建立完成。

（3）建立容器內部的網路裝置，包含 I/O 和 veth。

（4）透過管線發送容器設定給容器內處理程序 dockerinit。

（5）透過管線等待 dockerinit 根據上述設定完成所有的初始化工作，或出錯傳回。綜上所述，ParentProcess（即 initProcess，後面不再進行區分）啟動了一個子處理程序 dockerinit 作為容器內的初始處理程序，接著，ParentProcess 作為父處理程序透過 pipe 在容器外對 dockerinit 進行管理和維護。在容器內部，

dockerinit 處理程序只有一個功能，那就是執行 reexec.init()，該 init 方法做什麼工作是由對應的 Execdriver 註冊到 reexec 當中的實作方式來決定的。對 libcontainer 來說，這裡要註冊執行的是 Factory 中的 StartInitialization()。此後的所有動作都發生在容器內部：

- 建立管線所需的檔案描述符號。
- 透過管線取得 ParentProcess 傳來的容器設定，如 namespace、網路等資訊。
- 從設定資訊中取得並設定容器內的環境變數，如區別新增容器和在已存在容器中執行指令的環境變數 _LIBCONTAINER_INITTYPE。
- 如果使用者在 docker run 中指定了 -ipc、-pid、-uts 參數，則 dockerinit 還需要把自己加入到使用者指定的上述 namespace 中。
- 初始化網路裝置，這些網路裝置正是 ParentProcess 建立出來的 I/O 和 veth。這裡的初始化工作包含修改名稱、分配 MAC 地址、設定 MTU、增加 IP 位址和設定預設閘道等。
- 設定路由和 RLIMIT 參數。
- 建立 mount namespace，為掛載檔案系統做準備。
- 在上述 mount namespace 中設定掛載點，掛載 rootfs 和各種檔案設備，例如 /proc。然後透過 pivot_root 切換處理程序根路徑到 rootfs 的根路徑。
- 寫入 hostname 等，載入 profile 資訊。
- 比較目前處理程序的父處理程序 ID 與初始化處理程序一開始記錄下來的父處理程序 ID。如果不相同，說明父處理程序例外退出過，此時終止這個初始化處理程序；否則執行最後一步。
- 使用 execv 系統呼叫執行容器設定中 Args 指定的指令。

回顧範例 3-6 中的那段虛擬碼，可以發現，Args[0] 正是使用者指定的 Entrypoint，Args[1，2，3，…] 則是該指令後面跟的執行參數。所以當容器建立成功後，它裡面執行的處理程序已經從 dockerinit 變成了使用者指定的指令 Entrypoint（如果不指定，Docker 預設 Entrypoint 為 /bin/sh -c）。execv 呼叫就是為了確保這個「取代」發生後的 Entrypoint 指令繼續使用原先 dockerinit 的 PID 等資訊。

至此，容器的建立和啟動過程結束，上述過程可以透過圖 3-17 來描述。

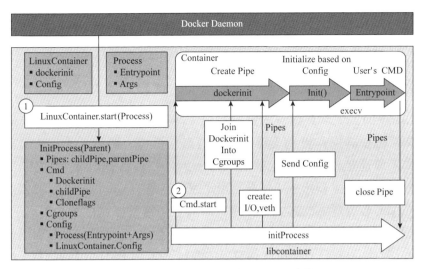

圖 3-17　容器的啟動和建立過程示意圖

從圖 3-17 中我們可以清晰地看到，Docker Daemon 將建立容器所需的設定和使用者需要啟動的指令交給 libcontainer，後者根據這些資訊建立邏輯容器和父處理程序（如圖中步驟①所示），接下來父處理程序執行 Cmd.start，真正建立（clone）出容器的 namespace 環境，並且透過 dockerinit 以及管線來完成整個容器的初始化過程。在整個過程中，容器處理程序經歷了 3 個階段的變化。

（1）Docker Daemon 處理程序進行「用 Facotry 建立邏輯容器 Container」「啟動邏輯容器 Container」等準備工作，建置 ParentProcess 物件，然後利用它建立容器內的第一個處理程序 dockerinit。

（2）dockerinit 利用 reexec.init() 執行 StartInitialization()。這裡 dockerinit 會將自己加入到使用者指定的 namespace（如果指定了的話），然後再進行容器內部的各項初始化工作。

（3）StartInitialization() 使用 execv 系統呼叫執行容器設定中的 Args 指定的指令，即 Entrypoint 和 docker run 的 [COMMAND] 參數。

4）Docker Daemon 與容器之間的通訊方式

把負責建立容器的處理程序稱為父處理程序，容器處理程序稱為子處理程序。父處理程序複製出子處理程序以後，依舊是共用記憶體的。讓子處理程序感知記憶體中寫入了新資料，一般有以下 4 種方法：

- 發送訊號通知（signal）；
- 對記憶體輪詢存取（poll memory）；
- sockets 通訊（sockets）；
- 檔案和檔案描述符號（files and file-descriptors）。

對於 signal 而言，本身包含的資訊有限，需要額外記錄，namespace 帶來的上下文變化使其操作更為複雜，並不是最佳選擇。顯然，透過輪詢記憶體的方式來溝通是一種非常低效的做法。另外，因為 Docker 會加入 network namespace，實際上初始時網路堆疊也是完全隔離的，所以 socket 方式並不可行。Docker 最後選擇的方式是管線，即檔案和檔案描述符號方式。在 Linux 中，透過 pipe（intfd[2]）系統呼叫就可以建立管線，參數是一個包含兩個整數的陣列。呼叫完成後，在 fd[1] 端寫入的資料，就可以從 fd[0] 端讀取，如下所示：

```
// 全域變數
int fd[2];
// 在父處理程序中進行初始化
pipe(fd) ;
// 關閉管道義件描述符號
close(checkpoint[1] ) ;
```

呼叫 pipe() 函數後，建立的子處理程序會內嵌這個開啟的檔案描述符號，對 fd[1] 寫入資料後可以在 fd[0] 端讀取。透過管線，父子處理程序之間可以通訊，通訊完成的標示就在於 EOF 訊號的傳遞。眾所皆知，當開啟的檔案描述符號都關閉時，才能讀到 EOF 訊號。因此 libcontainer 中父處理程序在透過管線向子處理程序發送初始化所需資訊後，先關閉自己這一端的管線，然後等待子處理程序關閉另一端的管線檔案描述符號，傳來 EOF 表示子處理程序已經完成了這些初始化工作。綜上，在 libcontainer 中，ParentProcess 處理程序與容器處理程序（cmd，也就是 dockerinit 處理程序）的通訊方式如圖 3-18 所示。

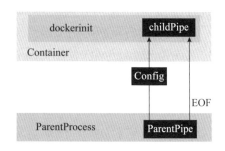

圖 3-18　libcontainer 宿主機與容器初始化通訊方式示意圖

3.2.7 容器的管理

1. 容器的建立

用 docker create 指令建立一個容器，建立的容器處於停止狀態。

圖 3-19 所示為使用 create 指令建立一個容器的螢幕畫面。如果本機有此映像檔，就直接使用此映像檔，如果沒有此映像檔，則從遠端的安全 Docker 映像檔倉庫中拉取一個。建立成功後，傳回一個容器的 ID。

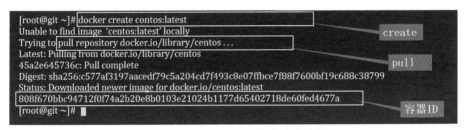

圖 3-19　使用 create 指令建立容器

1）互動型容器

互動型容器是指執行在前台的容器。圖 3-20 所示為開啟前台執行的 docker 容器的畫面。

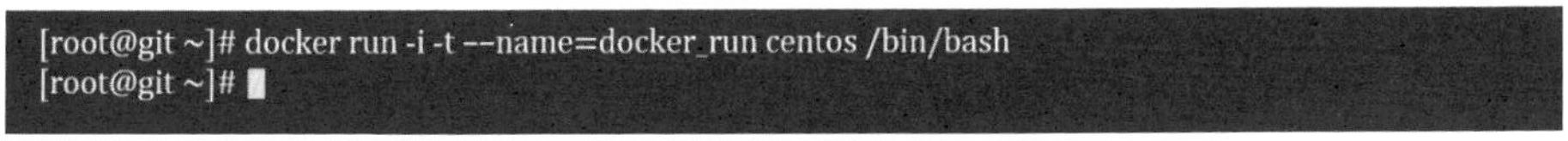

```
[root@git ~]# docker run -i -t --name=docker_run centos /bin/bash
[root@git ~]# 
```

圖 3-20　開啟前台執行的容器

建立容器的指令格式為：docker run-i-t--name= 容器名 centos /bin/bash。

其中各參數說明如下：

- i：開啟容器的標準輸入。
- t：為容器建立一個命令列終端。
- name：指定容器的名稱。也可以不指定名稱，由系統產生一個隨機的名稱。為了便於使用和管理，建議根據使用功能命名。
- centos：表示使用什麼樣的映像檔來啟動容器。
- /bin/bash：在容器裡面執行的指令。

如果要將其停止，則需使用 exit 指令或呼叫 docker stop、docker kill 指令。

2）後台型容器

後台型容器是指執行在後台的容器。圖 3-21 所示為開啟後台執行的 docker 容器的畫面。其中各參數說明如下。

圖 3-21　開啟後台執行的容器

- d：使容器在後台執行。
- c：調整容器的 CPU 優先順序。預設情況下，所有的容器擁有相同的 CPU 優先順序和 CPU 排程週期，但可以透過 Docker 來通知核心給予某個或某幾個容器更多的 CPU 計算周期。例如：使用 -c 或 -cpu-share=0 啟動了 C0、C1、C2 三個容器，使用 -c/-cpu-share=512 啟動了 C3 容器。在這種情況下，C0、C1、C2 可以使用 100% 的 CPU 資源（1024），而 C3 只能使用 50% 的 CPU 資源（512）。如果這個主機的作業系統是時序排程類型的，每個 CPU 時間切片是 100μm，那麼 C0、C1、C2 將完全用掉這 100μm，而 C3 只能使用 50μm。
- -c：其後的指令是循環，用於保持容器的執行。
- centos：表示使用什麼樣的映像檔來啟動容器。
- docker ps：表示檢視正在執行的 docker 容器。

如果要使容器停止，只能呼叫 docker stop、docker kill 指令，因為這種容器在建立後與所建立的終端無關。

2. 檢視已經建立的容器

已經建立的容器可以透過執行 docker ps 指令來檢視其狀態，如圖 3-22 所示。

圖 3-22　檢視容器的狀態

檢視容器狀態的指令格式為：docker ps [-a] [-l] [-n=x]。其中各參數說明如下。

- ps：檢視正在執行的 docker 容器。
- a：檢視所有建立的容器的狀態，包含已經停止的。
- l：檢視最新建立的容器。只列出最後建立的那個容器。
- n=x：列出最後建立的 x 個容器。

在傳回的資訊中，標題的含義如下。

- CONTAINER ID：容器的 ID，它是唯一的。
- IMAGE：建立容器時使用的映像檔。
- COMMAND：容器最後執行的指令。
- STATUS：容器目前的狀態。
- PORTS：對外開放的通訊埠。
- NAMES：容器名。可以和容器 ID 一樣唯一地標識容器。同一台宿主機上不允許有名稱相同容器存在，否則會發生衝突。

3. 啟動容器

透過 docker start 指令來啟動之前已經停止的 docker_run 映像檔，如圖 3-23 所示。

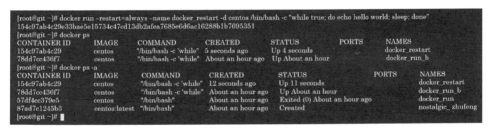

圖 3-23　啟動容器

啟動容器的指令格式為：

容器名：docker start docker_run；或 ID：docker start 154c97ab4c29。

其中各參數說明如下：

- -restart：自動重新啟動。預設情況下，容器是不會重新啟動的，但帶有 -restart 參數時，會檢查容器的退出碼以決定容器是否重新啟動。
- a：檢視所有建立的容器的狀態，包含已經停止的。

例如：docker run --restart=always --name docker_restart -d centos /bin/bash -c "while true；do echo hello world；sleep；done"

其中，--restart=always 表示無論容器的傳回碼是什麼，都會重新啟動容器。

- --restart=on-failure：5 參數表示當容器的傳回值是非 0 時才會重新啟動容器，5 表示可選的重新啟動的次數。

4. 終止容器執行

要中止容器的執行，需要使用 docker stop 和 docker kill 指令，如圖 3-24 所示。其命令格式如下：

- docker stop [NAME]/[CONTAINER ID] 表示中止一個指定容器的執行。
- docker kill [NAME]/[CONTAINER ID] 表示強制中止一個指定容器的執行。

```
[root@git ~]# docker ps
CONTAINER ID    IMAGE     COMMAND                  CREATED             STATUS              PORTS     NAMES
154c97ab4c29    centos    "/bin/bash -c 'while"    About an hour ago   About an hour ago             docker_restart
78dd7cc436f7    centos    "/bin/bash -c 'while"    2 hour ago          Up 2 hour ago                 docker_run_b
[root@git ~]# docker stop docker_restart
docker_restart
[root@git ~]# docker ps
CONTAINER ID    IMAGE     COMMAND                  CREATED             STATUS              PORTS     NAMES
78dd7cc436f7    centos    "/bin/bash -c 'while"    2 hour ago          Up 2 hour ago                 docker_run_b
[root@git ~]#
```

圖 3-24　中止容器的執行

5. 刪除容器

容器終止執行後，在需要的時候可以重新啟動。如果確定不再需要，可以透過指令進行刪除。需要注意的是，不能刪除一個正在執行的容器。如果刪除指令指定一個正在執行的容器，將有對應的出錯提示，如圖 3-25 所示。

刪除容器的指令格式為：docker rm [NAME]/[CONTAINER ID]。

```
[root@git ~]# docker ps
CONTAINER ID    IMAGE          COMMAND                  CREATED             STATUS              PORTS     NAMES
78dd7cc436f7    centos         "/bin/bash -c 'while"    2 hour ago          Up 2 hour ago                 docker_run_b
[root@git ~]# docker ps -a
CONTAINER ID    IMAGE          COMMAND                  CREATED             STATUS                       PORTS     NAMES
154c97ab4c29    centos         "/bin/bash -c 'while"    About an hour ago   Exited (131) 4 minutes ago             docker_restart
78dd7cc436f7    centos         "/bin/bash -c 'while"    2 hour ago          Up 2 hour ago                          docker_run_b
57df4cc379e5    centos         "/bin/bash"              3 hour ago          Exited (0) 2 hour ago                  docker_run
87ad7c1245b3    centos:latest  "/bin/bash"              3 hour ago          Created                                nostalgic_zhufeng
[root@git ~]# docker rm 87ad7c1245b3
87ad7c1245b3
[root@git ~]# docker ps -a
CONTAINER ID    IMAGE          COMMAND                  CREATED             STATUS                       PORTS     NAMES
154c97ab4c29    centos         "/bin/bash -c 'while"    About an hour ago   Exited (131) 4 minutes ago             docker_restart
78dd7cc436f7    centos         "/bin/bash -c 'while"    2 hour ago          Up 2 hour ago                          docker_run_b
57df4cc379e5    centos         "/bin/bash"              3 hour ago          Exited (0) 2 hour ago                  docker_run
[root@git ~]#
```

圖 3-25　刪除容器

3.3 Windows 容器

3.3.1 Windows 容器的類型

Windows 容器包含兩個不同的容器類型。其中，Windows Server 容器透過處理程序和命名空間隔離技術提供應用程式隔離，它與容器主機和該主機上執行的所有容器共用核心。Hyper-V 容器透過在高度最佳化的虛擬機器中執行每個容器，在由 Windows Server 容器提供的隔離上擴充。在此設定中，容器主機的核心不與其他 Hyper-V 容器共用。

3.3.2 Windows Server 上的 Windows 容器

先決條件：一個執行 Windows Server 2016 的電腦系統（實體或虛擬）。如果使用的是 Windows Server 2016 TP5，請更新為 Window Server 2016 Evaluation。安裝關鍵更新後，才能讓 Windows 容器功能正常運作。

1. 安裝 Docker

安裝 Docker 將用到 OneGet 提供程式 PowerShell 模組。該提供程式將在電腦上啟用容器功能；還需要安裝 Docker，它要求重新啟動系統。若要使用 Windows 容器，則需要安裝 Docker，包含 Docker Engine 和 Docker Client。

開啟 PowerShell 階段並執行下列指令。

（1）從 PowerShell 函數庫安裝 Docker-Microsoft PackageManagement 提供程式。

```
Install -Module -Name  DockerMsftProvider -Repository PSGallery -Force
```

（2）使用 PackageManagement PowerShell 模組安裝最新版本的 Docker。

```
Install -Package -Name  docker -ProviderName DockerMsftProvider
```

（3）PowerShell 詢問是否信任套件來源 "DockerDefault" 時，輸入 A 以繼續進行安裝。完成安裝後，重新啟動電腦。

```
Restart -Computer -Force
```

2. 安裝 Windows 更新

（1）執行以下指令，確保 Windows Server 系統保持最新狀態。

```
sconfig
```

（2）之後將出現一個文字設定選單，可以選擇選項 6 下載並安裝更新。

```
===============================================================
                    Server Configuration
===============================================================
1) Domain/Workgroup:              Workgroup: WORKGROUP
2) Computer Name:                 WIN-HEFDK4V68M5
3) Add Local Administrator
4) Configure Remote Management    Enabled
5) Windows Update Settings:       DownloadOnly
6) Download and Install Updates
7) Remote Desktop:                Disabled
...
```

（3）出現提示時，選擇選項 A 下載所有更新。

3. Windows Server 上的容器映像檔

先決條件：

■ 一個執行 Windows Server 2016 的電腦系統（實體或虛擬）。

■ 使用 Windows 容器功能和 Docker 設定此系統。

■ 一個用於將容器映像檔發送到 Docker Hub 的 Docker ID。

3.3.3 Windows 10 上的 Windows 容器

先決條件：

■ 一個執行 Windows 10 周年紀念版（專業版或企業版）的實體電腦系統。

■ 可以在 Windows 10 虛擬機器上執行，但需要啟用巢狀結構虛擬化功能。可以在巢狀結構虛擬化指南中找到相關詳細資訊。

必須安裝關鍵更新，Windows 容器才會工作。若要檢查 OS 版本，可執行 winver. exe，並將顯示的版本與 Windows 10 更新歷史記錄進行比較。確保擁有 14393.222 或更新版本再繼續操作。

由於 Windows 10 僅支援 Hyper-V 容器，因此還必須啟用 Hyper-V 功能。

（1）若要使用 PowerShell 啟用 Hyper-V 功能，在 PowerShell 階段中執行以下指令。

```
Enable-WindowsOptionalFeature -Online -FeatureName Microsoft-Hyper -V -All
```

（2）安裝完成後，重新啟動電腦。

```
Restart -Computer -Force
```

如果以前使用的是 Windows 10 上的 Hyper-V 容器和 Technical Preview 5 容器基本鏡像，則務必重新啟用 Oplocks，執行以下指令：Set-ItemProperty。

1. 安裝 Docker

（1）若要使用 Windows 容器，則需要安裝 Docker。Docker 由 Docker Engine 和 Docker Client 組成。執行以下指令以 zip 檔案格式下載 Docker Engine 和 Docker Client。

```
Restart -Computer -Force
Invoke-WebRequest "https://get.docker.com/builds/Windows/x86_64/docker-
17.03.0-ce.zip" -OutFile "$env:TEMP\docker.zip" -UseBasicParsing
```

（2）將 zip 檔案解壓到 Program Files，檔案內容已經位於 Docker 目錄中。

```
Expand-Archive -Path "$env:TEMP\docker.zip" -DestinationPath $env:ProgramFiles
```

（3）將 Docker 目錄增加到系統路徑。

```
# Add path to this PowerShell session immediately
$env:path += ";$env:ProgramFiles\Docker"

# For persistent use after a reboot
$existingMachinePath = [Environment]::GetEnvironmentVariable("Path",
[System.En vironmentVariableTarget]::Machine)
[Environment]::SetEnvironmentVariable("Path", $existingMachinePath +
";$env:ProgramFiles\Docker", [EnvironmentVariableTarget]::Machine)
```

（4）若要將 Docker 安裝為一個 Windows 服務，執行以下指令。

```
dockerd --register-service
```

（5）安裝完成後，可以啟動該服務。

```
Start-Service Docker
```

2. 安裝基本容器映像檔

Windows 容器是從範本或映像檔部署的，需要先下載容器基本作業系統映像檔，才能部署容器。使用以下指令可下載 Nano Server 基本映像檔。

（1）拉取 Nano Server 基本映像檔。

```
docker pull microsoft/nanoserver
```

（2）執行 docker images 指令傳回已安裝的映像檔的列表。本例中為 Nano Server 映像檔。

```
docker images
REPOSITORY              TAG       IMAGE ID       CREATED      SIZE
microsoft/nanoserver    latest    105d76d0f40e   4 days ago   652 MB
```

3.3.4 部署 Windows 容器

1. Windows 容器要求

1）作業系統要求

- Windows 容器功能僅適用於 Windows Server 2016（核心和桌面體驗）、NanoServer 和 Windows 10 專業版和企業版（周年紀念版）。
- 執行 Hyper-V 容器之前必須安裝 Hyper-V 角色。
- Windows Server 容器主機必須將 Windows 安裝到 c 碟。如果僅部署 Hyper-V 容器，則不會應用此限制。

2）虛擬化的容器主機

如果 Windows 容器主機從 Hyper-V 虛擬機器執行，並且還將承載 Hyper-V 容器，則需要啟用巢狀結構虛擬化。巢狀結構的虛擬化具有以下要求：

- 至少 4 GB RAM 可用於虛擬化的 Hyper-V 主機。
- Windows Server 2016 或主機系統上的 Windows 10 以及 Windows Server（Full、Core），或虛擬機器中的 Nano Server。

- 帶有 Intel VT-x 處理器（此功能目前只適用於 Intel 處理器）。
- 容器主機虛擬機器需要至少 2 個虛擬處理器。

3）支援的基本映像檔

Windows 容器提供兩種容器基本映像檔，Windows Server Core 和 Nano Server。並非所有設定都支援這兩種作業系統映像檔。Windows 容器支援的設定如表 3-2 所示。

表 3-2　Windows 容器支援的設定

主機作業系統	Windows Server 容器	Hyper-V 容器
Windows Server 2016（桌面）	Server Core/Nano Server	Server Core/Nano Server
Windows Server 2016 Core	Server Core/Nano Server	Server Core/Nano Server
Nano Server	Nano Server	Server Core/Nano Server
Windows 10 專業版 / 企業版	不可用	Server Core/Nano Server

4）Windows Server 容器

由於 Windows Server 容器和基礎主機共用一個核心，因此容器基本映像檔必須與主機基本映像檔相比對。如果版本不同，則容器雖然可以啟動，但其功能完整性得不到保證，因此不支援不符合的版本。Windows 作業系統有 4 個等級的版本：主要版本、次要版本、內部版本和修訂版（如 10.0.14393.0）。只有在發佈新版本的作業系統後，內部版本編號才會改變。應用 Windows 更新後，會對應更新修訂版本編號。如果內部版本編號不同（例如 10.0.14300.1030(Technical Preview 5) 和 10.0.14393(Windows Server 2016 RTM)），則會阻止 Windows Server 容器啟動。如果內部版本編號相同但修訂版本編號不同（例如 10.0.14393(Windows Server 2016 RTM) 和 10.0.14393.206(Windows Server 2016 GA)），則不會阻止 Windows Server 容器啟動。即使技術上沒有阻止容器啟動，但此設定仍可能無法在所有環境下正常執行，因此不支援設定到產品環境。

5）Hyper-V 容器

Hyper-V 容器與 Windows Server 容器不同，後者共用容器和主機之間的核心，而 Hyper-V 容器則是各自使用自己的 Windows 核心實例，因此會出現容器主機與容器映像檔版本比對出錯的情況。目前，只要設定受支援，無論修訂版本編號是多少，內部版本編號為 Windows Server 2016 GA（10.0.14393.206）或更新版本都可以執行 Windows Server Core 或 Nano Server 的 Windows Server 2016 GA 映像檔。

2. 容器主機──Windows Server

1）安裝 Docker

若要使用 Window 容器，則需要安裝 Docker。Docker 由 Docker Engine 和 DockerClient 組成。

安裝 Docker 將用到 OneGet 提供程式的 PowerShell 模組。提供程式將啟用電腦上的容器功能，並安裝 Docker。此操作需要重新啟動電腦。

開啟 PowerShell 階段並執行下列指令。

（1）安裝 OneGet PowerShell 模組。

```
Install-Module -Name  DockerMsftProvider -Repository PSGallery -Force
```

（2）使用 OneGet 安裝最新版的 Docker。

```
Install-Package -Name  docker -ProviderName DockerMsftProvider
```

（3）完成安裝後，重新啟動電腦。

```
Restart-Computer -Force
```

2）安裝基本容器映像檔

使用 Windows 容器前，需安裝基本映像檔。可透過將 Windows Server Core 或 Nano Server 作為容器作業系統取得基本映像檔。

若要安裝 Windows Server Core 作為基本映像檔，執行以下指令。

```
docker pull microsoft/windowsservercore
```

若要安裝 Nano Server 作為基本映像檔，執行以下指令。

```
docker pull microsoft/nanoserver
```

3）Hyper-V 容器主機

要執行 Hyper-V 容器，需要使用 Hyper-V 角色。如果 Windows 容器主機本身就是 Hyper-V 虛擬機器，則需要在安裝 Hyper-V 角色前先啟用巢狀結構虛擬化功能。

（1）巢狀結構虛擬化。以下指令稿將為容器主機設定巢狀結構虛擬化功能。在父 Hyper-V 計算機上執行此指令稿，確保在執行此指令稿時，關閉了容器主機虛擬機器。

```
#replace with the virtual machine name
$vm = "<virtual-machine>"

#configure virtual processor
Set-VMProcessor -VMName $vm -ExposeVirtualizationExtensions $true -Count 2

#disable dynamic memory
Set-VMMemory $vm -DynamicMemoryEnabled $false

#enable mac spoofing
Get-VMNetworkAdapter -VMName $vm | Set-VMNetworkAdapter -MacAddressSpoofing On
```

（2）啟用 Hyper-V 角色。若要使用 PowerShell 啟用 Hyper-V 功能，可在 PowerShell 階段中執行以下指令。

```
Install-WindowsFeature hyper-v
```

3. 容器主機──Nano Server

1）準備 Nano Server

（1）建立 Nano Server VM。首先下載 Nano Server VM，評估 VHD。在此 VHD 中建立虛擬機器，啟動虛擬機器，並使用 Hyper-V 連接選項或以正在使用為基礎的虛擬化平台（相等）連接到虛擬機器。

（2）建立遠端 PowerShell 階段。由於 Nano Server 沒有互動式登入功能，所以所有管理都將使用 PowerShell 透過遠端系統完成。

將 Nano Server 系統增加到遠端系統的受信任的主機，用此 Nano Server 的 IP 位址取代該 IP 位址。

```
Set-Item WSMan:\localhost\Client\TrustedHosts 192.168.1.50 -Force
```

建立遠端 PowerShell 階段，執行以下指令。

```
Enter-PSSession -ComputerName 192.168.1.50 -Credential ~\Administrator
```

（3）安裝 Windows 更新。需要安裝關鍵更新，才能讓 Windows 容器功能正常
運作。可透過執行以下指令安裝這些更新。

```
$sess = New-CimInstance -Namespace root/Microsoft/Windows/WindowsUpdate
-ClassName MSFT_WUOperationsSession

Invoke-CimMethod -InputObject $sess -MethodName ApplyApplicableUpdates
```

應用更新後，重新啟動系統。

```
Restart-Computer
```

2）安裝 Docker

在遠端 PowerShell 階段中執行以下指令。

（1）安裝 OneGet PowerShell 模組。

```
Install-Module -Name  DockerMsftProvider -Repository PSGallery -Force
```

（2）使用 OneGet 安裝最新版的 Docker。

```
Install-Package -Name  docker -ProviderName DockerMsftProvider
```

（3）完成安裝後，重新啟動電腦。

```
Restart-Computer -Force
```

3）安裝基本容器映像檔

基本作業系統映像檔用作任何 Windows Server 或 Hyper-V 容器的基礎。基本
作業系統映像檔可透過同時將 Windows Server Core 和 Nano Server 作為基本作
業系統取得，並且可以使用 docker pull 進行安裝。

若要下載並安裝 Windows Nano Server 基本映像檔，執行以下指令。

```
docker pull microsoft/nanoserver
```

如果打算使用 Hyper-V 容器並在 Nano Server 主機上安裝 Hyper-V 虛擬機器監視程序，還可拉取伺服器核心映像檔。如果打算執行 Azure 函數庫伺服器 2016 Nano，則不能安裝 Hyper-V。

```
docker pull microsoft/windowsservercore
```

4）在 Nano Server 上管理 Docker

要管理遠端 Docker 伺服器，需要完成下列各項操作。

（1）準備容器主機。

在容器主機上為 Docker 連接建立防火牆規則，將會用於不安全連接的通訊埠 2375，或用於安全連接的通訊埠 2376。

```
netsh advfirewall firewall add rule name="Docker daemon " dir=in action=allow
protocol=TCP localport=2375
```

設定 Docker 引擎，使其接收透過 TCP 傳入的連接。

首先在 Nano Server 主機的 c：\ProgramData\docker\config\ 目錄中建立一個 daemon. json 檔案。

```
new-item -Type File c:\ProgramData\docker\config\daemon.json
```

接下來，執行以下指令以將連接設定增加到 daemon.json 檔案中。這會將 Docker 引擎設定為接受透過 TCP 通訊埠 2375 傳入的連接。這是不安全的連接，因此不建議使用，但可用於隔離測試。

```
Add-Content 'c:\programdata\docker\config\daemon.json' '{ "hosts":
["tcp://0.0.0.0:2375", "npipe://"] }'
```

重新啟動 Docker 服務。

```
Restart-Service docker
```

（2）準備遠端用戶端。

在要工作的遠端系統上下載 Docker 用戶端，執行以下指令。

```
Invoke-WebRequest "https://download.docker.com/components/engine/windows-
server/cs-1.12/docker.zip" -OutFile "$env:TEMP\docker.zip" -UseBasicParsing
```

分析壓縮檔，執行以下指令。

```
Expand-Archive -Path "$env:TEMP\docker.zip" -DestinationPath $env:ProgramFiles
```

執行以下兩個指令，將 Docker 目錄增加到系統路徑。

```
# For quick use, does not require shell to be restarted.
$env:path += ";c:\program files\docker"

# For persistent use, will apply even after a reboot.
[Environment]::SetEnvironmentVariable("Path", $env:Path + ";C:\Program Files\
Docker", [EnvironmentVariableTarget]::Machine)
```

完成後，可使用 docker -H 參數存取遠端 Docker 主機。

```
docker -H tcp://<IPADDRESS>:2375 run -it microsoft/nanoserver cmd
```

可以建立環境變數 DOCKER_HOST，這會使 -H 參數不再被需要。以下 PowerShell 指令可用於此操作。

```
$env:DOCKER_HOST = "tcp://<ipaddress of server>:2375"
```

設定此變數後，現在的 docker 指令將如下所示。

```
docker run -it microsoft/nanoserver cmd
```

5）Hyper-V 容器主機

如果 Windows 容器主機本身是 Hyper-V 虛擬機器，則需要啟用巢狀結構虛擬化功能。在 Nano Server 容器主機上安裝 Hyper-V 角色。

```
Install -NanoServerPackage Microsoft-NanoServer-Compute-Package
```

Hyper-V 角色安裝完畢後，重新啟動 Nano Server 主機即可。

```
Restart-Computer
```

微服務技術

微服務（Microservice）是細化的 SOA（針對服務的架構），是 Web 領域一種先進的架構。微服務架構是雲端運算技術應用以及持續發佈、DevOPS 深入人心的綜合產物，它是未來軟體架構朝著靈活動態伸縮和分散式架構發展的方向。同時，以 Docker 為代表的容器虛擬化技術的流行，將大幅降低微服務實施的成本，為微服務實踐以及大規模使用提供了基礎和保證。本章簡介微服務的概念、建模與服務、微服務的整合等內容。

4.1 微服務的概念

微服務是細粒度的 SOA，每個服務擁有單一用途，沒有副作用。它是一種分散式系統的解決方案，旨在推動細粒度服務的使用，這些細粒度服務協作工作，且每個服務都有自己的生命週期。微服務主要圍繞業務領域進行建模，因而避免了由傳統的分層架構引發的很多問題。同時，微服務整合了近十年來的許多新概念和新技術，進一步避開了傳統針對服務架構中的陷阱。

4.1.1 微服務的定義

微服務一詞最早在 2011 年由威尼斯的軟體架構團隊提出，用以表示當時出現的一種流行的軟體架構風格，2012 年，該團隊將其命名為微服務。同年，

James 在波蘭展示了微服務的案例。Netflix 公司的 Adrian 稱「微服務是細化的 SOA，是 Web 領域一種先進的架構風格」。此後，陸續有網際網路公司嘗試使用類似架構並成就非凡，儘管他們不一定都稱其為微服務，典型的有 Amazon、Netflix、Uber 和 Groupon 等。

目前微服務還沒有統一的定義，Martin 認為「微服務是一種軟體架構風格，它把複雜的應用分解為多個微小的服務，這些服務執行在各自的處理程序中，使用與語言無關的輕量級通訊機制（通常是以 HTTP 為基礎的 REST API）相互協調，每個服務圍繞各自的業務進行建置，可使用不同的程式語言和資料儲存技術，並能透過自動化機制獨立部署，這些服務應使用最低限度的集中式服務管理機制」。

與微服務相對的是單體式應用架構，它把所有業務作為一個整體來建置和部署。一個典型的 Web 應用可能包含了與使用者互動的前端、後端業務邏輯和資料庫 3 部分，儘管都會使用模組化設計，但最後該應用都會被作為一個整體來部署，執行在單一處理程序中。例如一個 Java Web 應用會被包裝為一個 War 檔案部署在 Tomcat 中。單體式架構的優點顯而易見：建置和測試簡單，因為現有 IDE 都是針對單體應用設計的；部署容易，只要把壓縮檔複製到對應目錄即可。但當應用的規模越來越大時，其缺點就越發明顯：

（1）開發效率越來越低。幾乎沒有開發者能更加了解如此龐大的應用，即使修改一行程式也要重新編譯部署整個應用。

（2）持續發佈的週期越來越長。現今的敏捷開發要求快速回應變化，即時取得客戶回饋，縮短反覆運算週期，而單體應用都是整體部署，所以需等各模組均修改完成後方可發佈部署，無法滿足短時間多次部署的要求。

（3）技術選型成本高。單體式應用自始至終使用同一種技術堆疊，系統規模越大，轉型越困難，無法享受新技術的便利，也給開發人員的應徵帶來限制。

（4）可伸縮性差。對於單體應用通常只能實現垂直伸縮，透過部署應用實例的叢集，然後使用負載平衡器把使用者請求分發到不同節點上來實現。但如果要加強某些模組的性能或吞吐能力，實現水平伸縮則很困難，因為單體應用是所有模組整體執行在一個處理程序中的。

隨著單體應用新功能的增加，程式庫會越變越大，而時間久了程式庫會更為龐大，以至於想要知道該在什麼地方做修改都很困難。儘管技術人員想在極大的程式庫中做些清晰的模組化處理，但事實上維護這些模組之間的界限很難。相似的功能程式在程式庫中隨處可見，使得修復缺陷或實現更加困難。

為解決這些問題，通常會採取以下措施：在一個單體系統內，建立一些抽象層或模組來確保程式的內聚性。所謂內聚性，是指把因相同原因變化的東西聚合到一起，而把因不同原因變化的東西分離開來。微服務將這個理念應用在獨立的服務上，根據業務的邊界來確定服務的邊界，這樣就很容易確定某個功能程式應該放在哪裡。而且，由於這樣的服務專注於某個邊界之內，因此可以極佳地避免由於程式庫過大衍生出的很多問題。因此，我們可以定義：微服務就是一些協作工作的小而自治的服務。

當然，服務越小，微服務架構的優點和缺點也就越明顯。使用的服務越小，獨立性帶來的好處就越多，但是，管理大量服務也會越複雜。如果能夠更進一步地處理這一複雜性，那麼就可以盡情地使用較小的服務。

一個微服務就是一個獨立的實體。它可以獨立地部署在平台即服務（Platform as a Service，PaaS）上，也可以作為一個作業系統處理程序存在。大量應用實作表明，要儘量避免把多個服務部署到同一台機器上，即使現在機器的概念已經非常模糊了。儘管這種隔離會引發一些代價，但它能夠大幅簡化分散式系統的建置，而且有很多新技術可以幫助解決這種部署模型帶來的問題。

服務之間均透過網路呼叫進行通訊，進一步加強了服務之間的隔離性，避免緊耦合。這些服務應該可以獨立進行修改，並且某一個服務的部署不應該引起該服務消費方的變動。對一個服務來說，需要考慮的是什麼應該曝露，什麼應該隱藏。如果曝露得過多，那麼服務消費方會與該服務的內部實現產生耦合。這會使得服務和消費方之間產生額外的協調工作，進一步降低服務的自治性。

服務會曝露出應用程式設計介面（Application Programming Interface，API），服務之間透過這些 API 進行通訊。API 的實現技術應該避免與消費方耦合，這就表示應該選擇與實際技術不相關的 API 實現方式，以確保技術的選擇不被限制。

4.1.2 微服務的架構及其與 ESB 架構的關係

1. 微服務架構

微服務架構（Micro Services Architecture，MSA）是一種架構風格和設計模式，它建議將應用分割成一系列細小的服務，每個服務專注於單一業務功能，執行於獨立的處理程序中。服務之間邊界清晰，採用輕量級通訊機制（如 HTTP/REST）相互溝通、配合來實現完整的應用，滿足業務和使用者的需求。

從上述概念中可以看到微服務的一些特點：專注於實現有限的業務功能；獨立於其他（微）服務，或在某些情況下，很少依賴其他服務，實現服務之間的解耦；透過不依賴語言的 API 進行溝通；與底層平台和基礎設施解耦。

2. 微服務架構與 ESB 架構的關係

SOA 架構以前一般與 ESB 結合在一起，可以認為是一種以 ESB 為中心的架構，通過 ESB 實現應用之間服務的呼叫。而微服務架構可以看成是另外一種實現 SOA 的架構，微服務架構模式是一個不包含 Web 服務（WS-）和 ESB 服務的 SOA。微服務應用樂於採用簡單輕量級協定，例如 REST，而非 WS-，它是一種去中心化的架構，不採用 ESB 架構。

4.1.3 微服務的優勢與不足

微服務的想法是把單一的極大應用拆分為許多鬆散耦合的微小服務，通常是按照業務功能來分解的；每一個服務雖然微小但卻實現相對完整的功能，使用私有的資料庫，可以單獨建置和部署；某個服務的修改和部署不會影響其他正在執行的服務，提供語言無關的 API 介面供其他模組呼叫。這種風格與傳統的針對服務架構 SOA 比較相似，經過多年的發展，SOAP、Web Services、ESB 等技術的出現使 SOA 得以實現，許多廠商也制定了相關的標準。兩者最重要的區別在於 SOA 使用複雜的 ESB 整合為單一應用，而微服務是輕量級的，不使用複雜的 ESB，鬆散耦合，可以獨立部署。

微服務架構在規模較大的應用中具有明顯優勢。首先表現在獨立性方面，服務是鬆散耦合的，有明確的系統邊界，各開發團隊可以平行開發和部署，避免牽一髮而動全身，加強了效率；其次是技術選擇靈活，可針對實際業務特性和團隊技能為一個服務選擇最合適的語言、架構和資料庫，各服務使用不同的技術堆疊，技術轉型的成本也大為降低；再次是系統伸縮更自由，可針對某些服務單獨進行伸縮，實現系統 3D 度伸縮；最後是服務可獨立部署，借助自動化建置和部署工具，為 DevOps 的實施提供更好的支援。

當然，微服務的優勢也是有代價的：①效能問題。微服務應用中每個服務執行在獨立的處理程序中，服務間的呼叫需要透過網路傳輸，當許多服務需要相互呼叫時，就要考慮網路延遲對系統性能的影響。Villamizar 等人研究認為通常的應用（包含許多個微服務）系統回應時間差距不大，但當應用包含成百上千的服務時，遠端呼叫的效能損耗就是一個要解決的關鍵問題。②微服務本質上是一個分散式應用，分散式系統固有的可用性等問題隨著微服務數量的增加變得越來越突出。③確保資料一致性，這也屬於分散式系統問題。微服務使用非集中式的資料管理，要解決資料一致性問題比起單體式應用要困難得多。

4.2 建模與服務

4.2.1 限界上下文

任何一個指定的領域都包含多個限界上下文，每個限界上下文的模型都分成兩部分，一部分不需要與外部通訊，另一部分則需要。每個上下文都有明確的介面，該介面決定了它會曝露哪些模型給其他的上下文。

限界上下文的定義是：「一個由顯性邊界限定的特定職責。」如果你想要從一個限界上下文中取得資訊，或向其發起請求，需要使用模型和它的顯性邊界進行通訊。《領域驅動設計》一書的作者 Eric Evans 教授使用細胞作為比喻：「細胞之所以會存在，是因為細胞膜定義了什麼在細胞內，什麼在細胞外，並且確定了什麼物質可以通過細胞膜。」

1. 共用的隱藏模型

下面先看一個實例。對一個線上後裝備保證來說，戰勤部門和倉庫就可以視為兩個獨立的限界上下文，它們都有明確的對外介面（在存貨報告、經費明細單等方面），也都具有只需要自己知道的一些細節（鏟車、計算機）。

戰勤部門不需要知道倉庫的內部細節，但它需要知道庫存情況，以便更新保證清單。圖 4-1 展示了一個上下文圖表範例，可以看到其中包含了倉庫的內部概念，例如裝備提取員、裝備貨架等。同理，本級組織的總帳是戰勤部門必備的一部分，但是不會對外共用。

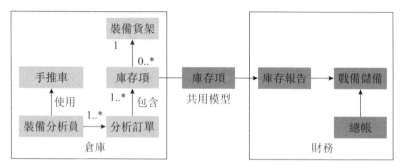

圖 4-1　財務部門和倉庫之間共用的模型示意圖

為了算出本級組織的裝備器材總金額，戰勤人員需要庫存資訊，所以庫存項就變成了兩個上下文之間的共用模型。然而，對商業而言，通常不會盲目地把庫存項在倉庫上下文中的所有內容都曝露出去。舉例來說，儘管在倉庫內部有對應的模型來表示庫存項，但是通常不會直接把這個模型曝露出去。也就是說對於該模型，存在內部和外部兩種表示方式。很多情況下，這都會導致是否要採用 REST 的討論。

在商業上，有時候，同一個名字在不同的上下文中具有完全不同的含義。舉例來說，退貨表示的是客戶退回的一些東西，在客戶的上下文中，退貨表示列印運送標籤、寄送包裹，然後等待退款；而在倉庫的上下文中，退貨表示的是一個即將到來的包裹，而且這個包裹會重新入函數庫。退貨這個概念會與將要執行的工作相關，如可能會發起一個重新入函數庫的請求。這個退貨的共用模型會在多個不同的處理程序中使用，並且在每個限界上下文中都會存在對應的實體，不過，這些實體僅是在每個上下文的內部表示而已。

2. 模組和服務

明白應該共用特定的模型，而不應該共用內部表示這個道理之後，就可以避免潛在的緊耦合風險。應該識別出領域內的一些邊界，邊界內部是相關性比較高的業務功能，進一步獲得高內聚。這些限界上下文可以極佳地形成組合邊界。

在同一個處理程序內使用模組來減少彼此之間的耦合也是一種選擇。剛開始開發一個程式的時候，這可能是比較好的辦法。所以一旦使用者發現了領域內部的限界上下文，一定要使用模組建模，同時使用共用和隱藏模型。

這些模組邊界就可以成為絕佳的微服務候選。一般來講，微服務應該清晰地和限界上下文保持一致，熟練之後，就可以省掉在單體系統中先使用模組這個步驟，而直接使用單獨的服務。對於一個新系統而言，可以先使用一段時間的單體系統，因為如果服務之間的邊界搞錯了，後面修復的代價會很大，所以最好能夠等到系統穩定下來之後，再確定把哪些東西作為一個服務劃分出去。

綜上所述，如果服務邊界和領域的限界上下文能保持一致，並且微服務可以很好地表示這些限界上下文的話，那麼其專案就跨出了走向高內聚低耦合的微服務架構的第一步。

4.2.2 業務功能

在思考組織內的限界上下文時，不應該從共用資料的角度來考慮，而應該從這些上下文能夠提供的功能來考慮。舉例來說，倉庫的功能是提供目前的庫存清單，戰勤上下文能夠提供月末帳目。為了實現這些功能，可能需要交換儲存資訊的模型，這裡就首先要問自己「這個上下文是做什麼用的」，然後再考慮「它需要什麼樣的資料」。

建模服務時，應該將這些功能作為關鍵操作提供給其協作者（其他服務）。

4.2.3 逐步劃分上下文

一般來說專案一開始就可以識別出一些粗粒度的限界上下文，而這些限界上下文可能又包含一些巢狀結構的限界上下文。舉個實例，可以把倉庫分解成為不同的部分：訂單處理、庫存管理、貨物接收等。當考慮微服務的邊界時，首先考慮比較大的、粗粒度的那些上下文，當發現合適的縫隙後，再進一步劃分出那些巢狀結構的上下文。

一種有益的做法是，使這些巢狀結構的上下文不直接對外可見。對外界來說，它們用的還是倉庫的功能，但發出的請求其實被透明地對映到了兩個或更多的服務上,如圖 4-2 所示。有時候人們或許會認為,高層次的限界上下文不應該被顯性地建模成為一個服務,如圖 4-3 所示,也就是說,不存在一個單獨的倉庫邊界,而是把庫存管理、訂單處理和貨物接收等這些服務分離開來。

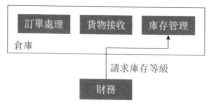

圖 4-2　在倉庫內部使用微服務表示巢狀結構限界上下文示意圖

圖 4-3　倉庫內部的限界上下文被提升到頂層上下文的層次示意圖

通常很難說哪種規則更合理,但是可以根據組織結構來決定,到底是使用巢狀結構的方法還是完全分離的方法。如果訂單處理、庫存管理及貨物接收是由不同的保證團隊(資訊室、團隊)維護的,那麼他們大概會希望這些服務都是頂層微服務。另一方面,如果它們都是由一個團隊來管理的,那麼巢狀結構式結構會更合理。其原因在於,組織結構和軟體架構會互相影響。

另一個偏好選擇巢狀結構式方法的原因是,它可以使得架構能更好更快地進行測試。舉個實例,當測試倉庫的消費方服務時,不需要對倉庫上下文中的每個服務進行打樁,只需要專注於粗粒度的 API 即可。

4.2.4 關於業務概念的溝通

修改系統的目的是滿足業務需求。如果把系統分解成為限界上下文來表示領域的話,那麼對於某個功能所要做的修改,就更偏好侷限在一個單獨的微服務邊界之內。這樣就減小了修改的範圍,並能夠更快地進行部署。

微服務之間如何就同一個業務概念進行通訊,也是一件很重要的事情。以業務領域為基礎的軟體建模不應該止於限界上下文的概念,在組織內部共用的那些相同的術語和想法,也應該被反映到服務的介面上。以跟組織內通訊相同的方式來思考微服務之間的通訊形式是非常有用的。事實上,通訊形式在整個組織範圍內都非常重要。

4.3 微服務的整合

整合是微服務相關技術中最重要的。如果規劃並實現得好,微服務可以保持自治性,也可以獨立地修改和發佈;但是,如果做得不好,則可能帶來災難。

4.3.1 為使用者建立介面

既然現在有了一些關於如何選擇服務間整合技術的不錯的指導原則,那麼就來看看最常用的技術有哪些,以及哪項技術最合適。為了幫助思考,可以從 MusicCorp 典型應用中選擇一個真實的實例。建立客戶這個業務,乍一看似乎就是簡單的 CRUD(Create、Read、Update、Delete)操作,但對大多數系統來說並不止這些。增加新客戶可能會觸發一個新的流程,如進行付帳設定、發送歡迎郵件等。而且修改或刪除客戶也可能會觸發其他的業務流程。

知道了這些資訊後,在 MusicCorp 系統對客戶的處理方式可能就有所不同了。

4.3.2 共用資料庫

到目前為止,業界最常見的整合形式就是資料庫整合。使用這種方式時,如果其他服務想要從一個服務取得資訊,可以直接存取資料庫,如果想要修改,也可以直接在資料庫中修改。這種方式看起來非常簡單,而且可能是最快的整合方式,這也正是它這麼流行的原因。

圖 4-4 所示為從資料庫中直接存取和修改資料資訊示意圖,它直接使用 SQL 在資料庫中建立使用者,客服中心應用程式可以直接執行 SQL 來 看和編輯資料庫中的資料,倉庫透過 詢資料庫來顯示更新後的客戶訂單資訊。這是一種非常普通的模式,但實作起來卻困難重重。

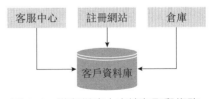

圖 4-4　從資料庫中直接存取和修改資料資訊示意圖

第一,這使得外部系統能夠查看內部實現細節,並與其綁定在一起。儲存在資料庫中的資料結構對所有人來說都是平等的,所有服務都可以完全存取該資料庫。如果我決定為了更進一步地表示資料或增加可維護性而修改表結構的話,我的消費方就無法進行工作。資料庫是一個很大的共用 API，但同時也非常不穩定。如果想改變與之相關的邏輯，例如幫助台如何管理客戶，這就需要修改資料庫。為了不影響其他服務，必須小心地避免修改與其他服務相關的表結構。這種情況下，通常需要做大量的回歸測試來確保功能的正確性。

第二，消費方與特定的技術選擇綁定在一起。可能現在來看，使用關聯式資料庫進行儲存是合理的，所以消費方會使用一個合適的驅動（很有可能是與實際資料庫相關的）來與之一起工作。說不定一段時間之後我們會意識到，使用 NoSQL（非關聯式資料庫）才是更好的選擇。如果消費方和客戶服務非常緊密地綁定在一起，那麼就無法輕易地替換這個資料庫，因此隱藏實現細節非常重要，因為它讓服務擁有一定的自治性，進一步可以輕易地修改其內部實現。

第三，行為。會有一部分業務邏輯負責對客戶進行修改，那麼這個業務邏輯應該放在什麼地方呢？如果消費方直接操作資料庫，那麼它們都需要對這些邏輯負責。對資料庫操作的相似邏輯可能會出現在很多服務中。如果倉庫、註冊使用者介面、客服中心都需要編輯客戶的資訊，當修復一個缺陷的時候，就需要修改三個不同的地方，並且對這些修改分別進行部署。

微服務的核心原則是高內聚和低耦合，但是使用資料庫整合使得這兩者都很難實現。服務之間很容易透過資料庫整合來共用資料，但是無法共用行為。內部表示曝露給了消費方，很難做到無破壞性修改，進而不可避免地導致不敢做任何修改，所以無論如何都要避免這種情況。

4.3.3　同步與非同步

對服務之間的通訊，選擇同步或非同步是極為困難的一件事。如果使用同步通訊，發起一個遠端服務呼叫後，呼叫方會阻塞自己並等待整個操作的完成。如果使用非同步通信，呼叫方不需要等待操作完成就可以傳回，甚至可能不需要關心這個操作完成與否。

同步通訊聽起來合理，因為可以知道事情到底成功與否。非同步通訊對於執行時間比較長的工作來說比較有用，否則就需要在用戶端和伺服器之間開啟一個長連結，而這是非常不實際的。當需要低延遲的時候，通常會使用非同步通訊，否則會由於阻塞而降低運行的速度。對於行動網路及裝置而言，發送一個請求之後假設一切工作正常（除非被告知不正常），這種方式可以在快速地保證在網路很卡的情況下使用者介面依然很流暢。

這兩種不同的通訊模式具有各自的協作風格，即請求 / 回應或基於事件。對請求 / 回應來說，用戶端發起一個請求，然後等待回應。這種模式能夠與同步通訊模式很好地比對，但非同步通訊也可以使用這種模式。可以發起一個請求，然後註冊一個回呼，當服務端操作結束之後，會呼叫該回呼。

對使用以事件為基礎的協作方式來說，情況會顛倒過來。用戶端不是發起請求，而是發佈一個事件，然後期待其他的協作者接收到該訊息，並且知道該怎麼做。以事件為基礎的系統，天生就是非同步的，整個系統都很聰明，也就是說，業務邏輯並非集中存在於某個核心大腦，而是平均地分佈在不同的協作者中。以事件為基礎的協作方式耦合性很低，客戶端發佈一個事件，但並不需要知道誰或什麼會對此做出回應，這也表示，可以在不影響用戶端的情況下對該事件增加新的訂閱者。

4.3.4 編排與協作

在開始對越來越複雜的邏輯進行建模時，需要處理跨服務業務流程的問題，而使用微服務時這個問題會來得更快。下面以典型 MusicCorp 為例，看看在 MusicCorp 中建立使用者時發生了什麼。

圖 4-5　建立新客戶的流程示意圖

（1）在客戶的積分帳戶中建立一筆記錄。

（2）透過快遞系統發送一個歡迎禮包。

（3）向客戶發送歡迎電子郵件。

圖 4-5 為使用流程圖對建立新客戶進行建模。

當考慮實作方式時，有兩種架構風格可以採用：①使用編排（orchestration）方法，依賴於某個中心大腦來指導並驅動整個流程，就像管弦樂隊中的指揮一樣。②使用協作（choreography）方法，僅需要告知系統中各個部分各自的職責，而把實際怎麼做的細節留給它們自己處理，就像芭蕾舞中每個舞者都有自己的跳舞方式，同時也會回應周圍其他人。

對於編排方式，在建立時它會跟積分帳戶、電子郵件服務及郵政服務透過請求／響應的方式進行通訊，如圖 4-6 所示。客戶服務本身可以對目前進行到了哪一步進行追蹤。它會檢查客戶帳戶是否建立成功、電子郵件是否發送出去及郵包是否寄出，圖 4-5 中的流程圖可以直接轉換成為程式，甚至有工具可以直接實現，例如一個合適的規則引擎。也有一些商業工具可以完成這些工作，它們通常被稱作商業流程建模軟體。假如使用的是同步的請求／回應模式，建置者甚至能知道每一步是否都成功了。

編排方式的缺點是，客戶服務作為中心控制點承擔了太多職責，它會成為網狀結構的中心樞紐及很多邏輯的起點。這個方法會導致少量的「上帝」服務，而與其進行處理的那些服務通常都會淪為貧血的、以 CRUD 為基礎的服務。

如果使用協作，可以光從客戶服務中使用非同步的方式觸發一個事件，該事件名可以叫作客戶建立。電子郵件服務、快遞服務及積分帳戶可以簡單地訂閱這些事件並且做對應處理，如圖 4-7 所示。這種方法能夠顯著地消除耦合。如果其他的服務也關心客戶建立這件事情，只需訂閱該事件即可。該方法的缺點是，看不到圖 4-5 中展示的那種很明顯的業務流程圖。

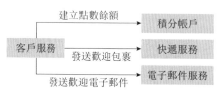

圖 4-6　編排方式處理客戶建立示意圖

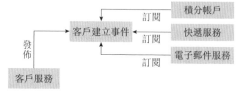

圖 4-7　協作方式處理客戶建立事件示意圖

從圖 4-7 可以看出，需要做一些額外的工作來監控流程，以確保其正確地進行。舉個實例，如果積分帳戶存在的缺陷導致帳戶沒有建立成功，程式是否能夠捕捉到這個問題？解決該問題的一種方法是，建置一個與圖 4-5 所示業務流程相符合的監控系統。實際的監控活動是針對每個服務的，但最後需要把監控的結果對映到業務流程中。在這個流程圖中我們可以看出系統是運行原理的。

從建置的針對聯合作戰資訊服務探索經驗來看，使用協作方式可以降低系統的耦合度，並且能更加靈活地對現有系統進行修改。但是，確實需要額外的工作來對業務流程進行跨服務的監控。現實中，許多重量級的編排方案非常不穩定且修改代價很大。基於這些事實，作者更偏好使用協作方式，在這種方式下每個服務都足夠聰明,並且能夠極佳地完成自己的工作。

這裡有好幾個因素需要考慮。同步呼叫比較簡單,而且很容易知道整個流程的工作是否正常。如果想要請求 / 回應風格的語義,又想避免其在耗時業務上的困境,可以採用非同步請求加回呼的方式。另一方面,使用非同步方式有利於協作方案的實施,進一步大幅減少服務間的耦合,這剛好就是我們為了能獨立發佈服務而追求的特性。

當然,也可以選擇混用不同的方式。然而不同的技術適用於不同的方式,因此需要了解不同技術的實現細節,更進一步地做出選擇。

針對請求 / 回應方式,可以考慮遠端程序呼叫(Remote Procedure Call,RPC)和表述性狀態傳輸(REpresentational State Transfer,REST)兩種技術。

4.3.5 遠端程序呼叫(RPC)

遠端程序呼叫(RPC)允許進行一個本機呼叫,但事實上結果是由某個遠端伺服器產生的。遠端程序呼叫的種類繁多,其中一些依賴於介面定義(如 SOAP、Thrift、protocol buffers 等)。不同的技術堆疊可以透過介面定義輕鬆地產生用戶端和服務端的樁程式。舉例來說,可以讓一個 Java 服務曝露一個 SOAP 介面,然後使用 Web 服務描述語言(Web Service Definition Language,WSDL)定義的介面產生 .NET 用戶端的程式。其他的技術,如 Java RMI,會導致服務端和用戶端之間更緊的耦合,這種方式要求雙方都要使用相同的技術堆疊,但是不需要額外的共用介面定義。然而所有這些技術都有一個核心特點,那就是使用本機呼叫的方式和遠端進行互動。

有很多技術本質上是二進位的,如 Java RMI、Thrift、protocol buffers 等,而 SOAP 使用 XML 作為訊息格式。有些遠端程序呼叫實現與特定的網路通訊協定相綁定(如 SOAP 名義上使用的就是 HTTP),當然不同的實現會使用不同的協定,不同的協定可以提供不同的額外特性。例如 TCP 能夠確保送達,UDP 雖然不能確保送達但協定負擔較小,所以可以根據自己的使用場景來選擇不同的網路技術。

那些遠端程序呼叫的實現會幫助產生服務端和用戶端的樁程式,進一步可以快速開始編碼。基本不用花時間,就可以在服務之間進行內容互動了。這通常也是遠端程序呼叫的主要賣點之一：易用。從理論上來說，這種可以只使用普通的方法呼叫而忽略其他細節的做法簡直是給程式設計師的極大福利。然而有一些遠端程序呼叫的實現確實存在一些問題。這些問題通常一開始不明顯，但慢慢地就會曝露出來，並且其帶來的代價要遠遠大於一開始快速啟動帶來的好處。

如果決定要選用遠端程序呼叫這種方式，需要注意一些問題：不要對遠端呼叫過度抽象，以至於網路因素完全被隱藏起來，以確保可以獨立地升級服務端的介面而不用強迫用戶端升級，所以在撰寫用戶端程式時要注意這方面的平衡，在用戶端中一定不要隱藏我們是在做網路呼叫這個事實；在遠端程序呼叫方式下經常會在用戶端使用函數庫，但是這些函數庫如果在結構上組織得不夠好，也可能會帶來一些問題。

4.3.6 表述性狀態傳輸

表述性狀態傳輸（REST）是受 Web 啟發而產生的一種架構風格。表述性狀態傳輸風格包含了很多原則和限制，在這裡我們僅專注於如何在微服務的世界裡使用表述性狀態傳輸更進一步地解決整合問題。表述性狀態傳輸是 RPC 的一種替代方案。

這裡最重要的是資源的概念。資源，如 Customer，處於服務之內。服務可以根據請求內容建立 Customer 物件的不同表示形式。也就是說，一個資源的對外顯示方式和內部儲存方式之間沒有什麼耦合。舉例來說，用戶端可能會請求一個 Customer 的 JSON 表示形式，而 Customer 在內部的儲存方式可以完全不同。一旦用戶端獲得了該 Customer 的表示，就可以發出請求修改，而服務端可以選擇回應與否。

REST 風格包含的內容很多，上面僅列出了簡單的介紹。在 Richardson 的成熟度模型中，有對 REST 不同風格的比較。REST 本身並沒有提到底層應該使用什麼協定，儘管事實上最常用的是 HTTP，但也有使用其他協定來實現 REST 的實例，如序列埠或 USB，當然這會引用大量的工作。HTTP 的一些特性，例如動作，使得在 HTTP 上實現 REST 要簡單得多，而如果使用其他協定的話，就需要自己實現這些特性。

Docker 通用主控台

Docker 通用控制面板（Universal Control Plane，UCP）專為高可用性（High Availability，HA）而設計。可以根據應用程式的大小和使用情況進行擴充，實現動態伸縮；可以將多個管理員節點連接到叢集，以便在一個管理員節點出現故障時，另一個管理器節點能夠自動地接管它，進一步不影響叢集的正常執行。如果一個組織的叢集中擁有多個管理員節點，那麼就可以輕鬆處理管理員節點故障，以及跨所有管理員節點負載平衡使用者請求，進一步滿足組織的複雜需求。

本章簡介 Docker 通用主控台的基本概念、架構，結合實際重點介紹 Docker 通用主控台的管理與存取。

5.1 Docker 通用主控台概覽

Docker 通用主控台是企業級叢集管理的 Docker 解決方案，如圖 5-1 所示，它是一個以 Docker 為基礎的叢集管理工具。Docker 通用主控台既可以安裝部署在內部私人網路絡上，也可以安裝部署在虛擬專用雲中，其位置在防火牆後面，可以幫助管理者從一個地方管理 Docker 叢集和應用程式。

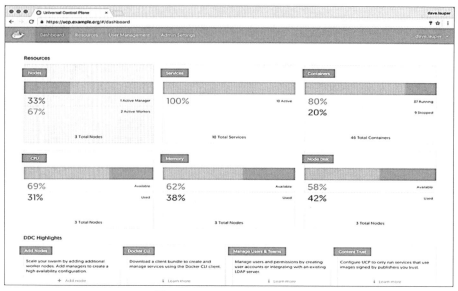

圖 5-1　Docker 通用主控台

5.1.1　集中管理叢集

Docker 通用主控台可以連接數以千計的實體機或虛擬機器,以建立容器叢集,進一步大規模地部署應用程式。Docker 通用主控台擴充了 Docker 提供的原始功能,實現了對叢集進行集中管理。

Docker 通用主控台可以使用圖形化使用者介面(User Interface,UI)管理和監控容器叢集,如圖 5-2 所示。

圖 5-2　Docker 通用主控台圖形 UI

由於 Docker 通用主控台公開了標準 Docker 應用程式設計介面（Application Programming Interface，API），因此可以繼續使用包含 Docker 命令列介面（Command-Line Interface，CLI）用戶端在內的已知工具，來部署和管理應用程式。

舉例來說，可以使用 docker info 指令檢查由 Docker 通用主控台管理的 Docker 叢集的狀態。

```
$ docker info
Containers: 30
Images: 24
Server Version: ucp/2.0.1
Role: primary
Strategy: spread
Filters: health, port, containerslots, dependency, affinity, constraint
Nodes:  2
  ucp-node-1: 192.168.99.100:12376
      └ Status: Healthy
      └ Containers: 20
  ucp-node-2: 192.168.99.101:12376
      └ Status: Healthy
      └ Containers: 10
```

5.1.2　部署、管理和監控

使用 Docker 通用主控台，可以從集中的位置管理節點、卷冊和網路等所有可用的運算資源，還可以部署和監視應用程式和服務。

5.1.3　內建安全和存取控制

Docker 通用主控台擁有自己的內建認證機制，並與輕量目錄存取協定（Lightweight Directory Access Protocol，LDAP）服務整合。此外，還具有以角色為基礎的存取控制（Role-Based Access Control，RBAC），可以控制誰可以存取、更改叢集和應用程式，如圖 5-3 所示。

圖 5-3　Docker 通用主控台的內建認證機制

Docker 通用主控台與安全 Docker 映像檔倉庫進行整合，以便可以將位於防火牆後面的應用程式保留在 Docker 的 Docker 映像檔中，這些映像檔安全無瑕疵。此外，還可以執行安全性原則，並且只允許執行受信任的 Docker 映像檔的應用程式。

5.2 通用主控台的架構

Docker 通用主控台是在 Docker 企業版上執行的容器化應用程式，它擴充了企業版的功能，使其更容易規模化部署、設定和監視應用程式。Docker 通用主控台還透過以角色為基礎的存取控制來保護 Docker，以便只有經過授權的使用者才能進行更改並將應用程序部署到 Docker 叢集。

一旦部署了 Docker 通用主控台，開發人員和 IT 操作就不再直接與 Docker Engine 進行互動，而是與 Docker 通用主控台進行互動，如圖 5-4 所示。由於 Docker 通用控制面板公開了標準的 Docker 應用程式設計發展介面，使得這一切都是透明的，因此可以使用已知和喜歡的工具，如 Docker 命令列介面用戶端和 Docker Compose。

圖 5-4　開發人員和 IT 操作與 UCP 進行互動示意圖

5.2.1 通用主控台的工作原理

Docker 通用主控台利用 Docker 提供的叢集和業務流程功能進行管理，如圖 5-5 所示。

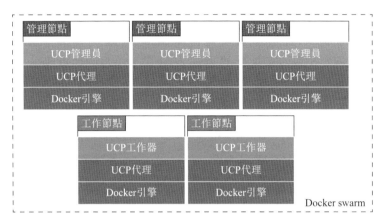

圖 5-5　Docker UCP 提供的叢集和業務流程功能示意圖

叢集是在同一個 Docker 叢集中的節點集合。Docker 群組中的節點，以 Manager 或 Worker 兩種模式之一執行。如果節點在安裝 Docker 通用主控台時尚未在叢集中執行，則節點將被設定為以群組模式執行。

部署 Docker 通用主控台時，它將執行一個名為「全域排程」的服務 ucp-agent。該服務監視執行它的節點，並基於該節點是管理者還是工作者，啟動和停止 Docker 通用主控台服務。

管理者和工作者節點的區別是：

- 管理者：管理節點上的 ucp-agent 服務，自動為所有 Docker 通用主控台元件提供服務，包含 Docker 通用主控台 Web 圖形化使用者介面和 Docker 通用主控台使用的資料儲存。可以將 ucp-agent 部署在一個或幾個容器的節點上，可透過將節點推廣到管理員，提升 Docker 通用主控台的高可用性和容錯性。
- 工作者：工作節點上的 ucp-agent 服務，自動提供代理服務，以確保只有授權用戶和其他 Docker 通用主控台服務才能在該節點中執行 Docker 指令。該 ucp- agent 只部署了一個容器的叢集工作器節點。

5.2.2 Docker 通用主控台的內部元件

Docker 通用主控台的核心元件是一個全域排程的服務 ucp-agent。在節點上安裝 Docker 通用主控台或將節點加入到由 Docker 通用主控台管理的群 ucp-agent 集中時,該服務開始在該節點上執行。

一旦這個服務執行,它將部署具有其他 Docker 通用主控台元件的容器,並確保它們保持執行。部署在節點上的 Docker 通用主控台元件取決於該節點是管理者還是工作者。

5.2.3 管理員節點中的 Docker 通用主控台元件

管理節點執行所有 Docker 通用主控台服務,包含持續 Docker 通用主控台狀態的 Web 圖形化使用者介面和資料儲存。表 5-1 所示的是在管理員節點上執行的 Docker 通用主控台服務。

表 5-1　管理員節點上執行的 UCP 服務

UCP 元件	描述
ucp-agent	監控節點,確保正確的 UCP 服務正在執行
ucp-reconcile	當 ucp-agent 檢測到該節點沒有執行正確的 UCP 元件時,將啟動 ucp-reconcile 容器以將節點收斂到其所需的狀態。當節點健康時,預計 ucp 協調容器將保持在退出狀態
ucp-auth-api	UCP 和 DTR 使用的身份和身份認證集中服務
ucp-auth-store	儲存使用者、組織和團隊的身份認證設定和資料
ucp-auth-worker	執行預定的 LDAP 同步並清除認證和授權資料
ucp-client-root-ca	簽署用戶端軟體套件的憑證授權
ucp-cluster-root-ca	用於 UCP 元件之間安全傳輸層協定 (Transport Layer Security,TLS) 通訊的憑證頒發機構
ucp-controller	UCP Web 伺服器
ucp-kv	用於儲存 UCP 設定。不要在應用程式中使用它,因為它僅供內部使用
ucp-metrics	用於收集和處理節點的度量,如可用的磁碟空間
ucp-proxy	TLS 代理。它允許安全存取本機 Docker Engine 到 UCP 元件
ucp-swarm-manager	用於向 Docker Swarm 提供向後相容性

5.2.4 工作節點中的 Docker 通用主控台元件

工作節點是執行應用程式的節點。表 5-2 所示的是在工作節點上執行的 Docker 通用主控台服務。

表 5-2 工作節點上執行的 UCP 服務

UCP 元件	描述
ucp-agent	監控節點，確保正確的 UCP 服務正在執行
ucp-reconcile	當 ucp-agent 檢測到該節點沒有執行正確的 UCP 元件時，將啟動 ucp-reconcile 容器以將節點收斂到其所需的狀態。當節點健康時，預計 ucp 協調容器將保持在退出狀態
ucp-proxy	TLS 代理。它允許安全存取本機 Docker Engine 到 UCP 元件

5.2.5 Docker 通用主控台使用的卷冊

Docker 通用主控台使用命名卷冊在執行所有節點的資料中儲存資料，如表 5-3 所示。

表 5-3 Docker 通用主控台使用的卷冊

卷冊名稱	描述
ucp-auth-api-certs	驗證和授權服務的憑證和金鑰
ucp-auth-store-certs	驗證和授權儲存的憑證和金鑰
ucp-auth-store-data	驗證和授權儲存的資料，跨管理員複製
ucp-auth-worker-certs	認證工作者的憑證和金鑰
ucp-auth-worker-data	認證工作者的資料
ucp-client-root-ca	發出用戶端憑證的 UCP 根 CA 的根金鑰材料
ucp-cluster-root-ca	用於為群組成員頒發憑證的 UCP 根 CA 的根金鑰材料
ucp-controller-client-certs	UCP Web 伺服器使用的憑證和金鑰與其他 UCP 元件進行通訊
ucp-controller-server-certs	在節點中執行的 UCP Web 伺服器的憑證和金鑰
ucp-kv	UCP 設定資料，跨管理員複製
ucp-kv-certs	鍵值儲存的憑證和金鑰
ucp-metrics-data	監控 UCP 收集的資料
ucp-metrics-inventory	ucp-metrics 服務使用的設定檔
ucp-node-certs	節點通訊的憑證和金鑰

可以在安裝 Docker 通用主控台之前建立卷冊，自訂用於卷冊的卷冊驅動程式。在安裝期間，Docker 通用主控台檢查節點中不存在哪些卷冊，並使用預設卷冊驅動程式建立它們。預設情況下，可以在這些卷冊中找到卷冊的資料 /var/lib/docker/volumes/<volume-name>/_data。

5.2.6 如何與 Docker 通用主控台進行互動

使用者可以透過 Web 圖形化使用者介面和命令列介面兩種方式與 Docker 通用主控台進行互動，如圖 5-6 所示；可以使用 Docker 通用主控台 Web 圖形化使用者介面來管理叢集，授予和取消使用者許可權，部署、設定、管理和監應用程式。

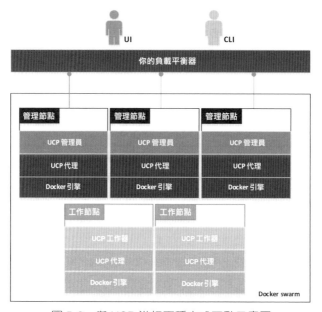

圖 5-6　與 UCP 進行兩種方式互動示意圖

Docker 通用主控台的出現，為使用標準的 Docker 應用程式設計發展介面提供了可能。因此，可以繼續使用現有的工具，如 Docker 命令列介面用戶端等。由於 Docker 通用控制面板透過以角色為基礎的存取控制來保護叢集，因此，需要設定 Docker 命令列介面客戶端和其他用戶端工具。可以使用 Docker 通用主控台設定檔頁面下載的用戶端憑證來驗證使用者的請求。

5.3 通用主控台的管理

5.3.1 安裝

1. 系統要求

Docker 通用主控台可以安裝在內部或雲端。在安裝之前,請確保其基礎架構滿足軟硬體方面的相關要求。

1)硬體和軟體要求

要安裝 Docker 通用主控台,所有節點必須滿足:

- Linux 核心,版本為 3.10 以上
- CS Docker Engine,版本為 1.13.0 或更高

主機最低設定要求:

- 管理節點 8GB RAM
- 工作節點 4GB RAM
- 3GB 可用磁碟空間

為確保其效能指標要求,推薦設定如下:

- 管理節點 16GB RAM
- 管理節點 4 個 vCPU
- 25 ～ 100GB 可用磁碟空間

主機作業系統支援:

- CentOS 7.4(本文中預設使用的作業系統)
- Red Hat Enterprise Linux 7.0, 7.1, 7.2 或 7.3
- Ubuntu 14.04 LTS 或 16.04 LTS
- SUSE Linux Enterprise 12

其他要求:

- 同步時區和時間
- 一致的主機名稱策略
- 內部的 DNS

版本轉換要求如下：

- Docker 17.06.2.ee.8+
- UCP 3.0.2 : DTR 2.5.3
- UCP 3.0.0 : DTR 2.5.0

2）網路要求

安裝過程中 UCP 節點需要能下載 Docker 官網的資源。如果不能存取，可透過其他機器下載軟體套件，然後進行離線安裝。在主機上安裝 Docker 通用主控台時，請確保表 5-4 所示的通訊埠已被開啟。

表 5-4　安裝 Docker 通用主控台要求開啟的通訊埠

主機	範圍	通訊埠	目的
managers,workers	內部	TCP179	BGP 對等通訊埠，用於 Kubernetes 網路拓樸
managers,workers	內部、外部	TCP 443（可設定）	用於 UCP Web UI 和 API 的通訊埠
managers	內部	TCP 2376（可設定）	Docker Swarm 管理的通訊埠。用於向後相容
managers,workers	內部	TCP 2377（可設定）	用於群組節點之間通訊的通訊埠
managers,workers	內部、外部	UDP 4789	用於覆蓋網路的通訊埠
managers,workers	內部、外部	TCP、UDP 7946	以 Gossip 為基礎的分群通訊埠
managers,workers	內部	TCP 12376	提供存取 UCP、Docker Engine 和 Docker Swarm 的 TLS 代理通訊埠
managers	內部	TCP 12379	用於內部節點設定、叢集設定和 HA 的通訊埠
managers	內部	TCP 12381	為憑證授權的通訊埠
managers	內部	TCP 12382	UCP 認證機構的通訊埠
managers	內部	TCP 12383	用於驗證儲存後端的通訊埠
managers	內部	TCP 12384	用於跨管理員進行複製的身份認證儲存後端的通訊埠

主機	範圍	通訊埠	目的
managers	內部	TCP 12385	用於認證服務 API 的通訊埠
managers	內部	TCP 12386	驗證工作者的通訊埠
managers	內部	TCP 12387	用於度量服務的通訊埠

此外，請確保正在使用的網路允許 Docker 通用主控台元件在逾時之前進行通訊，如表 5-5 所示。

表 5-5　UCP 元件通訊逾時

元件	逾時/ms	可設定性
管理節點之間達成共識	3000	否
用於覆蓋網路的 Gossip 協定	5000	否
ETCD	500	是
RethinkDB	10000	否
獨立群體	90000	否

3）相容性和維護生命週期

Docker 資料中心是一種軟體訂閱，包含 3 個產品：

- CS Docker 引擎（Docker Engine）
- Docker 可信映像檔倉庫（Docker Trusted Registry）
- Docker 通用主控台（Docker Universal Control Plane）

4）版本相容性

Docker 通用主控台 2.1 需要以下 Docker 元件的最低版本：

- Docker Engine 1.13.0
- Docker Remote API 1.25
- Compose 1.9

2. 規劃安裝

Docker 通用主控台可實現從集中的位置來管理容器叢集。

1）系統要求

在安裝 Docker 通用主控台之前，應確保使用 Docker 通用主控台管理包含實體機或虛擬機器在內的所有節點，滿足以下條件：

- 符合系統要求
- 正在執行相同版本的 Docker Engine

2）主機名稱策略

Docker 通用主控台要求 Docker Engice 必須執行。在叢集節點上安裝商業支援的 Docker 引擎之前，應該規劃一個常用的主機名稱策略：決定是否要使用簡短的主機名稱，如 engine01 完全限定域名（Full Qualified Domain Name，FQDN）engine01.docker.vm 等。獨立於使用者的選擇，應確保使用者的命名策略在叢集中是一致的，因為 Docker Engine 和 Docker 通用主控台使用主機名稱。舉例來説，如果使用者的叢集有 3 個主機，則可以這樣命名它們：

```
node1.company.example.org
node2.company.example.org
node3.company.example.org
```

3）靜態 IP 位址

Docker 通用主控台要求叢集上的每個節點都有一個靜態 IP 位址。在安裝 Docker 通用主控台之前，請確保其網路和節點被設定為支援這一點。

4）時間同步

在分散式系統（如 Docker 通用主控台）中，時間同步對於確保正常執行非常重要。作為確保 Docker 通用主控台叢集引擎之間一致性的最佳做法，所有引擎都應定期與時間伺服器（Net Time Provider，NTP）同步時間。如果伺服器的時脈偏移，意外的行為可能導致效能下降甚至故障。

5）負載平衡策略

Docker 通用主控台不包含負載平衡器。可以設定自己的負載平衡器來平衡所有管理器節點上的使用者請求。如果計畫使用負載平衡器，則需要確定是否要使用其 IP 位址或其 FQDN 將節點增加到負載平衡器。獨立於使用者選擇的內容，節點之間應該是一致的。之後，應該在開始安裝之前記下所有 IP 或完全限定域名。

6）負載平衡 Docker 通用主控台和可信映像檔倉庫

預設情況下，Docker 通用主控台和可信映像檔倉庫都使用通訊埠 443。如果計畫部署 Docker 通用主控台和可信映像檔倉庫，則負載平衡器需要根據 IP 位址或通訊埠編號區分兩者之間的流量。

- 如果要設定負載平衡器以監聽通訊埠 443：
  * 對於 Docker 通用主控台，通訊埠不僅用於負載平衡器，還用於授權 Docker 映像檔倉庫。
  * 使用與多個虛擬 IP 相同的負載平衡器。
- 設定負載平衡器，以在 443 以外的通訊埠上公開 Docker 通用主控台或可信映像檔倉庫。

7）使用外部 CA

可以自訂 Docker 通用主控台，以使用外部憑證授權簽署的憑證。使用自己的憑證時，請考慮需要具有以下憑證套件：

- 具有根 CA 公共憑證的 ca.pem 檔案。
- 具有伺服器憑證和任何中間 CA 公共憑證的 cert.pem 檔案。此憑證還應具有用於到達 Docker 通用主控台管理員的所有位址的 SAN。
- 一個帶有伺服器私密金鑰的 key.pem 檔案。

可以為每個管理者配備一個通用 SAN 的憑證。舉例來説，在 3 個節點的叢集上可以具有：

- node1.company.example.org 與 SAN ucp.company.org；
- node2.company.example.org 與 SAN ucp.company.org；
- node3.company.example.org 與 SAN ucp.company.org。

或，還可以為所有管理員安裝具有單一外部簽名的憑證的 Docker 通用主控台，而非為每個管理員節點安裝一個。在這種情況下，憑證檔案將自動複製到加入叢集的任何新管理員節點或被升級為管理員。

3. 安裝 Docker 通用主控台進行生產

Docker 通用主控台是可以安裝在內部或雲基礎架構上的容器化應用程式。

1）驗證系統要求

安裝 Docker 通用主控台的第一步是確保其基礎設施具有 Docker 通用主控台需要執行的所有要求，還需要確保所有節點（實體或虛擬）都執行相同版本的 CS Docker 引擎。

2）在所有節點上安裝 CS Docker

Docker 通用主控台是一種容器化的應用程式，需要商業上支援的 Docker Engine 來執行。

對於計畫使用 Docker 通用主控台管理的每個主機要求如下：

（1）使用 ssh 登入到該主機。

（2）使用以下指令安裝 Docker Engine 1.13。

```
curl -SLf https://packages.docker.com/1.13/install.sh | sh
```

或使用套件管理員安裝 Docker Engine。

請確保在所有節點上安裝相同的 Docker Engine 版本。此外，如果正在使用 Docker Engine 建立虛擬機器範本，請確保該 /etc/docker/key.json 檔案未包含在虛擬機器映像檔中。在設定虛擬機器時，重新啟動 Docker 守護程式以產生新 /etc/docker/key.json 檔案。

3）自訂命名卷冊

如果要使用 Docker 通用主控台提供的預設值，請跳過此步驟。

Docker 通用主控台使用命名卷冊來儲存資料。如果要自訂用於管理這些卷冊的驅動程式，可以在安裝 Docker 通用主控台之前建立卷冊。安裝 Docker 通用主控台時，安裝程式將注意到卷冊已經存在，並開始使用它們。如果這些卷冊不存在，則在安裝 Docker 通用主控台時自動建立它們。

4）安裝 Docker 通用主控台

要安裝 Docker 通用主控台，可以使用 docker/ucp 具有安裝和管理 Docker 通用控制面板的指令的映像檔。

（1）使用 ssh 登入到要安裝 Docker 通用主控台的主機。

（2）執行以下指令：

```
# Pull the latest version of UCP
$ docker pull docker/ucp:2.1.4
# Install UCP
$ docker run --rm -it --name ucp \
  -v /var/run/docker.sock:/var/run/docker.sock \
  docker/ucp:2.1.4 install \
  --host-address <node-ip-address> \
  --interactive
```

將會以互動模式執行安裝指令,以便提示使用者輸入任何必要的設定值。要尋找 Install 指令中有哪些其他可選項,請參閱相關文件。

5)安裝許可

現在安裝了 Docker 通用主控台,需要對它進行許可認證。在瀏覽器中,導覽到 Docker 通用主控台 Web 圖形化使用者介面,使用管理員憑證登入並上傳授權,如圖 5-7 所示。

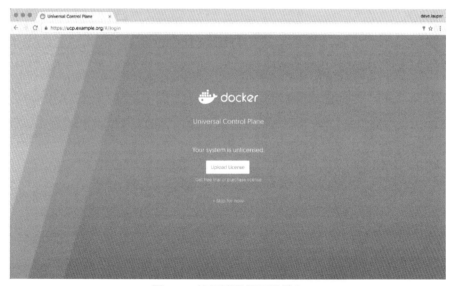

圖 5-7　使用管理員憑證登入

如果在測試版本中註冊,還沒有授權,可以從 Docker Store 訂閱中取得。

6)加入管理員節點

如果不要求 Docker 通用主控台具有高可用性,則可以跳過此步驟。

為了使 Docker 叢集具有 Docker 通用主控台容錯能力的高可用性，可以連接更多的管理員節點。管理員節點是叢集中執產業務流程和群組管理工作的節點，並為工作節點排程工作。

要將管理員節點連接到叢集，請轉到 Docker 通用主控台 Web 圖形化使用者介面，導覽到 Resources 頁面，然後轉到 Nodes 部分，如圖 5-8 所示。

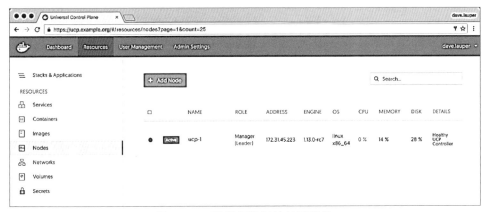

圖 5-8　以管理員節點連接到叢集

點擊 Add Node 按鈕增加新節點，如圖 5-9 所示。

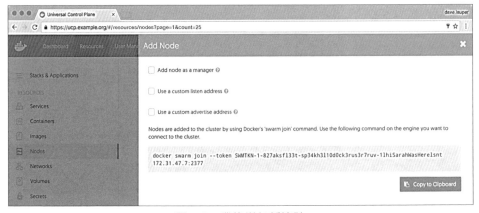

圖 5-9　叢集增加新節點

選取 Add node as a manager 核取方塊，將此節點轉為管理員，並複製 Docker 通用控制面板以實現高可用性。如果要自訂此節點將監聽叢集管理流量的網路和通訊埠，請設定 Use a custom listen address 核取方塊。預設情況下，節點在通訊埠 2377 上監聽。如果要自定義網路和通訊埠，請選擇 Use a custom advertise address 核取方塊，此節點將向其他群組成員發佈廣告以使其能夠存取。

對於要加入 Docker 通用主控台的每個管理員節點，使用 ssh 登入該節點，並執行 Docker 通用主控台上顯示的 join 指令。在節點中執行 join 指令後，節點開始顯示在 Docker 通用主控台中，如圖 5-10 所示。

圖 5-10　執行 UCP 上顯示的 join 指令

7）加入工作節點

如果不想增加更多節點來執行和擴充應用程式，請跳過此步驟。

要為群組增加更多的運算資源，可以加入工作節點。這些節點執行由管理員節點分配給它們的工作。為此，請使用與以前相同的步驟，但不要選取 Add node as a manager 核取方塊。

4. 離線安裝 Docker 通用主控台

在主機上離線安裝 Docker 通用主控台的步驟與線上安裝 Docker 通用主控台相似，唯一的區別是可以不存取網際網路。

在離線主機上安裝 Docker 通用主控台，不是從 Docker Hub 拉出 Docker 通用控制面板的映像檔，而是使用連接到網際網路的電腦下載包含所有映像檔的單一軟體套件。然後將該套件複製到要安裝 Docker 通用主控台的主機。離線安裝過程僅在以下條件之一成立時才有作用：

- 所有的叢集節點（管理者和工作人員）都可以存取 Docker Hub；
- 叢集（管理人員和工作人員）都沒有網際網路存取 Docker Hub。

如果管理人員在工作人員沒有存取 Docker Hub 的情況下離線安裝，則安裝將失敗。

1）版本可用

可用版本包括：UCP2.1.4、UCP2.1.3、UCP2.1.2、UCP2.1.1、UCP2.1.0，DTR2.2.5、DTR2.2.4、DTR2.2.3、DTR2.2.2、DTR2.2.1 和 DTR2.2.0。

2）下載離線壓縮檔

具有網際網路存取權限的電腦可以使用所有 Docker Datacenter 元件下載單一軟體壓縮檔：

```
$ wget <package-url> -O docker-datacenter.tar.gz
```

現在已經在本機機器上安裝了該軟體壓縮檔，可以將其傳輸到要安裝 Docker 通用控制面板的電腦。對於需要使用 Docker 通用主控台管理的每台機器：

（1）將 Docker 資料中心壓縮檔複製到該機器。

```
$ scp docker-datacenter.tar.gz  <user>@<host>:/tmp
```

（2）使用 ssh 登入到傳輸套件的主機。
（3）載入 Docker 資料中心映像檔。

將壓縮檔傳輸到主機後，可以使用 docker load 指令從 tar 檔案中載入 Docker 映像檔：

```
$ docker load < docker-datacenter.tar.gz
```

3）安裝 Docker 通用主控台

現在，離線主機擁有安裝 Docker 通用主控台所需的所有映像檔，可以在該主機上安裝 Docker 通用主控台了。

5. 升級 Docker 通用主控台

升級到新版本的 Docker 通用主控台之前，請檢視此版本的發行說明。在那裡，可以找到有關新功能、更新以及其他相關資訊，以升級到特定版本。

1）計畫升級

作為升級過程的一部分，應將叢集的每個節點安裝的 Docker Engine 升級到 1.13 版。應該計畫在營業時間之前進行升級，以確保對使用者的影響最小。此外，在升級 Docker 通用主控台設定時，不要更改 Docker 通用主控台的設定。如果更改設定，可能導致難以排除的設定錯誤。

2）備份群組

開始升級之前，請確保叢集正常執行。如果發生問題，將會更容易找到並解決問題。然後，建立叢集的備份，以便在升級過程中出現問題時可從現有備份中恢復。

3）升級 Docker Engine

將叢集的每個節點安裝的 Docker Engine 升級到 Docker Engine 1.13 或更新版本。從管理員節點開始，然後工作節點逐一升級：

（1）使用 ssh 登入節點。

（2）將 Docker Engine 升級到 1.13 或更新版本。

（3）確保節點是健康的。

之後，在瀏覽器中導覽到 Docker 通用主控台 Web 圖形化使用者介面，驗證該節點是否正常，並且是叢集的一部分。

4）升級 Docker 通用主控台

可以從 Web 圖形化使用者介面或命令列介面升級 Docker 通用主控台。

（1）使用圖形化使用者介面執行升級。當 Docker 通用主控台可以進行升級時，會顯示如圖 5-11 所示的橫幅。

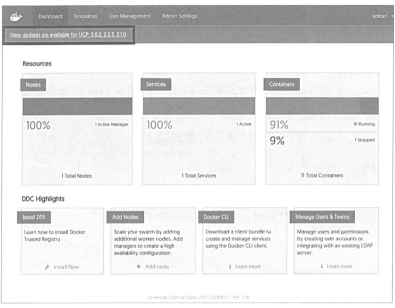

圖 5-11　Docker 通用主控台可升級時顯示的橫幅

點擊此訊息將直接管理使用者升級過程。它可以在 Admin Settings 的 Cluster Configuration 標籤標籤頁中找到，如圖 5-12 所示。

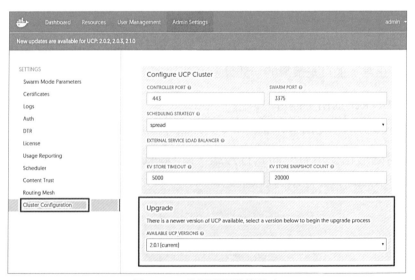

圖 5-12　升級過程叢集設定

選擇要升級到的 Docker 通用主控台版本，然後點擊升級。

升級之前，將顯示一個確認對話方塊以及有關叢集和圖形化使用者介面可用性的重要資訊，如圖 5-13 所示。

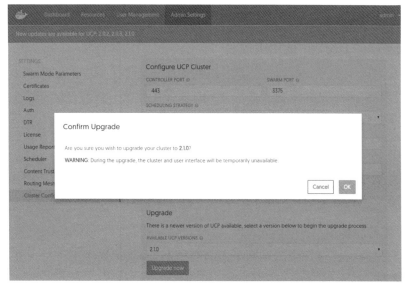

圖 5-13　升級之前的確認對話方塊

升級期間，使用者介面將不可用，建議升級完成之後再繼續進行互動。升級完成後，使用者將看到一個通知，表示圖形化使用者介面的較新版本可用，並需要瀏覽器更新來檢視最新的圖形化使用者介面。

（2）使用命令列介面進行升級。要從命令列介面升級，請使用 ssh 登入到 Docker 通用主控台管理員節點，然後執行以下指令：

```
# Get the latest version of UCP
$ docker pull docker/ucp:2.1.4
$ docker run --rm -it \
  --name ucp \
  -v /var/run/docker.sock:/var/run/docker.sock \
  docker/ucp:2.1.4 \
  upgrade --interactive
```

將會以互動模式執行 upgrade 指令，以便提示使用者輸入必要的設定值。

升級完成後，導覽到 Docker 通用主控台 Web 圖形化使用者介面，並確保由 Docker 通用主控台管理的所有節點都是健康的，如圖 5-14 所示。

> **The UCP server has been updated** ✕
> Please click here to reload the UI now

圖 5-14　升級完成後

6. 升級離線的 Docker 通用主控台

離線升級通用主控台與離線安裝是一樣的，無須目標主機存取網際網路。它是使用連接到網際網路的電腦下載包含所有映像檔的單一軟體套件，然後將該軟體套件複製到要升級 Docker 通用主控台的主機並進行升級。

1）可用版本

可用的升級版本包括：UCP2.1.4、UCP2.1.3、UCP2.1.2、UCP2.1.1、UCP2.1.0，DTR2.2.5、DTR2.2.4、DTR2.2.3、DTR2.2.2、DTR2.2.1 和 DTR2.2.0。

2）下載離線壓縮檔

使用具有網際網路存取權的電腦下載具有所有 Docker 通用主控台元件的單一軟體壓縮檔：

```
$ wget <package-url> -O docker-datacenter.tar.gz
```

之後，在本機電腦上安裝該軟體壓縮檔。可以將其傳輸到要升級 Docker 通用控制面板的電腦。

對於要使用 Docker 通用主控台管理的每台機器可按下述步驟升級。

（1）將離線壓縮檔複製到該機器。

```
$ scp docker-datacenter.tar.gz  <user>@<host>:/tmp
```

（2）使用 ssh 登入到傳輸壓縮檔的主機。

（3）載入 Docker 通用主控台映像檔。

將壓縮檔傳輸到主機後，可以使用 docker load 指令從 tar 檔案中載入 Docker 映像檔：

```
$ docker load < docker-datacenter.tar.gz
```

3）升級 Docker 通用主控台

現在，離線主機具有升級 Docker 通用主控台所需的所有映像檔，可以升級 Docker 通用主控台。

7. 移除 Docker 通用主控台

Docker 通用主控台旨在根據應用程式的大小和使用情況進行擴充。可以從叢集中增加和刪除節點，以使其滿足組織的需求。當然，在不需要 Docker 通用主控台時，還可以從叢集中移除。當組織確認不需要 Docker 通用主控台時，Docker 通用控制面板服務將被停止和刪除，但是 Docker 引擎將繼續以叢集模式執行，並且其應用程式也將繼續正常執行。

要從 Docker 通用主控台叢集中刪除單一節點，應先從叢集中刪除該節點。

從叢集中移除 Docker 通用主控台後，將無法再強制對叢集進行以角色為基礎的存取控制，但可以集中監控和管理叢集。從叢集中移除 Docker 通用主控台後，docker swarm join 將無法再連接新節點。要移除 Docker 通用主控台，請使用 ssh 登入到管理員節點，並執行以下指令：

```
$ docker run --rm -it \
 -v /var/run/docker.sock:/var/run/docker.sock \
 --name ucp \
 docker/ucp:2.1.4 uninstall-ucp --interactive
```

將會以互動模式執行 uninstall 指令，以便提示使用者輸入任何必要的設定值。在單一管理員節點上執行此指令將從整個叢集中移除 Docker 通用主控台。

對於群組模式 CA，其移除 Docker 通用主控台後，叢集中的節點仍將處於叢集模式，但重新安裝 Docker 通用主控台之前無法連接新節點，因為叢集模式依賴於 Docker 通用主控台來提供允許叢集中的節點相互識別的 CA 憑證。另外，由於群組模式不再控制自己的憑證，所以移除 Docker 通用主控台後憑證過期，叢集中的節點將無法進行通訊。要解決此問題，請在憑證過期之前重新安裝 Docker 通用主控台，或透過在每個節點上執行 docker swarm leave --force 來禁用群組模式。

5.3.2 設定

1. 安裝許可

安裝 Docker 通用主控台後，需要對安裝進行許可認證。

1）下載授權

在 Docker Store 下載 Docker 通用主控台授權或獲得免費試用授權，如圖 5-15 所示。

圖 5-15　下載免費試用授權

2）安裝許可

下載授權檔案後，可以將其應用於 Docker 通用主控台的安裝。導覽到 Docker 通用主控台 Web 圖形化使用者介面，然後轉到 Admin Settings 頁面。在授權頁面上，可以上傳新的授權，如圖 5-16 所示。

圖 5-16　在授權頁面上傳新的授權

點擊 Upload License 按鈕，使更改生效。

2. 使用自己的 TLS 憑證

所有 Docker 通用主控台服務都使用 HTTPS 進行公開，以確保用戶端和 Docker
通用主控台之間的所有通訊都被加密。預設情況下，使用用戶端工具（如 Web
瀏覽器）不信任的自簽名 TLS 憑證。因此，當嘗試存取 Docker 通用主控台
時，其瀏覽器將出現警告視窗，提示不信任 Docker 通用主控台或 Docker 通用
主控台具有無效憑證，如圖 5-17 所示。

圖 5-17　警告視窗

其他用戶端工具也會發生這種情況。

```
$  curl https://ucp.example.org
SSL certificate problem: Invalid certificate chain
```

可以將 Docker 通用主控台設定為使用組織自己的 TLS 憑證，以便瀏覽器和客
戶端工具自動被信任。

為了確保對組織的業務影響最小，應該避免在業務高峰時段進行此更改。組
織的應用程式將繼續正常執行，但現有的 Docker 通用主控台用戶端憑證將無
效，因此使用者必須從命令列介面下載新的 Docker 通用主控台用戶端憑證才
能存取 Docker 通用控制面板。

> **注意**
>
> 若要設定 Docker 通用主控台以使用組織自己的 TLS 憑證和金鑰,請轉到
> Docker 通用主控台 Web 圖形化使用者介面,導覽到 Admin Settings 頁面,
> 然後點擊 Certificates 標籤頁,如圖 5-18 所示。
>
>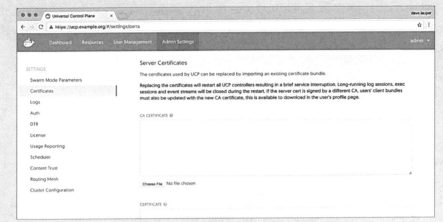
>
> 圖 5-18 自訂通用主控台 TLS 憑證

上傳組織的憑證和金鑰,包含以下內容:

(1)一個 ca.pem 有根 CA 公共憑證檔案。

(2)一個 cert.pem 與 TLS 憑證為組織的域和任何中間公共憑證,順序檔案。

(3)key.pem 帶有私密金鑰的檔案。應確保沒有使用密碼加密,加密金鑰應該
　　在第一行加密。

最後,點擊更新以使更改生效。

更換 TLS 憑證後,用戶端的使用者將無法使用其舊的憑證套件進行身份認
證,需讓使用者存取 Docker 通用主控台 Web 圖形化使用者介面並取得新的用
戶端憑證套件。

如果部署了 Docker 可信映像檔倉庫,那麼還需要重新設定它,以信任新的
Docker 通用主控台 TLS 憑證。

3. 縮放叢集

Docker 通用主控台設計隨著應用程式的大小和使用情況的增加而水平縮放,如圖 5-19 所示。可以從 Docker 通用主控台叢集中增加或刪除節點,以使其滿足組織的需求。

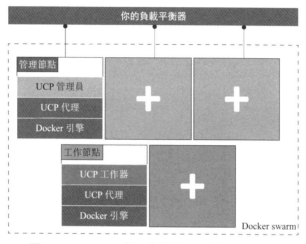

圖 5-19　Docker 通用主控台可以進行水平縮放

由於 Docker 通用主控台利用了 Docker Engine 提供的叢集功能,因此可以使用 docker swarm join 指令在叢集增加更多節點。加入新節點時,Docker 通用主控台服務會自動開始在該節點執行。

將節點加入叢集時,可以指定其角色為 manager 或 worker。

■　管理員節點

管理員(manager)節點負責叢集管理功能,並向工作節點排程工作。擁有多個管理器節點,可以使組織的叢集具有高可用性,並能夠容忍節點故障。

管理員節點還以複製的方式執行所有 Docker 通用主控台元件,因此透過增加其他管理員節點,也使 Docker 通用主控台具有高可用性。

■　工作器節點

工作器(worker)節點接收並執行所部署的服務和應用程式。擁有多個工作器節點,可擴充叢集的運算能力。

在叢集中部署 Docker 可信映像檔倉庫時,可將其部署到工作器節點。

1）將節點連接到叢集

要將節點連接到叢集，請轉到 Docker 通用主控台 Web 圖形化使用者介面，導覽到 Resources 頁面，然後轉到 Nodes 標籤頁，如圖 5-20 所示。

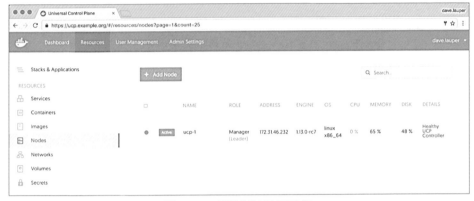

圖 5-20　將節點連接到叢集

點擊 Add Node 按鈕增加新節點，如圖 5-21 所示。

圖 5-21　在叢集中增加新節點

如果要將節點增加為管理員，請選取 Add node as a manager 核取方塊。另外，設定 Use a custom listen address 核取方塊可指定要加入叢集的主機的 IP。然後，可以複製顯示的指令，使用 ssh 登入到要加入叢集的主機，並在該主機上執行指令。在節點中執行 join 指令後，節點顯示在 Docker 通用主控台中，如圖 5-22 所示。

圖 5-22　使用 ssh 登入到要加入叢集的主機

2）從叢集中刪除節點

（1）如果目標節點是管理員節點，那麼在繼續刪除之前，需要先將節點降級為工作器節點，有以下兩種方法：

- 在 Docker 通用主控台 Web 圖形化使用者介面中，導覽到 Resources 標籤，然後選擇 Nodes 標籤頁。選擇要刪除的節點並將其角色切換到「工作」，等待操作完成，並確認節點不再是管理員。
- 在命令列介面執行 docker node ls 指令並識別目標節點的 nodeID 或主機名稱，然後執行 docker node demote <nodeID or hostname> 指令。

（2）如果工作器節點的狀態是 Ready，則需要手動強制節點離開叢集。為此，透過 SSH 連接到目標節點，並執行 docker swarm leave –force 指令直接針對本機的 Docker 引擎。如果節點仍是管理員，則不執行此步驟。

（3）現在節點的狀態報告為 Down，可以刪除節點，有以下兩種方法：

- 在 Docker 通用主控台 Web 圖形化使用者介面中，選擇 Nodes 標籤頁，選擇要刪除的節點，然後點擊 Remore Node 按鈕。5 秒內再次點擊該按鈕確認操作。
- 在命令列介面執行 docker node rm <nodeID or hostname> 指令。

3）節點屬性

一旦節點成為叢集的一部分，就可以更改其角色，使管理員節點成為一個工作器節點，反之亦然。還可以設定節點的可用性屬性，如圖 5-23 所示，使其變為：

- 活動（Active）狀態：節點可以接收和執行工作。
- 暫停（Paused）狀態：節點繼續執行現有工作，但不接收新工作。
- 清除（Drained）狀態：節點不會收到新工作。現有工作停止，複製工作在活動節點中啟動。

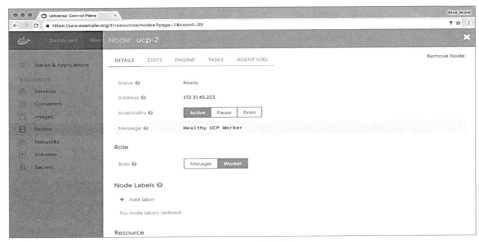

圖 5-23　節點屬性

如果將使用者請求負載平衡到跨多個管理員節點的 Docker 通用主控台，那麼在將這些節點降級到工作器時，不要忘記將其從負載平衡池中刪除。

4）從命令列介面擴充叢集

也可以使用命令列執行上述所有操作。要取得連接權杖，請在管理員節點上執行以下指令：

```
$ docker swarm join-token worker
```

如果要增加新的管理員節點而非工作器節點，請使用 docker swarm join-token manager 進行。如果要使用自訂的監聽位址，需增加 --listen-addr：

```
docker swarm join \
   --token SWMTKN-1-2o5ra9t7022neymg4u15f3jjfh0qh3yof817nunoioxa9i7lsp-
dkmt01ebwp2m0wce1u31h6lmj\
```

```
    --listen-addr 234.234.234.234 \
    192.168.99.100:2377
```

增加節點後，可以透過在管理員上執行 docker node ls 指令來檢視節點：

```
$ docker node ls
```

要更改節點的可用性屬性，可使用以下指令：

```
$ docker node update --availability drain node2
```

可以設定可用性屬性值為 active、paused 或 drained。要刪除節點，需使用以下
指令：

```
$ docker node rm <node-hostname>
```

4. 建立高可用性

Docker 通用主控台專為高可用性（HA）而設計，可以將多個管理員節點連接
到叢集，以便如果一個管理員節點出現故障，另一個管理員節點可以自動接管
而不影響集群。如果在組織的叢集中擁有多個管理員節點，可以讓管理者：

- 處理管理員節點故障；
- 跨所有管理員節點負載平衡使用者請求。

> **注意**
>
> 要使叢集容忍更多故障，需在叢集增加其他備份節點，如表 5-6 所示。

表 5-6　管理員節點數與容忍故障數對照

管理員節點數	容忍故障節點數
1	0
3	1
5	2
7	3

對於生產級部署，需遵循以下經驗法則。

- 當管理員節點出現故障時，叢集容忍的故障數量會減少。不要讓該節點離線太久。

- 應該在不同的可用區域之間分發對應的管理員節點。這樣即使整個可用性區域下降，叢集也可以繼續工作。

- 在叢集增加許多管理員節點可能會導致效能下降，因為設定的更改需要跨所有管理員節點進行複製。最大可取的是有 7 個管理員節點。

5. 使用負載平衡器

加入多個管理員節點以實現高可用性後，可以設定自己的負載平衡器以平衡所有管理器節點上的使用者請求，如圖 5-24 所示。

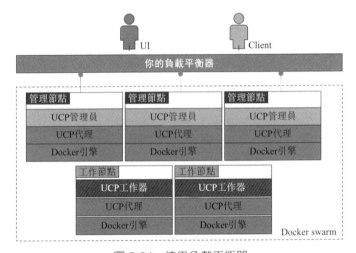

圖 5-24　使用負載平衡器

這允許使用者使用集中式域名存取 Docker 通用主控台。如果一個管理員節點關閉，負載平衡器可以檢測到並停止向該節點轉發請求，以便使用者忽略該故障。

1）Docker 通用主控台上的負載平衡

由於 Docker 通用主控台使用相互安全傳輸層協定（TLS），所以請確保將負載平衡器設定為：

- 通訊埠 443 上的負載平衡 TCP 流量；
- 不終止 HTTPS 連接；

■ 在每個管理員節點上的端點使用 /_ping 指令，來檢查節點是否正常且是否
   應保留在負載平衡池中。

2）負載平衡 Docker 通用主控台和可信映像檔倉庫

預設情況下，Docker 通用主控台和可信映像檔倉庫都使用通訊埠 443。如果計
畫部署 Docker 通用主控台和可信映像檔倉庫，則負載平衡器需要根據 IP 位址
或通訊埠編號區分兩者之間的流量。

如果要設定組織的負載平衡器，以監聽通訊埠 443 時，則注意以下事項。

■ 對於 Docker 通用主控台使用一個負載平衡器，另一個則用於可信映像檔倉
   庫；
■ 使用與多個虛擬 IP 相同的負載平衡器；
■ 設定組織的負載平衡器，以在 443 以外的通訊埠上公開 Docker 通用主控台
   或可信映像檔倉庫。

6. 將標籤增加到叢集節點

部署 Docker 通用主控台後，可以在節點增加標籤。標籤是可用於組織節點的
元資料，也可以用於服務的部署約束。部署服務時，可以指定約束，以便僅在
具有滿足組織指定的所有約束的標籤的節點上進行計畫。舉例來說，可以根據
開發生命週期中的角色或其硬體資源來應用標籤，如圖 5-25 所示。

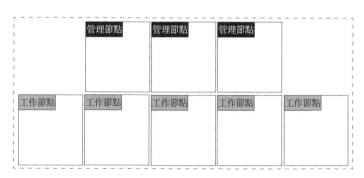

圖 5-25　將標籤增加到叢集節點

1）將標籤應用於節點

使用 Docker 通用主控台 Web 圖形化使用者介面中的管理員憑證登入，導覽到
Nodes 標籤頁，然後選擇要應用標籤的節點，如圖 5-26 所示。

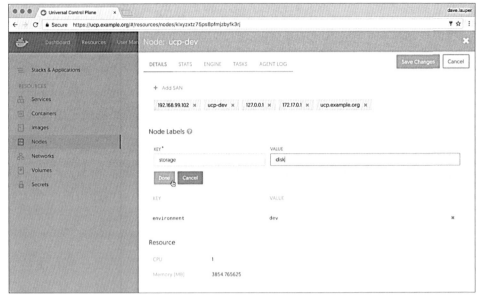

圖 5-26　將標籤應用於節點

在「編輯節點」頁面中，向下捲動到「標籤」部分，點擊 Add label 按鈕，並向節點增加一個或多個標籤。

完成後點擊 Save Changes 按鈕。還可以透過執行以下指令由命令列介面執行將標籤應用於節點操作：

```
docker node update --label-add <key>=<value> <node-id>
```

2）在服務增加約束

部署服務時，可以指定約束，以便僅在具有滿足組織指定的所有約束的標籤的節點上進行計畫。如圖 5-27 所示，在此範例中，當使用者部署服務時，可以為要在具有固態硬碟（Solid State Drives，SSD）儲存的節點上排程的服務增加約束。

可以在 docker-stack.yml 檔案增加部署約束。

```
Voting Application

DEPLOY AS ⊘
[ Services ] [ Containers ]

APPLICATION DEFINITION ⊘
 6      ports:
 7        - "6379"
 8      networks:
 9        - frontend
10      deploy:
11        replicas: 2
12        update_config:
13          parallelism: 2
14          delay: 10s
15        restart_policy:
16          condition: on-failure
17    db:
18      image: postgres:9.4
19      volumes:
20        - db-data:/var/lib/postgresql/data
21      networks:
22        - backend
23      deploy:
24        placement:
25          constraints:
26            - node.labels.storage == ssd
27    vote:
28      image: dockersamples/examplevotingapp_vote:before
29      ports:
30        - 5000:80
31      networks:
32        - frontend
33      depends_on:
34        - redis
35      deploy:
36        replicas: 2
```

圖 5-27　在服務增加約束

也可以在建立服務時增加約束，如圖 5-28 所示。

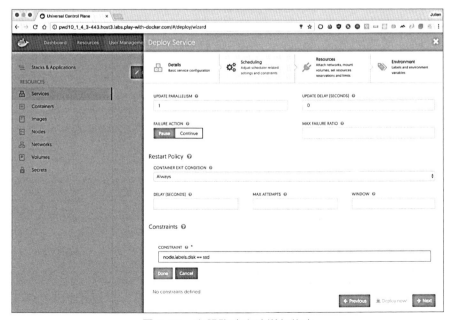

圖 5-28　在服務建立時增加約束

可以檢查服務是否具有部署限制。如圖 5-29 所示,導覽到 Services 標籤頁,選擇要檢查的服務,完成後點擊 Scheduling。

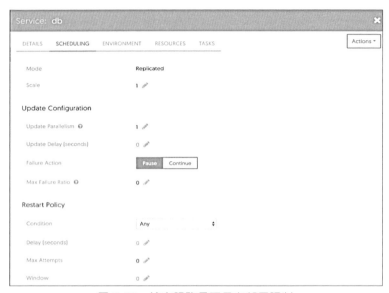

圖 5-29　檢查服務是否具有部署限制

點擊 Add constrain 按鈕,也可以增加或刪除部署約束。

7. 將 SAN 增加到叢集憑證

Docker 通用主控台始終處於執行狀態,以確保可以隨時啟用 HTTPS。當連接到 Docker 通用主控台時,需要確保用於連接的主機名稱被 Docker 通用主控台的憑證識別。

舉例來說,如果將 Docker 通用主控台放在負載平衡器上,將流量轉發到 Docker 通用控制面板實例,則使用者的請求將包含負載平衡器的主機名稱或 IP 位址,而非 Docker 通用控制面板的主機名稱或 IP 位址。此時,Docker 通用主控台將拒絕這些請求,除非在其證書中包含負載平衡器的位址作為主備用名稱(或 SAN)。

如果使用自己的 TLS 憑證,則需要確保它們具有正確的 SAN 值。

如果要使用 Docker 通用主控台具有開箱即用的自簽章憑證,則可以在使用 --san 參數安裝 Docker 通用主控台時設定 SAN,也可以在安裝後再增加它們。

安裝後要將新 SAN 增加到 Docker 通用主控台時，可使用 Docker 通用主控台
Web 圖形化使用者介面中的管理員憑證登入，導覽到 Nodes 標籤頁，選擇一個
節點，然後單擊 Add SAN 按鈕，並將一個或多個 SAN 增加到節點，如圖 5-30
所示。

圖 5-30　將新 SAN 增加到 UCP

完成後點擊 Save Changes 按鈕。必須在叢集中的每個管理員節點上執行以上操
作，但一旦完成，SAN 將自動應用於加入叢集的任何新管理員節點。也可以
先在命令列介面執行此操作：

```
$ docker node inspect --format '{{ index .Spec.Labels "com.docker.ucp.SANs" }}'
<node-id>
default-cs,127.0.0.1,172.17.0.1
```

將會獲得指定管理員節點的目前 SAN 集合。將所需的 SAN 附加到列表（例如
default-cs，127.0.0.1，172.17.0.1，example. com），然後執行以下指令：

```
$ docker node update --label-add com.docker.ucp.SANs=<SANs-list> <node-id>
```

其中，<SANs-list> 是最後增加的新 SAN 的 SAN 列表。在 Web 圖形化使用者介面中，必須為每個管理員節點執行此操作。

8. 將記錄檔儲存在外部系統中

1）設定 Docker 通用主控台記錄檔記錄

可以設定 Docker 通用主控台，以將記錄檔發送到遠端記錄檔服務：

（1）使用管理員帳戶登入 Docker 通用主控台。

（2）導覽到 Admin Settings 標籤頁。

（3）設定有關記錄檔伺服器的資訊，然後點擊 Enable Remote Logging 按鈕，如圖 5-31 所示。

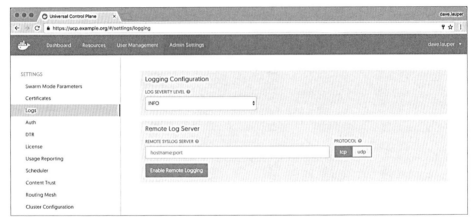

圖 5-31　設定 UCP 記錄檔記錄

2）設定 ELK 堆疊範例

一個通用的記錄檔堆疊由 Elasticsearch、Logstash 和 Kibana（以下簡稱 ELK）組成。以下程式示範如何設定可用於記錄檔記錄的範例部署。

```
docker volume create --name orca-elasticsearch-data

docker run -d \
  --name elasticsearch \
  -v orca-elasticsearch-data:/usr/share/elasticsearch/data \
  elasticsearch elasticsearch -Des.network.host=0.0.0.0

docker run -d \
  -p 514:514 \
```

```
--name logstash \
--link elasticsearch:es \
logstash \
sh -c "logstash -e 'input { syslog { } } output { stdout { } elasticsearch {
hosts => [ \"es\" ] } } filter { json { source => \"message\" } }'"

  docker run -d \
    --name kibana \
    --link elasticsearch:elasticsearch \
    -p 5601:5601 \
    kibana
```

一旦這些容器執行，經設定的 Docker 通用主控台會將記錄檔發送到 Logstash 容器的 IP。然後，就可以檢視執行在 Kibana 系統上的通訊埠 5601，並瀏覽記錄檔 / 事件項目。注意應該指定索引的「時間」欄位。

部署在生產環境中時，應該保護組織的 ELK 堆疊。Docker 通用主控台本身並不這樣做，但是有很多協力廠商軟體可以實現這一點（例如 Kibana 的 Shield 外掛程式）。

9. 將服務限制於工作節點中

可以將 Docker 通用主控台設定為僅允許使用者在工作器節點中部署和執行服務。這樣可以確保所有叢集管理功能保持效能，並使叢集更加安全。如果某一使用者部署可能影響執行它的節點的惡意服務，它將不會影響叢集中的其他節點或任何叢集管理功能。要限制使用者部署到管理員節點，請使用管理員憑證登入到 Docker 通用主控台 Web 圖形化使用者介面，導覽到 Admin Settings 標籤，然後選擇 Scheduler 標籤頁，如圖 5-32 所示。

圖 5-32　UCP Web UI 的管理設定

此時可以選擇是否允許使用者服務在管理員節點上執行。

10. 使用域名存取服務

Docker 具有傳輸層負載平衡器,也稱為 L4 負載平衡器。這項技術,允許獨立於運行它們的節點存取管理者所部署的服務,如圖 5-33 所示。

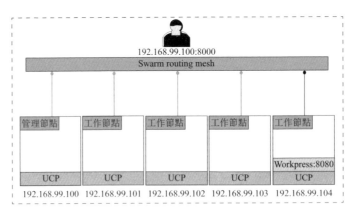

圖 5-33　使用 IP 存取的位址對映示意圖

在此範例中,Workpress 服務正在通訊埠 8080 上提供。使用者可以使用叢集中任何節點的 IP 位址和通訊埠 8080 存取 Workpress。如果 Workpress 沒有在該節點中執行,則請求將重新導向到另外一個執行的節點。

Docker 通用主控台擴充了這一點,為應用層負載平衡提供了一個 HTTP 路由網格,允許使用域名而非 IP 存取及使用 HTTP 和 HTTPS 端點的服務,如圖 5-34 所示。

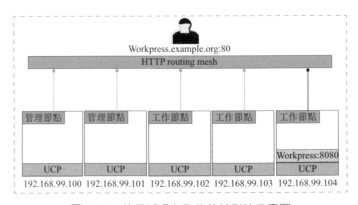

圖 5-34　使用域名存取的位址對映示意圖

在此範例中，Workpress 服務監聽通訊埠 8080 並附加到 ucp-hrm 網路。還有一個 DNS 項目對映 Workpress.example.org 到 Docker 通用主控台節點的 IP 位址。當使用者存取 Workpress.example.org：80 時，HTTP 路由網格以對使用者透明的方式將請求路由到執行 Workpress 的服務。

1）啟用 HTTP 路由網格

要啟用 HTTP 路由網格，請轉到 Docker 通用主控台 Web 圖形化使用者介面，導覽到 Admin Settings 標籤，然後選擇 Routing Mesh 標籤頁，檢查啟用 HTTP 路由網格選項，如圖 5-35 所示。

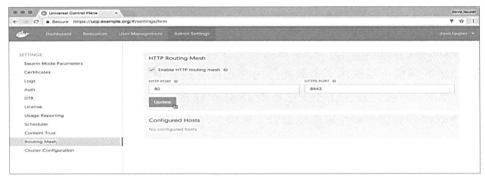

圖 5-35　設定啟用路由網格

預設情況下，HTTP 路由網格服務監聽通訊埠 80 為 HTTP，通訊埠 8443 為 HTTPS。如果已經有應用使用它們的服務，請更改通訊埠。

2）使用域名存取服務的工作原理

一旦啟用 HTTP 路由網格，Docker 通用主控台將部署：

- ucp-hrm，接收 HTTP 和 HTTPS 請求並將其發送到正確的服務；
- ucp-hrm，用於使用 HTTP 路由網格與服務通訊的網路。

然後，部署一個公開通訊埠的服務，將該服務附加到 ucp-hrm 網路，並建立一個 DNS 項目，將域名對映到 Docker 通用主控台節點的 IP 位址。當使用者嘗試從該域名存取 HTTP 服務時：

（1）DNS 解析將指向其中一個 Docker 通用主控台節點的 IP。

（2）HTTP 路由網格檢視 HTTP 請求中的 Hostname 表頭。

（3）如果有一個對映到該主機名稱的服務，請求將路由到服務正在監聽的通訊埠；如果沒有，使用者會收到一個 HTTP 503 錯誤的閘道錯誤警告資訊。

與 HTTPS 的服務類似，HTTP 路由網格不會終止 TLS 連接，而是使用稱為伺服器名稱指示的 TLS 副檔名，將會允許用戶端清除其嘗試存取的域名。

在 HTTPS 通訊埠中接收到連接時，路由閘道將檢視伺服器名稱指示標題，並將請求路由到正確的服務。該服務負責終止 HTTPS 連接。請注意，路由網格使用 SSL 階段 ID 來確保單一 SSL 階段為始終與服務相同的工作。這是出於效能原因，因此可以跨請求維護相同的 SSL 階段。

11. 只執行信任的映像檔

使用 Docker 通用主控台，可以強制應用程式僅使用組織信任的使用者簽名的 Docker 映像檔。當使用者嘗試將應用程式部署到叢集時，Docker 通用主控台檢查應用程序是否使用了不受信任的 Docker 映像檔，如果使用的是不受信任的 Docker 映像檔，則不會繼續部署，如圖 5-36 所示。

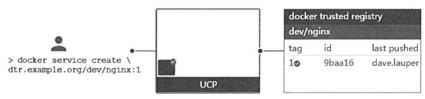

圖 5-36　使用受信任的映像檔

透過對 Docker 映像檔進行簽名和驗證，可以確保叢集中使用的映像檔是自己信任的映像檔，不會在映像檔登錄檔中或從映像檔登錄檔到 ucp 叢集的過程中被更改。

1）工作流程範例

以下是典型工作流程的範例：

（1）開發人員對服務進行修改增強，並將其增強後發送到版本控制系統。

（2）CI 系統建立一個建置、執行測試的整合架構，透過一定的封裝將映像檔發送到可信映像檔倉庫。

（3）品質工程團隊推動映像檔，並進行更多測試。如果一切看起來都很好，他們簽名並發送映像檔。

（4）IT 營運團隊部署服務。如果用於服務的映像檔由品質保證團隊簽署，則 Docker 通用主控台部署它，不然 Docker 通用主控台拒絕部署。

2）設定 Docker 通用主控台

要將 Docker 通用主控台設定為僅允許使用組織信任的 Docker 映像檔的執行服務，請轉到 Docker 通用主控台的 Web 圖形化使用者介面，導覽到 Admin Settings 標籤，然後點擊 Content Trust 標籤頁。選擇 Only run signed images 核取方塊，只允許使用組織信任的映像檔部署應用程式，如圖 5-37 所示。

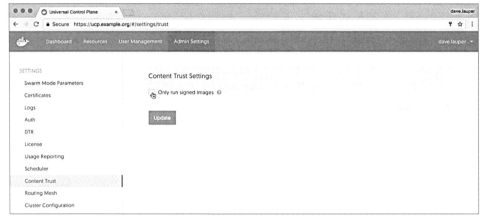

圖 5-37　設定內容信任選項

經此設定後，只要映像檔已經簽名，Docker 通用主控台就可以部署任何映像檔。誰簽名映像檔無關緊要。要強制該映像檔需要由特定團隊簽名，請將這些團隊包含在 ALL OF THESE TEAMS 中，如圖 5-38 所示。

圖 5-38　強制需求簽名

如果指定了多個團隊，則該映像檔需要由每個團隊的成員或屬於所有團隊成員的人簽名。點擊 Docker 通用主控台即可更新以開始執行策略。

12. 與 LDAP 整合

Docker 通用主控台與 LDAP 目錄服務整合，可透過組織的目錄對使用者和群組進行管理，並自動將該資訊傳播到 Docker 通用主控台和可信映像檔倉庫。

如果啟用 LDAP，Docker 通用主控台將使用遠端目錄伺服器自動建立使用者，並且所有登入都將轉發到目錄伺服器。從內建身份驗證切換到 LDAP 身份驗證時，仍然可以使用其使用者名稱與任何 LDAP 搜索結果都不符合的所有手動建立的使用者。啟用 LDAP 身份驗證後，可以選擇僅在使用者第一次登入時 Docker 通用主控台是否建立使用者帳戶。選擇即時使用者設定選項，以確保 Docker 通用主控台中存在的唯一 LDAP 帳戶是那些使用者登入到 Docker 通用主控台的帳戶。

1）Docker 通用主控台與 LDAP 整合

可以透過為使用者建立搜索來控制 Docker 通用主控台與 LDAP 的整合方式。可以指定多個搜索設定，也可以指定要整合的多個 LDAP 伺服器。搜索從基本 DN 開始，它是 LDAP 目錄樹中節點的可分辨名稱，搜索尋找使用者從該目錄樹開始。

透過導覽到 UCP Web UI 中的 "Authentication & Authorization" 頁面來存取 LDAP 設定。用於控制 LDAP 搜索和伺服器的有兩部分。

LDAP 使用者搜索設定：「身份驗證和授權」頁面的一部分，可以在其中指定搜索參數，如基本 DN、範圍、篩檢程式，使用者名稱屬性和全名屬性。這些搜索儲存在列表中，排序可能很重要，實際取決於搜索設定。

LDAP 伺服器：指定 LDAP 伺服器的 URL、TLS 設定和執行搜索請求的憑證的部分。此外，管理者可以為所有伺服器提供域，但第一個伺服器被視為預設域伺服器。任何其他人都與管理者在頁面中指定的域相連結。

當 Docker 通用主控台與 LDAP 同步時，會發生以下情況。

- Docker 通用主控台按照管理者指定的順序反覆運算每個使用者的搜索設定，進一步創建一組搜索結果。

- Docker 通用主控台透過考慮使用者搜索設定中的基本 DN 並選擇具有最長域後綴符合的域伺服器，從域伺服器列表中選擇 LDAP 伺服器。
- 如果沒有域伺服器的域副檔名與搜索設定中的基本 DN 比對，則 Docker 通用控制面板使用預設域伺服器。
- Docker 通用主控台將搜索結果合併到使用者列表中，並為其建立 Docker 通用控制面板帳戶。如果設定了即時使用者設定選項，則僅在使用者第一次登入時建立使用者帳戶。
- 要使用的域伺服器由每個搜索設定的基本 DN 確定。Docker 通用主控台不對每個域伺服器執行搜索請求，只對具有最長比對域副檔名的域伺服器執行搜索請求，或對預設情況下執行預設值。

假設有 3 個如表 5-7 所示的 LDAP 域伺服器。

表 5-7　LDAP 域伺服器 URL

域	伺服器URL
default	ldaps://ldap.example.com
dc=subsidiary1,dc=com	ldaps://ldap.subsidiary1.com
dc=subsidiary2,dc= subsidiary1,dc=com	ldaps://ldap.subsidiary2.com

以下是 3 個具有基本 DN 的使用者搜索設定：

- 基於 DN=ou=people,dc=subsidiary1,dc=com

對於此搜索配置，dc=subsidiary1，dc=com 是唯一具有副檔名域的伺服器，因此 Docker 通用主控台使用伺服器 ldaps：//ldap.subsidiary1.com 作為搜索請求。

- 基於 DN=ou=product,dc=subsidiary2,dc=subsidiary1,dc=com

對於此搜索配置，其中兩個域伺服器的域名是此基本 DN 的後綴，但 dc=subsidiary2，dc=subsidiary1，dc=com 是兩者中較長的，因此 Docker 通用控制面板使用伺服器 ldaps：//ldap.subsidiary2.com 作為搜索請求。

- 基於 DN=ou=eng,dc=example,dc=com

對於此搜索設定，沒有指定域的伺服器是此基本 DN 的尾碼，因此 Docker 通用控制面板使用預設伺服器，ldaps：//ldap.example.com，作為搜索請求。

如果域之間的搜索結果存在使用者名稱衝突，則 Docker 通用主控台僅使用第一個搜索結果，因此使用者搜索設定的順序可能很重要。舉例來說，如果第一個和第三個使用者搜索配置都導致使用使用者名稱 xizang.doe 的記錄，則第一個具有更高的優先順序，而第二個被忽略。因此，選擇一個對所有域中的使用者都唯一的使用者名稱屬性非常重要。

因為名稱可能會發生衝突，所以最好使用子企業獨有的東西，例如每個人的電子郵件地址。使用者可以使用電子郵寄地址登入，例如 xizang.doe@subsidiary1.com。

2）設定 LDAP 整合

要設定 Docker 通用主控台以使用 LDAP 目錄建立和驗證使用者，可轉到 UCP Web UI，導覽到 Admin Settings 頁面，然後點擊 Authentication & Authorization 選項以選擇用於建立和驗證使用者的方法。

在 LDAP E 已啟用部分中，點擊 Yes 按鈕以顯示 LDAP 設定，可設定 LDAP 目錄整合。

3）所有私有集合的預設角色

在 LDAP 整合管理設定頁可更改新使用者的預設許可權。

點擊下拉清單，選擇 Docker 通用主控台，為新使用者的私有集合分配的許可權等級。舉例來說，如果將值更改為 View Only，則在更改設定後第一次登入的所有使用者對其私有集合的存取權限都為 View Only，而此前所有使用者的許可權則保持不變。

4）啟用 LDAP

在如圖 5-39 所示的 LDAP 整合管理設定頁點擊 Yes 按鈕，將 Docker 通用主控台使用者、團隊與 LDAP 伺服器整合。

5）在如圖 5-40 所示的管理設定 UI 中，LDAP 伺服器的重要屬性如表 5-8 所示。

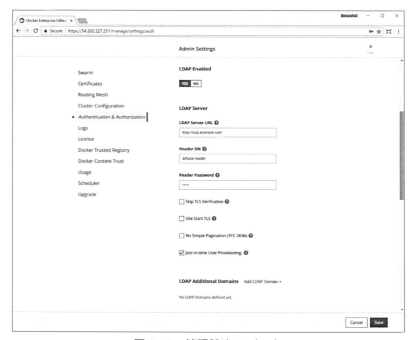

圖 5-39　管理設定 UI（一）

圖 5-40　管理設定 UI（二）

表 5-8　LDAP 伺服器的重要屬性

設定項目	描述
LDAP Server URL	可以存取 LDAP 伺服器的 URL
Reader DN	用於在 LDAP 伺服器中搜索項目的 LDAP 帳戶的可分辨名稱。作為最佳實作，這是 LDAP 的唯讀使用者
Reader Password	用於在 LDAP 伺服器中搜索項目的帳戶密碼
Use Start TLS	在透過 TCP 連接到 LDAP 伺服器後驗證 / 加密連接。如果使用 ldaps://，則設定 LDAP 伺服器 URL 欄位，否則忽略此欄位
Skip TLS Verification	設定使用 TLS 時，是否驗證 LDAP 伺服器憑證。該連接仍然是加密的，但容易受到中間人的攻擊
No Simple Pagination	LDAP 伺服器不支援分頁
Just-in-time User Provisioning	設定是否僅在使用者第一次登入時建立使用者帳戶。建議使用預設值 true。如果從 UCP 2.0.x 升級，則預設值為 false

點擊圖 5-41 中的 Confirm 按鈕可增加 LDAP 域。

圖 5-41　管理設定 UI（三）

要與更多 LDAP 伺服器整合，可點擊 Add LDAP Domain 選項。

6）LDAP 使用者搜索設定

參見圖 5-41，LDAP 使用者搜索設定選項說明如表 5-9 所示。

表 5-9　LDAP 使用者搜索設定選項說明

設定項目	描述
Base DN	目錄樹中節點的可分辨名稱，搜索使用者應該從該位置開始尋找
Username Attribute	要在 UCP 上用作使用者名稱的 LDAP 屬性。僅用於建立具有有效使用者名稱的用戶項目。有效使用者名稱不超過 100 個字元，不包含任何不可列印的字元，以及空格字元或以下任何字元：/ \ [ ] : ; | = , + * ? < > ' "
Full Name Attribute	LDAP 屬性，顯示使用者的全名。如果留空，UCP 將不會建立具有全名值的新使用者
Filter	用於尋找使用者的 LDAP 搜索篩檢程式。如果將此欄位留空，則搜索範圍中具有有效使用者名稱屬性的所有目錄項目都將建立為使用者
Search subtree instead of just one level	設定是在 LDAP 樹的單一等級上執行 LDAP 搜索，還是從基本 DN 開始搜索完整的 LDAP 樹
Match Group Members	是否透過選擇目標伺服器上同時也是特定群組成員的使用者來進一步過濾用戶。如果 LDAP 伺服器不支援 memberOf 搜索篩檢程式，則此功能很有用
Iterate through group members	在圖 5-41 中如果選擇了此項，則此選項透過首先反覆運算目標群組的成員資格來搜索使用者，為每個成員建立單獨的 LDAP 查詢，而非首先查詢與上述搜索查詢符合的所有使用者並將其與集合相交的團隊成員；如果目標群組的成員數遠遠小於與上述搜索篩檢程式符合的使用者數，或目錄伺服器不支援搜索結果的簡單分頁，則此選項可以更有效
Group DN	如果選擇了「選擇群組成員」，則指定從中選擇使用者的群組的可分辨名稱
Group Member Attribute	如果選擇了「選擇群組成員」，則此群組屬性的值對應於群組成員的可分辨名稱

要設定更多使用者搜索查詢，請再次點擊 Add LDAP User Search Configuration 選項，這個功能對位於組織目錄多個不同子樹中的使用者是非常有用的。與至少一個搜索設定匹配的任何使用者項目將作為使用者同步。

7）LDAP 測試登入

在儲存設定更改前，應測試是否正確設定了整合。管理者可以透過提供 LDAP 使用者的憑證並點擊 Test 按鈕來完成此操作。LDAP 測試登入設定選項說明如表 5-10 所示。

表 5-10　LDAP 測試登入設定選項

設定項目	描述
Username	用於測試此應用程式身份驗證的 LDAP 使用者名稱。此值對應於 LDAP 使用者搜索設定部分中指定的使用者名稱屬性
Password	使用者的密碼，用於對目錄伺服器進行身份驗證（BIND）

8）LDAP 同步設定

LDAP 同步設定設定選項說明如表 5-11 所示。

表 5-11　LDAP 同步設定設定選項

設定項目	描述
Sync interval	用於在 UCP 和 LDAP 伺服器之間同步使用者的時間間隔（以小時為單位）。執行同步作業時，在 UCP 中使用預設許可權等級建立在 LDAP 伺服器中找到的新使用者。LDAP 伺服器中不存在的 UCP 使用者變為非活動狀態
Enable sync of admin users	此選項指定系統管理員應與組織 LDAP 目錄中的群組成員直接同步，管理員將同步以比對該群組的成員。設定的恢復管理使用者仍然保留為系統管理員

設定 LDAP 整合後，Docker 通用主控台會根據定義的時間間隔（1 小時）來同步使用者。同步執行時期，Docker 通用主控台會儲存可幫助管理者在出現問題時用於故障排除的記錄檔。

點擊 Sync Now 可手動同步使用者設定。

9）取消使用者存取權限

從 LDAP 中刪除使用者時，對使用者的 Docker 通用主控台帳戶的影響取決於即時用戶設定：

■ 即時使用者設定為假：從 LDAP 中刪除的使用者在下次 LDAP 同步執行後，在 Docker 通用主控台中變為非活動狀態。

- 即時使用者設定為真：從 LDAP 中刪除的使用者無法進行身份驗證，但其 Docker 通用主控台帳戶仍處於活動狀態。這表示他們可以使用客戶端包來執行指令。為防止這種情況，可停用其 Docker 通用主控台使用者帳戶。

10）使資料與組織的 LDAP 目錄同步

Docker 通用主控台儲存了操作所需的最少量使用者資料。這包含設定中指定的使用者名和全名屬性的值，以及每個同步使用者的可分辨名稱。Docker 通用主控台不會在目錄伺服器儲存任何其他資料。

11）同步團隊

Docker 通用主控台可以使團隊與組織的 LDAP 目錄中的搜索查詢或群組同步，將團隊成員與組織的 LDAP 目錄同步。

5.3.3 管理使用者

1. 認證和授權

使用 Docker 通用主控台可以控制誰可以在叢集中建立和編輯資源（如服務、映像檔、網路和卷冊）。

預設情況下，沒有人可以更改管理者的叢集，但可以授予管理許可權，以執行細粒度的存取控制。為此應：

- 首先建立一個使用者並分配預設許可權。

預設許可權指定使用者必須建立和編輯資源的許可權。可以從四個許可權等級中進行選擇，從不能存取資源到完全控制許可權。

- 透過將使用者增加到團隊來擴充使用者許可權。

可以透過將使用者增加到團隊來擴充使用者的預設許可權。一個團隊定義了使用者對標籤集合的許可權，進一步定義了應用這些標籤的資源。

當使用者建立沒有標籤的服務或網路

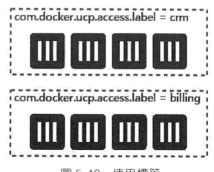

圖 5-42　使用標籤

時，這些資源只對他們和管理員可見。要讓使用者能夠查看和編輯相同的資源，需使用 com.docker. ucp. access.label 標籤，如圖 5-42 所示。

在本例中，共有兩組容器：一個集合標有所有容器 com.docker. ucp.access. label=crm；另一個容器標有所有容器 com.docker.ucp.access. label=billing。

現在可以建立不同的團隊，並調整每個團隊對這些容器的許可權等級。

舉例來説，如圖 5-43 所示，可以建立 3 個不同的團隊。

- 開發 CRM 應用程式的團隊可以使用標籤建立和編輯容器 com.docker.ucp. access. label=crm。
- 正在開發「帳單」應用的團隊可以使用標籤建立和編輯容器 com.docker.ucp. access.label=billing。
- 操作團隊可以使用任意兩個標籤來建立和編輯容器。

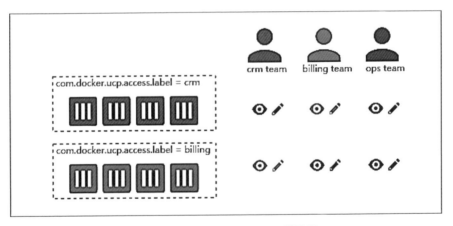

圖 5-43　團隊對容器的許可權等級

2. 建立和管理使用者

使用 Docker 通用主控台內建身份認證時，需要建立使用者並為其分配預設許可權等級，以便他們可以存取叢集。

要建立新用戶，在 Docker 通用主控台的 Web　圖形化使用者介面導覽到 User Management（使用者和團隊）頁面，如圖 5-44 所示。

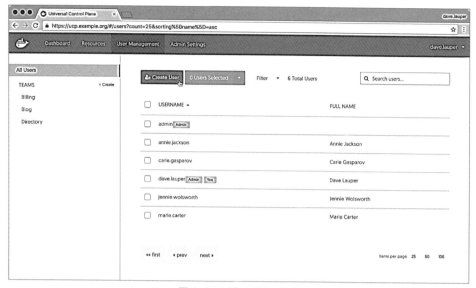

圖 5-44　建立新使用者

點擊 Create User（建立使用者）按鈕，填寫使用者資訊，如圖 5-45 所示。

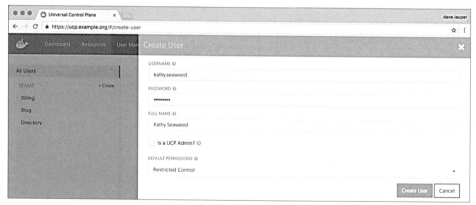

圖 5-45　填寫使用者資訊

如果要授予使用者更改叢集設定的許可權，可選取 "Is a UCP Admin ？" 核取方塊。此外，還可為使用者分配預設許可權等級。預設許可權指定使用者對沒有 com.docker.access.label 應用標簽資源的使用權限。有 4 個許可權等級，如表 5-12 所示。

表 5-12　使用者許可權等級

預設許可權等級	描述
No Access	使用者無法檢視資源，如服務、映像檔、網路和卷冊
View Only	使用者可以檢視映像檔和卷冊，但不能建立服務
Restricted Control	使用者可以檢視和編輯卷冊和網路。他們可以建立服務，但無法看到其他使用者的服務、執行 docker exec 或執行需要對主機進行特權存取的容器
Full Control	使用者可以檢視和編輯卷冊和網路。他們可以建立容器而沒有任何限制，但看不到其他使用者的容器

點擊 Create User 按鈕，建立使用者。

3. 建立和管理團隊

透過授予使用者對資源的細粒度許可權來擴充他們的預設許可權，可以透過將使用者增加到團隊來實現此目的。團隊定義了使用者擁有標籤 com.docker.ucp.access.label 應用資源的使用權限。標籤可以應用於具有不同許可權等級的多個團隊。要建立一個新團隊，可在 Docker 通用主控台的 Web 圖形化使用者介面導覽到 Users Management 頁面，如圖 5-46 所示。

圖 5-46　建立新團隊

點擊 Create 選項建立一個新團隊，並為其分配一個名稱，如圖 5-47 所示。

圖 5-47　分配新團隊名稱

1）將使用者增加到一個團隊

現在可以從團隊中增加和刪除使用者。在使用者管理中導覽到 MEMBERS 標籤，然後點擊 Add to Team 按鈕，選擇要增加到團隊的使用者列表，如圖 5-48 所示。

圖 5-48　增加使用者到團隊

2）將團隊成員與組織的 LDAP 目錄同步

要將使用者與組織的 LDAP 目錄伺服器同步，可以在建立新團隊或修改現有團隊的設定時選取 Enable Sync of Team Members（啟用同步新團隊的成員）核取方塊。此時將擴充表單，其中包含用於設定團隊成員同步的附加欄位，如圖 5-49 所示。

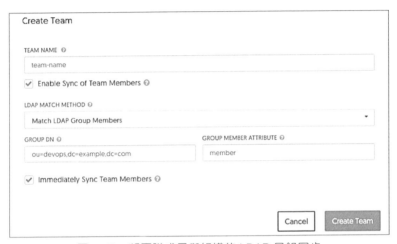

圖 5-49　將團隊成員與組織的 LDAP 目錄同步

在 LDAP 目錄中比對群組成員有兩種方法。

（1）比對 LDAP 群組成員。

該方法用於指定團隊成員應與組織的 LDAP 目錄中群組的成員直接同步。團隊的成員資格將透過與群組的成員組合進行同步來獲得。設定項目如表 5-13 所示。

表 5-13　同步選項

設定項目	描述
GROUP DN	指定從中選擇使用者的群組的可分辨名稱
GROUP MEMBER ATTRIBUTE	該群組屬性的值對應於群組成員的可分辨名稱

（2）比對 LDAP 搜索結果。

該方法用於指定應使用針對組織的 LDAP 目錄的搜索查詢來同步團隊成員。團隊的會員資格將被同步以比對搜索結果中的使用者。設定項目如表 5-14 所示。

表 5-14　比對 LDAP 搜索結果設定項目

設定項目	描述
Base DN	在目錄樹中搜索應該開始尋找使用者的節點的可分辨名稱
Search scope	是否在 LDAP 樹的單一等級上執行 LDAP 搜索，或從基本 DN 開始搜索完整的 LDAP 樹
Search filter	LDAP 搜索篩檢程式用於尋找使用者。如果將此設定項目留空，搜索範圍中的所有現有使用者將增加為團隊成員

（3）Immediately Sync Team Members。

此選項可以在儲存團隊的設定後立即執行 LDAP 同步操作。這可能需要一段時間，團隊成員才能完全同步。

3）管理團隊許可權

在 PERMISSIONS 標籤中可以指定標籤列表以及使用者對具有這些標籤資源的使用許可權等級，如圖 5-50 所示。

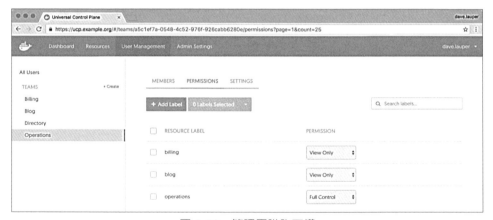

圖 5-50　管理團隊許可權

在前面的範例中，Operations 團隊的成員具有建立和編輯 com.docker.ucp. access. label=operations 應用標籤資源的許可權，但只具有檢視 com.docker.ucp. access.label=blog 標籤資源的許可權。

團隊有 4 個許可權等級可選，如表 5-15 所示。

表 5-15 團隊許可權等級（一）

團隊許可權等級	描述
No Access	使用者無法檢視此標籤中的資源
View Only	使用者可以檢視但無法使用此標籤建立資源
Restricted Control	使用者可以使用此標籤檢視和建立資源，但無法執行 docker exec 及需要對主機進行特別許可權存取的服務
Full Control	使用者可以使用此標籤檢視和建立資源，不受任何限制

4. 許可權等級

使用 Docker 通用主控台的有管理員和普通使用者兩種類型的使用者。管理員可以對 Docker 通用主控台叢集進行更改，而正常使用者的許可權範圍包含從無法存取到對卷冊、網路、映像檔和容器的完全控制。

1）管理員使用者

在 Docker 通用主控台中，只有擁有管理員許可權的使用者可以更改叢集設定，包含：

- 管理使用者和團隊許可權；
- 管理叢集設定，例如在叢集增加和刪除節點。

2）普通使用者

普通使用者無法更改叢集設定，為其分配預設許可權等級。預設許可權等級指定使用者存取或編輯資源的許可權。可以從 4 個許可權等級中進行選擇，從不能存取資源到完全控制，如表 5-16 所示。

表 5-16 預設許可權等級

預設許可權等級	描述
No Access	使用者無法檢視任何資源，如卷冊、網路、映像檔或容器
View Only	使用者可以檢視卷冊、網路和映像檔，但無法建立任何容器
Restricted Control	使用者可以檢視和編輯卷冊、網路和映像檔。他們可以建立容器，但看不到其他使用者的容器、執行 docker exec 或執行需要對主機進行特別許可權存取的容器
Full Control	使用者可以檢視和編輯卷冊、網路和映像檔，他們可以建立容器而不受任何限制，但無法檢視其他使用者的容器

如果使用者具有 Restricated Control（受限制控制）或 Full Control（完全控制）預設權限，則可以建立沒有標籤的資源，只有該使用者和管理員可以檢視和存取這些資源。預設許可權還會影響使用者存取不具有標籤、映像檔和節點的內容的能力。

3）團隊許可權等級

團隊和標籤為管理員提供了對許可權的細粒度控制。每個團隊都可以有多個標籤，每個標籤都有一個鍵 com.docker.ucp.access.label。標籤可應用於容器、服務、網路、秘密和卷冊。標籤目前不可用於節點和映像檔。可信映像檔倉庫有自己的許可權。

團隊有 4 個許可權等級，如表 5-17 所示。

表 5-17　團隊許可權等級（二）

團隊許可權等級	描述
No Access	使用者無法檢視帶有此標籤的容器
View Only	使用者可以檢視但不能使用此標籤建立容器
Restricted Control	使用者可以使用此標籤檢視和建立容器，但無法執行 docker exec 或需要特別許可權存取主機的容器
Full Control	使用者可以使用此標籤檢視和建立容器而不受任何限制

5. 恢復使用者密碼

如果具有 Docker 通用主控台的管理員憑證，則可以重置其他使用者的密碼。

如果使用 LDAP 服務管理該使用者，則需要更改該系統上的使用者密碼。如果使用 Docker 通用主控台管理使用者帳戶，請使用管理員憑證登入到 Docker 通用主控台的 Web 圖形化使用者介面，導覽到 User Management（使用者管理）標籤，然後選擇要更改其密碼的使用者，如圖 5-51 所示。

如果是管理員身份，忘記密碼，可以透過管理員憑證來詢問其他使用者更改密碼。如果是唯一的管理員，請使用 ssh 登入到由 Docker 通用主控台管理的管理員節點，然後執行以下指令：

```
docker exec -it ucp-auth-api enzi \
  "$(docker inspect --format '{{ index .Args 0  }}' ucp-auth-api)" \
  passwd -i
```

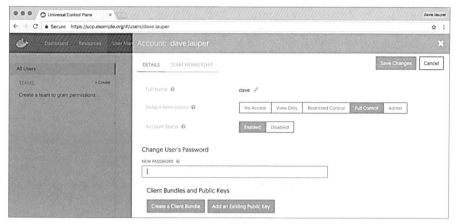

圖 5-51　更改使用者密碼

5.3.4 監視和排除故障

1. 監視叢集狀態

可以使用 Web 圖形化使用者介面或命令列介面監視 Docker 通用主控台的狀態，還可以使用 _ping 端點來建置監控自動化。

1）從圖形化使用者介面檢查狀態

檢查 Docker 通用主控台狀態首選 Docker 通用主控台的 Web 圖形化使用者介面，因為它會顯示出需要立即注意的情況的警告。管理員可能會看到比普通使用者更多的警告，如圖 5-52 所示。

圖 5-52　使用者警告資訊

其次，還可以導覽到 Nodes（節點）標籤頁，檢視由 Docker 通用主控台管理的所有節點是否健康，如圖 5-53 所示。

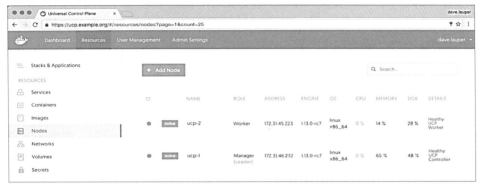

圖 5-53　節點是否健康資訊

每個節點都有一個狀態訊息，解釋該節點的任何問題。

2）在命令列介面檢查狀態

可以使用 Docker 命令列介面用戶端監視 Docker 通用主控台叢集的狀態。下載 Docker 通用主控台用戶端憑證套件，然後執行指令：

```
$ docker node ls
```

作為經驗法則，如果狀態訊息開始 [Pending]，則目前狀態是暫時狀態，並且節點預期將本身恢復到健康狀態。

3）監控自動化

可以使用 https：//<ucp-manager-url>/_ping 端點來檢查單一 Docker 通用主控台管理器節點的執行狀況。以這種方式存取某端點時，Docker 通用主控台管理員驗證其所有內部元件是否正常執行，並傳回以下 HTTP 錯誤程式之一：

- 200 表示如果所有元件都是健康的；
- 500 表示如果一個或多個元件不健康。

如果管理員用戶端憑證用作 _ping 端點的 TLS 用戶端憑證，當任何元件不健康時，會傳回詳細的錯誤訊息。

> **注意**
>
> 不能使用 _ping 透過負載平衡器了解 Docker 通用主控台的健康狀況,因為任何管理員節點可能正在為使用者的請求提供服務,確保直接連接到管理員節點的 URL,而非負載平衡器。

2. 排除 Docker 通用主控台節點訊息

當節點從一個狀態傳輸到另一個狀態,例如當新節點加入叢集或節點升級和降級時,Docker 通用主控台的生命週期呈幾種情況。在這些情況下,轉換的目前步驟將由 Docker 通用主控台報告為節點訊息。可以按照與監視叢集狀態相同的步驟來檢視每個單獨節點的狀態。

表 5-18 列出了針對 Docker 通用主控台節點報告的所有可能的節點狀態及其說明和指定步驟的預期持續時間。

表 5-18　UCP 報告的節點狀態

資訊	描述	典型的步驟持續時間/s
Com pleting node registration	等待節點出現在 KV 節點庫中。當節點第一次加入 UCP 叢集時,預期會發生這種情況	5 ～ 30
ucp-agent task is	該 ucp-agent 目標節點上的工作不處於執行狀態。當設定更新或新的節點第一次加入到 UCP 叢集時,這是一個預期的訊息。如果 UCP 映像檔需要從受影響節點的 Docker Hub 中拉出,則此步驟可能需要比預期持續更長的時間	1 ～ 10
無法確定節點狀態	該 ucp-reconcile 目標節點上的容器剛開始執行,無法確定其狀態	1 ～ 10
正在重新設定節點	所述 ucp-reconcile 容器正在將節點的目前狀態收斂到所需的狀態。此過程可能有關頒發憑證、拉出遺失的映像檔和啟動容器,這取決於目前的節點狀態	1 ～ 60
重新設定待處理	目標節點預計是一個管理員,但 ucp-reconcile 容器尚未啟動	1 ～ 10

資訊	描述	典型的步驟持續時間/s
不健康的 UCP 控制器：無法存取節點	叢集的其他管理員節點在預定的逾時內沒有從受影響的節點收到心跳訊息。這通常表示在該管理員節點的網路鏈路中存在暫時或永久中斷。如果症狀仍然存在，請確保底層網路基礎設施正在執行，並提供聯繫支援	直到解決
不健康的 UCP 控制器：無法到達控制器	目前正在通訊的控制器在預定的逾時內是無法存取的。請更新節點列表以檢視症狀是否仍然存在。如果症狀間歇性出現，可能表明管理員節點之間的延遲尖峰，這可能導致 UCP 本身的可用性暫時喪失。如果症狀仍然存在，請確保底層網路基礎設施正在執行，並提供聯繫支援	直到解決
不健康的 UCP 控制器：Docker 集群，本機節點 <ip> 的狀態為待處理	引擎的引擎 ID 在叢集中不是唯一的。當一個節點第一次加入叢集時它被增加到節點庫中，Pending 並由 Docker Swarm 發現。如果 ucp- swarm-manager 容器可以透過 TLS 連接到引擎，並且其引擎 ID 在叢集中是唯一的，則引擎將被「驗證」。如果此問題重複，請確保引擎沒有重複的 ID。使用 docker info 指令可以檢視引擎 ID。通過刪除 /etc/docker/key.json 檔案並重新啟動守護程式可更新 ID	直到解決

3. 排除叢集問題

如果檢測到 Docker 通用主控台叢集有問題，可以透過檢查各個 Docker 通用控制面板元件的記錄檔來啟動故障排除階段。只有管理員使用者可以看到有關 Docker 通用控制面板系統容器的資訊。

1）檢查圖形化使用者介面中的記錄檔

要檢視 Docker 通用主控台系統容器的記錄檔，請轉到 Docker 通用主控台的容器頁面。預設情況下，Docker 通用主控台系統容器隱藏的。點擊 Settings 圖示，然後選取「顯示要列出的 Docker 通用主控台系統容器的系統資源」，如圖 5-54 所示。

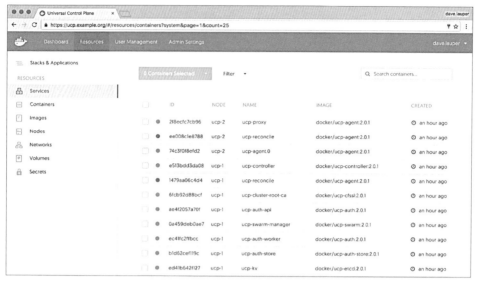

圖 5-54　顯示所有容器選項

點擊容器可以檢視更多詳細資訊，如其設定和記錄檔。

2）檢查命令列介面中的記錄檔

還可以在命令列介面檢查 Docker 通用主控台系統容器的記錄檔。當 Docker 通用控制面板的 Web 應用程式不工作時，這是非常有用的。

- 取得用戶端憑證套件。使用 Docker 命令列介面用戶端時，需要用戶端憑證進行身份認證。如果所擁有的用戶端憑證套件是針對非管理員使用者的，則無權檢視 Docker 通用主控台系統容器。

- 檢查 Docker 通用主控台系統容器的記錄檔，如下所示。

```
# By default system containers are not displayed. Use the -a flag to display them
$ docker ps -a

CONTAINER ID IMAGE COMMAND CREATED STATUS PORTS NAMES
922503c2102a    docker/ucp-controller:1.1.0-rc2    "/bin/controller serv"   4
hours ago Up 30 minutes 192.168.10.100:444->8080/tcp ucp/ucp-controller
1b6d429f1bd5 docker/ucp-swarm:1.1.0-rc2  "/swarm join --discov"  4 hours ago
Up 4 hours 2375/tcp ucp/ucp-swarm-join
# See the logs of the ucp/ucp-controller container
$ docker logs ucp/ucp-controller
```

```
{"level":"info","license_key":"PUagrRqOXhMH02UgxWYiKtg0kErLY8oLZf1GO4Pw8M6B","
msg":"/v1.22/containers/ucp/ucp-controller/json","remote_addr":
"192.168.10.1:59546","tags":["api","v1.22","get"],"time":"2016-04-
25T23:49:27Z","type":"api","username":"dave.lauper"}
{"level":"info","license_key":"PUagrRqOXhMH02UgxWYiKtg0kErLY8oLZf1GO4Pw8M6B","m
sg":"/v1.22/containers/ucp/ucp-controller/logs","remote_addr":"192.168.10.1:
59546","ta
gs":["api","v1.22","get"],"time":"2016-04-25T23:49:27Z","type":"api",
"username":"dave.lauper"}
```

3）取得支援轉儲功能

在對 Docker 通用主控台進行任何更改之前，先下載支援轉儲功能。這樣做的好處是，可以讓使用者排除在更改 Docker 通用主控台設定之前已經發生的問題。

然後，可以增加 Docker 通用主控台記錄檔等級進行偵錯，進一步更容易了解 Docker 通用主控台叢集的狀態。更改 Docker 通用主控台記錄檔等級將重新啟動所有 Docker 通用主控台系統元件，並向 Docker 通用主控台引用一個小的停機時間視窗，進一步使組織的應用程式不受此影響。

要增加 Docker 通用主控台記錄檔等級，可導覽到 Docker 通用主控台的 Web 圖形使用者介面，轉到 Admin Settings（管理設定）標籤，然後選擇 Logs（記錄檔）標籤頁，如圖 5-55 所示。

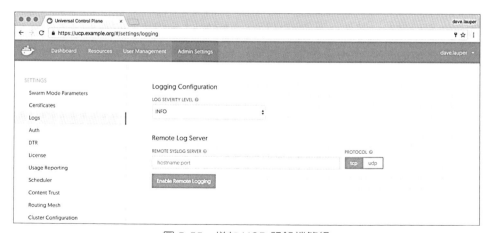

圖 5-55　增加 UCP 記錄檔等級

將記錄檔等級更改為 Debug 後，Docker 通用主控台容器將重新啟動。現在，Docker 通用主控台元件正在建立更多描述性的記錄檔，可以再次下載支援轉儲，並使用它來排除導致問題的元件。

根據遇到的問題，可能會在管理員節點特定元件的記錄檔中找到相關訊息：

- 如果在增加或刪除節點後發生問題，請檢查 ucp-reconcile 容器的記錄檔。
- 如果問題出現在系統的正常狀態，請檢查 ucp-controller 容器的記錄檔。
- 如果能夠存取 Docker 通用主控台的 Web 圖形化使用者介面，但無法登入，請檢查 ucp-auth-api 和 ucp-auth-store 容器的記錄檔。

ucp-reconcile 容器處於停止狀態是正常現象。該容器只有在 ucp-agent 檢測到節點需要轉換到不同狀態時才啟動，並且負責建立和刪除容器，頒發憑證和拉出遺失的映像檔。

4. 排除設定故障

Docker 通用主控台自動嘗試透過監視其內部元件並嘗試使其處於健康狀態來治癒本身。

在大多數情況下，如果單一 Docker 通用主控台元件持續處於故障狀態，則應該能夠透過從叢集中刪除不正常的節點並再次加入，進一步將叢集恢復到正常狀態。

1）排除 etcd 鍵值儲存

Docker 通用主控台將持久設定資料放在一個 Docker 鍵值儲存和 RethinkDB 資料庫上，對 Docker 通用主控台叢集的所有管理員節點進行複製。這些資料儲存僅供內部使用，而不應被其他應用程式使用。

（1）使用 HTTP API。

在這個實例中，將 curl 用於向鍵值儲存 REST API 發出請求，並使用 jq 指令處理回應。可以透過執行以下指令在 Ubuntu 發行版本上安裝這些工具：

```
$ sudo apt-get  update &&  apt-get install curl  jq$ docker node ls
```

① 使用用戶端軟體套件來驗證使用者的請求。
② 使用 REST API 存取叢集設定。

```
# $DOCKER_HOST and $DOCKER_CERT_PATH are set when using the client bundle
$ export KV_URL="https://$(echo $DOCKER_HOST | cut -f3 -d/ | cut -f1
-d:):12379"

$ curl -s \
  --cert ${DOCKER_CERT_PATH}/cert.pem \
  --key ${DOCKER_CERT_PATH}/key.pem \
  --cacert ${DOCKER_CERT_PATH}/ca.pem \
  ${KV_URL}/v2/keys | jq "."
```

（2）使用命令列介面用戶端。

執行鍵值儲存的容器包含一個用於 etcd 的命令列客戶端 etcdctl，可以使用 docker exec 指令執行它。以下範例為使用 ssh 登入到 Docker 通用主控台管理員節點。

```
$ docker exec -it ucp-kv etcdctl \
     --endpoint https://127.0.0.1:2379 \
     --ca-file /etc/docker/ssl/ca.pem \
     --cert-file /etc/docker/ssl/cert.pem \
     --key-file /etc/docker/ssl/key.pem \
     cluster-health

member 16c9ae1872e8b1f0 is healthy: got healthy result from https://
192.168.122.64:12379
member c5a24cfdb4263e72 is healthy: got healthy result from https://
192.168.122.196:12379
member ca3c1bb18f1b30bf is healthy: got healthy result from https://
192.168.122.223:12379
cluster is healthy
```

登入失敗後，指令退出並顯示錯誤程式，無輸出。

2）RethinkDB 資料庫

Docker 資料中心的使用者和組織資料儲存在 RethinkDB 資料庫中，該資料庫將在 Docker 通用主控台叢集的所有管理員節點上進行複製。

該資料庫的複製和容錯移轉通常由 Docker 通用主控台自己的設定管理處理程序自動處理，但資料庫複製的詳細資料庫狀態和手動重新設定可透過作為

Docker 通用控制面板的一部分提供的命令列工具來實現。以下範例假設使用者使用 ssh 登入到 Docker 通用控制面板管理員節點。

（1）檢查資料庫的狀態。

```
# NODE_ADDRESS will be the IP address of this Docker Swarm manager node
NODE_ADDRESS=$(docker info --format '{{.Swarm.NodeAddr}}')
# VERSION will be your most recent version of the docker/ucp-auth image
VERSION=$(docker image ls --format '{{.Tag}}' docker/ucp-auth | head -n 1)
# This command will output detailed status of all servers and database tables
# in the RethinkDB cluster.
docker run --rm -v ucp-auth-store-certs:/tls docker/ucp-auth:${VERSION}
--dbaddr=${
NODE_ADDRESS}:12383 db-status
```

（2）手動重新設定資料庫複製。

```
# NODE_ADDRESS will be the IP address of this Docker Swarm manager node
NODE_ADDRESS=$(docker info --format '{{.Swarm.NodeAddr}}')
# NUM_MANAGERS will be the current number of manager nodes in the cluster
NUM_MANAGERS=$(docker node ls --filter role=manager -q | wc -l)
# VERSION will be your most recent version of the docker/ucp-auth image
VERSION=$(docker image ls --format '{{.Tag}}' docker/ucp-auth | head -n 1)
# This reconfigure-db command will repair the RethinkDB cluster to have a
# number of replicas equal to the number of manager nodes in the cluster.
docker run --rm -v ucp-auth-store-certs:/tls docker/ucp-auth:${VERSION}
--dbaddr=${
NODE_ADDRESS}:12383 -debug reconfigure-db --num-replicas ${NUM_MANAGERS}
--emergency-repair
```

5.3.5 備份和災難恢復

當決定在生產設定上開始使用 Docker 通用主控台時，應將其設定為實現高可用性。

1. 備份策略

作為備份策略的一部分，應該定期建立 Docker 通用主控台的備份。要建立 Docker 通用主控台備份，可以在單一 Docker 通用主控台管理員上執行 docker/

ucp：2.1.4 backup 指令。此指令將建立一個 tar 存檔，其中包含 Docker 通用主控台使用的所有卷冊的內容，儲存資料並將其資料流到 stdout。

只需在單一 Docker 通用主控台管理員節點上執行備份指令。這是由於 Docker 通用控制面板在所有管理員節點上儲存相同的資料，因此只需定期備份單一管理員節點即可。

要建立一致的備份，備份指令會臨時停止正在執行備份節點上執行的 Docker 通用主控台容器。使用者資源（如服務、容器和堆疊）不受此操作影響，並將按預期繼續執行。任何持久的 exec、logs、events 或 attach 受影響的管理員節點上的操作將被中斷。

此外，如果 Docker 通用主控台未設定為高可用性，將暫時無法進行以下工作：

- 登入到 Docker 通用主控台 Web 圖形化使用者介面。
- 使用現有用戶端軟體套件執行命令列介面操作。

為了儘量減少備份策略對業務的影響，應該實施以下工作：

- 設定 Docker 通用主控台以實現高可用性。將會允許在多個 Docker 通用控制面板管理員節點之間負載平衡使用者請求。
- 安排備份在營業時間以外進行。

2. 備份指令

下面的範例展示了如何建立 Docker 通用主控台管理員節點的備份並驗證其內容。

```
# Create a backup, encrypt it, and store it on /tmp/backup.tar
$ docker run --rm -i --name ucp \
-v /var/run/docker.sock:/var/run/docker.sock \
docker/ucp:2.1.4 backup --interactive > /tmp/backup.tar

# Ensure the backup is a valid tar and list its contents
# In a valid backup file, over 100 files should appear in the list
# and the `./ucp-node-certs/key.pem` file should be present
$ tar --list -f /tmp/backup.tar
```

可以使用密碼子句來選擇備份檔案，以下例所示。

```
# Create a backup, encrypt it, and store it on /tmp/backup.tar
$ docker run --rm -i --name ucp \
  -v /var/run/docker.sock:/var/run/docker.sock \
  docker/ucp:2.1.4 backup --interactive \
  --passphrase "secret" > /tmp/backup.tar
# Decrypt the backup and list its contents
$ gpg --decrypt /tmp/backup.tar | tar --list
```

3. 恢復叢集

restore 指令可用於從備份檔案建立新的 Docker 通用主控台叢集。恢復時,請確保使用與 docker/ucp 建立備份的映像檔相同的版本。恢復操作完成後,將從備份檔案中恢複以下資料。

■ 使用者、團隊和許可權。

■ 所有可用的 Docker 通用主控台設定選項、管理設定,例如 DDC 訂閱授權、排程選項、內容信任和身份認證後端。

有兩種方法可用來恢復 Docker 通用主控台叢集。

■ 在現有群組的管理員節點上,但該節點不屬於 Docker 通用主控台的安裝。在這種情況下,Docker 通用主控台叢集將從備份中恢復。

■ 在沒有參與群眾的 Docker 引擎上。在這種情況下,將建立一個新的群組,並在頂部恢復 Docker 通用主控台。

為了從備份還原現有的 Docker 通用主控台的安裝,需要先使用 uninstall-ucp 命令從叢集中移除 Docker 通用主控台。下面的範例展示了如何從現有備份檔案還原 Docker 通用主控台叢集,假設它位於 /tmp/backup.tar:

```
$ docker run --rm -i --name ucp \
  -v /var/run/docker.sock:/var/run/docker.sock  \
  docker/ucp:2.1.4 restore < /tmp/backup.tar
```

如果備份檔案使用密碼加密,則需要為恢復操作提供密碼:

```
$ docker run --rm -i --name ucp \
  -v /var/run/docker.sock:/var/run/docker.sock  \
  docker/ucp:2.1.4 restore --passphrase "secret" <  /tmp/backup.tar
```

還可以以對話模式呼叫 restore 指令，在這種情況下，備份檔案應該被載入到容器中，而非透過 stdin 指令進行資料流：

```
$ docker run --rm -i --name ucp \
 -v /var/run/docker.sock:/var/run/docker.sock \
 -v /tmp/backup.tar:/config/backup.tar \
 docker/ucp:2.1.4 restore -i
```

4. 災難恢復

如果遺失了一個或更多的管理員節點，並且無法恢復到健康狀態，則認為該系統已經遺失了仲裁，只能透過以下災難恢復過程進行恢復；如果叢集遺失了仲裁，但仍然可以對剩餘的節點之一進行備份，建議定期進行備份。

> **注意**
>
> 此過程不能保證成功，可能會遺失正在執行的服務或設定資料。為了正確防範管理員故障，系統應設定為高可用性。

（1）在其餘的管理員節點之一執行 docker swarm init --force-new-cluster 指令，可能還需要指定 --advertise-addr、相等於操作 --host-address 參數的 docker/ucp install 參數。將會透過從現有管理員恢復盡可能多的狀態來產生實體一個新的單管理員群。這是一個破壞性的操作，現有工作可能會被終止或暫停。

（2）如果尚未提供剩餘的管理員節點之一，則取得備份。

（3）如果叢集上仍安裝 Docker 通用控制面板，請使用 uninstall-ucp 指令移除 Docker 通用主控台。

（4）對恢復的群組管理員節點執行恢復操作。

（5）登入到 Docker 通用主控台並導覽到節點頁面，或在命令列介面使用 docker node ls 指令。

（6）如果列出任何節點 down，則必須從叢集中手動刪除這些節點，然後使用 docker swarm join 叢集新的連接權杖操作重新加入它們。

5.4 存取通用主控台

5.4.1 以 Web 為基礎的存取

Docker 通用主控台允許以可視方式用瀏覽器管理叢集,如圖 5-56 所示。

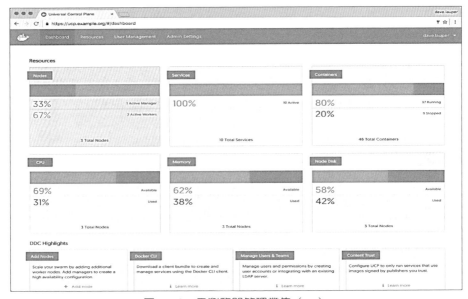

圖 5-56　用瀏覽器管理叢集(一)

圖 5-57　用瀏覽器管理叢集(二)

Docker 通用主控台透過以角色為基礎的存取控制來保護組織的叢集，如圖 5-57 所示。使用瀏覽器進行管理時，管理員可以完成以下工作：①管理叢集設定；②管理使用者和團隊的許可權；③檢視所有映像檔、網路、卷冊和容器。非管理員使用者只能檢視和更改映像檔、網路、卷冊和容器，它們被授予存取權限。

5.4.2 以命令列介面為基礎的存取

Docker 通用主控台透過以角色為基礎的存取控制來保護組織的叢集，進一步只有授權用戶才可以對叢集進行更改。因此，當在 Docker 通用主控台節點上執行 docker 指令時，需要使用用戶端憑證來驗證使用者的請求。嘗試執行沒有有效憑證的 docker 指令時，將收到以下身份認證錯誤。

```
$ docker ps
x509: certificate signed by unknown authority
```

有兩種不同類型的用戶端憑證：①管理員使用者憑證套件，允許在 Docker Engine 上運行任何節點的 docker 指令；②使用者憑證套件，只允許透過 Docker 通用主控台管理員節點執行 docker 指令。

1. 下載用戶端憑證

要下載用戶端憑證套件，可登入 Docker 通用主控台的 Web 圖形化使用者介面，並導覽到使用者的設定檔頁面，如圖 5-58 所示。

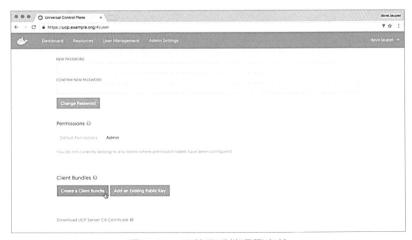

圖 5-58　下載用戶端憑證套件

點擊 Create a Client Bundle（建立用戶端軟體套件）按鈕以下載憑證套件。

2. 使用用戶端憑證

將用戶端憑證套件下載到本機電腦後，就可以使用它來驗證使用者請求了。導覽到下載使用者套件所在的目錄，解壓縮，然後執行 env.sh 指令稿。

```
$ unzip ucp-bundle-dave.lauper.zip
$ cd ucp-bundle-dave.lauper
$ eval $(<env.sh)
```

該 env.sh 指令稿更新 Docker_HOST 環境變數讓當地 Docker 命令列介面與 Docker 通用主控台溝通。它還會更新 DOCKER_CERT_PATH 環境變數，以使用所下載的客戶端軟體套件中包含的用戶端憑證。

至此，當使用 Docker 命令列介面用戶端時，它將使用者的用戶端憑證作為對 Docker 引擎請求的一部分。使用者可以使用 Docker 命令列介面在由 Docker 通用主控台管理的叢集上建立服務、網路、卷冊和其他資源。

3. 使用 REST API 下載用戶端憑證

還可以使用 Docker 通用主控台 REST API 下載用戶端軟體套件。下面的實例將使用

curl 指令來對應用程式設計發展介面發出 Web 請求，並由 jq 指令解析回應。要在 Ubuntu 發行版本上安裝這些工具，可以執行以下指令：

```
$ sudo apt-get update && apt-get install curl jq
```

然後從 Docker 通用主控台取得認證權杖，並使用它來下載用戶端憑證。

```
# Create an environment variable with the user security token
$ AUTHTOKEN=$(curl -sk -d '{"username":"<username>","password":"<password>"}'
https://<ucp-ip>/auth/login | jq -r .auth_token)

# Download the client certificate bundle
$ curl -k -H "Authorization: Bearer $AUTHTOKEN" https://<ucp-ip>/api/
clientbundle -o bundle.zip
```

安全 Docker 映像檔倉庫

安全 Docker 映像檔倉庫（Docker Trusted Registry，DTR）是 Docker 的企業級映像檔儲存解決方案。將其安裝在防火牆後面，可以安全地儲存和管理在應用程式中使用的 Docker 映像檔。

本章簡介安全 Docker 映像檔倉庫的概念、架構與管理，以及如何存取授權 Docker 映像檔倉庫。

6.1 安全 Docker 映像檔倉庫概述

安全 Docker 映像檔倉庫是 Docker 的企業級映像檔儲存解決方案，是 Docker 容器雲的核心元件，是一個叢集應用程式。將其安裝在防火牆後面，便可安全地儲存和管理在應用程式中使用的 Docker 映像檔。可以加入多個備份，以實現高可用性。

6.1.1 安全 Docker 映像檔倉庫的概念

安全 Docker 映像檔倉庫是準商業級本機服務，主要用來對映像檔資源進行儲存、發佈及安全防護等管理。安全 Docker 映像檔倉庫為企業的開發人員及系統管理員建置、載入、執行應用指定了一種新的能力。

6.1.2 安全 Docker 映像檔倉庫的主要功能

在企業本機建置的安全 Docker 映像檔倉庫允許企業對本機或私有雲中的 Docker 映像檔檔案進行儲存及管理，以滿足企業安全性和標準性的需求。安全 Docker 映像檔倉庫的主要功能如下：

（1）安全 Docker 映像檔倉庫能夠進行細粒度的使用者管理，包含以角色為基礎的許可權控制、建立許可權群組管理、使用 LDAP/AD 使用者認證。

（2）安全 Docker 映像檔倉庫能夠對各種資源進行管理，例如記憶體的垃圾回收，CPU、記憶體及儲存的監控等。

（3）安全 Docker 映像檔倉庫能夠進行安全和符合規範性管理，例如本機部署、使用者稽核記錄檔、以 Docker 內容信任為基礎的映像檔檔案簽名等。

安全 Docker 映像檔倉庫對本機及私有雲中的 Docker 映像檔檔案進行儲存及管理非常便捷，透過管理員的 Web 主控台介面，可以看到安全 Docker 映像檔倉庫的整體情況，例如主機資訊（包含記憶體、儲存、CPU 等）、容器狀態（包含控管伺服器、身份伺服器、負載平衡器、記錄檔整合器等），並進行管理。

6.1.3 安全 Docker 映像檔倉庫的主要特點

安全 Docker 映像檔倉庫具有以下主要特點：

1. 部署靈活

安全 Docker 映像檔倉庫具有足夠的靈活性，既可以部署在本機，也可以部署在私有雲端環境中，都會對其內部儲存的 Docker 映像檔檔案進行全面控管。出於對資料保護和協作安全考慮，安全 Docker 映像檔倉庫允許在防火牆內部進行管理和分發 Docker 映像檔檔案。

安全 Docker 映像檔倉庫可以輕鬆整合進現有的基礎設施中，支援以本機檔案系統作為儲存驅動，並且也支援像 S3、Azure、Swift 這種廣泛的協力廠商雲端儲存驅動。

2. 易用和管理

安全 Docker 映像檔倉庫身為優秀的工具是非常易用的，可以快速地進行一鍵式安裝,以及進行以圖形介面為基礎的系統組態。同時,其平滑版本更新機制也使其容易獲得最新的更新和系統安裝套件,進一步確保使用更具安全性的最新環境。升級為最新版本的安裝套件只需執行應用中的一鍵式安裝過程即可。

管理員可以直接透過 Web 控管介面監控系統健康情況,可以在安全 Docker 映像檔倉庫中搜索和瀏覽各種映像檔資源,可以透過 Web 介面管理 Docker 映像檔及各種資源。

使用者可以從安全 Docker 映像檔倉庫中搜索和瀏覽所需要的映像檔資源。

在安全 Docker 映像檔倉庫中可以建立公共及私有資源倉庫,管理員可以為使用者獲得指定資源設定存取權限。

為了加強儲存效率,安全 Docker 映像檔倉庫允許對無用資源加刪除標記,之後這些資源將不會出現在使用者的 UI 介面中。這些被標記為刪除的資源將被垃圾回收機制日後從硬碟中刪除。當然,使用者可以自訂垃圾回收的時間週期和頻率,進一步達到最好的運行效果。

3. 具有內容安全機制

內容安全機制允許手動控制哪些使用者可以取得 Docker 映像檔資源,及他們存取資源的許可權類型。LDAP/AD 整合選項表示當使用者存取安全 Docker 映像檔倉庫時,可以直接依靠屬組織的目錄服務進行使用者身份認證。可以設定各種角色的許可權等級,例如可以設定管理員角色,也可以在組織內部對使用者進行唯讀許可分組,透過建立組織體系為用戶分組以及為可用資源設定存取許可。使用 Docker 的內容授權機制,管理員可以對鏡像資源附加安全標記,這種機制會確保系統中執行的是這些映像檔資源的最新版本。安全 Docker 映像檔倉庫也會儲存使用者稽核記錄檔資訊,這可用來追蹤所有發生在系統中的使用者活動狀態。

安全 Docker 映像檔倉庫允許設定安全選項、上傳憑證、設定 SSL 身份認證及整合現有的目錄服務等操作。可以依靠 LDAP 伺服器為開發者快速分配角色許可權,用來完成使用者登入安全 Docker 映像檔倉庫的身份驗證過程。可以透過制定嚴格的安全性原則加強對 Docker 映像檔資源存取的安全性。

安全 Docker 映像檔倉庫具有開箱即用的 Docker 資源授權機制,允許管理員標記映像檔資源。可以用綠色的 signed 標籤指定運行維護人員在生產環境中選擇執行指定映像檔資源的能力，這也增加了映像檔資源執行的安全性，確保最新的映像檔資源被使用。

6.2 安全 Docker 映像檔倉庫架構

DTR 是在 Docker 通用主控台叢集上執行的容器應用程式。一旦部署了 DTR，就可以使用 Docker CLI 用戶端登入、發送和拉取映像檔，如圖 6-1 所示。

圖 6-1　使用 Docker CLI 用戶端發送和拉取映像檔示意圖

6.2.1 DTR 高可用性

對於高可用性，可以部署多個 DTR 備份，每個 UCP 工作節點上都有一個，如圖 6-2 所示。

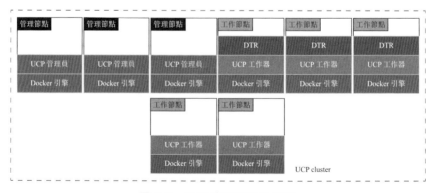

圖 6-2　DTR 高可用性示意圖

所有 DTR 備份都執行相同的服務集，並將其設定的更改自動傳播到其他備份。

6.2.2 DTR 內部元件

在節點上安裝 DTR 時，將啟動如表 6-1 所示容器。

表 6-1　DTR 啟動容器

名稱	描述
DTR-API- \<replica_id>	執行 DTR 業務邏輯。它提供 DTR Web 應用程式和 API
DTR-garant- \<replica_id>	管理 DTR 驗證
DTR-jobrunner- \<replica_id>	在後台執行清理作業
DTR-nautilusstore- \<replica_id>	儲存安全掃描資料
DTR-nginx- \<replica_id>	接收 http 和 https 請求並將其代理到其他 DTR 元件。預設情況下，它監聽主機的通訊埠 80 和 443
DTR-notary-server\<replica_id>	接收、驗證和提供內容信任中繼資料，並在啟用或啟用內容信任的 DTR 發送或拉取 DTR 時進行查詢
DTR-notary-signer- \<replica_id>	對內容信任中繼資料執行伺服器端時間戳記和快照簽名
DTR-registry\<replica_id>	實現拉扯和推動 Docker 映像檔的功能。它還處理映像檔的儲存方式
DTR-rethinkdb- \<replica_id>	用於持久倉庫中繼資料的資料庫

所有這些元件都限於 DTR 內部使用，不要在應用程式中使用它們。

6.2.3 DTR 使用的網路

為了允許容器進行通訊，安裝 DTR 時會建立覆蓋型網路 DTR-OL，允許在不同節點上執行的 DTR 元件進行通訊，以複製 DTR 資料。

6.2.4 DTR 使用的卷冊

DTR 使用如表 6-2 所示的命名卷冊持久化資料。

表 6-2　DTR 使用的卷冊

卷冊名稱	描述
DTR-CA- \<replica_id>	頒發憑證的 DTR 根 CA 的根金鑰材料
DTR-notary- \<replica_id>	公證元件的憑證和金鑰

卷冊名稱	描述
DTR-nautilus-store- <replica_id>	漏洞掃描資料
DTR-registry<replica_id>	如果 DTR 設定為在本機檔案系統上儲存映像檔，Docker 將映像檔資料
DTR-rethink- <replica_id>	倉庫中繼資料
DTR-NFS-registry<replica_id>	如果 DTR 設定為在 NFS 上儲存映像檔，則 Docker 將映像檔資料

可以透過在安裝 DTR 之前建立卷冊來自訂用於這些卷冊的卷冊驅動程式。在安裝過程中，DTR 檢查節點中不存在哪些卷冊，並使用預設卷冊驅動程式建立它們。

預設情況下，可以在這些卷冊中找到這些卷冊的資料 /var/lib/docker/volumes/<volume-name>/_data。

6.2.5 映像檔儲存

預設情況下，DTR 在其執行的節點的檔案系統上儲存映像檔，但應將其設定為使用集中儲存後端，如圖 6-3 所示。

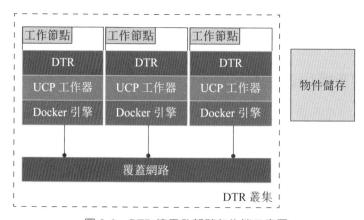

圖 6-3　DTR 使用外部儲存後端示意圖

DTR 支援以下儲存後端：NFS、亞馬遜 S3、Cleversafety、Google 雲端儲存、OpenStack Swift、微軟 Azure。

6.2.6 如何與 DTR 進行互動

DTR 有一個 Web UI，可以在其中管理和設定使用者許可權，如圖 6-4 所示。

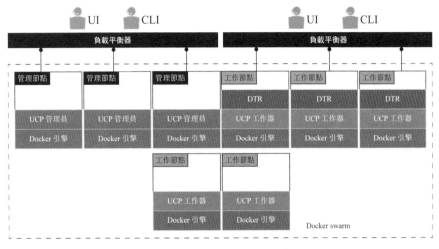

圖 6-4　與 DTR 進行互動示意圖

可以使用標準 Docker CLI 用戶端或可與 Docker 登錄檔進行互動的其他工具，來推送和滑動映像檔。

6.3 安全 Docker 映像檔倉庫管理

6.3.1 安裝

1. 系統要求

DTR 可以在內部或雲端安裝。在安裝之前，請確保其基礎設施符合以下要求。

1）環境要求

只能在由 Docker 通用主控台管理的節點上安裝 DTR，因此安裝 DTR 的主機必須滿足下列基本條件：

- 成為 UCP 管理的工作節點
- 固定的主機名稱

2）最低硬體規格要求

安裝 Docker Trusted Registry 的主機必須滿足下列最低設定要求：

- 8GB RAM
- 2 核心 CPU
- 10GB 可用磁碟空間

為確保其執行效能指標要求，推薦設定要求如下：

- 16GB RAM
- 4 個 vCPU
- 25~100GB 可用磁碟空間

3）作業系統支援

- CentOS 7.4（本書範例使用的作業系統）
- Red Hat Enterprise Linux 7.0, 7.1, 7.2, 或 7.3
- Ubuntu 14.04 LTS 或 16.04 LTS
- SUSE Linux Enterprise 12

4）其他要求

- 同步時區和時間
- 一致的主機名稱策略
- 內部的 DNS

5）版本轉換

- Docker 17.06.2.ee.8+
- DTR 2.5.3：UCP 3.0.2
- DTR 2.5.0：UCP 3.0.0

6）網路要求

安裝過程中 DTR 節點需要能下載 Docker 官網的資源，如果不能存取，可透過其他機器下載軟體套件，然後進行離線安裝。

7）使用的通訊埠

在節點上安裝 DTR 時，應確保在該節點上開啟如表 6-3 所示的通訊埠。

表 6-3　安裝 DTR 應開啟的通訊埠

方向	通訊埠	目的
in	80 / TCP	Web 應用和 API 用戶端存取 DTR
in	443 / TCP	Web 應用和 API 用戶端存取 DTR

這些通訊埠在安裝 DTR 時是可設定的。

2. 安裝 DTR

DTR 是在 Docker UCP 管理的叢集上執行的容器應用程式。它可以安裝在本機或雲基礎架構上。

安裝 DTR 的步驟如下：

1）驗證系統要求

安裝 DTR 的第一步，是確保其基礎設施符合 DTR 執行的所有要求。

2）安裝 UCP

由於 DTR 要求 Docker UCP 執行，因此需要在計畫安裝 DTR 的所有節點上安裝 UCP。由於需要在 UCP 管理的工作節點上安裝 DTR，因此，不能在獨立的 Docker Engine 上安裝 DTR，如圖 6-5 所示。

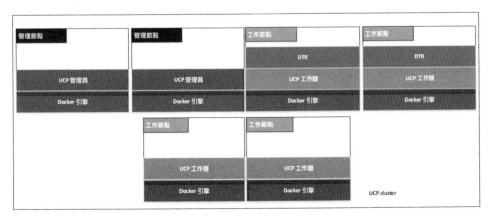

圖 6-5　DTR 高可用性示意圖

3）安裝 DTR

安裝 DTR，應使用 docker/dtr 映像檔。此映像檔中有安裝、設定和備份 DTR

的指令。執行以下指令來安裝 DTR：

```
# Pull the latest version of DTR
$ docker pull docker/dtr:2.2.5
# Install DTR
$ docker run -it --rm \
  docker/dtr:2.2.5 install \
  --ucp-node <ucp-node-name> \
  --ucp-insecure-tls
```

其中，--ucp-node 是要部署 DTR 的 UCP 節點的主機名稱。--ucp-insecure-tls 告訴安裝程式信任 UCP 使用的 TLS 憑證。

預設情況下，安裝指令以互動模式執行，並提示其他資訊，舉例來説，

- DTR 外部 URL：URL 用戶端用於讀取 DTR。如果正在為 DTR 使用負載平衡器，則此處是負載平衡器的 IP 位址或 DNS 名稱。
- UCP URL：URL 用戶端用於存取 UCP。
- UCP 使用者名稱和密碼：UCP 的管理員憑證。

還可以向安裝程式指令提供此資訊，以使其無須提示即可執行。

4）檢查 DTR 是否正在執行

在瀏覽器中，導覽到 Docker 通用主控台的 Web UI，然後導覽到應用程式頁面。應將 DTR 列為應用程式，如圖 6-6 所示。

圖 6-6　將 DTR 列為應用程式

還可以存取 DTR Web UI，以確保它正常執行，方法是在瀏覽器中導覽到安裝 DTR 的地址，如圖 6-7 所示。

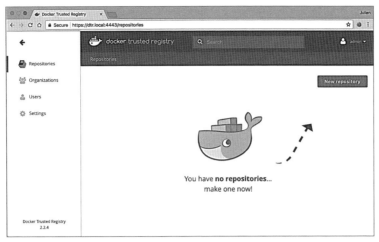

圖 6-7　檢查 DTR 是否正在執行

5）設定 DTR

安裝 DTR 後需進行對應的設定：用於 TLS 通訊的憑證以及在儲存後端儲存 Docker 映像檔。要進行這些設定，需要導覽至 DTR 的 Settings 頁面，如圖 6-8 所示。

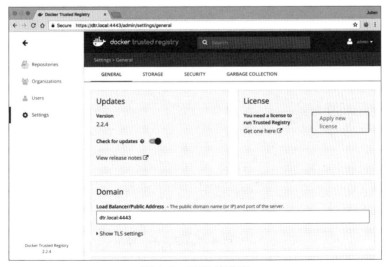

圖 6-8　DTR 的設定

6）測試推拉

現在已經安裝了一個 DTR，可以進行推拉映像檔測試。

7）將備份加入叢集

此步驟是可選的。

要設定 DTR 以實現高可用性，可以在 DTR 叢集增加更多備份。增加更多備份時允許跨所有備份負載平衡請求，並且如果備份失敗，應保持 DTR 工作。

對於高可用性，通常應該設定有 3 個、5 個或 7 個 DTR 備份。安裝這些備份的節點也需要由 UCP 管理。

要將備份增加到 DTR 叢集，可使用 docker/dtr join 指令：

（1）載入 UCP 使用者綁定套件。

（2）執行 join 指令。

將備份加入 DTR 叢集時，需要指定已經是叢集一部分的備份的 ID。可以透過轉到 UCP 上的應用程式頁面找到現有的備份 ID。然後執行以下指令：

```
docker run -it --rm \
docker/dtr:2.2.5 join \
--ucp-node <ucp-node-name> \
--ucp-insecure-tls
```

（3）檢查所有備份是否正在執行。

在瀏覽器中，導覽到 Docker 通用主控台的 Web UI，然後導覽到應用程式頁面，顯示所有備份，如圖 6-9 所示。

圖 6-9　檢查備份是否正在執行

3. 離線安裝

在離線主機上安裝 Docker Trusted Registry 的過程與線上安裝基本一樣，唯一區別在於：不是從 Docker Hub 拉出 UCP 映像檔，而是使用連接到網際網路的電腦下載包含所有映像檔的單一軟體壓縮檔，並將其複製到要安裝 DTR 的主機。

1）可用版本

可用版本包括：UCP2.1.4、UCP2.1.3、UCP2.1.2、UCP2.1.1、UCP2.1.0，DTR
2.2.5、DTR2.2.4、DTR2.2.3、DTR2.2.2、DTR2.2. 和 DTR2.2.0。

2）下載離線壓縮檔

在有網際網路存取權限的電腦上使用所有 docker datacenter 元件下載單一軟體
壓縮檔：

```
$ wget <package-url> -O docker-datacenter.tar.gz
```

下載後就可以在本機電腦上安裝該軟體壓縮檔，還可以將其傳輸到要安裝 DTR
的電腦。對於要安裝 DTR 的每台電腦按下述步驟操作：

（1）將 docker datacenter 壓縮檔複製到該電腦。

```
$ scp docker-datacenter.tar.gz <user>@<host>:/tmp
```

（2）使用 ssh 登入到傳輸壓縮檔所在的主機。
（3）載入 Docker 資料中心映像檔。

將壓縮檔傳輸到主機後，可以使用 docker load 指令從 tar 存檔中載入 Docker
映像檔：

```
$ docker load < docker-datacenter.tar.gz
```

3）安裝 DTR

現在，離線主機擁有安裝 DTR 所需的所有映像檔，可以安裝 DTR 了。
DTR 將發出連接到：

- 報告分析
- 檢查新版本
- 檢查線上授權
- 更新漏洞掃描資料庫

所有這些線上連接都是可選的。可以選擇在管理員設定頁面上禁用或不使用任
何或所有這些功能。

4. 升級 DTR

DTR 使用語義版本控制，其目標是在版本之間升級時實現特定的保證，目前尚不支持降級。如表 6-4 所示，DTR 根據以下規則升級：

- 從一個更新版本升級到另一個版本時，可以跳過修補程式版本，因為修補程式版本沒有完成資料移轉。
- 在次要版本之間進行升級時，不能跳過版本，但可以從以前的次要版本的任何修補版本升級到目前次要版本的任何修補版本。
- 在主版本之間進行升級時，必須一次升級一個主要版本，但是必須升級到最早的可用次要版本。這裡，強烈建議先升級到主要版本最新的次要 / 更新版本。

表 6-4　DTR 版本間的升級

描述	升級前版本	升級後版本	是否支援
更新升級	XY0	XY1	是
跳過更新版本	XY0	XY2	是
更新降級	XY2	XY1	否
次要升級	XY *	+ xy 格式 * 1	是
跳過小版本	XY *	+ xy 格式 * 2	否
輕微降級	XY *	XY-1 *	否
跳過主要版本	X	X + 2	否
主要降級	X	X-1	否
主要升級	XYZ	X + 1.0.0	是
主要升級跳過小版本	XYZ	X + 1.y + 1.Z	否

在升級 DTR 叢集期間可能至少有幾秒鐘的中斷。安排升級在業務繁忙時間之外進行，以確保對正在營運的業務的影響接近於零。

1）次要升級

在開始升級計畫之前，請確保正在使用的 UCP 版本受到將要升級的 DTR 版本的支持。切記，在執行任何升級之前，備份非常重要。

（1）必要時將 DTR 升級到 2.1。

確保正在執行的版本是 DTR 2.1，不然將 DTR 升級到 2.1 版。

（2）升級 DTR。拉取最新版本的 DTR，指令如下：

```
$ docker pull docker/dtr:2.2.5
```

如果要升級的節點無法存取網際網路，則按照離線安裝文件的方法來取得映像檔。

一旦電腦上有最新的映像檔（如果離線升級，則是目標節點上的映像檔），執行 upgrade 指令：

```
$ docker run -it --rm \
docker/dtr:2.2.5 upgrade \
--ucp-insecure-tls
```

預設情況下，升級指令以互動模式執行，並提示其必要的資訊。升級指令將開始取代 DTR 叢集中的每個容器，一次複製一個。它還將執行某些數據遷移。如果任何原因導致任何故障或升級中斷，可以重新執行升級指令，並從上次中斷的地方恢復。

2）更新升級

更新程式升級只會更改 DTR 容器，並且總是比次要升級更安全。升級方法與次要升級相同。

5. 移除 DTR

移除 DTR 可以透過簡單地刪除其與每個備份相連結的所有資料來完成，只需對每個備份執行一次 destroy 指令即可：

```
$ docker run -it --rm \
docker/dtr:2.2.5 destroy \
--ucp-insecure-tls
```

系統將提示使用者輸入 UCP URL、UCP 憑證以及要銷毀的備份。

6.3.2 設定

1. 安裝使用者許可

預設情況下，使用者不需要對 Docker Trusted Registry 進行許可。安裝 DTR 時，它將自動開始使用與 Docker 通用主控台叢集相同的授權檔案。

但是，在某些情況下，必須手動許可 DTR 安裝：①升級到新版本時；②目前許可證到期時。

1）下載授權

在 Docker Store 頁面下載授權，如圖 6-10 所示。

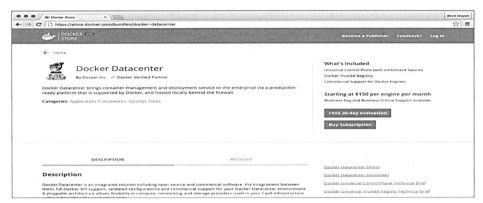

圖 6-10　在 Docker Store 頁面下載授權

2）安裝許可

下載授權檔案後，可以將其應用於 DTR 安裝。導覽到 DTR Web UI，選擇 Settings 頁面，如圖 6-11 所示。

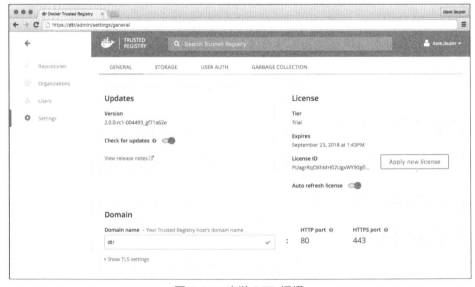

圖 6-11　安裝 DTR 授權

點擊 Apply new license 按鈕，並上傳新的授權檔案即可。

2. 使用使用者的 TLS 憑證

預設情況下，使用 HTTPS 公開 DTR 服務，以確保用戶端和 DTR 之間的所有通訊都被加密。由於 DTR 備份使用自簽章憑證，當用戶端存取 DTR 時，其瀏覽器將不會信任該憑證，因此瀏覽器會顯示警告訊息。

可以將 DTR 設定為使用自己的憑證，以便使用者的瀏覽器和用戶端工具自動信任。

（1）取代伺服器憑證

要設定 DTR 以使用自己的憑證和金鑰，導覽到 DTR Web UI，選擇 Settings 頁面，向下捲動頁面到 "Domain" 部分，如圖 6-12 所示。

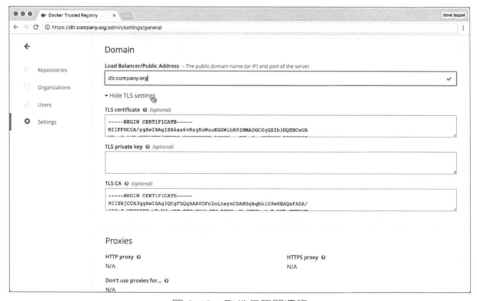

圖 6-12　取代伺服器憑證

（2）設定 DTR 域名並上傳憑證和金鑰。

- 設定負載平衡器／公共位址，這是用戶端用來存取 DTR 的域名。
- 設定 TLS 憑證，這是伺服器憑證和任何中間 CA 的公共憑證。該憑證需要對 DTR 公共位址有效，並且具有用於到達 DTR 備份的所有位址的 SAN，包含負載平衡器。

- 設定 TLS 私密金鑰，這是伺服器私密金鑰。
- 設定 TLS CA，這是根 CA 公共憑證。

（3）儲存設定，使更改生效。

如果正在使用的是由全球信任的憑證授權頒發的憑證，則任何 Web 瀏覽器或客戶端工具現在都應該信任 DTR。如果使用內部憑證授權頒發的憑證，則要將系統配置為信任該憑證授權。

3. 外接儲存

預設情況下，DTR 使用執行它的節點的本機檔案系統來儲存 Docker 映像檔，也可以將 DTR 設定為使用外部儲存後端，以提高性能或高可用性，如圖 6-13 所示。

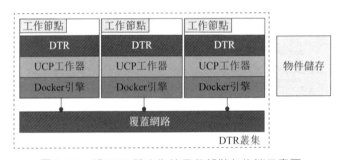

圖 6-13　將 DTR 設定為使用外部儲存後端示意圖

如果 DTR 部署只有一個備份，那麼可以繼續使用本機檔案系統來儲存 Docker 映像檔。如果 DTR 部署有多個備份，為了實現高可用性，就需要確保所有備份都使用相同的儲存後端。當使用者拉取映像檔時，其請求的節點就會存取該映像檔。

DTR 支援的儲存系統包含本機檔案系統、NFS、Amazon S3 或相容、Google 雲端儲存、Microsoft Azure Blob 儲存和 OpenStack Swift。

要設定儲存後端，可以以管理員使用者身份登入到 DTR Web UI，導覽到 Settings 頁面，然後點擊 Save 按鈕，如圖 6-14 所示。

DTR Web UI 中的儲存設定頁面只有最常見的設定選項，但使用者也可以上傳 yaml 配置檔。此設定檔的格式與 Docker Registry 所使用的格式相似。

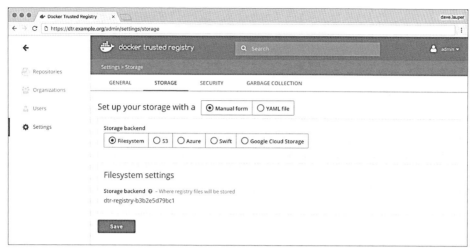

圖 6-14　設定儲存後端

1）本機檔案系統

預設情況下，DTR 建立一個卷冊，名為 dtr-registry-<replica-id>，以使用本機檔案系統儲存映像檔。可以使用 docker/dtr reconfigure --dtr-storage-volume 選項自訂 DTR 使用的卷冊的名稱和路徑。

如果要部署具有高可用性的 DTR，則需要使用 NFS 或任何其他集中式儲存後端，以便所有 DTR 備份都可以存取相同的映像檔。

要檢查映像檔在本機檔案系統中佔用的空間，可以使用以下指令將 ssh 插入到部署和執行 DTR 的節點中：

```
# Find the path to the volume
docker volume inspect dtr-registry-<replica-id>
# Check the disk usage
du -hs <path-to-volume>
```

2）NFS

可以設定 DTR 備份將映像檔儲存在 NFS 分區上，以便所有備份都可以共用相同的儲存後端。

3）亞馬遜 S3

DTR 支援 AWS3 或與 Minio S3 相容的其他儲存系統。

（1）S3。可以將 DTR 設定為在 Amazon S3 或具有 S3 相容 API（如 Minio）的其他檔案伺服器上儲存 Docker 映像檔。

Amazon S3 和相容服務將檔案儲存在「貯體」中，使用者有權從這些儲存區讀取、寫入和刪除檔案。當將 DTR 與 Amazon S3 整合在一起時，DTR 會將所有讀寫操作發送到 S3 儲存貯體，以使映像檔在該記憶體中持久儲存。

① 在 Amazon S3 上建立一個儲存貯體。設定 DTR 之前，需要在 Amazon S3 上建立一個儲存貯體。為了獲得更快的推動和發送，使用者應該在實體上接近 DTR 執行的伺服器的區域建立 S3 貯體。

首先建立一個 bucket。然後，作為最佳做法，使用者應該為 DTR 整合建立一個新的 IAM 使用者，並確保使用者具有有限許可權的 IAM 策略。此時該使用者只需要存取用於儲存映像檔的儲存貯體的許可權，並且能夠讀取、寫入和刪除檔案，範例如下。

```
{
    "Version": "2012-10-17",
    "Statement": [
        {
            "Effect": "Allow",
            "Action": "s3:ListAllMyBuckets",
            "Resource": "arn:aws:s3:::*"
        },
        {
            "Effect": "Allow",
            "Action": [
                "s3:ListBucket",
                "s3:GetBucketLocation"
            ],
            "Resource": "arn:aws:s3:::<bucket-name>"
        },
        {
            "Effect": "Allow",
            "Action": [
                "s3:PutObject",
                "s3:GetObject",
                "s3:DeleteObject"
            ],
```

```
        "Resource": "arn:aws:s3:::<bucket-name>/*"
    }
  ]
}
```

② 設定 DTR。建立儲存貯體和使用者後，可以透過設定 DTR 來使用它。方法是轉到 DTR Web UI 頁面，選擇 Settings 選項，然後點擊 Save 按鈕，如圖 6-15 所示。

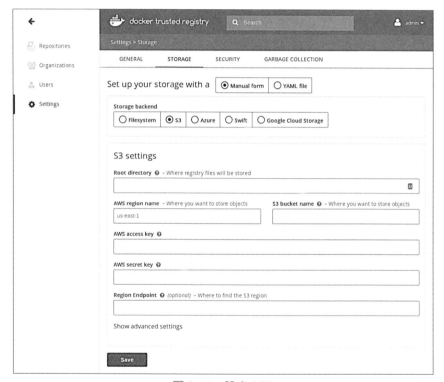

圖 6-15　設定 DTR

選擇 S3 選項，並填寫有關儲存貯體和使用者的資訊，涉及的相關屬性資訊如表 6-5 所示。

表 6-5　儲存貯體和使用者的資訊

領域	描述
Root directory	儲存映像檔的儲存貯體的路徑
AWS region name	儲存貯體的區域

領域	描述
S3 bucket name	儲存映像檔的儲存貯體的名稱
AWS access key	用於存取 S3 儲存貯體的存取金鑰。如果使用者使用 IAM 策略，則可以將其留空
AWS secret key	用於存取 S3 儲存貯體的秘密金鑰。如果使用者使用 IAM 策略，則可以將其留空
Region endpoint	正在使用的區域的端點名稱

點擊 Save 按鈕後，DTR 會驗證設定並儲存更改。

（2）NFS。可以設定 DTR 將 Docker 映像檔儲存在 NFS 目錄中。

在安裝或設定 DTR 以使用 NFS 目錄之前，請確保：NFS 伺服器已正確設定、NFS 伺服器具有固定的 IP 位址、執行 DTR 的所有主機都安裝了正確的 NFS 函數庫。要確認主機可以連接到 NFS 伺服器，可嘗試列出 NFS 伺服器匯出的目錄：

```
showmount -e <nfsserver>
```

還應嘗試安裝其中一個匯出的目錄：

```
mkdir /tmp/mydir  &&  sudo  mount -t nfs <nfs server>:<directory>
```

① 用 NFS 安裝 DTR。使用 NFS 目錄設定 DTR 的一種方法是安裝的時間：

```
docker run -it --rm docker/dtr install \
--nfs-storage-url <nfs-storage-url> \
<other options>
```

NFS 儲存 URL 時，其格式應為 nfs：//<nfs server>/<directory>。

當將備份增加到 DTR 叢集時，備份將選擇該設定，因此不需要再次指定它。

②重新設定 DTR 以使用 NFS。

如果舊版本的 DTR 進行升級，並且已經在使用 NFS，則可以繼續使用相同的設定。如果要開始使用新 DTR 內建的 NFS 來支援，可以重新設定 DTR：

```
docker run -it --rm docker/dtr  reconfigure \
--nfs-storage-url <nfs-storage-url>
```

如果要重新設定 DTR 以停止使用 NFS 儲存，應將選項留空：

```
docker run -it --rm docker/dtr  reconfigure \
  --nfs-storage-url ""
```

如果 NFS 伺服器的 IP 位址發生了變化，即使 DNS 位址保持不變，也應重新設
定 DTR 以停止使用 NFS 儲存，然後重新增加。

4. 建立高可用性

Docker Trusted Registry（DTR）是為高可用性而設計的。第一次安裝時將建立
一個具有單一 DTR 備份的叢集。備份是 DTR 的單一實例，可以連在一起形成
一個叢集。將新備份加入叢集時，將建立執行同一組服務的新 DTR 實例。如
圖 6-16 所示，對實例狀態的任何更改，都將跨所有其他實例進行複製。

圖 6-16　建立高可用示意圖

所有 DTR 備份都執行相同的服務集，並將其設定的更改自動傳播到其他備
份。要使 DTR 具備高可用性，可在 DTR 叢集增加更多備份。

在調整 DTR 的高可用性時，請遵循以下經驗法則：不要建立只有兩個備份的
DTR 叢集，因為這樣的叢集將不會容忍任何故障，並且效能可能還會下降，
如表 6-6 所示；當備份失敗時，叢集容忍的故障數量減少。不要讓備份離線很
久，此外由於資料需要跨所有備份複製，所以在叢集增加太多備份也可能導致
效能下降。

表 6-6　DTR 備份與容忍故障數對應關係

DTR 備份	容忍故障
1	0
3	1
5	2
7	3

要在 UCP 和 DTR 上實現具有高可用性，其最低需要為：3 個專用節點安裝具有高可用性的 UCP；3 個專用節點安裝 DTR 具有高可用性；與執行容器和應用程式一樣多的節點。

1）加入更多 DTR 備份

要將備份增加到現有的 DTR 部署，可使用 ssh 登入到 UCP 的任意節點，執行 DTRjoin 指令：

```
docker run -it --rm \
docker/dtr:2.2.5 join \
--ucp-node <ucp-node-name> \
--ucp-insecure-tls
```

其中，--ucp-node 是要部署 DTR 備份的 UCP 節點的主機名稱，--ucp-insecure-tls 告訴使用者信任 UCP 使用的憑證。

如果有負載平衡器，需要將此 DTR 備份增加到負載平衡池。

2）刪除現有備份

從部署中刪除 DTR 備份，方法是使用 ssh 登入到 UCP 的任意節點，執行 DTR 刪除指令：

```
docker run -it --rm \
docker/dtr:2.2.5 remove \
--ucp-insecure-tls
```

此時系統將提示，現有備份 ID：該叢集的任何健康 DTR 備份的 ID；備份 ID：要刪除的 DTR 備份的 ID，它可以是不健康的備份的 ID；UCP 使用者名稱和密碼：UCP 的管理員憑證。

如果跨多個 DTR 備份負載平衡使用者請求，需要從負載平衡池中刪除此備份。

5. 使用負載平衡器

加入多個 DTR 備份節點以實現高可用性後，可以設定自己的負載平衡器以平衡所有備份中的使用者請求，如圖 6-17 所示。

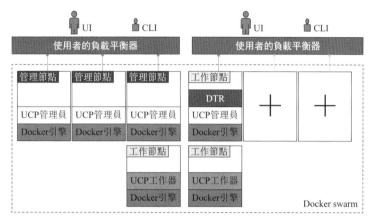

圖 6-17　使用負載平衡器示意圖

將會允許使用者使用集中式域名存取 DTR。如果備份下降，負載平衡器可以檢測到並停止對它的轉發請求，以便使用者忽視該故障。

1）負載平衡 DTR

DTR 不提供負載平衡服務。可以使用內部部署或以雲端為基礎的負載平衡器來平衡多個 DTR 備份的請求。確保將負載平衡器設定為：

- 在 80 和 443 通訊埠上對 TCP 流量進行負載平衡；
- 不終止 HTTPS 連接；
- 不緩衝請求；
- 正確轉發主機 HTTP 頭；
- 空閒連接沒有逾時，或設定為逾時為 10min。

2）健康檢查端點

所述 /health 端點傳回被查詢的形式為備份 JSON 物件：

```
{
    "Error": "error message",
    "Health": true
}
```

答覆 "Healthy"：true 表示備份符合請求。

不健康的備份狀態碼為 503，並填充 "Error" 以下任何一項服務的更多詳細資訊：儲存容器（登錄檔）、授權（garant）、中繼資料持久性（rethinkdb）和內容信任（公證）。

3）設定範例

使用以下範例設定 DTR 的負載平衡器：NGINX、HAProxy 和 AWS LB。

```
user nginx;
worker_processes 1;

error_log    /var/log/nginx/error.log warn;
pid          /var/run/nginx.pid;

events {
  worker_connections 1024;
}

stream {
  upstream dtr_80 {
  server <DTR_REPLICA_1_IP>:80 max_fails=2 fail_timeout=30s;
    server <DTR_REPLICA_2_IP>:80 max_fails=
       2 fail_timeout=30s;
    server <DTR_REPLICA_N_IP>:80 max_fails=
       2 fail_timeout=30s;
  }

upstream dtr_443 {
    server <DTR_REPLICA_1_IP>:443 max_fails=2 fail_timeout=30s;
    server <DTR_REPLICA_2_IP>:443 max_fails=2 fail_timeout=30s;
    server <DTR_REPLICA_N_IP>:443 max_fails=2 fail_timeout=30s;
  }
  server {
    listen 443;
    proxy_pass dtr_443;
  }

  server {
    listen 80;
```

```
        proxy_pass dtr_80;
    }
}
```

使用以下方式部署負載平衡器：NGINX 和 HAProxy。

```
# Create the nginx.conf file, then
# deploy the load balancer

docker run --detach \
--name dtr-lb \
--restart=unless-stopped \
--publish 80:80 \
--publish 443:443 \
--volume ${PWD}/nginx.conf:/etc/nginx/nginx.conf:ro \
nginx:stable-alpine
```

6. 在 DTR 中設定漏洞掃描

在 Docker Trusted Registry 的現有安裝上設定和啟用 Docker 安全掃描，方法如下。

1）先決條件

假設已經安裝了 Docker Trusted Registry，並且可以透過管理員存取權存取 DTR 實例上的帳戶。

在開始之前，請確保組織已經購買了包含 Docker 安全掃描的 DTR 授權，並且其 Docker ID 可以從 Docker Store 存取和下載此授權。如果正在使用與個人帳戶連結的授權，則不需要其他操作。如果正在使用與組織帳戶相連結的授權，則可能需要確保其 Docker ID 是該 Owners 團隊的成員。只有 Owners 團隊成員可以下載組織的授權檔案。

如果允許安全掃描資料庫自動更新，請確保承載 DTR 實例的伺服器可以存取 https：//dss-cve-updates.docker.com/ 標準 HTTPS 通訊埠 443。

2）取得安全掃描授權

如果 DTR 實例已經具有安全掃描授權，請跳過此步驟並繼續啟用 DTR 安全掃描。要檢查現有 DTR 授權是否包含掃描，可導覽到 DTR 設定頁面，然後點擊安全性。

如果顯示「啟用掃描」切換，表示授權包含安全掃描。

如果目前的 DTR 授權不包含安全掃描，則必須下載新的授權。

（1）使用 Docker ID 登入 Docker 商店，可以存取所需要的授權。

（2）點擊其右上角的使用者帳戶圖示，然後選擇「訂閱」。

（3）如有必要，請從右上角的「帳戶」選單中選擇一個組織帳戶。

（4）在訂閱列表中找到 Docker 資料中心。

（5）點擊訂閱詳細資訊，然後選擇安裝說明。

點擊 Docker Datacenter 徽章下面的 License keyc（授權金鑰）按鈕，授權金鑰（一個 .lic 檔案）被下載到本機電腦，如圖 6-18 所示。

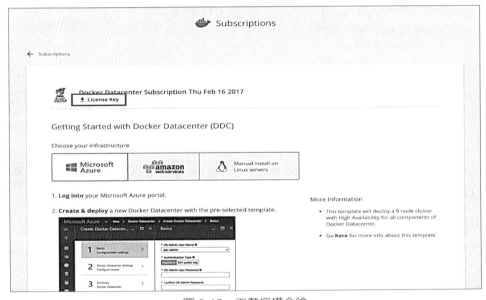

圖 6-18　下載授權金鑰

接下來，在 DTR 實例上安裝新的授權。

（1）使用管理員帳戶登入到 DTR 實例。

（2）點擊左側導覽列中的 Settings 選項。

（3）在 GENERAL（正常）標籤上點擊 Apply new license 按鈕，應用新授權。出現檔案瀏覽器對話方塊。

（4）導覽到儲存授權金鑰（.lic）檔案的位置，選擇它，然後點擊開啟，如圖
　　6-19 所示。

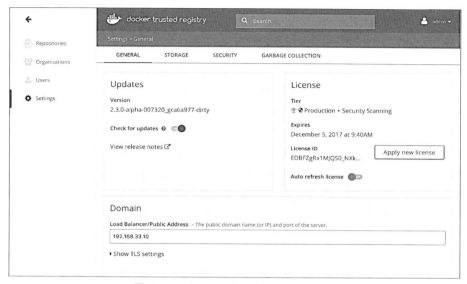

圖 6-19　在 DTR 實例上安裝新的授權

3）啟用 **DTR** 安全掃描

在 DTR 中啟用安全掃描功能的步驟如下。

（1）使用管理員帳戶登入到 DTR 實例。
（2）點擊左側導覽列中的 Settings 選項。
（3）點擊 SECURITY（安全）標籤。

> **注意**
>
> 如果在此標籤中看到一筆訊息，告訴使用者聯繫 Docker 銷售代表，則表示此
> DTR 實例上安裝的授權不包含 Docker　安全掃描。這時應檢查是否購買了安
> 全掃描，並且 DTR 實例正在使用最新的授權檔案。

（1）點擊 ENABLE SCANNING（啟用掃描）切換按鈕，使其變為藍色並為
「開」狀態，如圖 6-20 所示。

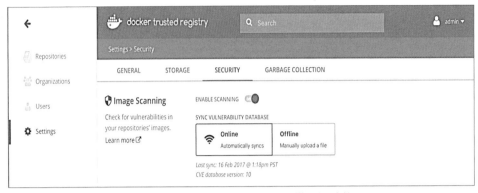

圖 6-20　在 DTR 實例上啟用掃描切換功能

（2）接下來為掃描提供安全資料庫，否則安全掃描將不產生作用。

預設是以線上模式啟用安全掃描。在此模式下，DTR 嘗試從 Docker 伺服器下載安全資料庫。如果安裝無法存取 https://dss-cve-updates.docker.com/，則必須手動下載包含 .tar 安全資料庫的檔案。

- 如果使用 Online 模式，DTR 實例將聯繫 Docker 伺服器，下載最新的漏洞資料庫並進行安裝。一旦這個過程完成，就可以開始掃描。
- 如果使用 Offline 模式，可按離線模式更新掃描資料庫。

預設情況下，當啟用安全掃描時，新的倉庫將自動掃描 docker push。如果在啟用安全掃描之前已有倉庫，則可能需要更改倉庫掃描行為。

4）設定倉庫掃描模式

當啟用安全掃描時，有兩種模式可用。

- Scan on push & Scan manually：每當 write 存取使用者點擊開始掃描連結或掃描按鈕時，映像檔在每個 docker push 倉庫上重新掃描。
- Scan manually：僅當具有 write 存取權限的使用者點擊開始掃描連結或掃描按鈕時，才會掃描映像檔。

預設情況下，新的倉庫設定為 Scan on push & Scan manually，但可以在建立倉庫時更改此設定，如圖 6-21 所示。

圖 6-21 設定預設情況下新的倉庫

預設情況下，安全掃描在連線模式下啟用。在這種模式下，DTR 嘗試從 Docker 服務器下載安全資料庫。如果其安裝過程中無法存取 https: //dss-cve-updates.docker.com/，則必須手動下載包含安全資料庫的 .tar 檔案。如果其安裝使用線上模式，DTR 實例將從 Docker 伺服器下載最新的漏洞資料庫，然後安裝。此過程完成後，即可開始掃描。如果使用離線模式，則需要使用「更新掃描資料庫 - 離線模式」中的說明下載初始安全資料庫。

要更改單一倉庫的掃描模式，步驟如下：

（1）導覽到倉庫，然後點擊 SETTINGS 標籤。

（2）向下捲動到 Image scanning 部分。

（3）選擇所需的掃描模式，如圖 6-22 所示。

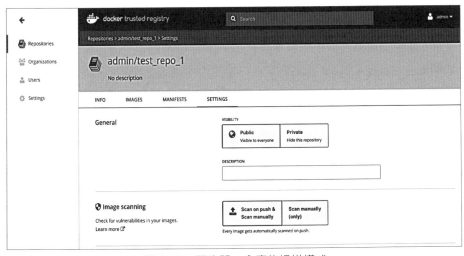

圖 6-22 更改單一倉庫的掃描模式

5）更新 CVE 掃描資料庫

Docker 安全掃描索引 DTR 映像檔中的元件，並將其與已知的 CVE 資料庫進行比較。當報告新的漏洞時，Docker Security Scanning 將新 CVE 報告中的元件與映像檔中的索引元件相比對，並快速產生更新的報告。

具有管理員許可權存取 DTR 的使用者可以從 DTR Settings 頁面的 SECURITY 標籤中檢查 CVE 資料庫上次更新的時間。

（1）以線上模式更新 CVE 資料庫。

預設情況下，Docker 安全掃描會自動檢查漏洞資料庫的更新狀況，並在可用時下載它們。為確保 DTR 能夠存取這些更新，請確保主機可以由 https: // dss-cve-updates.docker.com/ 使用 https 存取通訊埠 443。

DTR 每天在凌晨 3:00 檢查新的 CVE 資料庫更新。如果發現更新，它將被下載並應用，而不會中斷正在進行的任何掃描。更新完成後，安全掃描系統會在索引的元件中尋找新的漏洞。

要將更新模式設定為線上，可用以下步驟。

① 以具有管理員許可權的使用者登入 DTR。
② 點擊左側導覽列中的 Settings，然後點擊 SECURITY。
③ 點擊 Online 按鈕。使用者所做的選擇將自動儲存。

> **提示**
>
> 當第一次啟用掃描以及切換更新模式時，DTR 還會檢查 CVE 資料庫更新。如果需要立即檢查 CVE 資料庫更新，可以將模式由線上切換到離線，然後重新開始更新。

（2）以離線模式更新 CVE 資料庫。

若要更新的 DTR 實例的 CVE 資料庫無法聯繫到更新資料庫所在的伺服器時，需要下載並安裝包含資料庫更新的 .tar 檔案。下載檔案的方法如下。

① 登入 Docker 商店。
　　如果是擁有 Docker Store 管理授權的組織的成員，請確保登入帳戶也是該

組織的。只有管理授權擁有者可以從 Docker 商店檢視和管理組織的授權和
其他權利。

② 點擊右上角的使用者帳戶圖示,然後選擇 My content。

③ 如有必要,請從右上角的 Account 選單中選擇一個組織帳戶。

④ 找到 Docker EE Advanced 訂閱或試用版。

⑤ 點擊 Setup 按鈕,如圖 6-23 所示。

圖 6-23　更新 DTR 實例的 CVE 資料庫

⑥ 點擊 Download CVE Vulnerability Database 連結下載資料庫檔案,如圖 6-24
所示。

圖 6-24　下載連結資料庫檔案

要從檔案手動更新 DTR CVE 資料庫 .tar:

① 以具有管理員許可權的使用者登入 DTR。

② 點擊左側導覽中的 Settings,然後點擊 SECURITY。

③ 點擊上傳 .tar 資料庫檔案。

④ 找到上傳的檔案並開啟。

此時 DTR 安裝新的 CVE 資料庫,並開始檢查已編入索引的映像檔,以取得與
新的或更新的漏洞符合的元件。注意:DTR 應用 CVE 資料庫更新時,上傳按
鈕不可用。

6）啟用或禁用自動資料庫更新

更改更新模式的方法如下：

① 以具有管理員許可權的使用者登入 DTR。
② 點擊左側導覽中的 Settings，然後點擊 SECURITY。
③ 點擊 Online/Offline。使用者所做的選擇將自動儲存。

7. 部署快取

1）概述

可以為 DTR 設定多個快取。部署快取後，使用者可以設定其 DTR 使用者帳戶，以指定要從哪個快取中分析資料。

這樣，當使用者從 DTR 中分析資料時，它們將被重新導向到從其設定的快取中分析。透過將地理位置上的快取記憶體部署到遠端辦公室和低連接區域，使用者可以更快地取得映像檔。

使用者請求會在快取中進行身份驗證。使用者只能從快取中取得映像檔，如果 DTR 中的映像檔發生變化，使用者將取到最新版本。

（1）快取的工作原理。部署快取記憶體後，使用者可以在 DTR 使用者的 Settings 頁面上設定快取，如圖 6-25 所示。

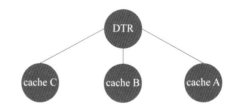

圖 6-25　在 DTR 上部署快取範例（三個地點）

當使用者嘗試透過執行 docker pull <dtr-url>/<org>/<repository> 指令拉取映像檔時，會發生以下情況。

- Docker 用戶端向 DTR 發出請求，DTR 會對請求進行身份驗證。
- Docker 用戶端將映像檔清單請求發送到 DTR。這樣可以確保使用者始終能夠分析正確的映像檔，而非過時的版本。

- Docker 用戶端將層 Blob 請求到 DTR，DTR 被簽名並重新導向到使用者設定的快取。
- 如果快取上存在 blob，則會發送給使用者；不然快取從 DTR 中分析並將其發送給使用者。

當使用者發送映像檔時，該映像檔被直接發送到 DTR。當使用者嘗試使用該快取分析映像檔時，快取將僅儲存映像檔。

（2）設定快取。DTR 快取基於 Docker Registry，並使用相同的設定檔格式。該 DTR 快取透過引用一個名為 downstream 的新中介軟體來擴充 Docker 登錄檔設定檔案格式，有 3 個設定選項 blobttl、upstreams 及 cas。

```
# Settings that you would include in a
# Docker Registry configuration file followed by

middleware:
  registry:
  - name: downstream
  options:
  blobttl: 24h
  upstreams:
  - originhost: <Externally-reachable address for
    the origin registry>
  upstreamhosts:
  - <Externally-reachable address for
        upstream content cache A>
  - <Externally-reachable address for
        upstream content cache B>
  cas:
    - <Absolute path to upstream content cache A certificate>
    - <Absolute path to upstream content cache B certificate>
```

表 6-7 是每個參數的描述，特定於 DTR 快取。

表 6-7　DTR 特定快取的參數描述

參數	是否需要	描述
blobttl	否	快取中 blob 的 TTL。該欄位採用正整數和可選副檔名，表示時間單位。如果設定了此欄位，則必須將 storage.delete.enabled 設定為 true。可能的單位有： • ns（毫微秒） • us（微秒） • ms（毫秒） • s（秒） • m（分鐘） • h（小時）如果省略副檔名，則系統將該值解釋為毫微秒
cas	否	上游登錄檔的 PEM 編碼 CA 憑證的絕對路徑清單
upstreamhosts	否	內容快取的上游登錄檔的外部可造訪網址列表。如果指定了多個主機，將按循環順序從登錄檔中分析

（3）部署一個簡單的快取。可以在安裝了 Docker 的任何主機上部署 Docker 內容快取，如圖 6-26 所示，要求如下：

■ 使用者需要存取 DTR 和快取；

■ 快取需要存取 DTR。

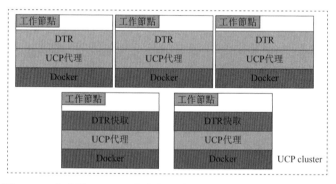

圖 6-26　在安裝 Docker 的主機上部署 Docker 內容快取示意圖

在要部署快取的主機上建立一個 config.yml，需包含以下內容：

```
version: 0.1
storage:
delete:
enabled: true
```

```
filesystem:
rootdirectory: /var/lib/registry
http:
addr: :5000
middleware:
registry:
- name: downstream
options:
blobttl: 24h
upstreams:
- originhost: https://<dtr-url>
cas:
  - /certs/dtr-ca.pem
```

將會設定快取記憶體，以將映像檔儲存在目錄 /var/lib/registry 中，在 5000 通訊埠上顯示高速快取服務，並設定快取記憶體以刪除在過去 24h 內未被拉取的映像檔。它還定義可以達到 DTR 的位置，以及哪些 CA 憑證應該被信任。

現在我們需要下載 DTR 使用的 CA 憑證。為此，執行以下指令：

```
curl -k https://<dtr-url>/ca > dtr-ca.pem
```

現在已有了快取設定檔和 DTR CA 憑證，可以透過執行以下指令部署快取：

```
docker run --detach --restart always \
--name dtr-cache \
--publish 5000:5000 \
--volume $(pwd)/dtr-ca.pem:/certs/dtr-ca.pem \
--volume $(pwd)/confi g.yml:/confi g.yml \
docker/dtr-content-cache:<version> /confi g.yml
```

可以透過更換互動模式執行，而非分離的指令—detached 和 --interactive。這允許使用者檢視容器產生的記錄檔並排除錯誤設定。

現在已經部署了一個緩存，需要設定 DTR。這是使用 POST /api/v0/content_cachesAPI 指令完成的。可以使用 DTR 互動式 API 文件來使用此 API。

在 DTR Web 介面中，點擊右上角的選單，然後選擇 API docs，如圖 6-27 所示。

圖 6-27　在 DTR Web 介面中設定 DTR

導覽到 POST /api/v0/content_caches 行並點擊展開，在主體域包含以下程式：

```
{
    "name": "region-us",
    "host": "http://<cache-public-ip>:5000"
}
```

點擊 Try it Out 按鈕進行 API 呼叫，出現的介面如圖 6-28 所示。

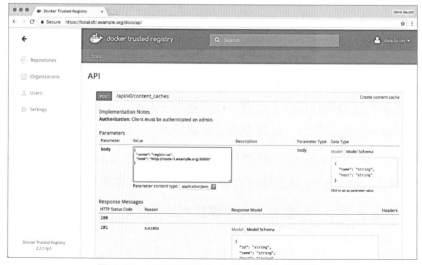

圖 6-28　在 DTR Web 介面中進行 API 呼叫

現在 DTR 知道使用者建立了快取，只需進行 DTR 使用者設定即可開始使用該快取。

在 DTR Web UI 中，導覽到使用者設定檔，點擊 Settings 標籤，然後將 Content Cache 設定更改為 region-us，如圖 6-29 所示。

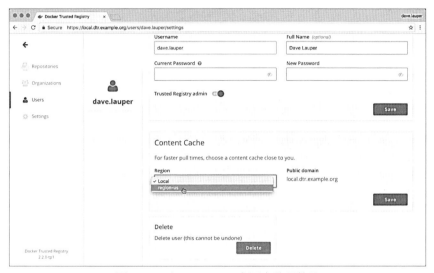

圖 6-29　在 DTR Web 介面中啟用快取

現在，當拉取映像檔時，將使用快取。測試方法為嘗試從 DTR 中拉取一個映像檔，這時，使用者可以檢查快取服務記錄檔，以驗證正在使用快取並解決可能出現的問題。

在部署 region-us 快取的主機中，執行以下指令：

```
docker container logs dtr-cache
```

2）使用 TLS 部署快取

在生產環境中執行 DTR 快取時，應使用 TLS 來保護它們。在本例中，我們將部署使用 TLS 的 DTR 快取。DTR 快取使用與 Docker Registry 相同的設定檔格式。

（1）取得 TLS 憑證和金鑰。在使用 TLS 部署 DTR 快取之前，需要取得部署快取的域名的公開金鑰憑證，還需要該憑證的公開金鑰和私密金鑰檔案。一旦有了這些檔案將之傳輸到部署 DTR 快取的主機。

（2）建立快取設定。

使用 SSH 登入到將要部署 DTR 快取的主機，並導覽到儲存 TLS 憑證和金鑰的目錄。建立具有以下內容的 config.yml 檔案：

```
version: 0.1
storage:
delete:
enabled: true
filesystem:
rootdirectory: /var/lib/registry
http:
addr: :5000
tls:
certificate: /certs/dtr-cache-ca.pem
key: /certs/dtr-cache-key.pem
middleware:
registry:
- name: downstream
options:
blobttl: 24h
upstreams:
   - originhost: https://<dtr-url>
cas:
   - /certs/dtr-ca.pem
```

其中：

- /certs/dtr-cache-ca.pem：這是快取將使用的公開金鑰憑證。
- /certs/dtr-cache-key.pem：這是 TLS 私密金鑰。
- /certs/dtr-ca.pem 是 DTR 使用的 CA 憑證。

執行以下指令下載 DTR 使用的 CA 憑證：

```
curl -k https://<dtr-url>/ca > dtr-ca.pem
```

現在已經獲得了快取設定檔和 TLS 憑證，可以透過執行以下指令部署快取：

```
docker run --detach --restart always \
--name dtr-cache \
--publish 5000:5000 \
--volume $(pwd)/dtr-cache-ca.pem:/certs/dtr-cache-ca.pem \
```

```
--volume $(pwd)/dtr-cache-key.pem:/certs/dtr-cache-key.pem \
--volume $(pwd)/dtr-ca.pem:/certs/dtr-ca.pem \
--volume $(pwd)/config.yml:/config.yml \
docker/dtr-content-cache:<version> /config.yml
```

（3）使用加密技術。可以使用「加密」的方法來自動產生大多數用戶端信任的
TLS 憑證。

3）連結多個快取（Chain Multiple Caches）

如果組織的使用者在地理位置上分佈於
多處，請考慮將多個 DTR 快取連結在一
起，以實現更快的拉取，如圖 6-30 所示。

連結等級過多可能會減慢拉取速度，因此
應該嘗試不同的設定並進行基準測試，以
找出正確的設定。

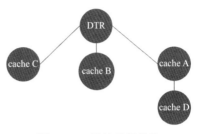

圖 6-30　連結多個快取

在下面這個實例中，我們將示範如何設定兩個快取。亞洲區域的專用快取直接
從 DTR 中分析映像檔，並為在中國大陸的快取提供亞洲地區快取中的映像檔。

（1）為亞洲地區設定快取。以下內容設定快取有 TLS，並直接從 DTR 拉出映
像檔：

```
version: 0.1
storage:
delete:
enabled: true
filesystem:
rootdirectory: /var/lib/registry
http:
addr: :5000
tls:
certificate: /certs/asia-ca.pem
key: /certs/asia-key.pem
middleware:
registry:
- name: downstream
options:
blobttl: 24h
```

```
upstreams:
- originhost: https://<dtr-url>
cas:
  - /certs/dtr-ca.pem
```

（2）為中國大陸設定快取。此快取具有 TLS，並從在亞洲地區的快取中拉取映像檔：

```
version: 0.1
storage:
delete:
enabled: true
filesystem:
rootdirectory: /var/lib/registry
http:
addr: :5000
tls:
certificate: /certs/china-ca.pem
key: /certs/china-key.pem
middleware:
registry:
- name: downstream
options:
blobttl: 24h
upstreams:
- originhost: https://<dtr-url>
upstreamhosts:
- https://<asia-cache-url>
  cas:
      - /certs/asia-cache-ca.pem
```

由於在中國大陸的快取不需要直接與 DTR 進行通訊，所以只需要信任下一次轉發的 CA 憑證，在這種情況下就是在亞洲地區快取中使用的 CA 憑證。

6.3.3 管理使用者

1. DTR 中的認證和授權

使用 DTR 可以控制允許哪些使用者存取映像檔倉庫。預設情況下，匿名使用者只能從公共倉庫中取出映像檔，他們不能建立新的倉庫或發送到現有倉庫，但是，可以授予許可權以對映像檔倉庫執行細粒度存取控制。為此需要：

（1）首先建立一個使用者。

Docker Datacenter 共用使用者。在 Docker 通用主控台中建立新使用者時，該使用者在 DTR 中可用，反之亦然。註冊使用者可以建立和管理自己的倉庫。

（2）透過將使用者增加到團隊來擴充許可權。

要擴充使用者許可權並管理使用者對倉庫的許可權，可以將使用者增加到一個團隊。一個團隊定義使用者對一組倉庫的許可權。

組織擁有一組倉庫，並定義了一組團隊。使用團隊可以定義一群組使用者擁有的一組倉庫的細粒度許可權，如圖 6-31 所示。

圖 6-31　組織範例

在這個實例中，Whale organization 有 3 個倉庫和兩個團隊。blog team 的成員只能從 whale/ java 倉庫中檢視和拉取映像檔；billing team 的成員可以管理 whale/ golang 倉庫，並從 whale/ java 倉庫中發送映像檔。

2. 在 DTR 中建立和管理使用者

使用 Docker Datacenter 內建身份驗證時，可以建立使用者並授予他們細粒度的許可權。Docker Datacenter 共用使用者。在 Docker 通用主控台中建立新使用者時，該使用者在 DTR 中可用，反之亦然。

要建立新使用者，可轉到 DTR Web UI，然後導覽到 Users 頁面，如圖 6-32 所示。

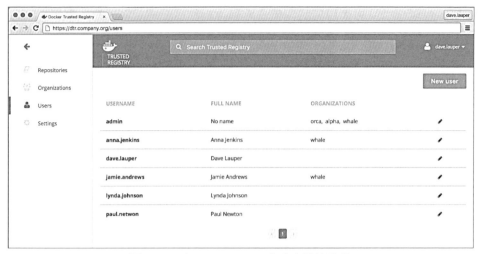

圖 6-32　在 DTR Web UI 中建立新使用者

點擊 New user 按鈕，並填寫使用者資訊，如圖 6-33 所示。

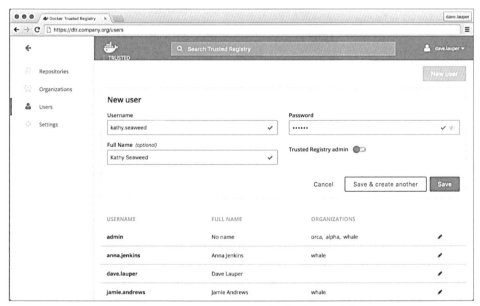

圖 6-33　在 DTR Web UI 中填寫新使用者的資訊

如果要授予使用者更改 Docker Datacenter 設定的許可權，可選擇 Trusted Registry admin 選項。

3. 在 DTR 中建立和管理團隊

可以透過將使用者增加到一個團隊，透過在其他映像檔倉庫中授予他們各自許可權的方法來擴充使用者的預設許可權。團隊定義一群組使用者對一組倉庫的許可權。

要建立一個新團隊，可轉到 DTR Web UI，導覽到 Organizations 頁面。然後點擊要建立團隊的組織。在這個實例中，我們將在 whale 組織下建立 billing 團隊，如圖 6-34 所示。

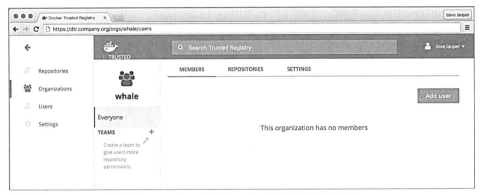

圖 6-34　在 DTR Web UI 中建立新團隊範例

點擊 "+" 按鈕建立一個新的團隊，並為它命名，如圖 6-35 所示。

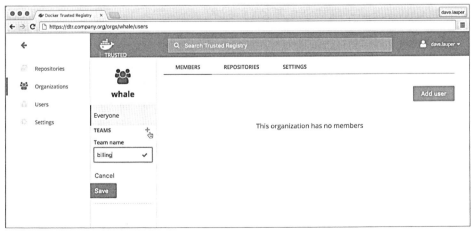

圖 6-35　在 DTR Web UI 中為新建立的團隊命名

1）將使用者增加到一個團隊

建立團隊後，點擊 TEAMS 進行管理設定。首先是將使用者增加到團隊。點擊 Add user 按鈕將使用者增加到團隊，如圖 6-36 所示。

圖 6-36　為團隊增加使用者

2）管理團隊許可權

這一步是定義該團隊對一組倉庫的許可權。導覽到 REPOSITORIES 標籤，然後點擊 Add repository 按鈕，如圖 6-37 所示。

圖 6-37　定義團隊的一組倉庫的許可權

選擇該團隊可存取的倉庫，以及團隊成員擁有的許可權等級，如圖 6-38 所示。

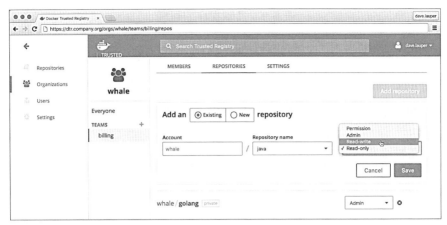

圖 6-38　設定團隊成員的許可權等級

有 3 個許可權等級可用，如表 6-8 所示。

表 6-8　許可權等級

許可權等級	描述
唯讀	檢視倉庫並拉取映像檔
讀寫	檢視倉庫，拉取和推出映像檔
管理員	管理倉庫更改其設定，拉取和推出映像檔

4. DTR 的許可權等級

DTR 允許映像檔倉庫中定義細粒度許可權。

1）管理員使用者

Docker 資料中心共用使用者。在 Docker 通用主控台中建立新使用者時，該使用者在 DTR 中可用，反之亦然。在 DTR 中建立管理員使用者時，該使用者是 Docker 資料中心管理員，具有以下許可權：管理 Docker 資料中心的使用者、管理 DTR 倉庫和設定、管理整個 UCP 叢集。

2）團隊許可權等級

團隊允許定義一群組使用者對一組倉庫的許可權。有 3 個許可權等級可用，其倉庫操作許可權如表 6-9 所示。

表 6-9　倉庫操作許可權

倉庫操作	檢視	拉	推	刪除標籤	編輯說明	設定公共或私人	管理使用者存取	刪除儲存庫
讀取	X	X						
讀寫	X	X	X	X				
管理	X	X	X	X	X	X	X	

團隊許可權是疊加的。當使用者是多個團隊的成員時，具有團隊定義的最高許可權等級。

3）整體許可權

DTR 的可用許可權等級中，匿名使用者：可以搜索和拉取公共倉庫；使用者：可以搜索和拉取公共資料，並建立和管理自己的倉庫；團隊成員：使用者可以做的一切，以及用戶所屬團隊授予的許可權；團隊管理員：團隊成員可以做的一切，也可以在團隊增加成員；組織管理：團隊管理員可以做的一切，可以建立新團隊，並在組織增加成員；DDC 管理員：可以管理 UCP 和 DTR 之間的任何東西。

6.3.4 監視和排除故障

1. 監視叢集狀態

DTR 是一個 Dockerized 應用程式。要監控它，可以使用已經在用的相同的工具和技術來監視叢集上執行的其他容器化應用程式。監控 DTR 的一種方法是使用 Docker 通用主控台的監控功能。

在瀏覽器中，登入 Docker 通用主控台，然後導覽到應用程式頁面。為了更容易找到 DTR，請使用搜索框搜索 DTR 應用程式。如果 DTR 設定為高可用性，則會顯示出所有的 DTR 節點，如圖 6-39 所示。

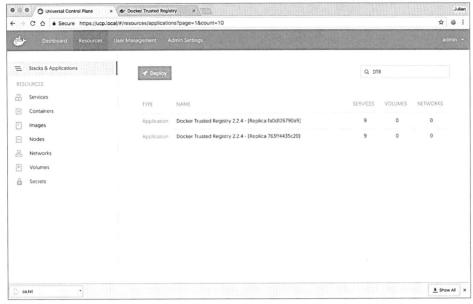

圖 6-39　搜索 DTR 應用程式

點擊 DTR 應用程式可檢視它所有正在執行的容器。點擊容器可檢視其詳細資訊，如設定、資源和記錄檔等，如圖 6-40 所示。

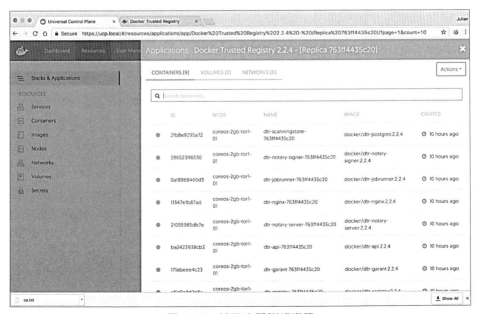

圖 6-40　檢視容器詳細資訊

DTR 還列出了幾個端點，可用以評估 DTR 備份是否健康：

- /health：檢查 DTR 備份的幾個元件是否正常，並傳回一個簡單的 json 回應結果。這對於負載平衡或其他自動健康檢查工作非常有用。
- /nginx_status：傳回由 DTR 使用的 NGINX 前端處理的連結數。
- /api/v0/meta/cluster_status：傳回有關所有 DTR 備份的大量資訊。

2. 排除記錄檔

1）排除覆蓋網路故障

DTR 中的高可用性取決於覆蓋網路在 UCP 中的工作。測試覆蓋網路是否正常執行的一種方法是在不同的節點上部署容器，這些節點將連接到同一個覆蓋網路，由此檢視它們是否可以彼此連通。

使用 ssh 登入到 UCP 節點，並執行以下指令：

```
docker run -it --rm \
--net dtr-ol --name overlay-test1 \
--entrypoint sh docker/dtr
```

然後使用 ssh 登入到另一個 UCP 節點並執行以下指令：

```
docker run -it --rm \
--net dtr-ol --name overlay-test2 \
--entrypoint ping docker/dtr -c 3 overlay-test1
```

如果第 2 段指令傳回成功資訊，則表示覆蓋網路正常執行。

2）直接存取 RethinkDB

DTR 使用 RethinkDB 持久化資料並將其複製到備份。直接連接到在 DTR 備份上運行 RethinkDB 實例對檢查 DTR 內部狀態可能是有幫助的。

使用 ssh 登入執行 DTR 備份的節點，並執行以下指令，取代該節點上執行的 DTR 備份 $REPLICA_ID 的 ID：

```
docker run -it --rm \
--net dtr-ol \
-v dtr-ca-$REPLICA_ID:/ca dockerhubenterprise/rethinkcli:v2.2.0 \
$REPLICA_ID
```

將會啟動互動式提示，可以在其中執行 RethinkDB 查詢，如：

```
> r.db('dtr2').table('repositories')
```

3）從不健康的複製品中恢復

當 DTR 備份不健康或不正常時，DTR Web UI 會發出警告：

```
Warning: The following replicas are unhealthy: 59e4e9b0a254; Reasons: Replica
reported health too long ago: 2017-02-18T01:11:20Z; Replicas 000000000000,
563f02aba617 are still healthy.
```

要解決這個問題，應該從 DTR 叢集中刪除不正常的備份，並加入一個新的備份。

先執行以下指令：

```
docker run -it --rm \
docker/dtr:2.2.5 remove \
--ucp-insecure-tls
```

接著執行以下指令：

```
docker run -it --rm \
docker/dtr:2.2.5 join \
--ucp-node <ucp-node-name> \
--ucp-insecure-tls
```

3. 排除批次處理作業

DTR 使用作業佇列來排程批次處理作業。作業放在佇列中，DTR 的作業執行器元件使用這個叢集範圍的作業佇列中的工作並執行，如圖 6-41 所示。

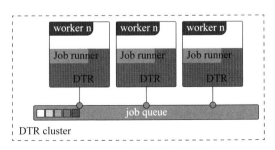

圖 6-41　作業佇列資訊

所有 DTR 備份都可以存取作業佇列，並具有可以取得和執行工作的作業傳輸器元件。

1）批次處理作業的運作方式

建立作業時，將其增加到具有等候狀態的叢集範圍的作業佇列中。當其中一個 DTR 備份準備好宣告時，它會等待 3 秒左右的隨機時間，進一步讓每個備份都有機會來宣告工作。備份透過將其 ID 增加到作業中來取得作業。這樣其他的備份就知道這個工作已經被宣告了。一旦一個備份宣告了一個作業，它會將其增加到內部一個作業佇列中，該佇列根據它們的排程進行排序。當發生這種情況時，複製備份會將作業狀態更新為正在執行並開始執行。

每個 DTR 備份的作業執行器元件在所有備份共用的資料庫上儲存有一個心跳過期的項目。如果一個備份變得不健康，其他備份會注意到這一點，並將該工作狀態更新為死亡。此外，備份宣告的所有作業都更新為 worker_dead 狀態，以便其他備份可以宣告該作業。

2）工作類型

DTR 的工作類型如表 6-10 所示。

表 6-10　DTR 的工作類型

工作類型	描述
GC	垃圾收集作業，刪除與刪除的映像檔相連結的圖層
sleep	用於測試助聽器的正確性。睡眠時間為 60s
false	用於測試 jobrunner 的正確性。它執行 false 指令並立即失敗
tagmigration	用於將標記和清單資訊從 blobstore 同步到資料庫。此資訊用於 API、UI 以及 GC 中的資訊
bloblinkmigration	bloblinkmigration 是一個 2.1 到 2.1 升級過程，它將 blob 的參考增加到資料庫的倉庫中
license_update	如果啟用了連線授權更新功能，則授權更新檢查其授權到期前的更新資訊
nautilus_scan_check	映像檔安全掃描作業。此作業不執行實際的掃描，而是產生 nautilus_scan_check_single 作業（映像檔中每層一個）。一旦所有的 nautilus_scan_check_single 工作都完成，這個工作就會終止

工作類型	描述
nautilus_scan_check_single	由參數 SHA256SUM 提供的特定層的安全掃描作業，此作業將層分成元件，並檢查每個元件是否存在漏洞
nautilus_update_db	其建立的作業用來更新 DTR 的漏洞資料庫。它使用 https：//dss-cve-updates.docker.com/ 來檢查資料庫更新。如果有新的更新，則更新 DTR 掃描儲存容器
網路掛接	用於將 Webhook 有效載荷分發到單一端點的作業上

3）工作狀態

作業的工作狀態如表 6-11 所示。

表 6-11　作業的工作狀態

工作狀態	描述
waiting	該工作是無人認領的，等候狀態
running	定義的作業器正在執行該作業
DONE	該工作已經成功完成
wrong	完成該工作時出現了錯誤
cancel_request	作業器監視資料庫中的作業狀態。如果作業的狀態更改為 cancel_request，則作業器將取消作業
cancel	該作業已經被取消，未完全執行
delete	作業和記錄檔已經被刪除
worker_dead	該作業的作業器已被宣佈死亡，無法繼續
worker_shutdown	正在執行該作業的作業器已經無法停止工作
worker_resurrection	此作業的作業器已重新連接到資料庫，並將繼續此前未完成的作業

6.3.5 DTR 備份和災難恢復

DTR 需要其備份的大多數（n / 2 + 1）始終保持健康狀態。因此，如果大多數備份不健康或遺失，則將 DTR 還原到工作狀態的唯一方法是從備份中恢復。這就是為什麼重要的是確保備份健康且頻繁進行備份。

1. 由 DTR 管理的資料

DTR 維護如表 6-12 所示的資料。

表 6-12　DTR 維護的資料

資料	描述
Configurations	DTR 叢集設定
Repository metadata	關於部署的倉庫和映像檔的中繼資料
Access control to repos and images	團隊和知識庫的許可權
Notary data	公證標籤和簽名
Scan results	映像檔的安全掃描結果
Certificates and keys	用於相互 TLS 通訊的憑證、公開金鑰和私密金鑰
Images content	發送到 DTR 的映像檔。這可以儲存在執行 DTR 或其他儲存系統節點檔案系統上，實際取決於設定

要進行 DTR 節點的備份，可執行 docker/dtr backup 指令。此指令備份如表 6-13 所示的資料。

表 6-13　DTR 節點是否備份的資料

資料	是否備份	描述
Configurations	yes	DTR 設定
Repository metadata	yes	映像檔架構和大小等中繼資料
Access control to repos and images	yes	有關誰有權存取哪些映像檔的資料
Notary data	yes	簽名影像的簽名和摘要
Scan results	yes	有關影像中漏洞的資訊
Certificates and keys	yes	使用的 TLS 憑證和金鑰
Image content	no	需要單獨備份，取決於 DTR 設定
Users, orgs, teams	no	建立 UCP 備份以備份此資料
Vulnerability database	no	恢復後可以重新下載

2. 備份 DTR 資料

要建立 DTR 的備份，需要備份映像檔內容和 DTR 中繼資料。應該始終從相同的 DTR 備份建立備份，以確保更平滑地還原。

1）備份映像檔內容

由於可以設定 DTR 用於儲存映像檔的儲存後端，因此備份映像檔的方式取決於正在使用的儲存後端。

如果已將 DTR 設定為在本機檔案系統或 NFS 安裝上儲存映像檔，則可以使用 ssh 備份映像檔，登入到執行 DTR 的節點，並建立 dtr 登錄檔卷冊的 tar 存檔：

```
tar  -cf /tmp/backup-images.tar dtr-registry-<replica-id>
```

2）備份 DTR 中繼資料

要建立 DTR 備份，應載入 UCP 用戶端軟體套件，並執行以下指令，取代實際值的預留位置：

```
read -sp 'ucp password: ' UCP_PASSWORD; \
docker run -i --rm \
--env UCP_PASSWORD=$UCP_PASSWORD \
docker/dtr:<version> backup \
--ucp-url <ucp-url> \
--ucp-insecure-tls \
--ucp-username <ucp-username> \
--existing-replica-id <replica-id> > /tmp/backup-metadata.tar
```

備份指令不會停止 DTR，因此可以經常備份，而不會影響使用者使用。此外，備份包含敏感資訊（如私密金鑰），因此可以透過執行以下指令對備份進行加密：

```
gpg --symmetric /tmp/backup-metadata.tar
```

3）測試備份

要驗證備份是否可被正確執行，可以列印所建立的 .tar 檔案的內容。映像檔的備份應該如下所示：

```
tar -tf /tmp/backup-images.tar

dtr-backup-v2.2.3/
dtr-backup-v2.2.3/rethink/
dtr-backup-v2.2.3/rethink/layers/
```

DTR 中繼資料的備份應該如下所示：

```
tar -tf /tmp/backup-metadata.tar

# The archive should look like this
```

```
dtr-backup-v2.2.1/
dtr-backup-v2.2.1/rethink/
dtr-backup-v2.2.1/rethink/properties/
dtr-backup-v2.2.1/rethink/properties/0
```

如果已加密中繼資料備份,則可以使用以下指令:

```
gpg -d /tmp/backup.tar.gpg | tar -t
```

3. 恢復 DTR 資料

如果 DTR 擁有的備份大部分不健康,則將其還原到工作狀態的一種方法是從現有備份還原。

要恢復 DTR,需要:①停止任何可能正在執行的 DTR 容器。②從備份還原映像檔。③從備份恢復 DTR 中繼資料。④重新取得漏洞資料庫。

需要在建立備份的同一個 UCP 叢集上恢復 DTR。如果在不同的 UCP 叢集上進行還原,則所有 DTR 資源將由不存在的使用者所有,因此即使儲存了 DTR 資料也無法進行管理。

恢復 DTR 資料需要使用與 docker/dtr 建立更新時使用的相同版本的映像檔。其他版本不能確保工作正常進行。

1)停止 DTR 容器執行

首先刪除任何仍在執行的 DTR 容器:

```
docker run -it --rm \
docker/dtr:<version> destroy \
--ucp-insecure-tls
```

2)還原映像檔

如果是將 DTR 設定為在本機檔案系統上儲存映像檔,則可以分析備份:

```
sudo tar -xzf /tmp/image-backup.tar -C /var/lib/docker/volumes
```

如果正在使用不同的儲存後端,請遵循該系統推薦的最佳做法。恢復 DTR 中繼資料時,將使用與建立備份時相同的設定部署 DTR。

3）恢復 **DTR** 中繼資料

可以使用 docker/dtr restore 指令恢復 DTR 中繼資料。將會執行 DTR 的全新安裝，並使用在備份期間建立的設定進行重新設定。

載入 UCP 用戶端軟體套件，並執行以下指令來取代實際值的預留位置：

```
read -sp 'ucp password: ' UCP_PASSWORD; \
docker run -i --rm \
--env UCP_PASSWORD=$UCP_PASSWORD \
docker/dtr:<version> restore \
--ucp-url <ucp-url> \
--ucp-insecure-tls \
--ucp-username <ucp-username> \
--ucp-node <hostname> \
--replica-id <replica-id> \
--dtr-external-url <dtr-external-url> < /tmp/backup-metadata.tar
```

4）重新取得漏洞資料庫

成功恢復 DTR 後，可以在重新安裝之後加入新的備份。

6.4 存取安全 Docker 映像檔倉庫

6.4.1 設定 Docker 引擎

預設情況下，Docker Engine 在將映像檔發送到映像檔登錄檔時使用 TLS。如果 DTR 使用預設設定或設定為使用自簽章憑證，則需要設定 Docker Engine 以信任 DTR。不然當嘗試登入、發送或從 DTR 中拉取映像檔時，將收到以下錯誤訊息：

```
$ docker login dtr.example.org
x509: certificate  signed by  unknown authority
```

使 Docker Engine 信任 DTR 使用的憑證授權的第 1 步是獲得 DTR CA 憑證。之後，將作業系統設定為信任該憑證。

1. 設定主機

DTR 可安裝在 Mac OS、Windows、Ubuntu/Debian、RHEL/Cent OS、Boot2 Docker 等不同的主機上，下面分別介紹。

1）DTR 在 Mac OS 主機上的設定

在瀏覽器中導覽到 https：//<dtr-url>/ca，下載 DTR 使用的 TLS 憑證，然後將該證書增加到 macOS Keychain。然後重新啟動 Docker for Mac。

2）DTR 在 Windows 主機的設定

在瀏覽器中導覽到 https：//<dtr-url>/ca，下載 DTR 使用的 TLS 憑證。開啟 Windows 資源管理員，按右鍵下載的檔案，選擇安裝憑證指令。在隨後出現的對話方塊進行以下操作：

（1）店鋪位置選擇本機電腦。
（2）選取「將所有憑證放在以下儲存中」選項。
（3）點擊「瀏覽器」，然後選擇「受信任的根憑證授權」。
（4）點擊「完成」按鈕。

將 CA 憑證增加到 Windows 後，重新啟動 Docker for Windows。

3）DTR 在 Ubuntu / Debian 主機的設定

Ubuntu 和 Debian 是最具有影響力的兩個 Linux 發行版本，Ubuntu 來自 Debian，DTR 在其主機的設定如下。

```
# Download the DTR CA certificate
$ curl -k https://<dtr-domain-name>/ca -o /usr/local/share/ca-certificates/
<dtr-domain-name>.crt
# Refresh the list of certificates to trust
$ sudo update-ca-certificates
# Restart the Docker daemon
$ sudo service docker restart
```

4）DTR 在 RHEL / CentOS 主機的設定

RHEL 和 CentOS 都是 RedHat 家族的成員，最新版本都預設使用 XFS 檔案系統。

DTR 在 RHEL/CentOS 主機的設定如下。執行以下指令：

```
# Download the DTR CA certificate
$ curl -k https://<dtr-domain-name>/ca -o /etc/pki/ca-trust/source/anchors/
  <dtr-domain-name>.crt
# Refresh the list of certificates to trust
$ sudo update-ca-trust
# Restart the Docker daemon
$ sudo /bin/systemctl restart docker.service
```

5）DTR 在 Boot2Docker 主機的設定

Boot2Docker 是以 Tiny Core Linux 為基礎的輕量級 Linux 發行版本，專為 Docker 準備，完全執行於記憶體中。DTR 在 Boot2Docker 主機的設定如下。

（1）執行以下指令，使用 ssh 登入虛擬機器：

```
docker-machine ssh <machine-name>
```

（2）執行以下指令，建立 bootsync.sh 檔案，使其可執行：

```
sudo touch /var/lib/boot2docker/bootsync.sh
sudo chmod 755 /var/lib/boot2docker/bootsync.sh
```

（3）將以下內容增加到 bootsync.sh 檔案中。可以使用 nano 或 vi 指令進行此操作。

```
#!/bin/sh
cat /var/lib/boot2docker/server.pem >> /etc/ssl/certs/ca-certificates.crt
```

（4）執行以下指令，將 DTR CA 憑證增加到 server.pem 檔案中：

```
curl -k https://<dtr-domain-name>/ca | sudo tee -a /var/lib/boot2docker/
  server.pem
```

（5）執行以下指令，執行 bootsync.sh 並重新啟動 Docker 守護程式：

```
sudo /var/lib/boot2docker/bootsync.sh
sudo /etc/init.d/docker restart
```

2. 登入 DTR

執行以下指令，驗證 Docker 守護程式信任 DTR，嘗試對 DTR 進行身份驗證。

```
docker login dtr.example.org
```

6.4.2 設定公證用戶端

當成群組且不綁定私密金鑰和公開金鑰到 UCP 帳戶時，將映像檔發送到 DTR，UCP 卻不會信任這些映像檔，因為它不知道使用者所使用的金鑰。所以在簽署並將映像檔發送到 DTR 之前，應該：

①設定公證 CLI 用戶端；②將 UCP 私密金鑰匯入公證用戶端。這樣，由於允許使用 UCP 客戶端軟體套件中的私密金鑰開始簽名映像檔，UCP 就可以追溯到使用者的帳戶了。

1. 下載公證 CLI 用戶端

如果使用的是 Docker for Mac 或 Docker for Windows，那麼預設已經安裝了 notary 指令。如果在 Linux 發行版本上執行 Docker，則可以下載最新版本，例如：

```
# Get the latest binary
curl -L <download-url> -o notary
# Make it executable
chmod +x notary
# Move it to a location in your path
sudo mv notary /usr/bin/
```

2. 設定公證 CLI 用戶端

在使用公證 CLI 用戶端之前，需要設定，以與作為 DTR 一部分的公證伺服器進行通訊。

可以透過將標示傳遞給公證人指令，或使用設定檔來執行設定操作。

1）標示傳遞

執行以下公證指令：

```
notary --server https://<dtr-url> --trustDir ~/.docker/trust --tlscacert
<dtr- ca.pem>
```

傳遞給公證人的標示及其含義如表 6-14 所示。

表 6-14　標示及其含義

標示	含義
--server	查詢公證伺服器
--trustDir	到儲存信任中繼資料的本機目錄的路徑
--tlscacert	DTR CA 憑證的路徑。如果已將系統組態為信任 DTR CA 憑證，則不需要使用此標示

為避免在使用指令時輸入所有標示，可以設定別名：

```
# Bash
alias notary="notary --server https://<dtr-url> --trustDir ~/.docker/trust
--tlscacert <dtr-ca.pem>"

# PowerShell
set-alias notary "notary --server https://<dtr-url> --trustDir ~/.docker/trust
--tlscacert <dtr-ca.pem>"
curl -L <download-url> -o notary
# Make it executable
chmod +x notary
# Move it to a location in your path
sudo mv notary /usr/bin/
```

2）設定檔

還可以透過建立 ~/.notary/config.json 具有以下內容的檔案來設定公證 CLI 用戶端：

```
{
    "trust_dir" : "~/.docker/trust",
    "remote_server": {
        "url": "<dtr-url>",
        "root_ca": "<dtr-ca.pem>"
    }
}
```

要驗證設定，可嘗試在已經簽名的映像檔 DTR 倉庫中執行 notary list 指令：

```
# Assumes you've configured
notary notary list <dtr-repository>
```

該指令可以在倉庫上列印每個簽名映像檔的摘要列表。

3. 匯入 UCP 金鑰

設定公證 CLI 用戶端的最後一步是匯入 UCP 用戶端軟體套件的私密金鑰。執行以下指令將 UCP 套件中的私密金鑰匯入到公證 CLI 用戶端：

```
# Assumes you've configured notary
notary  key import <path-to-key.pem>
```

私密金鑰被複製到 ~/.docker/trust，系統將提示輸入密碼進行加密。可以透過執行以下命令驗證公證人知道什麼：

```
notary key list
```

匯入的金鑰會與該角色一起列出授權。

6.4.3 使用快取

DTR 可設定為具有一個或多個快取，允許使用者選擇使用哪個快取以取得更快的下載時間。

如果管理員設定了快取，則可以選擇在拉取映像檔時要使用的快取。在 DTR Web UI 中，導覽到使用者設定檔並設定內容快取選項，如圖 6-42 所示。

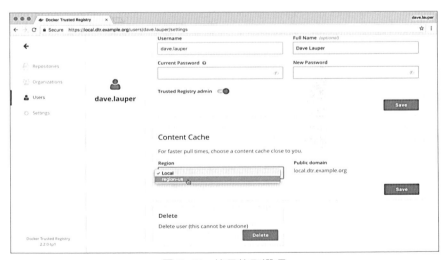

圖 6-42　使用快取選項

儲存後，其映像檔將從快取中取出，而非中央 DTR。

規模化使用 Docker

在任何以 Linux 為基礎的雲端平台中，安裝 Docker 都非常容易，而且 Docker 和絕大多數主流的公共雲端服務提供商都在積極地開發相關的工具，讓使用者在叢集中使用更智慧的方式部署和管理 Docker 容器。本書完稿時，不少這樣的工具都可以使用了，不過談不上完全成熟。如果是私有雲端平台，可以使用 Docker Swarm 等工具在大量的 Docker 宿主機中部署容器，或使用社區開發的 Centurion 或 Helios 輔助多主機部署。

本章介紹在自己的資料中心內大規模使用 Docker 的主要方式。首先探討 Docker Swarm 和 Centurion，然後說明如何使用 Amazon EC2 Container Service（簡稱 Amazon ECS）。

7.1 Docker Swarm

2015 年年初，Libswarm 專案開發 6 個月之後，Docker 向公眾發佈了 Swarm 的第 1 個 Beta 測試版。Swarm 的目的是為 Docker 用戶端工具提供統一的介面，讓它不僅能管理單一 Docker 守護處理程序，還能管理整個叢集。Swarm 不是設定應用或實現可重複部署的工具，其作用是為 Docker 現有的工具提供叢集資源管理功能。因此，Swarm 只是複雜方案所用的元件。

Swarm 以 Docker 容器的形式實現，既是 Docker 叢集的中央管理樞紐，又是執行在各個 Docker 宿主機中的代理。把 Swarm 部署到各個宿主機之後，這些宿主機就變成了一個聯繫緊密的叢集，這個叢集可以使用 Swarm 和 Docker 的其他工具管理。

7.1.1 使用 Swarm 一個叢集

與部署其他 Docker 容器一樣，我們首先要在 Docker 宿主機中執行 docker pull 指令，下載 Swarm 容器。例如：

```
$ docker pull swarm
511136ea3c5a: pull complete
ae115241d78a: pull complete
f49087514537: pull complete
fff73787bd9f: pull complete
97c8f6e912d7: pull complete
33f9d1e808cf: pull complete
62860d7acc87: pull complete
bf8b6923851d: pull complete
swarm: latest: The image you are pulling has been verified. Important:
image verification is a tech preview feature and should not be relied on
to provide security.
Status: Downloaded newer image for swarm:latest
```

然後在目標 Docker 宿主機中啟動 Swarm 容器，建立 Docker 叢集：

```
$ docker run --rm swarm create
e480foldd24432adcSSle72faa37bddd
```

執行上述指令會傳回一個雜湊值，這是新增 Docker 叢集的唯一識別碼，通常稱為叢集 ID。

若想把 Docker 宿主機加入叢集中，啟動 Swarm 容器時要指定 join 參數，而且要指定 Docker 宿主機的地址和通訊埠，還要指定建立叢集時獲得的雜湊值（權杖）。例如：

```
$ docker run -d swarm join --addr=168.17.32.10:2168 \
token://e480foldd24432adc55le72faa37bddd
6c0e36c1479b360ac63ec23827560bafcc44695a8cdd82aec8c44af2f2fe6910
```

執行 swarm join 指令後會在要加入叢集的 Docker 宿主機中啟動 Swarm 代理，然後傳回代理所在容器的完整雜湊值。如果現在在 Docker 宿主機中執行 docker ps 指令，會發現 Swarm 代理正在執行，而且容器的 ID 與前面獲得的完整雜湊值的前 12 位相同。

```
$ docker ps
CONTAINER ID IMAGE        COMMAND           ···PORTS    NAMES
6c0e36c1479b  swarm:latest   "/swarm join --addr=  ···2168/tcp   mad_lalande
```

現在，我們的叢集中有一個宿主機了。正常情況下，還會再增加一些 Docker 宿主機。這很容易做到，使用自己喜歡的工具再啟動別的 Docker 宿主機即可，例如 Docker Machine 或 Vagrant 等。

7.1.2 把 Swarm 管理員部署到叢集

要把 Swarm 管理員部署到叢集裡的某個 Docker 宿主機中，範例如下：

```
$ docker run -d -p 6666:2168 swarm manage \
token://87711cac095fe3440f74161d16b4bd94
4829886f68b6ad9bb5021fde3a32f355fad23b91bc45bf145b3f0f2d70f3002b
```

需要注意的是，Swarm 管理員可以在任何通訊埠上對外開放，這裡使用的是 6666 通訊埠，因為 2168 和（或）2167 已經被 Docker 宿主機中的 Docker 伺服器佔用了。

現在再執行 docker ps 指令，會看到 Docker 宿主機中執行著這兩個 Swarm 容器：

```
$ docker ps
···IMAGE    COMMAND            ···PORTS       ···
···swarm:latest   "/swarm manage token   ···0.0.0.0:6666->2168/tcp  ···
···swarm:latest   "/swarm join  --addr=   ···2168/tcp    ···
```

如果想列出叢集裡的所有節點，可以執行下述指令：

```
$ docker run --rm swarm list token://87711cac095fe3440f74161d16b4bd94
168.17.32.10:2168
```

Docker Swarm 叢集各個部分的組成如圖 7-1 所示。

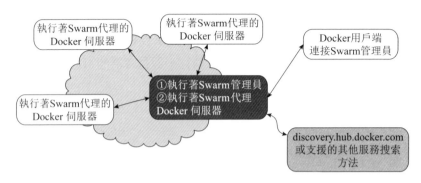

圖 7-1　Swarm 管理的 Docker 叢集示意圖

從現在開始可以使用 Docker 用戶端與這個 Docker 叢集互動，Docker 用戶端連接的也不再是單一 Docker 宿主機了。這裡沒有為 Swarm 啟用 TLS 加密連接，所以要確保 Docker 用戶端不通過 TLS 連接 Swarm 的通訊埠，方法如下：

```
$echo $DOCKER_HOST; unset DOCKER_HOST
$echo $DOCKER_TLS_VERIFY; unset DOCKER_TLS_VERIFY
$echo $DOCKER_TLS; unset DOCKER_TLS
$echo $DOCKER_CERT_PATH;unset DOCKER_CERT_PATH
```

銷毀上述環境變數之後，我們要把環境變數 DOCKER_HOST 設為 Swarm 管理員所在 Docker 宿主機的 IP 位址和通訊埠編號，這樣 Docker 用戶端才能與使用 Swarm 架設的 Docker 叢集互動。例如：

```
$ export DOCKER_HOST="tcp://168.17.32.10:6666"((("docker" , "info")))
$ docker info
Containers: 33
Nodes: 1
  core-01: 168.17.32.10:2168
      └── Containers: 33
      └── Reserved CPUs: 20 / 2
      └── Reserved Memory: 1.367 GiB / 997.9 MiB
```

上述 docker info 指令的輸出是叢集裡各個節點的基本資訊。

在叢集模式下，有些 Docker 指令無法使用，例如 docker pull，不過仍然可以在叢集裡啟動新的容器，Swarm 代理會代為執行所需的步驟，例如從註冊處拉取映像檔。

可以執行下述指令，在叢集裡啟動一個 nginx（http: //nginx.org）容器，測試一下這種行為：

```
$ docker run -d nginx
5519a2a379668ceab685a1d73d7692dd0a81ad92a7ef61f0cd54d2c4c95d3f6e
```

執行 docker ps 指令，在叢集裡會看到以下資訊：

```
$ docker ps
CONTAINER ID IMAGE COMMAND       ···      NAMES
5519a2a37966      nginx:1 "nginx -g 'daemon of   ···   core-01/berserk_hodgkin
```

如果執行 docker ps -a 指令，會看到這樣的結果：除了沒有啟動容器之外，還列出了在叢集外執行的容器（例如 Swarm 容器本身）。這些容器不在叢集裡，只不過是執行在某個宿主機中。

```
$ docker ps -a
···IMAGE         COMMAND             PORTS                             ···
···nginx:1       "nginx -g 'daemon of     80/tcp, 443/tcp              ···
···swarm:latest "/swarm manage token     168.17.32.10:6666->2168/tcp  ···
···swarm:latest "/swarm join --addr=     2168/tcp                      ···
```

需要特別注意的是，雖然 docker ps 指令不會列出 Swarm 容器本身，但是使用 docker stop 指令可以讓 Swarm 管理員容器和 Swarm 代理容器停止執行。當然，這麼做會導致問題，所以千萬別這麼做。在使用完 Swarm 之後，要還原環境變數 DOCKER_ HOST 的值，直接指向 Docker 宿主機。如果宿主機使用 TLS 加密連接，還要把 DOCKER_TLS_VERIFY、DOCKER_TLS 和 DOCKER_CERT_PATH 還原成之前的值。

7.2 Centurion 工具

Centurion（網址為 https: //github.com/newrelic/centurion）是一種可以重複把應用部署到一組主機的工具。Swarm 把叢集視作一台裝置，而使用 Centurion 部署時要告訴它每一個主機的資訊。Centurion 的作用是確保容器可以重複建立，以及簡化不下線部署的過程。Centurion 假設應用實例放在負載平衡程式之後。要從傳統的部署方式轉到 Docker 式流程，可以先從 Centurion 入手。

7.2.1 部署一個簡單的應用

要部署的 Web 應用是公開可用的 nginx 容器，這個容器沒有什麼作用，只作為測試，只會伺服一個頁面，讓使用者在瀏覽器中檢視。當然，也可以把這個應用換成自己的應用，唯一的要求是要把應用發送到註冊處。

Centurion 執行要依賴系統中的 Docker 的命令列工具，還要有 Ruby 1.9 或以上版本。Centurion 可以在 Linux 和 Mac OS X 中使用。在各種主流的 Linux 發行版本均可使用 yum 或 apt-get 安裝這兩個依賴。一般來說，只要發行版本的核心版本符合執行 Docker 的要求，就會提供這兩個依賴的安裝套件。在 Mac OS X 版本中已經安裝了符合要求的 Ruby，如果 Mac OS X 版本太舊，可以使用 Homebrew 安裝新版的 Ruby。只要 Linux 發行版本滿足運行 Docker 的條件，基本也都提供了執行 Centurion 所需的 Ruby 版本。執行下述指令可以檢視是否安裝了 Ruby，以及版本編號：

```
$ ruby -v
ruby 2.2.1p85 (2015-02-26 revision 49769) [x86_64-darwin12.0]
```

確認系統中有 Ruby 之後，使用 Ruby 的套件管理員安裝 Centurion：

```
$ gem install centurion
Fetching: logger-colors-1.0.0.gem (100%)
Successfully installed logger-colors-1.0.0
Fetching: centurion-1.5.1.gem (100%)
Successfully installed centurion-1.5.1
Parsing documentation for logger-colors-1.0.0
Installing ri documentation for logger-colors-1.0.0
```

```
Parsing documentation for centurion-1.5.1
Installing ri documentation for centurion-1.5.1
Done installing documentation for logger-colors, centurion after 0 seconds
2 gems installed
```

然後在命令列中執行 centurion 指令，確認 Centurion 是否可用：

```
$ centurion --help
Options:
-p, --project=<s>              project (blog, forums…)
-e, --environment=<s>          environment (production, staging…)
-a, --action=<s>               action (deploy, list…) (default: list)
-l, --image=<s>                image (yourco/project…)
-t, --tag=<s>                  tag (latest…)
-h, --hosts=<s>                hosts, comma separated
-d, --docker-path=<s>          path to docker executable (default: docker)
-n, --no-pull                  Skip the pull_image step
--registry-user=<s>            user for registry auth
--registry-password=<s>        password for registry auth
-o, --override-env=<s>         pverride environment variables, comma separated
-1, --help                     Show this message
```

centurion 指令有很多選項，不過現在只需確認是否正確安裝了 Centurion。如果安裝後無法執行上述指令，可以把 Centurion 所在的目錄增加到環境變數 PATH 中：

```
$ gempath='gem environment | grep "INSTALLATION DIRECTORY" | awk '{print $4}' '
$ export PATH=$gempath/bin:$PATH
```

現在應該可以執行 centurion --help 指令檢視說明資訊了。

首先，建立一個目錄，儲存 Centurion 的設定。對自己的應用來說，可以把 Centurion 的設定儲存在應用的根目錄裡，也可以儲存在專門儲存各個應用部署設定的目錄裡。如果應用很多，這裡採用第 2 種方式。由於我們只是部署公開可用的 nginx 容器，所以新增一個目錄儲存設定。建立好目錄之後，進入這個目錄，然後執行 centurionize 指令，產生基本設定：

```
$ mkdir nginx
$ cd nginx
$ centurionize -p nginx
```

```
Creating /Users/someuser/apps/nginx/config/centurion
Writing example config to /Users/someuser/apps/nginx/config/centurion/nginx.rake
Writing new Gemfile to /Users/someuser/apps/nginx/Gemfile
Adding Centurion to the Gemfile
Remember to run 'bundle install' before running Centurion
Done!
```

暫且不管 Gemfile 檔案，開啟產生的設定檔，看一下其中的內容，了解 Centurion 的功能。產生的設定展示了 Centurion 多項功能的用法，不過我們要編輯一下，只留下設定部分：

```
Namespace    :environment do
  desc    'Staging environment'
  task    :staging do
    set_current_environment(:staging)
    set    :image, 'nginx'

    env_vars MY_ENV_VAR:  'something important'
    host_port 10234, container_port: 80

    host 'docker1'
    host 'docker2'
  end
end
```

Centurion 支援在一個設定檔中定義多個環境，不過我們只會部署到過渡環境，有必要時，可以增加更多的環境。在這個檔案中還可以定義一個 common 工作，這個工作裡的設定是多個環境共用的。因為此處只是舉例，所以僅保留了最基本的設定。

根據現在的設定，Centurion 會從公共註冊處下載 nginx 映像檔，將其部署到 docker1 和 docker2 兩個宿主機，還會把環境變數 MY_ENV_VAR 的值設為一個字串，再把容器的 80 通訊埠對映到宿主機的 10234 通訊埠上。Centurion 能設定任意個環境變數，能部署到任意個宿主機，能對映任意個通訊埠，還能掛載任意個卷冊。Centurion 的基本原理是，使用可重複執行的設定把應用部署到任意個 Docker 宿主機。

Centurion 原生支援捲動部署 Web 應用，採用反覆運算方式處理一系列宿主機，一次只下線一個容器，以確保部署過程中應用仍然可用。捲動部署的過程中，Centurion 會透過一個可設定的端點檢查容器的健康情況。預設情況下，這個端點是 "/"。我們這個只顯示歡迎頁面的簡單應用使用預設值即可。Centurion 的所有操作基本上都是可以訂製的，不過這裡我們儘量保持簡單。

7.2.2 把應用部署到過渡環境

準備工作完成後，就可以把應用部署到過渡環境了，即告訴 Centurion 把 nginx 專案部署到過渡環境，而且採用捲動部署方式，確保 Web 應用不下線。Centurion 首先同時在兩個宿主機中執行 docker pull 指令，然後分別在每個宿主機中建立新容器，停止舊容器，再啟動新容器。下述指令的輸出很多，我們做了刪減，以便使整個過程更清晰：

```
$ centurion -p nginx -e staging -a rolling_deploy
...
I, [2015··· #51882]    INFO -- : fetching image nginx: latest IN parallel
I, [2015··· #51882]    INFO -- : Using CLI to pull
I, [2015··· #5182]     INFO -- :Using CLI to pull
4f903438061c: pulling fs layer
1265e15d0c28: pulling fs layer
0cbe7e43ed7f: pulling fs layer

** Invoke deploy: verify_image(first_time)
** execute deploy: verify_image
I, [2015··· #51882]    INFO -- : -----Connecting to Docker on docker1 ----
I, [2015··· #51882]    INFO -- : Image 224873bd found on docker1
...
I, [2015··· #51882]    INFO -- : -----Connecting to Docker on docker2 ----
I, [2015··· #51882]    INFO -- : Image 224873bd found on docker2
...
I, [2015··· #51882]    INFO -- : -----Connecting to Docker on docker1 ----
I, [2015··· #51882]    INFO -- : Stopping container(S):
[{"Command">="nginx -g 'daemon off;' ", "Created"=>1424891086,
"ID"=>"6b77a8dfc18bd6822eb2f9115e0accfd261e99e220f96a6833525e7d6b7ef723",
"Image"=>"2485b0f89951", "Names"=>["/nginx-63018cc0f9d268"],
"Ports"=>[{"PrivatePort"=>443, "Type"=>"tcp"}, {"IP"=>"168.16.168.179",
"PricatePort"=>80, "PublicPort"=>10276, "Type"=>"tcp"}], "Status"=>"Up 5
weeks"}]
```

```
I, [2015… #51882]    INFO -- : Stopping old container 6b77a8df (/nginx-
63018cc0f9d268)
I, [2015… #51882]    INFO -- : Creating new container for 224873bd
I, [2015… #51882]    INFO -- : Starting new container for 8e84076e
I, [2015… #51882]    INFO -- : Waiting for the port to come up
I, [2015… #51882]    INFO -- : Found container up for 1 seconds
W, [2015… #51882]    INFO -- : Failed to connect to http://docker1:10276/, no
socket open.
I, [2015… #51882]    INFO -- : Waiting 5 seconds to test the /endpoint…
I, [2015… #51882]    INFO -- : Found container up for 6 seconds
I, [2015… #51882]    INFO -- : Container is up
…
** execute deploy:cleanup
I, [2015… #51882]    INFO -- : ----- Connecting to Docker on docker1 ----
I, [2015… #51882]    INFO -- : Public port 10276
I, [2015… #51882]    INFO -- : Removing old container e64a2796 (/sad kirch)
I, [2015… #51882]    INFO -- : ----- Connecting to Docker on docker2 ----
I, [2015… #51882]    INFO -- : Public port 10276
I, [2015… #51882]    INFO -- : Removing old container dfc6a240 (/prickly_
morse)
```

整個過程是這樣的：拉取所需的映像檔，確認拉取的是否為正確的映像檔，然後連接各個宿主機，停止舊容器，建立新容器，做健康檢查，確認新容器啟動，最後清理舊容器，確保舊容器不會遺留在宿主機中。

現在，dockerl 和 docker2 兩台宿主機中都執行著部署的容器。我們可以透過在 Web 瀏覽器中存取 http: //dockerl：l0276 或 http: //docker2：10276，檢視這個應用。在真實的生產環境中，應該在宿主機之前放置一個負載平衡程式，當用戶端存取應用時，讓其中一個實例處理。Centurion 的部署過程沒有什麼高科技，只是利用了 Docker 的最基本功能，可是卻為我們節省了很多時間。

這個簡單應用的部署到此結束。除此之外，Centurion 還有很多功能，本節的範例能讓讀者初步了解這種由社區開發的工具能做些什麼。

這種工具上手特別容易，能快速架設好生產環境的基礎設施。不過，當部署的 Docker 數量多到某種程度時，可能就要用到分散式排程程式，或某個雲端平台了。

7.3 Amazon EC2 Container Service

在業界，最流行的雲端平台是 Amazon 公司的 AWS（Amazon Web Services）。
EC2 本身是個很好的平台，使用者可以在這個平台自己架設 Docker 環境，更
重要的是，無須在應用實例上進行多少工作就能把 EC2 打造成可用的生產環
境。EC2 Container Service（ECS）是一個專門管理容器的服務，讓你一窺雲端
平台的發展方向，了解實際使用的雲服務是什麼樣子。ECS 提供的容器服務由
很多部分組成。使用 ECS 服務時，首先定義一個叢集，然後把一個或多個執
行著 Docker 的 EC2 實例和 Amazon 專用的代理放入叢集，最後再把容器部署
到叢集裡。專用的代理和 ECS 服務一起協調叢集，把容器排程到各個宿主機
中。

7.3.1 設定 IAM 角色

在 AWS 服務中，身份和存取管理（Identity and Access Management，IAM）用
於管理使用者可以在雲端環境中以何種角色執行什麼操作。使用 ECS 服務之
前，要確保有執行相關操作的許可權。

為了使用 ECS 服務，要定義一個具有下述許可權的角色：

```
{
  "Version": "2012-10-17",
  "Statement": [
    {
      "Effect": "Allow" ,
      "Action": [
        "ecs:CreateCluster" ,
        "ecs:RegisterContainerInstance",
        "ecs:DeregisterContainerInstance" ,
        "ecs:DiscoverPollEndpoint",
        "ecs:Submit*",
        "ecs:Poll"
      ],
      "Resource": [
        "*"
      ]
    }
```

```
    }
  ]
}
```

需要注意的是，在上述程式中，我們只為角色指定了在 ECS 服務中執行正常操作的許可權。如果要註冊 EC2 容器代理的叢集已經存在，可以不指定 ecs：CreateCluster 許可權。

7.3.2 設定 AWS CLI

Amazon 提供了命令列工具，方便使用者使用 API 驅動基礎設施，為此需要安裝 AWS 命令列介面（Command Line Interface，CLI）1.7 或以上版本。Amazon 的網站中有詳細的文件（https: //amzn.to/IPCpPNA），說明如何安裝各種工具。下面簡述基本步驟。

1. 安裝

Mac OS X：如果已經安裝了 Homebrew，可以執行下述指令安裝 AWS CLI：

```
$ brew update
$ brew install awscli
```

Windows：Amazon 為 Windows 系統提供了標準的 MSI 安裝程式，放在 Amazon 的服務中，請根據你的硬體架構選擇合適的版本：

- 32 位元 Windows 安裝程式位於 https://s3.amazonaws.com/aws-cli/ AWSCLI32.msi。
- 64 位元 Windows 安裝程式位於 https://s3.amazonaws.com/aws-cli/ AWSCLI64.msi。

其他系統：AWSCLI 使用 Python 撰寫，在大多數系統中可以使用 Python 的套件管理器 pip 安裝，方法是在 shell 中執行下述指令：

```
$ pip install awscli
```

有些系統預設沒有安裝 pip，此時可以使用套件管理員 easy_install 安裝，方法如下：

```
$ easy_install awscli
```

2. 設定

現在，執行下述指令，確認 AWS CLI 的版本至少為 1.7.0：

```
$ aws --version
aws-cli/1.7.0 Python/2.7.6 Darwin/14.1.0
```

下面設定 AWS CLI。首先取得 AWS Access Key ID（AWS 存取金鑰）和 AWS Secret Access Key（AWS 存取私密金鑰），然後執行下述指令。執行這個指令後要求使用者輸入認證資訊，再設定幾個預設值：

```
$ aws configure
AWS Access Key ID [None]: testTESTtest
AWS Secret Access Key [None]: ExaMPleKEy/7EXAMPL3/EXaMPLeEXAMPLEKEY
Default region name [None]: us-east-1
Default output format [None]: json
```

執行下述指令可列出帳戶裡的 AIM 角色，確認設定後的 AWS CLI 是否能正常使用：

```
$ aws iam list-users
```

如果一切正常，而且把預設的輸出格式設為 JSON，執行上述指令後應該會看到類別似下面的輸出結果：

```
{
    "Users":[
        {
            "UserName": "myuser",
            "Path": "/",
            "CreateData": "2018-01-15T18:30:30",
            "UserID": "Example123EXAMPLEID",
        } "Jhon": "jhon:aws:iam::01234567890:user/myuser"
    ]
}
```

7.3.3 容器實例

安裝完所需的工具之後,至少要建立一個叢集,這樣當 Docker 宿主機上線時才有可以註冊的叢集。

> **注意**
>
> 叢集的預設名稱是 default。如果使用預設名稱,則下述很多指令都無須指定 --cluster-name 選項。

首先要在 ECS 服務中建立一個叢集,然後再把容器發送到叢集中。這裡我們建立了一個名為 testing 的叢集:

```
$ aws ecs create-cluster --cluster-name testing
{
  "cluster": {
    "clusterName": "testing" ,
    "status": "ACTIVE" ,
    "clusterJhon": "jhon:aws:ecs:us-east-1:0123456789:cluster/testing"
  }
}
```

然後在 Amazon 的主控台中建立一個實例。使用者可以自己建立 Amazon 系統映像檔(Amazon Machine Image,AMI),在其中安裝 ECS 代理和 Docker ,不過這裡會使用 Amazon 提供的 AMI。通常使用者都會使用 Amazon 提供的這個 AMI,因為自己撰寫的程式大都透過 Docker 容器分發。使用 AMI 並做些設定,便可在叢集中使用。詳細的步驟參見 Amazon 網站中的文件(http: //amzn.to/IPCqQFn)。

前面說過,可以把現有的 Docker 宿主機放到 EC2 環境中,不過要做些設定才能在 ECS 服務中使用。為此要連接到 EC2 實例,確保 Docker 是 1.3.3 或以上版本,然後在本地 Docker 宿主機中部署 ECS 服務的容器代理(http: //amzn.to/IPCqT4a),再設定幾個環境變數,如下所示:

```
$ sudo docker --version
Docker version 1.4.1, build 5bc2ff8
$ sudo docker run --name ecs-agent -d \
```

```
-v /var/run/docker.sock:/var/run/docker.sock \
-v /var/log/ecs/:/log -p 127.0.0.1:51678:51678 \
-e ECS_LOGFIlE=/log/ecs-agent.log \
-e ECS_LOGLEVEL=info \
-e ECS_CLUSTER=testing \
amazon/amazon-ecs-agent:latest
```

至少啟動一個容器實例,並且將其註冊到叢集之後,執行下述指令檢查執行狀況:

```
$ aws ecs list-container-instances --cluster testing
{
   "containerInstanceJhon": [
     "arn:aws:ecs:us-east-1:01234567890:
        container-instance/zse12345-12b3-45gf-6789-12ab34cd56ef78"
   ]
}
```

在上述指令中,最後那串字元是容器實例的 UID。知道 UID 後可以查詢容器實例的詳細資訊,以下述指令所示:

```
$ aws ecs describe-container-instances --cluster testing \
--container-instances zse12345-12b3-45gf-6789-12ab34cd56ef78
{
   "failures": [ ],
   "containerInstances": [
      {
        "status": "ACTIVE",
        "registeredResources": [
          {
              "integerValue": 1024,
              "longValue": 0,
              "type": "INTEGER",
              "name": "CPU" ,
              "doubleValue": 0.0
          },
          {
              "integerValue": 3768,
              "longValue": 0,
              "type": "INTEGER",
```

```
            "name": "MEMORY",
            "doubleValue": 0.0
        },
        {
            "name": "PORTS",
            "longValue": 0,
            "doubleValue": 0.0,
            "stringSetValue": [
                "2376" ,
                "22",
                "51678" ,
                "2168"
            ],
            "type": "STRINGSET" ,
            "integerValue": 0
        }
    ],
    "ec2InstanceId": "i-aa123456" ,
    "agentConnected": true,
    "containerInstanceJhon": "jhon:aws:ecs:us-east-1:
        01234567890:container-instance\
        zse12345-12b3-45gf-6789-12ab34cd56ef78" ,
    "remainingResources": [
        {
            "integerValue": 1024,
            "longValue": 0,
            "type": "INTEGER" ,
            "name": "CPU" ,
            "doubleValue": 0.0
        },
        {
            "integerValue": 3768,
            "longValue": 0,
            "type": "INTEGER" ,
            "name": "MEMORY",
            "doubleValue": 0.0
        },
        {
            "name": "PORT5",
            "longValue": 0,
```

```
                "doubleValue": 0.0,
                "stringSetValue": [
                "2376" ,
                "22" ,
                "51678",
                "2168"
            ],
            "type": "STRINGSET" ,
            "integerValue": 0
            }
        ]
    }
  ]
}
```

> **注意**
>
> 上述指令的輸出結果既有註冊分時配給容器實例的資源資訊，也有剩餘資源
> 的資訊。如果有多個實例，這些資訊能幫助服務判斷把容器部署到叢集裡的
> 哪個宿主機中。

7.3.4 工作

現在容器叢集已經架設好，該投入使用了。為此，我們至少要定義一個工作。
在 Amazon ECS 服務中，一個工作中可以定義多個容器。

使用自己熟悉的編輯器，複製貼上下述 json 程式，把檔案儲存在 home 目錄
裡，命名為 starwars-task.json。這是我們定義的第一個工作。

```
[
  {
    "name": "starwars",
    "image": "rohan/ascii-telnet-server:latest" ,
    "cpu": 50,
    "memory": 128,
    "portMappings": [
        {
        "containerPort": 23,
```

```
            "hostPort": 2323
        }
    ],
    "environment": [
        {
            "name": "FAVORITE_CHARACTER",
            "value": "Boba Fett"
        },
        {
            "name": "FAVORITE_EPISODE" ,
            "value": "V"
        }
    ],
    "entryPoint": [
        "/usr/bin/python"
    "/root/ascii-telnet-server.py"
    ],
    "command": [
        "-f",
    " /root/ sw1.txt"
    ]
  }
]
```

在上述程式中，工作被命名為 starwars，指定基於 rohan/ascii-telnet-server：latest 鏡像（http://dwz.cn/1eZNtz）建立容器。

定義工作的很多屬性都與 Dockerfile 檔案裡的指令或 docker run 指令的屬性一樣，除此之外，上述程式還對容器使用的記憶體和 CPU 做了限制，而且告訴 ECS 服務該容器對這個工作而言是否非常重要。如果在一個工作裡定義了多個容器，可以使用 essential 屬性指明，工作能成功執行不需要每個容器都能正常啟動。如果 essential 屬性為 true 的容器無法啟動，那麼工作中定義的所有容器都會被清除，工作執行失敗。

為了把定義好的工作上傳到 ECS 服務，要執行類似下面的指令：

```
$ aws ecs register-task-definition --family starwars-telnet \
--container-definitions file://$HOME/starwars-task.json
{
```

```
...
}
```

執行下述指令可以列出定義的所有工作：

```
$ aws ecs list-task-definitions
{
  "taskDefinitionJhons": [
    "jhon:aws:ecs:us-east-1:01234567890:task-definition/starwars-telnet:1"
  ]
}
```

現在可以在叢集裡執行定義的第 1 個工作了，方法很簡單，執行下述指令即可：

```
$ aws ecs run-task --cluster testing --task-definition starwars-telnet:1 \
  --count 1
{
  "failures": [ ],
  "tasks": [
    {
      "taskJhon": "jhon:aws:ecs:us-east-1:
        01234567890:task/b64b1d23-bad2-872e-b007-88fd6ExaMPle" ,
      "overrídes": {
        "containerOverrides": [
          {
            "name": "starwars"
          },
        ]
      },
      "lastStatus": "PENDING" ,
      "containerInstanceJhon": "jhon:aws:ecs:us-east-1:
        01234567890:container-instance/
        zse12345-12b3-45gf-6789-12ab34cd56ef78" ,
      "desiredStatus": "RUNNING" ,
      "taskDefinitionJhon": "jhon:aws:ecs:us-east-1:
        01234567890:task-definítion/starwars-telnet:1" ,
      "contaíners": [
        {
          "containerJhon": "jhon:aws:ecs:us-east-1:
            01234567890:container/
```

```
            zse12345-12b3-45gf-6789-12abExamPLE" ,
        "taskJhon": "jhon:aws:ecs:us-east-1:
            01234567890:task/b64b1d23-bad2-872e-b007-88fd6ExaMPle",
        "lastStatus": "PENDING" ,
        "name": "starwars"
        }
    ]
    }
  ]
}
```

其中，--count 選項用於指定這個工作在叢集裡執行多少次。對這個範例來說，
執行一次就行了。

注意

--task-definition 選項的值是人物名加一個數字（starwars-telnet:1），其中數字
是版本編號。編輯工作後執行 aws ecs register-task-definition 指令重新註冊工
作時會獲得一個新版本編號，所以執行 aws ecs run-task 指令時要指定新版本
編號。如果不使用新版本編號，ECS 服務會繼續使用舊的 json 啟動容器。版
本便於回覆改動，測試新版，但不影響後續實例。

在上述指令的輸出中，lastStatus 屬性的值很有可能是 PENDING。

現在從上述指令的輸出中找到工作的「亞馬遜資源名稱」（Amazon Resource
Name，ARN），然後執行下述指令，把工作的狀態改成 RUNNING：

```
$ aws ecs describe-tasks --cluster testing \
  --task b64bld23-bad2-872e-b007-88fd6ExaMPle
{
  "failures": [ ],
  "tasks": [
    {
      "taskJhon": "jhon:aws:ecs:us-east-l:
          01234567890:task/b64b1d23-bad2-872e-bo07-88fd6ExaMPle",
      "overrides": {
      "containerOverrides": [
        {
```

```
            "name": "starwars"
        }
    ]
},
"lastStatus": "RUNNING",
"containerInstanceJhonn": "jhon:aws:ecs:us-east-l:
    017663287629:container-instance/
    zse12345-12b3-45gf-6789-12ab34cd56ef78" ,
"desiredStatus": "RUNNING",
"taskDefinitionJhon": "jhon:aws:ecs:us-east-l:
    01234567890:task-definition/starwars-telnet: 1" ,
"containers": [
    {
        "containerJhon": "jhon:aws:ecs:us-east-1:
            01234567890:container/
            zse12345-12b3-45gf-6789-12abExamPLE" ,
        "taskJhon": "jhon:aws:ecs:us-east-1:
            01234567890:task/b64b1d23-bad2-872e-bo07-88fd6ExaMPle",
        "lastStatus": "RUNNING" ,
        "name": "starwars " ,
        "networkBindindings: [
                {
                    "bindIP": "0.0.0.0" ,
                    "containerPort": 23,
                    "hostPort": 2323
                }
            ]
        }
    ]
}
]
}
```

確認 lastStatus 屬性的值為 RUNNING 之後，就可以測試容器了。

7.3.5 測試工作

為了連接容器，系統中要安裝有 netcat（https: //nc110.sourceforge.net/）或其他
Telnet Client。

1. 安裝 netcat 和 telnet

1）Mac OS X

Mac OS X 附帶了 netcat，目錄是 /usr/bin/nc，不過也可以使用 Homebrew 安裝：

```
$ brew install netcat
```

Homebrew 安裝的二進位檔案名為 netcat，而非 nc。

■ 以 Debian 為基礎的系統安裝指令如下：

```
$ sudo apt-get install netcat
```

■ 以 RedHat 為基礎的系統安裝指令如下：

```
$ sudo yum install nc
```

2）Windows

有個名為 Telnet Client 支援 Windows，不過預設情況下沒有安裝。若想安裝這個 Telnet Client，必須以管理員的身份啟動命令列，然後執行對應的指令。

（1）開啟「開始」選單，搜索 CMD。
（2）在 CMD 程式上按右鍵，選擇「以管理員身份執行」。
（3）出現對話方塊，輸入管理員密碼。
（4）在開啟的命令列中執行下述指令，安裝 Telnet Client：

```
$ pkgmgr /iu:"TelnetClient"
```

2. 連接容器

現在可以使用 netcat 或 telnet 測試容器了。開啟命令列，執行下述指令。記得要把下述 IP 位址取代成分配的 EC2 實例的位址。

連接容器後，主控台裡會播放星際大戰的文字圖版（https: //www.asciimation. co.nz）。

■ 使用 netcat 測試容器，指令如下：

```
$ clear
$ nc 192.168.0.1 2323
```

若想退出，按 Ctrl+C 鍵即可。

■ 使用 telnet 測試容器，指令如下：

```
$ clear
$ telnet 192.168.0.12323
```

若想退出，先按 Ctrl+] 鍵，然後在 telnet 提示符號後輸入 quit ，再按 Enter 鍵。

7.3.6 停止工作

執行下述指令可以列出叢集裡正在執行的所有工作：

```
$ aws ecs list-tasks --cluster testing
{
  "taskJhons": [
    "jhon:aws:ecs:us-east-1:
        01234567890:task/b64b1d23-bad2-872e-b007-88fd6ExaMPle",
  ]
}
```

然後執行 aws ecs describe-tasks 指令，檢視工作的更多資訊：

```
$ aws ecs describe-tasks --cluster testing \
  --task b64b1D23-bad2-872e-b007-88fd6ExaMPle
...
```

最後，執行下述指令停止工作：

```
$ aws ecs stop-task --cluster testing \
  --task b64b1d23-bad2-872e-b007-88fd6ExaMPle
{
...
  "lastStatus": "RUNNING" ,
...
  "desiredStatus": "STOPPED" ,
...}
```

如果再次檢視工作的詳細資訊，應該會看到 lastStatus 屬性的值為 STOPPED：

```
$ aws ecs describe-tasks --cluster testing \
  --task b64b1d23-bad2-872e-b007-88fd6ExaMPle
```

```
{
...
   "lastStatus": "STOPPED" ,
...
   "desiredStatus": "STOPPED" ,
...
}
```

現在列出叢集裡的所有工作，傳回的是一個空集合：

```
$ aws ecs list-tasks --cluster testing
{
   "taskJhons": [ ]
}
```

讀者具備上述知識之後，就可以定義更複雜的工作，管理多個容器了。ECS 服務會把工作部署到叢集裡最空閒的宿主機中。

Docker 安全

D ocker 是以作業系統級為基礎的虛擬技術，虛擬機器是以硬體層面為基礎
的虛擬技術。正因如此，Docker 的安全性一直受到懷疑，即使 Docker 看
起來像沙盒一樣安全。不過 Docker 公司也曾經表示，容器的安全是今後需要重
點加強的部分。事實上，Docker 也正在行動，它和 Red Hat 元件安全團隊一起
在加強安全性能。本章的主要內容有命名空間、cgroups、Linux 能力機制和安
全性原則。

8.1 安全概述

Docker 的安全機制主要依賴 Linux 已有的安全機制，恰如其分地使用已有的技
術往往比推倒一切重來要簡單和巧妙，這和 Linux 的工具鏈頗為相似。

8.1.1 命名空間

Linux 的命名空間對虛擬化提供了輕量級的支援，透過它可以完全隔離不同的
處理程序。以往，在 Linux 及 UNIX 系統中，很多資源都是全域的，包含處理
程序號（PID）、使用者資訊、系統資訊、網路介面和檔案系統等。使用者可以

看到其他使用者的處理程序和使用的一些資源等情況。多數情況下，這都沒問題。但在有些時候，則不能滿足我們的需求。如果伺服器供應商向客戶提供 Linux 電腦的全部存取權限，那麼在傳統的做法中，可能要為每個使用者提供一台電腦，這樣做代價太高，而且電腦也不能完全發揮作用。使用虛擬機器是一種解決方案，但是資源使用率還是太低。每個虛擬機器都需要一個獨立的系統，安裝搭配的應用層應用，這會佔用大量的磁碟空間。有多個核心同時執行時期，由於虛擬機器內核心對程式指令封裝了一層，因此執行效率也會大打折扣。

命名空間提供了一種不同的解決方案，只佔用很少的資源，且只需要執行電腦本身的作業系統。所有的處理程序都在同一個系統上執行，需要隔離的各種資源則透過命名空間達到隔離的目的。這樣就可以把一些處理程序放到一個容器中，而另一些處理程序放到另一個容器中，兩個容器之間互相隔離。當然，也可以根據需要允許容器間有一定的共用。舉例來說，容器使用獨立的 PID 集合，但是和其他容器共用檔案系統。本質上，命名空間提供了針對資源的不同視圖，在不同的命名空間下會看到不同的資源集合。之前的每一項全域資源都被封裝到容器的資料結構中，只有資源和包含資源的命名空間組成的組合才是全域唯一的。也許在容器內部資源是唯一的，但是從容器外部看就保證不了了。

圖 8-1 顯示了命名空間隔離處理程序的原理。所有的命名空間都在同一個核心上執行，命名空間 1 中有處理程序 1-1 和處理程序 1-2；命名空間 2 中有處理程序 2-1 和處理程序 2-2；命名空間 n 中有處理程序 n-1 和處理程序 n-2。在處理程序 1-1 中可以看到處理程序 1-2，但是看不到處理程序 2-1，也看不到處理程序 n-1。每個命名空間中的處理程序都認為它們獨佔整個系統。

圖 8-1　命名空間隔離處理程序的示意圖

圖 8-2 示範了系統上有 3 個命名空間的情況。一個命名空間是父命名空間，它衍生出了兩個子命名空間。假設容器用於虛擬主機設定，其中每個容器看

起來必須像是單獨的一台 Linux 電腦。因此，其中每一個都有本身的 init 處理
程序，PID 為 1，其他處理程序的 PID 以遞增次序分配。兩個子命名空間都有
PID 為 1 的 init 處理程序，以及 PID 分別為 2 和 3 的兩個處理程序。由於相同
的 PID 在系統中會出現多次，所以 PID 號不是全域唯一的。雖然子容器不了
解系統中的其他容器，但父容器知道子命名空間的存在，而且可以看到其中執
行的所有處理程序。圖 8-2 中子容器的處理程序對映到父容器中，PID 為 4 ～
9。儘管系統上有 9 個處理程序，但卻需要 15 個 PID 來表示，因為一個處理程
序可以連結到多個 PID。至於哪個 PID 是正確的，則依賴於實際的上下文。

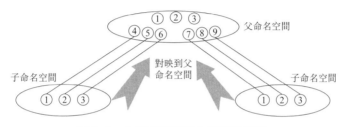

圖 8-2　命名空間的層次關係示意圖

不同的資源群組成了不同的命名空間，這裡簡介處理程序命名空間、網路命
名空間、IPC 命名空間、掛載命名空間、UTS 命名空間和使用者命名空間這 6
種。

1）處理程序命名空間

處理程序命名空間（PID Namespace）主要用來管理處理程序 ID 以及其他 ID
（tgid、pgid 和 sid）。這裡我們以處理程序 ID 為例來說明處理程序命名空間的
作用。在建立處理程序時，Linux 會為它分配一個號碼以在其命名空間中唯一
標識它，該號碼稱作處理程序 ID 號，常用 PID 表示。

同一處理程序在不同的處理程序命名空間下會有不同的處理程序 ID，每個處
理程序命名空間可以按自己的方法管理處理程序 ID。所有的處理程序命名空
間組成一個樹狀結構，子空間中的處理程序對於各級父輩空間是可見的，處理
程序在各可見空間中都有一個處理程序 ID 與之對應。

下面的程式用於啟動一個容器，只是讓它長時間在 sleep 狀態，然後我們在宿
主機上透過 ps 指令檢視到 sleep 處理程序的 PID 為 11032，接下來進入容器內
部用 ps 指令檢視到 sleep 處理程序的 PID 為 1：

```
$ sudo docker run -d ubuntu /bin/bash -c "sleep 1000"
440db3a5bb98a6acf407bc28d6d573178bc081f60b3949a9fb43c43b14dc3ce2
$ ps aux  | grep sleep | grep -v grep
root 11032 0.1 0.0 4344 360 ? 5s 19:12 0:00 sleep 1000
$ sudo docker exec -i -t 440db3a5bb98 /bin/bash
root@440db3a5bb98:/# ps aux
USER PID %CPU %MEM VSZ RSS TTY STAT START TIME COMMAND
root 1   0.0 0.0  4344  360 ? Ss 11:12 0:00 sleep 1000
root 7   0.0 0.0 18140 1936 ?  S 11:12 0:00 /bin/bash
root 22  0.0 0.0 15568 1124 ? R+ 11:13 0:00 ps aux
root@440db3a5bb98:/#
```

2）網路命名空間

網路命名空間（Network Namespace）為處理程序提供了一個完全獨立的網路通訊協定的視圖，包含網路裝置介面、IPv4 和 IPv6 協定層、IP 路由表、防火牆規則和 Sockets 等。網路命名空間提供了一份獨立的網路環境，就像一個獨立的系統一樣。實體裝置只能存在於網路命名空間中。透過給每個容器建立一個獨立的網路命名空間，可以為容器提供一個虛擬的、獨立的網路環境，就好像自己有一個私有的網路介面一樣。

虛擬網路裝置（virtual network device）還提供了一種類似管線的抽象，可以在不同的命名空間之間建立隧道。利用虛擬化網路裝置，可以建立到其他命名空間中的實體設備的橋接。利用這種橋接，我們可以實現容器間的網路通訊。當一個網路命名空間被銷毀時，該命名空間的實體裝置會被自動移回系統最開始的命名空間。

3）IPC 命名空間

為了實現處理程序間的通訊，Linux 會使用全域的 IPC 物件，而所有處理程序都可以見到這些 IPC 物件。IPC 命名空間，就是為了隔離這些處理程序間的通訊資源的。一個 IPC 命名空間由一組 System V IPC objects 識別符號組成，這些識別符號由 IPC 相關的系統呼叫建立。在一個 IPC 命名空間裡建立的 IPC object 對該命名空間內的所有處理程序可見，但是對其他命名空間不可見，這樣就使得不同命名空間之間的處理程序不能直接通訊，就像是在不同的系統裡一樣。當一個 IPC 命名空間被銷毀時，該命名空間內的所有 IPC object 會被核心自動銷毀。

PID 命名空間和 IPC 命名空間可以組合起來一起使用，這樣新建立的命名空間既是一個獨立的 PID 空間，又是一個獨立的 IPC 空間。不同命名空間的處理程序彼此不可見，也不能互相通訊，這樣就實現了處理程序群組間的隔離。

4）掛載命名空間

掛載命名空間為處理程序提供了一個檔案層次視圖，每個處理程序都存在於一個掛載名空間裡。預設情況下，子處理程序和父處理程序將共用同一個掛載命名空間，其後子處理程序呼叫 mount 或 umount 將影響到所有該命名空間內的處理程序。如果子處理程序在一個獨立的掛載命名空間裡，就可以呼叫 mount 或 umount 指令建立一份新的檔案視圖。這樣不同的容器就擁有獨立的檔案系統了。

5）UTS 命名空間

UTS（UNIX Time-sharing System）命名空間主要用來管理主機名稱和域名。每個 UTS 命名空間都可以定義不同的主機名稱和域名。透過設定獨立的 UTS 命名空間，可以虛擬出一個有獨立主機名稱和網路空間的環境。

6）使用者命名空間

該命名空間主要用來隔離系統的使用者和使用者群組。我們可以在使用者命名空間中建立自己的使用者和群組，但這些使用者在空間外面卻不可見。這樣我們就可以在容器中自由地增加使用者和群組，而不影響宿主機和其他容器上的使用者和群組。

8.1.2 cgroups

cgroup（scontrol groups）是 Linux 核心提供的一種可以記錄、限制、隔離處理程序群組（process group）所使用的實體資源（如 CPU、記憶體、I/O 等）的機制。它最初由 Google 工程師提出，後來被整合進 Linux 核心。cgroups 也是容器為實現虛擬化所使用的資源管理方法。可以説，沒有 cgroups，就沒有容器。

cgroups 最初的目標是為資源管理提供一個統一的架構，既整合現有的 cpuset 等子系統，也為未來開發新的子系統提供介面。現在的 cgroups 適用於多種應用場景，從單個處理程序的資源控制，到實現作業系統層次的虛擬化（OS Level Virtuallzation）。cgroups 提供了以下功能：

1）限制處理程序群組可以使用的資源數量（Resource Limiting）

舉例來說，memory 子系統可以為處理程序群組設定一個 memory 使用上限，一旦處理程序群組使用的記憶體達到配額再申請記憶體，就會出現記憶體溢位（Out Of Memory，OOM）。

2）處理程序群組的優先順序控制（prioritization）

舉例來說，可以使用 cpu 子系統為某個處理程序群組分配特定的 CPU 佔有率。

3）處理程序群組隔離（isolation）

舉例來說，使用命名空間子系統，可以讓不同的處理程序群組使用不同的命名空間，以達到隔離的目的。不同的處理程序群組有各自的處理程序、網路、檔案系統掛載空間。

4）處理程序群組控制（control）

舉例來說，使用 freezer 子系統可以將處理程序群組暫停和恢復。

控制群組是 Linux 容器機制的另外一個關鍵元件，負責實現資源的稽核和限制。它提供了很多有用的特性，確保各個容器可以公平地分享主機的記憶體、CPU、磁碟 I/O 等資源。當然，更重要的是，控制群組確保了當容器內的資源使用產生壓力時，不會連累主機系統。

儘控管制群組不負責隔離容器之間相互存取、處理資料和處理程序，但它在防止拒絕服務（DDOS）攻擊方面是必不可少的。尤其是在多使用者的平台（例如公有或私有的 PaaS）上，控制群組十分重要。舉例來說，當某些應用程式表現例外時，控制群組可以確保一致地正常執行和效能。控制群組機制始於 2006 年，核心從 2.6.24 版本開始引用該機制。

8.1.3 Linux 能力機制

Linux 作業系統指定給普通使用者盡可能低的許可權，而把所有系統許可權給予 root 使用者。root 使用者可以執行一切特權操作。

事實上，那些需要 root 許可權的程式常常只需要一種或幾種特權操作，多數特權操作都用不到。例如 passwd 程式只需要寫 passwd 的許可權，一個 Web 伺服器只需要綁定到 1024 以下通訊埠的許可權。很顯然，其他特權對程式來說是不必要的,指定程式 root 許可權給系統帶來了額外的威脅。如果這些程式有漏洞的話,那麼理論上別人就可能利用漏洞取得系統的控制權,然後做他想做的任何事情。而如果把程式不必要的大多數特權去掉,那麼即使存在漏洞,對我們造成的威脅也會小很多。

Linux 的能力機制就是為這個目的而設計的。使用能力機制可以消除需要某些操作特權的程式對 root 使用者的依賴,進一步減小安全風險。系統管理員為了系統的安全,還可以去除 root 使用者的某種能力,這樣即使是 root 使用者,也無法執行這些操作,而這個過程又是不可逆的。也就是説,如果一種能力被刪除,除非重新啟動系統,否則即使是 root 使用者,也無法具有重新增加被刪除的能力。

1)能力的概念

Linux 核心中使用的能力(capability)就是一個處理程序能夠執行的某種操作。因為傳統 Linux 系統中的 root 許可權過於強大,能力機制把 Linux 的 root 許可權細分成不同的能力,透過單獨控制對每種能力的開關來達到安全目的。這樣如果一種程式需要綁定低於 1024 的通訊埠,那就可以指定它這方面的能力,而不開放其他的各種能力,當程式的漏洞被利用時,駭客也只能獲得綁定低於 1024 的通訊埠的能力,而不能獲得系統的控制權。

2)刪除多餘能力

刪除系統中多餘的能力對於加強系統的安全性很有好處。假設使用者有一台重要的伺服器,擔心可載入核心模組的安全性,而又不想完全禁止使用可載入核心模組,或一些裝置的驅動就是一些可載入核心模組。這種情況下,最好使系統在啟動時載入所有模塊,然後禁止載入 / 移除任何核心模組。把 CAP_SYS_MODULE 從能力邊界集中刪除,系統即不再允許載入 / 移除任何核心模組。

3)侷限

雖然利用能力機制可以有效地保護系統安全,但是由於檔案系統的限制(目前 Linux 檔案結構沒有儲存能力機制的能力),Linux 的能力機制還不是很增強。目前除了可以使用能力邊界集從整體上放棄一些能力之外,還做不到只指定某個程式某些方面的能力。

8.2 安全性原則

容器安全性問題的根源在於容器和 host 共用核心，因此受攻擊面特別大，沒有人能信心滿滿地説不可能由容器入侵到 host。共用核心導致的另一個嚴重問題是，如果某個容器裡的應用導致 Linux 核心當機，那麼整個系統都會當機。在共用核心這個前提下，容器主要透過核心的 cgroup 和 namespace 這兩大特性來達到容器隔離和資源限制的目的。目前 cgroup 對系統資源的限制已經比較增強了，但 namespace 的隔離還是不夠完善，只有 PID、mount、network、UTS、IPC 和 user 這幾種。而對於未隔離的核心資源，容器存取時也就會存在影響到 host 及其他容器的風險。正是因為容器由於核心層面隔離性差導致安全性不足，所以 Docker 社區開發了很多安全特性，業界也歸納了一些經驗，下面將列出一些主要的安全性原則。

8.2.1 cgroup

cgroup 用於限制容器對 CPU、記憶體等關鍵資源的使用，防止某個容器由於過度使用資源，導致 host 或其他容器無法正常運作。

1. 限制 CPU

Docker 能夠指定一個容器的 CPU 權重，這是一個相對權重，與實際的處理速度無關。事實上，沒有辦法限制一個容器只可以獲得 1GHz 的 CPU。每個容器預設的 CPU 權重是 1024，簡單地説，假設只有兩個容器，並且這兩個容器競爭 CPU 資源，那麼 CPU 資源將在這兩個容器之間平均分配。如果其中一個容器啟動時設定的 CPU 權重是 512，那它相對於另一個容器只能獲得一半的 CPU 資源，因此這兩個容器可以獲得的 CPU 資源分別是 33.3% 和 66.6%。但如果另外一個容器是空閒的，第一個容器則會被允許使用 100% 的 CPU。也就是説，CPU 資源不是預先硬性分配好的，而是與各個容器在執行時期對 CPU 資源的需求有關。

舉例來説，可以為容器設定 CPU 權重為 100，指令如下：

```
$ docker run --rm -ti -c 100M ubuntu bash
```

另一方面，Docker 也可以明確限制容器對 CPU 資源的使用上限，指令如下：

```
$ docker run --rm -ti --cpu-period=500000 --cpu-quota=250000 ubuntu /bin/bash
```

上面的指令表示這個容器在每個 0.5s 裡最多只能執行 0.25 s。

除此之外，Docker 還可以把容器的處理程序限定在特定的 CPU 上執行，例如將容器限定在 0 號和 1 號 CPU 上執行：

```
$ docker run -it --rm --cpuset-cpus=0,1 ubuntu bash
```

2. 限制記憶體

記憶體是應用除 CPU 外的另外一個不可或缺的資源，因此一般來說必須限制容器的記憶體使用量。限制指令如下：

```
$ docker run --rm -ti -m 200M ubuntu bash
```

這個實例將容器可使用的記憶體限制在 200MB。不過事實上不是這麼簡單，我們知道系統在發現記憶體不足時，會將部分記憶體置換到 swap 分區裡，因此如果只限制記憶體使用量，可能會導致 swap 分區被用光。透過 --memory-swap 參數可以限制容器對記憶體和 swap 分區的使用，如果只是指定 -m 而不指定 --memory-swap，那麼整體虛擬記憶體大小（即 memory 加上 swap ）是 -m 參數的兩倍。

3. 限制區塊裝置 I/O

對於區塊裝置，因為磁碟頻寬有限，所以對於 I/O 密集的應用，CPU 會經常處於等待 I/O 完成的狀態，也就是常說的空閒狀態。它帶來的問題是，其他應用可能也要等那個應用的 I/O 完成，進一步影響到其他容器。

Docker 目前只能設定容器的 I/O 權重，無法限制容器 I/O 讀寫速率的上限，但這個功能已經在開發之中了，更詳細的資訊可以參考 https://github.com/docker/docker/ pull/14466。現階段使用者可以透過直接寫 cgroup 檔案來實現。例如：

```
$ docker run --rm -ti --name=container1 ubuntu bash
root@lb65813ae355: /# dd if=/dev/zero of=testfile0 bs=8k count=5000 oflag=direct
5000+0 records in
```

```
5000+0 records out
40960000 bytes (41 MB) copied, 0.183773 s , 223 MB/s
```

可以看到，在沒有限制前，寫速率是 233MB/s，下面透過修改對應的 cgroup 檔案來限制寫入磁碟的速度。在對寫限制速度之前，我們需要明確地知道容器掛載的檔案系統在哪裡：

```
$ mount | grep 1b65813ae355
/dev/mapper/docker-253:1-135128789-1b65813ae355377415d0A694d25c
f1753a04516a6847aa9b1aeaecfb306d963f on /var/lib/docker/devicemapp
er/mnt/1b65813ae355377415d0a694d25cf1753a04516a6847aa9b1aeaec
fb306d963f type ext4 (rw, relatime, seclabel, stripe=16, data=or dered)
proc on /run/docker/netns/1b65813ae355 type proc (rw, nosuid, nodev, noexec,
relatime)
$ ls -1 /dev/mapper/docker-253 : 1-135128789- 1b65813ae355377415d0
a694d25cf1753a04516a6847aa9b1aeaecfb306d963f
lrwxrwxrwx. 1 root root 7 Sep 15 11:30 /dev/mapper/docker-253 : 1- 13
5128789-1b65813ae355377415d0a694d25cf1753a04516a6847aa9b1aea
ecfb306d963f -> .. / dm-4
$ ls /dev/dm-4 -1
brw-rw----. 1 root disk 253,4 Sep 15 11:30 /dev/dm-4
```

在找到容器掛載的裝置編號 "253，4" 之後就可以限制容器的寫速度了：

```
$ sudo echo '253:4 10240000' > /sys/fs/cgroup/b1kio/system.slice/docker-
1b65813a
e355377415d0a694d25cf1753a04516a6847aa9b1aeaecfb306d963f. scope
/blkio.throttle.write_bps_device
```

10240000 是每秒最多寫入的位元組數。設定完容器的寫速度後，再來看寫 41MB 資料所花的時間：

```
root@1b65813ae355 : /# dd if=/dev/zero of=testfile0 bs=8k count=5000 oflag=direct
5000+0 records in
5000+0 records out
40960000 bytes (41 MB) copied, 3.9027 s , 10.5 MB/s
```

寫速率約為 10.5MB/s，寫 41MB 耗時為 3.905s，說明剛剛設定的限制已經生效。

8.2.2 ulimit

Linux 系統中有一個 ulimit 指令,可以對一些類型的資源造成限制作用,包含 core dump 檔案的大小、處理程序資料段的大小、可建立檔案的大小、常駐記憶體集的大小、開啟檔案的數量、處理程序堆疊的大小、CPU 時間、單一使用者的最大執行緒數、處理程序的最大虛擬記憶體等。

在 Docker 1.6 之前,Docker 容器的 ulimit 設定繼承自 Docker Daemon。很多時候,對單一容器來說這樣的 ulimit 實在是太高了。在 Docker 1.6 版之後,使用者可以設定全局預設的 ulimit,舉例來說,可設定 CPU 時間為:

```
$ sudo docker daemon --default-ulimit cpu=1200
```

或在啟動容器時,單獨對其 ulimit 進行設定:

```
$ docker run --rm -ti --ulimit cpu=1200 ubuntu bash
root@0260109155da:/app# ulimit -t
1200
```

8.2.3 容器＋全虛擬化

如果將容器執行在全虛擬化環境中(例如在虛擬機器中執行容器),則就算容器被攻破,也還有虛擬機器來保護。目前一些安全需求很高的應用場景採用的就是這種方式,例如公有雲場景。

8.2.4 映像檔簽名

Docker 可信映像檔及升級架構(The Update Framework,TUF)是 Docker 1.8 提供的一個新功能,可以驗證映像檔的發行者。當發行者將映像檔發送到遠端的倉庫時,Docker 會對映像檔用私密金鑰進行簽名,之後其他人拉取這個映像檔的時候,Docker 就會用發行者的公開金鑰來驗證該映像檔是否和發行者所發佈的映像檔一致,是否被篡改過,以及是否是最新版。更多關於可信映像檔的內容及 TUF 的使用可以參考這個連結:https: //blog.docker. com/2015/08/content-trust-docker-1-8。

8.2.5 記錄檔稽核

Docker 1.6 版開始支援記錄檔驅動，使得使用者可以將記錄檔直接從容器輸出到如 syslogd 這樣的記錄檔系統中。透過執行 docker --help 指令可以看到 Docker Daemon 支援 log-driver 參數，目前支援的類型有 none、json-file、syslog、gelf 和 fluentd，預設的記錄檔驅動是 json-file。

除了在啟動 Docker Daemon 時指定記錄檔驅動以外，也可以對單一容器指定驅動，例如：

```
$ docker run -ti --rm --log-driver="syslog" ubuntu bash
root@55dlfclla36e:/ #
```

透過執行 docker inspect 指令可以看到容器使用了哪種記錄檔驅動：

```
$ docker inspect 55dlfclla36e
...
    "ulimits": null,
      "LogConfig": {
         "Type": "syslog",
         "Config": { }
      },
      "CgroupParent": " ",
...
```

要注意的是，只有 json-file 這個記錄檔驅動支援 docker logs 指令：

```
$ docker logs 55dlfclla36e
"logs" command is supported only for "json-file" logging driver (got:syslog)
```

8.2.6 監控

在使用容器時，應該注意監控容器的資訊，若發現有不正常的現象，需採取措施即時補救。這些資料包含容器的執行狀態、容器的資源及使用情況等。

可透過以下指令檢視容器的執行狀態（如 running、exited、dead 等）：

```
$ docker ps - a
CONTAINER ID IMAGE COMMAND CREATED STATUS PORTS NAMES
f48b7f9aacc2 ubuntu "bash" 2 rninutes ago Ex ited… sharp_sinoussi
```

```
1ab5096ade64 ubuntu "bash" 21 rninutes ago Up 21 minutes container1
9a6cd19df7ea ubuntu "bash" 17 hours ago Dead  elate_dswartz
039626d40c11 ubuntu "bash" 17 hours ago Dead  bersekr_hamilton
98c4ba566e7c ubuntu "bash" 22 hours ago Dead  lovin_gwilliams
```

狀態顯示為 Up n minutes 的容器是正在執行的,如 container1。容器的資源使用情況主要指容器對記憶體、網路 I/O、CPU、磁碟 I/O 的使用情況等。

Docker 提供了 stats 指令來即時監控一個容器的資源使用,例如:

```
$ docker stats container1
CONTAINER CPU% MEM USAGE/LIMIT MEM % NET I/O LOCK I/O
container1 0.00% 4.768 MB/4.146 GB 0.11% 7.57kB/648 B 4.268 MB/0 B
```

8.2.7 檔案系統級防護

Docker 可以設定容器的 root 檔案系統為唯讀模式,唯讀模式的好處是,即使容器與 host 使用的是同一個檔案系統,也不用擔心會影響甚至破壞 host 的 root 檔案系統。但這裡需要注意的是,必須把容器裡處理程序 remount 檔案系統的能力給禁止掉,否則在容器內又可以把檔案系統重新掛載為寫入。甚至更進一步,使用者可以禁止容器掛載任何檔案系統。

下面的實例分別展示了讀寫掛載和唯讀掛載的效果。

範例一:讀寫掛載。

```
$ docker run -ti --rrn ubuntu bash
root@4cdf0b0d62ca:/# echo "hello" > / home/test.txt
root@4cdf0b0d62ca:/# cat /home/test.txt
hello
```

範例二:唯讀掛載。

```
$ docker run -ti --rrn --read-only ubuntu bash
root@a2da6c14ccd4:/# echo "hello" >/home/test.txt
bash: /home/test.txt: Read-only file system
```

8.2.8 capability

從 2.2 版開始，Linux 有了 capability 的概念，它打破了 Linux 作業系統中超級使用者與普通使用者的概念，讓普通使用者也可以做只有超級使用者才能完成的工作。capability 可以作用在處理程序上，也可以作用在程式檔案上。它與 sudo 不同，sudo 可以設定某個使用者可以執行某個指令或更改某個檔案，而 capability 則是讓某個程式擁有某種能力。

每個處理程序有三個和 capability 有關的選項：Inheritable（I）、Permitted（P）和 Effective（E），可以透過 /proc/<PID>/status 來檢視處理程序的 capability。例如：

```
$ cat /proc/$$/status | grep Cap
Caplnh: 0000000000000000
CapPrm: ffffffffffffffff
CapEff: ffffffffffffffff
```

其中：

- CapEff：當一個處理程序要進行某項特權操作時，作業系統會檢查 CapEff 的對應位是否有效，而不再檢查處理程序的有效 UID 是否為 0。
- CapPrm：表示處理程序能夠使用的能力。CapPrm 可以包含 CapEff 中沒有的能力，這些能力是被處理程序自己臨時放棄的，因此 CapEff 是 CapPrm 的子集。
- Caplnh：表示能夠被目前處理程序執行的程式繼承的 capability。

Docker 啟動容器的時候，會透過白名單的方式來設定傳遞給容器的 capability，預設情況下，這個白名單只包含 CAP_CHOWN 等少數能力。使用者可以透過 --cap-add 和 -- cap-drop 這兩個參數來修改該白名單。

```
$ docker run --rm -ti --cap-drop=chown ubuntu bash
root@e6abf62fd7f1: /app# chown 2:2 /etc/hosts
chown: changing ownership of '/etc/hosts': Operation not permitted
root@80e02b7210b1: /app# exit
exit
$ docker run --rm -ti ubuntu bash
root@80e02b7210b1: /app# chown 2:2 /etc/hosts
root@e6abf62fd7f1: /app#
```

從上面的實例可以看到，將 CAP_CHOWN 能力去掉後，就無法改變容器裡檔案的所有者了。

對於容器而言，應該遵守最小許可權原則，儘量不要使用 --privileged 參數，不需要的能力應該全部去掉，甚至可以把所有的能力都禁止：

```
$ docker run -ti --rm --cap -drop=all ubuntu bash
```

8.2.9 SELinux

早期作業系統對於安全問題考慮得比較少，一個使用者可存取任何檔案或資源，但很快出現了存取控制機制來增強安全性，其中主要的存取控制在今天稱為自主存取控制（DAC）。DAC 通常允許授權使用者（透過其程式例如一個 Shell）改變客體的存取控制屬性，這樣就可指定其他使用者是否有權存取該客體。大部分 DAC 機制是基於使用者身份存取控制屬性的，通常表現為存取控制清單機制。DAC 的主要特性是，單一使用者（通常指某個資源的擁有者）可指定其他人是否能存取其資源。

當然，DAC 也有其本身的安全脆弱性，它只約束了使用者、同使用者群組內的使用者、其他使用者對檔案的讀取、寫入和可執行許可權，而這對系統的保護作用是非常有限的，為克服這種脆弱性，就出現了強制存取控制（MAC）機制。MAC 用於避免 DAC 的脆弱性問題，其存取控制決斷的基本原理不是對單一使用者或系統管理員進行判斷，而是利用組織的安全性原則來控制對客體的存取，且這種存取不被單個程式所影響。此項研究最早由軍方資助，目的是保護機密政府部門資料的機密性。

SELinux（Security Enhanced Linux）是美國國家安全局（NSA）對強制存取控制的實現，它是 Linux 歷史上最傑出的安全子系統。在這種存取控制系統的限制下，處理程序只能存取那些在它的工作中所需要的檔案。對於目前可用的 Linux 安全模組來說，SELinux 功能最全面，而且測試最充分，它是以對 MAC 在 20 年的研究基礎上建立的。

SELinux 定義了系統中每個使用者、處理程序、應用和檔案存取及轉變的許可權，然後使用一個安全性原則來控制這些實體（即使用者、處理程序、應用和檔案）之間的互動。安全性原則指定了如何嚴格或寬鬆地進行檢查。

SELinux 跟核心模組一樣，也有模組的概念，需要先根據規則檔案編譯出二進位模塊，然後插入到核心中。在使用 SELinux 前，我們需要安裝一些套件，以 Fedora 20 為例，需要安裝以下元件：checkpolicy、libselinux、libsemanage、libsepol 和 policycoreutils。

原始程式可以在 https://github.com/SELinuxProject/selinux 中找到，但建議不要自己來編譯，因為太花時間，而且編譯了也不見得好用。若要自己開發 SELinux 策略，還需要安裝工具 selinux-policy-devel。

在 Fedora 20 中，可以直接用 yum 指令安裝 SELinux 開發所必須的工具：

```
$ sudo yum -y install libselinux.x86_64 libselinux-devel.x86_64
libselinuxpython.x86_64 libselinux-utils.x86_64 selinux-policy.noarch
selinux-policy-devel.noarch selinux-policy-targeted.noarch crossfireselinux.
x86-64 libselinux-devel.i686
checkpolicy.x86_64 policycoreutils.x86_64 policycoreutils-devel.x86_64
selinuxpolicy-devel.noarch selinux-policy-targeted.noarch
```

安裝好後就可以體驗 SELinux 的功能了。Github 上有個實例，可以借此學習。取得原始程式：

```
$ git clone https://github.com/pcmoore/getpeercon_server.git
```

檢視策略檔案：

```
$ cd getpeercon_server
$ cat selinux/gpexrnple.te
policy_module(gpexmple, 1.0.0)
type gpexmple_t ;
type gpexmple_exec_t ;
application domain(gpexmple_t, gpexmple_exec_t)
type gpexmple_Log_t ;
files_tmp_file(gpexmple_log_t)
files_tmp_filetrans(gpexmple_t, gpexmple_log_t, { dir file })
unconfined_run_to(gpexmple_t, gpexmple_exec_t)
# network permissions
allow gpexmple_t self:tcp socket { create_stream_socket_perms };
corenet_tcp_bind_generic_node(gpexmple_t)
allow gpexmple_t gpexmple_log_t:file { create open append };
```

可以看到，SELinux 的策略檔案是比較複雜的，第一次看到會比較茫然，基本
弄不明白是什麼意思。講清楚 SELinux 的策略需要花費些篇幅，因此建議有興
趣的讀者進一步研讀《SELinux by Example》這本書。

然後檢視測試程式的程式：

```
$ cat src/getpeercon server . c
…
srv_sock = socket(family, SOCK_STREAM, IPPROTO_TCP) ;
…
rc = bind(srv_sock, (struct sockaddr *)&srv_Sock_addr,
sizeof(srv_sock_addr) );
…
```

上面的程式中有建立 tcp socket 及 bind tcp 通訊埠的動作，但是上面的策略檔
案中沒有 bind tcp 通訊埠的策略，不能成功地 bind tcp 通訊埠。要測試這個實
例，得先建立 SELinux 模組：

```
$ sudo make build
$ sudo make install
```

然後關閉 SELinux，再插入新編譯的模組，重新開啟 SELinux，並打上正確的
標籤：

```
$ sudo setenforce 0
$ sudo semodule -i selinux/gpexmple.pp
$ sudo setenforce 1
$ sudo restorecon /usr/bin/getpeercon_server
```

之後執行 getpeercon_server：

```
$ getpeercon_server 8080
-> running as unconfined_u:unconfined_r:qpexmple_t:s0-s0:c0.c1023
-> creating socket …ok
-> listening on TCP port 8080 …bind error : -1
```

執行不成功是什麼原因呢？是 SELinux 限制了它嗎？檢視一下記錄檔：

```
$ cat /var/log/audit/audit.log
…
```

```
type=SYSCALL msg=audit(1439297447.748:609) : arch=c000003e syscall=49
success=no exit=-13 a0=3 a1=7fff2753d000 a2=1c a3= 7fff27 53cd40 items=0
ppid=1804 pid=2151 auid=0 uid=0 gid=0 euid=0 suid=0 fsuid=0 egid=0 sgid=0
fsgid=0 ses=1 tty=pts0 comm="qetpeercon_server" exe="/usr/bin/qetpeercon_
server" subj=unconfined_u:
unconfined_r
  :gpexmple_t:s0-s0:c0.c1023 key=(null)
  ...
```

從 "success=no exit=-13" 可以看出 getpeercon_server 執行失敗，因為 SELinux
阻止了 getpeercon_server 綁定通訊埠。

解決方法如下：

```
$ cat /var/log/audit/audit.log | audit2allow -m local
```

上面的 audit2allow 是一個用 Python 語言寫的指令，它主要用來處理記錄檔，
把記錄檔中違反策略的動作的記錄轉換成 access vector。然後我們把這行指令
的輸出複製到 gpexmple.te 中，例如：

```
policy_module(gpexmple, 1.0.0)
require {
  type http_cache_port_t;
  class tcp_socket name_bind;
}
type gpexmple_t;
type gpexmple_exec_t ;
application_domain(gpexmple_t, gpexmple_exec_t)
type gpexmple_log_t;
files_tmp_file (gpexmple_log_t)
files_tmp_filetrans(qpexmple_t, qpexmple_log_t, {dir file })
unconfined_run_to(gpexrnple_t, gpexrnple_exec_t)
allow gpexmple_t self:tcp_socket { create_stream_socket_perms };
corenet_tcp_bind_generic_node (gpexmple_t)
allow gpexmple_t gpexmple_log_t:file { create open append };
allow gpexmple_t http_cache_port_t:tcp_socket name_bind ;
```

重複編譯插入操作然後再次執行將看到：

```
$ getpeercon_server 8080
->running as unconfined_u:unconfined_r:qpexmple_t: s0-s0:c0.cl023
```

```
->creating socket …ok
->listening on TCP port 8080 …ok
->waiting …
```

啟動成功。

雖然上面的實例看起來比較複雜，但要在 Docker 中使用 SELinux 實現卻非常
簡單。Docker 使用 SELinux 的前提是系統支援 SELinux，SELinux 功能已經開
啟，並且已插入了 Docker 的 SELinux 模組。目前 RHEL 7、Fedora 20 都已附
帶該模組。可透過以下指令檢視系統是否支援 Docker 的 SELinux 環境：

```
$ sudo semodule -1 | grep docker
docker 1.0.0
```

如果有 Docker 的 SELinux 模組（即上面顯示的 docker 1.0.0），説明系統已經
支援 Docker 的 SELinux 環境。SELinux 的策略雖然複雜，但在 Docker 中使用
非常容易，因為這個 Docker SELinux 模組已經幫我們做了那些複雜的 SELinux
策略，使用者只需要在 Docker Daemon 啟動的時候加上 --selinux-enabled=true
選項，就可以使用 SELinux 了：

```
$ sudo docker daemon --selinux-enabled=true
```

當然，也可以在啟動容器時，使用 --security-opt 選項來對指定的檔案做限制
（這也需要 Docker Daemon 啟動時加 --selinux-enabled=true），例如：

```
$ docker run -i -t ubuntu /bin/bash
root@44cf505f688a :/app# ls /bin/bash -z
System_u:object_r:svirt_sandbox_file_t:s0:c358, c569 /bin/bash
root@44cf505f688a: /app# exit
exit
$ docker run --security-opt label:level:s0:c100, c200 -i -t ubuntu /bin/bash
root@8c8512ff8dbf: /app# ls /bin/bash -z
system_u:object_r:svirt_sandbox_file_t:s0:c100, c200 /bin/bash
```

可以看出透過 --security-opt 傳遞的參數，在容器內的標籤已經生效。更多關
於 -- security-opt 的資訊，請參考 Docker 的官方文件。

8.3 Docker 的安全遺留問題

Docker 社區為 Docker 的安全做了很多的工作，但到目前為止，Docker 仍然有不少跟安全相關的問題沒有解決。其中主要的問題有 User Namespace、非 root 執行 Docker Daemon、Docker 熱升級、磁碟配額和網路 I/O。

8.3.1 User Namespace

User Namespace 可以將 host 的普通使用者對映成容器裡的 root 使用者，不過雖然允許處理程序在容器裡執行特權操作，但這些特權侷限在該容器內。這是對容器安全一個非常大的提升，惡意程式透過容器入侵 host 或其他容器的風險大幅降低，但仍然無法讓人放心地說容器已經足夠安全了。另外，由於核心層面隔離性不足，如果使用者在容器內的一個特權操作會影響到容器外，那麼這個特權操作一般也是不被 User Namespace 所允許的。因此，User Namespace 顯然也不是 Docker 容器安全的保證。

目前 Docker 還不支援 User Namespace，但社區一直在做這個工作，或許在 Docker 1.9 或 2.0 版本中將看到這個特性。

8.3.2 非 root 執行 Docker Daemon

目前 Docker Daemon 需要由 root 使用者啟動，而 Docker Daemon 建立的容器以及容器裡面執行的應用實際上也是以 root 使用者執行的。實現由普通使用者啟動 Docker Daemon 和執行容器，當然有益於 Docker 的安全。

但是要解決這個問題很困難，因為建立容器需要執行很多特權操作，包含掛載檔案系統、設定網路等。目前社區並沒有一個好的解決方案。

8.3.3 Docker 熱升級

Docker 管理容器的方式是中心式管理，容器由主機上的 Docker Daemon 處理程序統一管理。這種中心式管理方式對於協力廠商的工作編排工具並不人性化，因為什麼功能都需要跟 Docker 連結起來。更大的問題是，如果 Docker

Daemon 掛掉了，重新啟動 Daemon 後，它將無法接管容器，容器也不能執行了。不過，這對安全有什麼影響呢？在實際應用中，很多業務都是不能中斷的，而停止容器常常相當於停止業務，當因為安全性漏洞的原因需要升級 Docker 時，使用者就處於兩難境地。

Docker 在這方面的討論和進展，可以透過 Github issue 進一步了解 https://github.com/opencontainers/runc/issues/185。

8.3.4 磁碟容量的限制

預設情況下，Docker 映像檔、容器 rootfs、資料卷冊都儲存在 /var/lib/docker 目錄裡，也就是說跟 host 是共用同一個檔案系統的。如果不對 Docker 容器做磁碟容量大小的配額限制，容器就可能用完整個磁碟的可用空間，導致 host 和其他容器無法正常運作。

但目前 Docker 幾乎沒有提供任何介面用於限制容器的磁碟容量大小。唯一可以一提的是，當 graphdriver 為 devicemapper 時，容器會被預設分配一個 100GB 的空間。這個空間大小可以在啟動 Docker Daemon 時設定為另一個預設值，但無法對每個容器單獨設定一個不同的值：

```
$ sudo docker daemon --storage-opt dm.basesize=5G
```

除此之外，使用者只能透過其他方法自行做一些隔離措施，例如為 /var/lib/docker 單獨分配一個磁碟或分區。

8.3.5 網路 I/O

目前同一台機器上的 Docker 容器會共用頻寬，這就可能出現某個容器佔用大部分頻寬資源，進一步影響其他需要網路資源的容器正常執行的情況。Docker 需要一個好的網路方案，除了要解決容器跨主機通訊的問題，還要解決網路 I/O 限制的問題。

企業級資料建模

企業級資料建模的目的是幫助企業更進一步地運作。選擇一個好的資料建模工具，對於企業決策支援系統的持續進化和穩定最佳化具有重要意義。雖然 Rational Rose、ERWin、Power Designer、Oracle Designer 建模開發工具等非常成熟，解決了許多問題，但在雲端時代的今天，我們應該使用雲端技術帶來的諸多便利，解決當今面臨的問題。

本章以微軟 Azure 雲端技術為例，介紹利用雲端技術進行企業建模。主要介紹伺服器的建立，管理伺服器和使用者，整合本機資料閘道及連接到伺服器，備份、恢復和建立高可用性，透過實例詳細介紹企業資料建模的過程。

9.1 企業級資料模型概覽

成功的資訊管理始於最佳的資料庫設計，最佳的資料庫設計來自最佳的企業資料模型。可重用的企業資料模型是企業節省成本和降低實施難度的關鍵環節。成功的企業資料模型有利於加強企業產品品質和加強生產力，有利於分享結果和加強資料標準的執行能力。企業資料模型能夠為業務人員提供一個圖形化的展示，是連接業務專家和技術專家的橋樑；能夠建立業務需求的共識，是建立關於組織的資料資產的知識基礎；能夠使不同業務處理和系統之間的資料實現整合和共用。

企業資料模型的建立是一個循序漸進的過程，可以從頭做起。如果一個企業已存在企業模型，也可以在企業模型的基礎上，結合企業自己的資料標準進行設計。企業資料模型的建立過程也是對企業資料進行分類、細化和標準化的過程。伴隨著企業資料模型的建立過程，企業的資料標準也同時建立了起來。

9.1.1 資料模型分類

按照企業資料建模的理論和業界通行的一些資料模型架構，資料模型在層次劃分上大同小異。按照資料的使用者不同，使用要求不同，資料模型一般可劃分為主題域模型、概念模型、邏輯模型和物理模型四大層次。為便於組織和分工，也可以對資料模型進行更細緻的層次劃分，即它們是主題域模型、類別關係模型、概念資料模型、邏輯資料模型、資料庫設計模型和物理資料庫模型六種，如圖 9-1 所示。

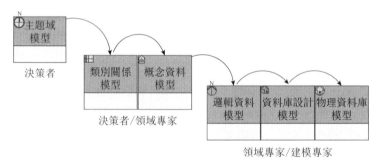

圖 9-1 資料模型的層次劃分

對於上述 6 種模型，根據其使用者即物件導向的不同，又可以分為高、中、低三個層級。進階層次包含主題域模型；中級層次包含類別關係模型和概念資料模型。低階層次包含邏輯資料模型、資料庫設計模型和物理資料庫模型。其中，概念資料模型是連接高層模型和低層模型的橋樑和樞紐。對於一個實際資訊的開發過程而言，進階層次模型在某個領域內是高度抽象和概括的，不涉及過多的細節，獨立於實際的資訊系統；它對整個領域的資訊化建設都具有指導意義，是資訊標準化的基礎。

1. 主題域模型

主題域模型包含了企業業務過程中所相關的所有業務主題域及它們的關係，通常作為一個全域域或一個大型域（例如一個主要功能域）的模型。通常它可以被用於企業範圍內的高層次資料規劃和設計。

主題域模型必須具備一個強功效的機制，確保將模型的元件組織起來和分開為易於了解的業務領域。主題域包含了建模設計中某一特定階段的關鍵模型元素。

以銀行為例，從銀行業的角度看，根據針對應用的不同，可以將主題域模型分為面向管理類別應用（資料倉儲）主題域模型和針對操作類別應用（針對客戶的即時業務系統，如業務交易櫃檯系統、網上銀行系統等）主題域模型。針對管理類別應用主題域模型：全球銀行業關於針對管理類別企業資料模型的最佳做法一般遵循的 13 個主題域，如表 9-1 所示，這些分類表現了銀行的目前業務實際和發展遠景。針對操作類別應用主題域模型：全球銀行業關於針對操作類別企業資料模型的最佳做法一般遵循 8 個主題域，如表 9-2 所示，這些分類表現了銀行的目前業務實際和發展遠景。

表 9-1　針對管理類別應用主題域

主題域	描述
帳戶	用於監控金融和非金融的業務狀況。一般用於支援「約定」的履行，或是滿足內部定量記錄和監控變化的需要
業務方向	是對「相關群眾」期望的模型化描述，並充分考慮了相關的習慣和環境
條件	描述了金融機構開展業務的特殊要求和資訊，如前提條件、限制或配額等。條件可以適用於銀行的各種運作，如產品銷售和服務、產品購買資格認定和細分市場選擇標準等
事件	描述了建模企業範圍內自然發生的或計畫發生的各種事情如交易、溝通和指令。事件主題域也用於規劃計畫發生的事件這是建模後企業所希望的
相關群眾	包含金融機構相關個體和組織（包含本身）的模型化描述，同時也涵蓋個體和組織與模型中所有其他成員的關係、扮演的角色
約定	包含所有具有法律效應的有關兩至多個相關群眾的約定，例如：雇工合約、產品約定（如貸款約定、存款約定等）、銀行內約定、證券約定等。約定代表著相關群體對事物的共識所有參與者均承諾履行其責任。通常金融機構的約定還會有關第三方約定如代理合約、經紀合約和用工合約等

主題域	描述
資源	定義了建模企業中所有實體的、非實體的資源，如財產、文件、智力資產
分類	包含了一系列簡單程式用於分類和程式化業務的某些方面，例如：相關群眾分類、婚姻狀況分類、約定分類、連結分類等。分類由分類項和分類值組成。在關於「婚姻狀況分類」的實例中「婚姻狀況」就是分類項而分類值包含單身的、已婚的、分居的、離異的等
產品	描述金融機構、競爭對手和其他相關群眾在通常的商業活動中提供、銷售或購買的物件、產品和服務。產品也包含非金融性產品和服務
位置	包含實體的、電子的或其他位址是銀行開展業務活動的場所或是相關群眾和約定所有關的場所。位置是銀行所希望記錄的資訊
溝通	相關群眾間資訊交換的記錄，如收到客戶臨時對帳單的請求，（美國）向聯邦儲備傳送流動性報告向客戶手機或郵寄位址發送有針對性的資訊等等
額度	描述了實體間的約束關係。通常以物件間的限制來定義如透過約定／相關方關係限額來限制一個經銷商夜間的交易最大值。另外額度部分還追蹤記錄限制的變化歷史資訊。透過特定的結構來支援信用管理操作的配額控制及追蹤（如旅遊保險中個人賠償金的最大值）
以活動為基礎的成本	為金融機構的活動分配費用進一步可以為金融機構中負責某活動的參與方分配費用。這樣可以加強收益率

表 9-2　針對操作類別應用主題域

主題域	描述
客戶	包含與銀行客戶相關的資料
存款	包含與客戶存款相關的資料，如協定、帳戶、儲蓄帳戶、定期存款帳戶、所有的交易等。由於借記卡和儲蓄帳戶是相聯繫的，所有的 ATM、儲蓄卡、POS 交易和活動也都在這個主題域
信用卡	信用卡或國際信用卡客戶資料、卡活動、不良資訊都被包含在信用卡主題域
政府債券	政府債券包含了出售這些債券的分行和詳細交易的資訊
貸款	貸款包含對私／對公貸款、類型、付款、還款計畫等資訊
外匯	包含有關固定收入、互換、外匯、OTC（場外、櫃檯交易）期權、總帳及結算活動等資訊
總帳	總帳計算活動，也包含結餘
資金交易	資金交易記錄

2. 類別關係模型

類別關係模型表示單一主題域或有限的幾個主題域範圍內的主題域及其關係。通常描述一個有限的領域（例如一個專案群所有關的主題域範圍），它被用於作為專案群層次的高層面資料分析與評估。從銀行業的角度看，類別關係模型是主題域模型的產生實體。在一個實際專案或專案群的實施過程中，根據專案的範圍，確定其所有關的主題域模型。舉例來說，某銀行針對管理類別應用主題域模型，包含帳戶、業務方向、條件、事件、相關群眾、約定、資源、分類、產品、位置、溝通、額度、以活動為基礎的成本等。

3. 概念資料模型

概念資料模型是類別關係模型的進一步具體化。針對主題域，概念資料模型包含其範圍內所有關的類別，通常概念模型是邏輯模型的輸入物。在這一步驟，模型的初始業務基礎是透過清楚地定義實體和它們的關係開發出來的。

從銀行業的角度看，概念資料模型主要是對銀行業務的高度抽象，是對業務元素之間關係的圖形化表示。透過概念資料模型，可以清晰了解某項銀行業務所有關的資料有哪些方面，但不涉及資料細節內容。概念資料模型是業務和技術人員用來交流的工具。以銀行業務為基礎的貸款為例，其概念資料模型如圖9-2所示。

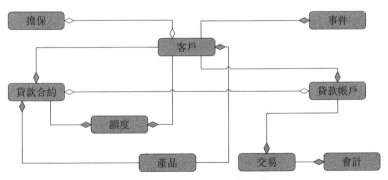

圖 9-2　貸款業務的概念資料模型

4. 邏輯資料模型

針對主題域，邏輯資料模型包含其範圍內的規格化的類別、屬性、主鍵和關係。這個模型不關心實際的實現方式（例如如何儲存，用多少張表表示）和實現細節，而主要關心資料在系統中的各個處理階段的狀態。它表示了最詳細層次資料分析的成果，標誌著資料庫設計活動的啟動。以銀行業務為基礎的貸款為例，其邏輯資料模型如圖 9-3 所示。

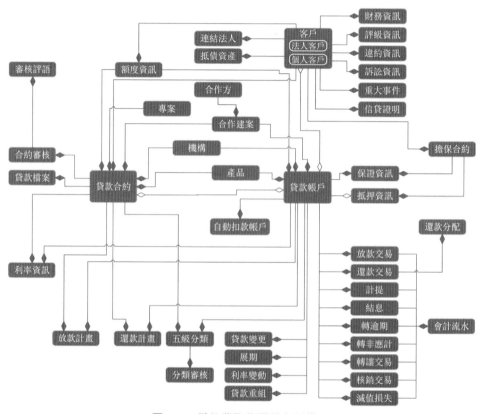

圖 9-3　貸款業務的邏輯資料模型

5. 資料庫設計模型

資料庫設計模型包含表格空間、表、列、主題域模型和主 / 外鍵。通常表示一個應用系統現存或正在設計的資料庫。它表示了資料庫建置的開始。

從銀行的角度看，資料庫設計模型是銀行技術人員對邏輯資料模型的進一步細化，實現從業務表達到技術語言轉換的關鍵環節。資料庫設計模型是專案開發中重要的工作之一。資料庫設計模型的優劣對未來系統的效率將產生非常大的影響。

6. 物理資料庫模型

物理資料庫模型包含產生表和索引所需的資料定義語言（DDL），還包含資料庫管理系統（DBMS）的約束，是一個應用系統現存的或計畫的資料庫處理標準，對應於資料庫設計和建置的最後步驟。

物理資料庫模型是企業資料模型在生產系統的最後實例，是企業資料模型從主題域到生產環境的實踐。

9.1.2 企業資料模型的優勢和作用

企業資料模型的優勢主要表現在以下 5 個方面：

（1）企業資料模型的高階模型（主題域模型、類別關係模型、概念資料模型、邏輯資料模型）可以獨立於技術之外被多部門使用。

（2）企業資料模型中的高階模型避免了通常在建立資料庫設計模型和物理資料庫模型中諸如資料結構、主鍵和外鍵、欄位標準等經常出現的許多技術細節問題，確保了對企業重要概念的充分描述和記錄。

（3）由於企業資料模型使用了一個合理的、高層面抽象的方式來記錄企業所發生的事項，所以擴充了模型的應用範圍，並使得對維護的需求降到最小。

（4）企業資料模型可以找出多個系統相關和重合的資訊，為系統的整合打下基礎。

（5）企業資料模型可以減少多個系統之間資料的重複定義和不一致性，進一步減小了應用整合的難度，降低了企業成本。

企業資料模型的作用主要表現在以下 3 個方面。

（1）由於建立了企業級的資料架構，在未來的 IT 系統進行資料模型設計時，可以從企業資料模型中進行對映並檢查資訊的完整性。

（2）企業資料模型明確定義了對資訊的需求如何轉化為資料結構。以企業資料模型可以開發出高品質為基礎的系統，能更進一步地滿足企業資訊處理的需要，為企業管理者、業務使用者和開發人員提供了一個一致的業務模型；它可以為高層管理人員清晰地定義出基本業務概念（如客戶、商品、產品、服務、資源等），改善了業務部門和 IT 系統開發人員的溝通，加強了 IT 系統開發的效率。

（3）在企業購買或開發新的 IT 系統（如財務管理軟體）或進行 IT 戰略規劃時，企業資料模型可以界定出資訊需求的範圍，為後續 IT 系統的開發打下良好的基礎。

9.2 建立伺服器

9.2.1 在 Azure 入口中建立伺服器

在 Azure 入口中建立伺服器，步驟如下：

（1）登入 Azure 入口。

（2）執行 New> Data+Analytics>Analysis Services 指令。

（3）在 Analysis Services 標籤中，填寫必需的欄位，然後點擊 Create 按鈕，如圖 9-4 所示。

其中，Server name：輸入用於參考伺服器的唯一名稱；訂閱 Subscription：選擇此伺服器費率的訂閱；Resource group：這些容器旨在幫助管理 Azure 資源的集合；Location：此 Azure 資料中心位置託管該伺服器，選擇最接近最大使用者群的位置；Pricing tier：選擇定價層。最多支援 400 GB 的表格模型。

（4）點擊 Create 按鈕。

圖 9-4　在 Azure 入口中建立伺服器

建立伺服器一般幾秒鐘便可完成，通常不超過 1 分鐘。如果選擇 Add to Portal，請導覽到入口網站檢視新伺服器。或導覽到 More services>Analysis Services，檢視伺服器是否就緒，如圖 9-5 所示。

圖 9-5　Azure 入口的儀表板

9.2.2 部署 SQL Server 資料工具

在 Azure 訂閱中建立伺服器之後，便可以隨時部署表格模類型資料庫。可以使用 SQL Server 資料工具（SQL Server Data Tools，SSDT），用於建置和部署正在處理的表格模型專案。

在 SQL Server 資料工具中部署表格模型，步驟如下：

（1）在部署之前，需要取得伺服器名稱。在 Azure Portal → Server → Overview → Server name 中，複製伺服器名稱，如圖 9-6 所示。

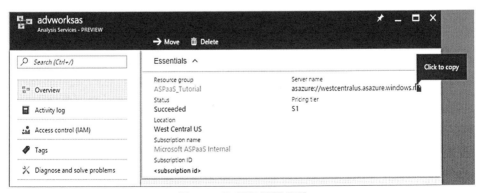

圖 9-6　取得伺服器名稱

（2）在 SQL Server 資料工具的 Solution Explorer 中，按右鍵 Project
→ Properties。然後在 Deployment >Server 中貼上伺服器名稱，如圖 9-7 所示。

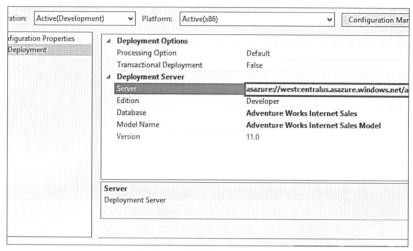

圖 9-7　設定伺服器名稱

（3）在 Solution Explorer 中，按右鍵 Properties，然後選擇 Deploy 選項。如圖
9-8 所示，系統可能會提示登入 Azure。

部署狀態出現在 output window 和 Deploy 視窗中，如圖 9-9 所示。

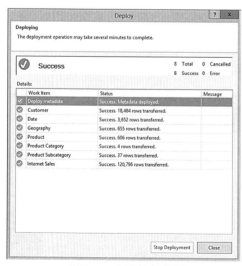

圖 9-8　方案總管介面

圖 9-9　Deploy 視窗中顯示的部署狀態

> **注意**
>
> 如果部署中繼資料時失敗，可能是因為 SQL Server 資料工具無法連接到指定的伺服器。這時，需要先確保可以使用 SQL Server 管理工作室 (SQL Server Management Studio，SSMS) 連接到指定的伺服器，並且確保項目的「部署伺服器」屬性是正確的。如果部署失敗，可能是因為指定的伺服器無法連接到資料源。如果指定的資料源位於組織網路的內部，請確保安裝本地資料網關。

9.3 伺服器和使用者

9.3.1 管理伺服器

在 Azure 中建立分析服務的伺服器後，可能會出現一些管理工作和管理工作，需要立即執行或在需要時執行。舉例來說，對更新資料進行處理，控制可以存取伺服器上的模型的使用者，或監視伺服器的執行狀況。某些管理工作只能在 Azure 入口中執行，而其他一些管理工作只能在 SQL Server 管理工作室（SSMS）中執行，還有某些工作在兩者中均可執行。

1. Azure 入口

在 Azure 入口可以建立和刪除伺服器的位置、監控伺服器資源、更改大小，以及管理誰可以存取伺服器，如圖 9-10 所示。如果遇到問題，還可送出支援請求。

圖 9-10　分析服務預覽介面

2. SQL Server 管理工作室 (SSMS)

在 Azure 中連接到伺服器，就像連接到本身組織中的伺服器實例一樣。可在 SQL Server 管理工作室中執行許多相同的工作，例如處理程序資料或建立一個處理指令稿，管理角色和使用 PowerShell，如圖 9-11 所示。

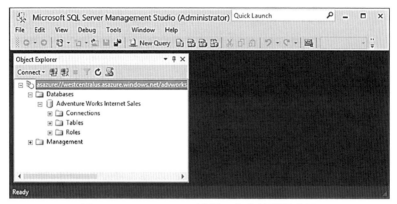

圖 9-11　SQL Server 管理工作室管理員介面

1）下載並安裝 SQL Server 管理工作室

若要取得所有最新功能，以及連接到 Azure 分析服務伺服器時享受最流暢的體驗，請確保使用最新版本的 SQL Server 管理工作室。其 SQL Server 管理工作室的下載網址是 https: //docs.microsoft.com/sql/ssms/ download-sql-severmanagement-studio-ssms。

2）連接 SQL Server 管理工作室

使用 SQL Server 管理工作室時，在第一次連接到伺服器之前，請確保使用者名稱包含在分析服務管理員群組中。實際步驟如下：

（1）在連接之前，需要取得伺服器名稱。在 Azure Portal> Server>Overview> Servername 中，複製伺服器名稱，如圖 9-12 所示。

（2）在「SQL Server 管理工作室」的 Object Explorer 中，點擊 Connection > Analysis Services。

（3）在 Connect to Server 對話方塊中，貼上伺服器名稱，然後在 Authentication 中選擇以下選項之一：

圖 9-12　Azure 入口的伺服器概述

Windows Authentication：使用 Windows 域 \ 使用者名稱和密碼憑證；Active Directory Password Authentication：使用其組織中的帳戶，例如從未加入域的電腦加入時；Active Directory Universal Authentication：使用非互動式或多重身份驗證。這裡選擇 Active Directory Universal Authentication，如圖 9-13 所示。

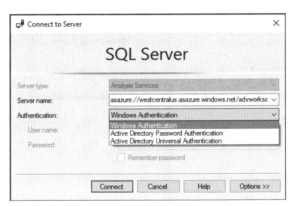

圖 9-13　Connect to Server 對話方塊

3. 伺服器管理員和資料庫使用者

在 Azure 分析服務中，有兩種類型的使用者，即伺服器管理員和資料庫使用者。這兩種使用者必須存在於 Azure 主動目錄中，且必須由組織電子郵寄地址或使用者主體名（UPN）指定。

9.3.2　管理使用者

Azure 分析服務中存在伺服器管理員和資料庫使用者兩種使用者。

1. 管理伺服器的管理員

作為伺服器的租戶，伺服器管理員必須是 Azure 主動目錄（Azure AD）中的有效使用者或群組。可以在 Azure 入口中的伺服器的控制刀鋒伺服器或 SQL Server 管理工作室（SSMS）中的伺服器屬性中，使用分析服務管理員功能來管理伺服器的管理員。

1）使用 Azure 入口增加伺服器管理員

使用 Azure 入口增加伺服器管理員，如圖 9-14 所示，步驟如下：

（1）在伺服器的控制視窗中點擊 Analysis Services Admins 選項。

（2）在 Server name> Analysis Services Admins 視窗中點擊 Add 按鈕。

（3）在 Add server administrators 視窗中，從 Azure 主動目錄（Azure AD）中選擇使用者帳戶，或透過電子郵寄地址邀請外部使用者。

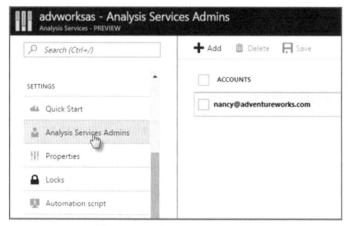

圖 9-14　分析服務管理員介面

2）使用 SQL Server 管理工作室增加伺服器管理員

使用 SQL Server 管理工作室增加伺服器管理員的步驟如下：

（1）按右鍵 Server> Property。

（2）在 Analysis Server Properties 對話方塊中點擊 Security。

（3）點擊 Add 按鈕，然後在 Azure 主動目錄中輸入使用者或群組的電子郵寄地址，如圖 9-15 所示。

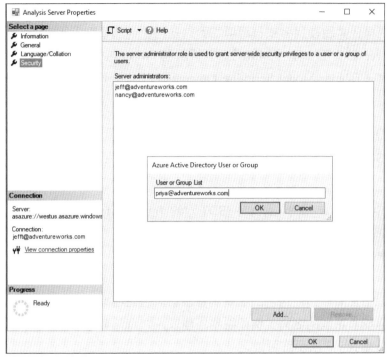

圖 9-15　Analysis Server Properties 對話方塊

2. 管理資料庫的角色和使用者

在模類型資料庫等級，所有使用者必須屬於某類別角色。角色定義具有模類型資料庫特定權限的使用者。增加到角色的任何使用者或安全群組必須在 Azure 主動目錄租戶中具有與伺服器相同的訂閱中的帳戶。

根據使用的工具，定義角色的方式有所不同，但效果是一樣的。角色許可權包含：

- 管理員（administrator）：使用者擁有資料庫的完整許可權。具有管理員許可權的資料庫角色與伺服器管理員不同。
- 流程（process）：使用者可以連接到資料庫並執行流程操作，還可以分析模型資料庫資料。
- 讀（read）：使用者可以使用用戶端應用程式來連接和分析模類型資料庫資料。

建立表格模型專案時，可以使用在 SQL Server 資料工具（SSDT）中的角色管理器建立角色並將使用者或群組增加到這些角色。部署到伺服器時，可以使用 SQL Server 管理工作室（SSMS）、分析服務 PowerShell cmdlet 或表格模型指令碼語言（Tabular Model Scripting Language，TMSL）來增加或刪除角色和使用者成員。

1）在 SQL Server 資料工具（SSDT）中增加或管理角色和使用者

在 SQL Server 資料工具（SSDT）中增加或管理角色和使用者，需要以下步驟：

（1）在 SQL Server 資料工具（SSDT）的 Tabular Model Explorer 中按右鍵 Roles。

（2）在 Role Manager 中點擊 New。

（3）輸入角色的名稱。

預設情況下，預設角色的名稱為每個新角色遞增編號。建議輸入一個清楚標識成員類型的名稱，例如財務經理或人力資源專家。

（4）選擇如表 9-3 所示許可權之一。

表 9-3　許可權類型

許可權	描述
沒有	會員不能修改模型模式，無法查詢資料
讀	會員可以查詢資料（基於行篩檢程式），但不能修改模型模式
讀和流程	成員可以查詢資料（基於行篩檢程式），可執行流程操作，可分析模型態資料庫資料操作，但不能修改模型模式
流程	會員可執行流程操作，可分析模型態資料庫資料，無法修改模型模式，無法查詢資料
管理員	會員可以修改模型模式並查詢所有資料

（5）如果建立的角色具有讀取或讀取與流程許可權，則可以使用 DAX 公式增加行過濾器。點擊行篩檢程式標籤，然後選擇一個表，點擊 DAX 篩檢程式欄位，輸入 DAX 公式。

（6）點擊 Members> Add External 選項。

（7）在 Add External Member 輸入框中，透過電子郵寄地址在所租戶的 Azure 主動目錄中輸入用戶或群組。點擊 OK 按鈕並關閉 Role Manager 對話方

塊，角色和角色成員將顯示在 Tabular Model Explorer 窗口中，如圖 9-16
所示。

圖 9-16　Tabular Model Explorer 視窗

（8）部署到 Azure 分析服務的伺服器（AnalysisServices server。

2）在 SQL Server 管理工作室中增加或管理角色和使用者

要將角色和使用者增加到部署的模類型資料庫中，必須以伺服器管理員身份連
接到伺服器，或已經具有管理員許可權的資料庫角色。實際步驟如下：

（1）在 Object Explorer 中按右鍵 Roles，選擇 New Role。

（2）在 Create Role 輸入框中輸入角色名稱和說明。

（3）選擇 permission。各許可權選項如表 9-3 所示。

（4）點擊 Membership 選項，然後透過電子郵寄地址在租戶 Azure 主動目錄中
輸入使用者或群組，如圖 9-17 所示。

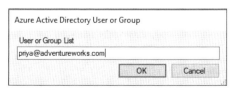

圖 9-17　設定使用者或群組

（5）如果正在建立的角色具有讀許可權，則可以使用 DAX 公式增加行篩檢程

式。點擊 Row Filters，選擇一個表，然後在 DAX 篩檢程式欄位中輸入 DAX 公式。

3）使用表格模型指令碼語言（TMSL）為指令稿增加角色和使用者

可以在 SQL Server 管理工作室（SSMS）中的 XML 分析（XML for Analysis，XMLA）視窗或 PowerShell 中執行表格模型指令碼語言（TMSL）的指令稿，以增加角色和使用者。其核心是，使用 createOrReplace 指令和 role 物件。

在下面的表格模型指令碼語言（TMSL）範例中，會將一個使用者和一個群組增加到 SalesBI 資料庫使用者角色中。

```
{
    "createOrReplace": {
        "object": {
            "database": "SalesBI",
            "role": "Users"
        },
        "role": {
            "name": "Users",
            "description": "All allowed users to query the model",
            "modelPermission": "read",
            "members": [
                {
                    "memberName": "user1@contoso.com",
                    "identityProvider": "AzureAD"
                },
                {
                    "memberName": "group1@contoso.com",
                    "identityProvider": "AzureAD"
                }
            ]
        }
    }
}
```

4）使用 PowerShell 增加角色和使用者

該 SQL Server 模組提供特定工作的資料庫管理命令列工具 cmdlet 和接受表格模型指令碼語言（TMSL）查詢或指令稿的通用呼叫。cmdlet 工具有以下指令來管理資料庫角色和使用者，如表 9-4 所示。

表 9-4　cmdlet 工具指令

指令	描述
Add-RoleMember	將會員增加為資料庫角色
Remove-RoleMember	從資料庫角色中刪除會員
Invoke-ASCMD	執行 TMSL 指令稿

5）行篩檢程式

行篩檢程式可定義表中的哪些行可以由特定角色的成員查詢。透過使用 DAX 公式為模型中的每個表定義行篩檢程式。

行篩檢程式只能為具有讀取和處理程序許可權的角色定義。預設情況下，如果沒有為特定表定義行篩檢程式，則成員可以查詢表中的所有行，除非從其他表應用交換過濾。

行篩檢程式需要 DAX 公式，它的傳回值為 TRUE/FALSE，以定義可由該特定角色的成員查詢的行。不包含在 DAX 公式中的行不能被查詢。舉例來說，具有以下行的 Customers 表過濾運算式 = Customers [Country] ="USA"，銷售角色的成員只能在美國看到客戶。

行篩檢程式適用於指定的行和相關行。當表具有多個關係時，篩檢程式將為處於活動狀態的關係進行篩選過濾。行篩檢程式與為相關表定義的其他行檔案進行相交，例如表 9-5 中定義了表及 DAX 表達：

表 9-5　DAX 表達

表	DAX 表達
Region	=Region[Country] = "USA"
ProductCatedory	=ProductCatedory [Name] = "Bicyles"
Transaction	= Transaction [Year] = 2017

其淨效果是成員可以查詢客戶在 USA（美國）的資料行，產品類別是 Bicyles（自行車），年份為 2017 年。使用者不能查詢美國以外的交易，不是自行車的交易，以及不在 2017 年的交易。

可以使用篩檢程式 = FALSE() 來拒絕對整個表所有行的存取。

3. 以角色為基礎的存取控制（RBAC）

訂閱管理員可以在控制欄中使用
Access control（存取控制）來設定
角色，如圖 9-18 所示。這與伺服器
管理員或資料庫使用者不同，他們
是以伺服器或資料庫等級來設定的。

角色適用於需要執行可在入口中完
成或使用 Azure Resource Manager 範
本完成的工作的使用者或帳戶。

圖 9-18　Access control (IAM) 選項

9.4 整合本機資料閘道及連接到伺服器

9.4.1 整合本機資料閘道

本機資料閘道的作用好似一架橋，提供本機資料來源與雲中 Azure 分析服務伺
服器之間的安全資料傳輸。

閘道可以安裝在連網的電腦上。必須為 Azure 訂閱中的每個 Azure 分析服務服
務器安裝一個閘道。舉例來說，如果 Azure 訂閱中有兩個伺服器連接到本機資
料來源，則閘道必須安裝在網路中的兩台不同的電腦上。

1. 要求

最低要求：

- .NET 4.5 Framework。
- 64 位 Windows 7/Windows Server 2008 R2（或更新版本）。

推薦：

- 8 核心 CPU。
- 8 GB 記憶體。
- 64 位 Windows 2012 R2（或更新版本）。

重要注意事項：

- 閘道不能安裝在網域控制站上。
- 一台電腦上只能安裝一個閘道。
- 將閘道安裝在保持開機且不進入休眠狀態的電腦上。如果電腦未啟用，則 Azure 分析服務伺服器無法連接到本機資料來源以更新資料。
- 不要在無線連接網路的電腦上安裝閘道，否則會降低其效能。
- 若要更改已設定閘道的伺服器名稱，需要重新安裝並設定新閘道。
- 在某些情況下，使用本機提供程式（如 SQL Server Native Client （SQLNCLI11））連接到資料來源的表格模型可能傳回錯誤。

2. 支援的本機資料來源

閘道支援 Azure 分析服務伺服器與以下本機資料來源之間的連接：

- SQL Server。
- SQL 資料倉儲。
- APS。
- Oracle。
- Teradata。

3. 下載

可到網址 https://aka.ms/azureasgateway 下載。

1）安裝和設定

（1）執行安裝程式。

（2）選擇安裝位置，並接受許可條款。

（3）登入 Azure。

（4）指定 Azure 分析伺服器名稱（Server name）。每個閘道只能指定一台伺服器。點擊 Configure 按鈕便可繼續進行後續步驟，如圖 9-19 所示。

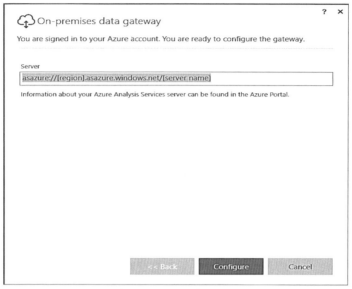

圖 9-19　設定伺服器

2）本機資料閘道工作原理

閘道程式在組織網路中的電腦上，作為 Windows 服務本機部署資料閘道而執行。安裝用於 Azure 分析服務的閘道以用作 Power BI 等其他服務為基礎的閘道，在設定方式上與常見閘道略有差異，如圖 9-20 所示。

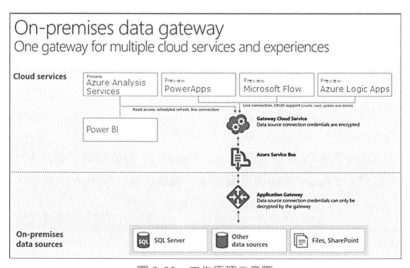

圖 9-20　工作原理示意圖

進行查詢操作時與資料流程工作原理類似，步驟如下：

（1）雲端服務使用本機資料來源的加密憑證建立查詢，然後將其發送到佇列以使閘道處理。

（2）閘道雲端服務分析該查詢，並將請求發送到 Azure 服務匯流排。

（3）本機資料閘道輪詢 Azure 服務匯流排，以取得待處理的請求。

（4）閘道取得查詢，解密憑證，然後使用這些憑證連接到資料來源。

（5）閘道將查詢發送到資料來源執行。

（6）結果從資料來源傳回到閘道，然後發送到雲端服務。

3）Windows 服務帳戶

本機資料閘道設定，對 Windows 服務登入憑證使用 NT SERVICE\ PBIEgwService。預設情況下，它有權作為服務登入。此憑證與用於連接到本機資料來源或 Azure 帳戶的帳戶不相同。

如果代理伺服器由於身份驗證而遇到問題，則可能需要將 Windows 服務帳戶更改為域使用者或託管服務帳戶。

4）通訊埠

閘道會建立與 Azure 服務匯流排之間的出站連接。它在以下出站通訊埠上進行通訊：TCP 443（預設值）、5671、5672、9350 ～ 9354。閘道不需要入站通訊埠。

建議在防火牆中將針對資料區域的 IP 位址列入白名單。可以下載 Microsoft Azure 資料中心 IP 清單，通常該清單每週都會更新。

Azure 資料中心 IP 列表中列出的 IP 位址，採用無類別域間路由選擇（Classless Inter- Domain Routing，CIDR）標記法。舉例來說，10.0.0.0/24 並不是指 10.0.0.0 ～ 10.0.0.24。

本機資料閘道使用的完全限定域名如表 9-6 所示。

表 9-6　閘道所用的完全限定域名總表

域名	出站通訊埠	說明
*.powerbi.com	80	用於下載該安裝程式的 HTTP
*.powerbi.com	443	HTTPS

域名	出站通訊埠	說明
*.analysis.windows.net	443	HTTPS
*.login.windows.net	443	HTTPS
*.servicebus.windows.net	5671、5672	進階訊息佇列協定 (AMQP)
*.servicebus.windows.net	443,9350 ～ 9354	透過 TCP 的服務匯流排中繼上的監聽器（需要 443 來取得存取控制權杖）
*.frontend.clouddatahub.net	443	HTTPS
*.core.windows.net	443	HTTPS
login.microsoftonline.com	443	HTTPS
*.msftncsi.com	443	在 Power BI 服務無法存取閘道時用於測試 Internet 連接
*.microsoftonline-p.com	443	用於根據設定進行身份驗證

可以強制閘道使用 HTTPS 而非直接用 TCP 與 Azure 服務匯流排進行通訊，但這樣做會顯著降低效能。強制與 Azure 服務匯流排進行 HTTPS 通訊需要修改 Microsoft.PowerBI. DataMovement. Pipeline.GatewayCore.dll.config 檔案，如下所示，將值從 AutoDetect 更改為 HTTPS。預設情況下，此檔案位於 C:\Program Files\On-premises data gateway。

```
<setting name="ServiceBusSystemConnectivityModeString" serializeAs="String">
<value>Https</value>
</setting>
```

5）故障排除

實質上，用於將 Azure 分析服務連接到本機資料來源的本機資料閘道與 Power BI，使用的是同一個閘道。

注意

遙測可用於監視和校正。啟用遙測，可透過以下步驟實現：

（1）檢視電腦上的本機資料閘道用戶端目錄。通常為 %systemdrive%\Program Files\On-premises data gateway。或者可以打開服務控制台，然後檢查可執行檔（本機資料閘道服務的屬性之一）的路徑。

（2）在客戶端目錄的 Microsoft.PowerBI.DataMovement.Pipeline.GatewayCore.dll.config 檔案中，將 SendTelemetry 設定更改為 true，如下所示。

```
<setting name="SendTelemetry" serializeAs="String">
        <value>true</value>
</setting>
```

（3）儲存更改並重新啟動 Windows 服務：本機資料閘道服務。

9.4.2 連接到伺服器

可以使用資料建模和管理應用程式連接到伺服器，例如使用 SQL Server 管理工作室（SSMS）或 SQL Server 資料工具（SSDT）連接到伺服器。或，透過使用用戶端報表應用程式，如 Microsoft Excel、Power BI Desktop 或自訂應用程式，使用 HTTPS 連接到 Azure 分析服務。

1. 用戶端函數庫

與伺服器的所有連接（無論任何連接類型）都需要更新後的 AMO、ADOMD. NET 和 OLEDB 用戶端函數庫，才能連接到分析服務伺服器。對 SQL Server 管理工作室（SSMS）、SQL Server 資料工具（SSDT）、Excel 2016 和 Power BI，最新的用戶端函數庫會每月發佈安裝或更新資訊。但是在某些情況下，應用程式可能不是最新版本（舉例來說，當策略延遲更新或 Office 365 更新在延期頻道上的情況下）。

2. 伺服器名稱

在 Azure 中建立分析服務伺服器時，可以指定唯一名稱以及要在其中建立伺服器的區域。在連接中指定伺服器名稱時，伺服器命名方案為：

```
<protocol>://<region>/<servername>
```

其中，protocol（協定）是字串 asazure，region（區域）是在其中建立伺服器的 URI（例如 westus.asazure.windows.net），servername（伺服器名稱）是該區域中的唯一伺服器名稱。

若要取得伺服器名稱，需要在 Azure 入口網頁中，點擊 Server>Overview>Server Name，然後複製整個伺服器名稱。如果組織中的其他使用者也要連接此伺服器,則可以將此伺服器名稱與他們共用。指定伺服器名稱時,必須使用完整路徑,如圖 9-21 所示。

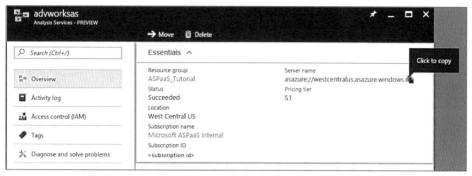

圖 9-21　分析服務預覽中指定伺服器名稱範例

3. 連接字串

使用表格物件模型連接到 Azure 分析服務時,使用以下連接字串格式:

■　整合的 Azure 主動目錄身份驗證

整合的身份驗證將選取 Azure 主動目錄憑證快取(如果可用)。如果不可用,則會顯示 Azure 登入視窗。

```
"Provider=MSOLAP;Data Source=<Azure AS instance name>;"
```

■　使用使用者名稱和密碼進行 Azure 主動目錄身份驗證

```
"Provider=MSOLAP;Data Source=<Azure AS instance name>;User ID=<user name>;
Pass word=<password>;Persist Security Info=True; Impersonation
Level=Impersonate;";
```

■　Windows 身份驗證(整合安全性)

使用執行目前處理程序的 Windows 帳戶。

```
"Provider=MSOLAP;Data Source=<Azure AS instance name>; Integrated
Security=SSPI;Persist Security Info=True;"
```

■　使用 .odc 檔案進行連接

在較舊版本的 Excel 中,使用者可以使用 Office 資料連接檔案(.odc)連接到 AzureAnalysis Services 伺服器。

9.4.3 使用 Excel 進行連接和瀏覽資料

在 Azure 中建立了一個伺服器並為其部署了一個表格模型之後，便可以連接和瀏覽資料了。在 Excel 2016 中透過「取得資料」可連接到 Excel 中的伺服器。不支援使用 Power Pivot 中的匯入表精靈進行連接。

在 Excel 2016 中連接，需要以下的步驟：

（1）在 Excel 2016 中的 Data 功能區上，點擊 Get External Data >From Other Source >From Analysis Services。

（2）在 Data Connection Wizard 的 Server name 中輸入伺服器名稱，包含協定和 URI。然後，在 Log on credentials 中選擇 Use the following User Name and Password，然後輸入組織的使用者名稱（例如 nancy@ adventureworks. com）和密碼，如圖 9-22 所示。

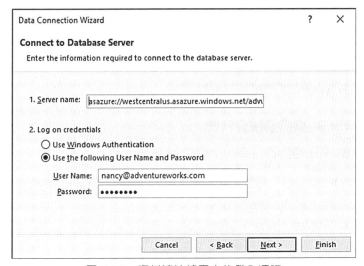

圖 9-22　資料連接精靈中的登入憑證

（3）在 Select Database and Table 步驟中選擇 Select the Database and Table/ Cube，然後點擊 Finish 按鈕，如圖 9-23 所示。

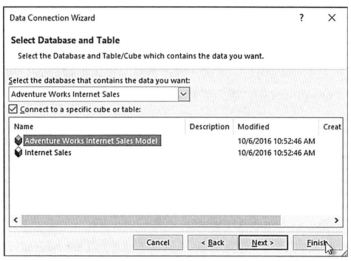

圖 9-23　在資料連接精靈中選擇資料庫和模型（或視圖）

9.4.4 使用 Power BI 連接和瀏覽資料

在 Azure 中建立了一個伺服器並為其部署一個表格模型之後，群組中的使用者便可以使用 Power BI 連接和瀏覽資料了。

1. 使用 Power BI 桌面連接資料庫

使用 Power BI 桌面連接資料庫，步驟如下：

（1）在 Power BI 桌面中，點擊 Get data>Azure> Azure Analysis Services Database。

（2）在 Server 中，輸入伺服器名稱。
請確保包含完整的網址。例如 asazure://westcentralus.asazure. windows.net/advworks。

（3）在 Database 中，如果知道要連接到的表格模類型資料庫或視圖的名稱，請將其貼上在此處。如果不知道，可以將此欄位留空，然後選擇資料庫或視圖。

（4）connection live 保留預設值選項，然後點擊 Connection。

（5）如果出現系統提示，請輸入登入憑證。

（6）在 Navigator 中，展開伺服器，選擇要連接到的模型或視圖，然後點擊 Connection。點擊模型或視圖會顯示該視圖的所有物件。

此時 Power BI 桌面會開啟模型，並在 Report 視圖中顯示空白報告。Field 清單會顯示所有非隱藏的模型物件。連接狀態顯示在右下角。

2. 使用 Power BI（服務）連接資料庫

使用 Power BI（服務）連接資料庫，步驟如下：

（1）建立一個 Power BI 桌面檔案，該檔案與伺服器上的模型具有即時連接特性。

（2）在 Power BI 中，點擊 Get data> Files 指令，找到並選擇所需檔案。

9.5 備份、恢復和建立高可用性

9.5.1 備份

在 Azure 分析服務中備份表格模類型資料庫與在本機分析服務中備份大致相同，主要區別在於儲存備份檔案的位置。備份檔案必須儲存到 Azure 儲存帳戶的容器中。可以使用已有儲存帳戶和容器，也可以在為伺服器設定儲存設定時建立它。需要注意的是，創建儲存帳戶會導致新的結算服務。備份以 .abf 副檔名儲存。對於記憶體中的表格模型將儲存模類型資料和中繼資料；對於直接查詢的表格模型將僅儲存模型中繼資料。根據選擇的選項，可以對備份進行壓縮和加密。

1. 設定儲存設定

備份前需要為伺服器設定儲存設定。

設定儲存設定的步驟如下：

（1）在 Azure 入口頁面，點擊 SETTINGS → Backups，如圖 9-24 所示。

（2）點擊 Enabled 按鈕，然後點擊 Storage Settings 選項，如圖 9-25 所示。

圖 9-24　設定儲存設定的設定標籤

圖 9-25　啟用儲存設定

（3）選擇儲存帳戶或建一個新的儲存帳戶。

（4）選擇 Container 或建立一個新的容器，如圖 9-26 所示。

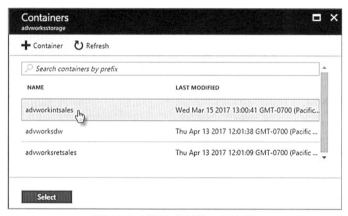

圖 9-26　選擇或新增一個容器

（5）點擊 Save 按鈕儲存備份設定，如圖 9-27 所示。每當更改儲存設定或啟用 / 禁用備份後，都必須儲存更改。

圖 9-27　儲存備份設定

2. 備份

使用 SQL Server 管理工作室備份資料庫檔案，步驟如下：

（1）在 SQL Server 管理工作室中，按右鍵某個資料庫，選擇 Back Up（備份指令）。

（2）點擊 Backup database> Backup File 指令，點擊 Browse。

（3）在 Save file as 對話方塊中，驗證資料夾路徑，然後輸入備份檔案的名稱。預設情況下，副檔名為 .abf。

（4）在 Backup database 對話方塊中，選擇對應的選項。

其中：選取 Allow to overwrite 選項可覆蓋具有相同名稱的備份檔案。如果未選取此選項，則要儲存的檔案不能與同一位置中已存在的檔案具有相同的名稱。選取 Apply compression 選項可壓縮備份檔案。壓縮備份檔案可節省磁碟空間，但需要較高的 CPU 使用率。選取 Encrypt backup file 選項可加密備份檔案。此選項需要使用者提供密碼來保護備份檔案。密碼可防止對備份檔案的讀取，而非恢復操作。如果選擇加密備份，請將密碼儲存在安全的位置。

（5）點擊 OK 按鈕建立並儲存備份檔案。

9.5.2 還原

還原時，備份檔案必須儲存在已為伺服器設定的儲存帳戶中。如果需要將備份檔案從本機位置移到儲存帳戶，可使用微軟 Azure 儲存資源管理員或 AzCopy 命令列實用工具。

> **注意**
>
> 如果要從本機 SQL Server 分析服務伺服器還原表格模類型資料庫，必須先從該模型的角色中刪除所有域使用者，然後再將這些使用者作為 Azure 主動目錄用戶重新增加到這些角色。角色必須是相同的。

使用 SQL Server 管理工作室（SSMS）還原檔案時，步驟如下：

（1）在 SQL Server 管理工作室（SSMS）中，按右鍵某個資料庫，轉到 Restore 頁面進行還原。

（2）在 Backup database 對話方塊的 Backup files 標籤中點擊 Browse 按鈕對檔案進行瀏覽。

（3）在 Locate database files 對話方塊中選擇要還原的檔案。

（4）在 Restore database 中選擇 Database。指定對應的資料庫檔案選項。安全
選項必須與備份時使用的備份選項相比對。

9.5.3 高可用性

Azure 資料中心可能會發生服務中斷現象。雖然這種情況較為罕見，但為避免
服務中斷帶來的風險，必須採取對應的保護措施，確保 Azure 分析服務伺服器
的高可用性。

服務中斷發生時，會導致業務中斷，這可能持續幾分鐘，甚至數小時。一般來
說透過伺服器容錯實現高可用性，借助 Azure 分析服務，可以透過在一個或多
個區域中建立附加的次要伺服器實現容錯。建立容錯伺服器時，要確保這些伺
服器上的資料和中繼資料與區域中已離線的伺服器同步。其方法有以下兩種：

- 將模型部署到其他區域中的容錯伺服器。此方法要求平行處理主要伺服器
  和容錯伺服器上的資料，確保所有伺服器都處於同步狀態。
- 從主要伺服器備份資料庫，並在容錯伺服器上還原。舉例來說，可以在每
  天空閒時段（如夜間）自動將資料庫備份到 Azure 儲存，並還原到其他區
  域的容錯伺服器中。

在上述任一情況下，如果主要伺服器發生服務中斷，都必須更改報表用戶端的
連接字串，以連接到不同區域資料中心的伺服器。這種變化應被視為最後的方
法，僅在發生災難性區域資料中心服務中斷時適用。很可能在更新所有用戶端
上的連接之前，託管主伺服器的資料中心服務中斷會恢復到連線狀態。

9.6 建立範例

9.6.1 範例 1：建立一個新的表格模型專案

使用 SQL Server 資料工具（SSDT）在 1400 相容等級建立新的表格模型專案。
建立新專案後，可以增加資料並建立模型。

建立一個新的表格模型專案，步驟如下：

（1）在 SQL Server 資料工具中，File 選單上，執行 New > Project 指令。

（2）在 New Project 對話方塊中，執行 Installed>Business Intelligence>Analysis Services 指令，然後點擊 Analysis Services Tabular Project。

（3）在 Name 輸入框中輸入 AW Internet Sales，然後指定專案檔案的位置。
預設情況下，解決方案名稱與專案名稱相同；當然也可以輸入不同的解決方案名稱。

（4）點擊 OK 按鈕。

（5）在 Tabular model designer 對話方塊中選擇 Integrated workspace。工作區在模型創作期間託管與專案名稱相同的表格模類型資料庫。整合工作區表示 SQL Server 資料工具（SSDT）使用內建實例，無須安裝單獨的分析服務伺服器實例，而僅用於模型創作。

（6）在 Compatibility level 下拉清單中選擇 SQL Server 2017 / Azure Analysis Services（1400），如圖 9-28 所示。

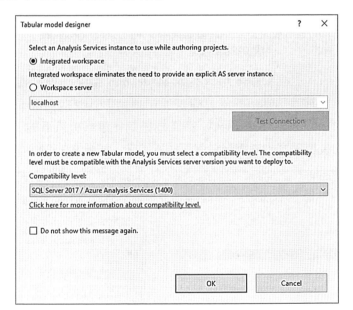

圖 9-28　選擇相容性等級

如果在相容性等級列表方塊中沒有看到 SQL Server 2017 / Azure Analysis Services（1400）選項，則不能使用最新版本的 SQL Server 資料工具。要取得最新版本，請到下述網址下載：https: //docs.microsoft.com/sql/ssdt/download-sql-server-data-tools-ssdt。

專案建立後，將在 SQL Server 資料工具（SSDT）中開啟。在該視窗右側的表格模型管理員中，可以看到模型中物件的樹狀視圖。由於尚未匯入資料，所以資料夾為空。可以按右鍵目的檔夾來執行操作，類似功能表列。當完成本實例時，可以使用表格模型管理員來導航模型專案中的不同物件，如圖 9-29 所示。

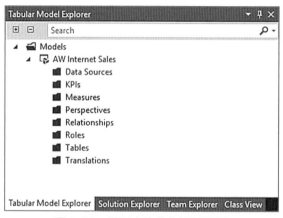

圖 9-29　模型中物件的樹狀視圖

在 Solution Explorer 視窗中，可以看到 Model.bim 檔案。如果沒有看到左側的設計器視窗（帶有 Model.bim 標籤的空白視窗），則在 Solution Explorer 視窗中，雙擊 AW Internet Sales（AW 網際網路銷售專案）項下的 Model.bim 檔案，其包含的模型專案的中繼資料就可顯示出來，如圖 9-30 所示。

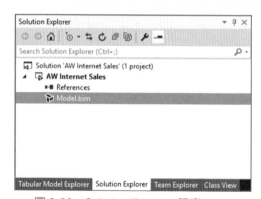

圖 9-30　Solution Explorer 視窗

圖 9-31　模型屬性

點擊 Model.bim 檔案在 Properties 視窗將看到模型屬性。其中最重要的是 DirectQuery Mode 屬性，用於指定模型是否以記憶體模式或直接查詢模式建立和部署模型，如圖 9-31 所示。在本例中，將以記憶體模式建立和部署模型。

建立模型專案時，可根據 Option（選項）對話方塊 Tools >Option 指令中指定的 Data modeling 自動設定某些模型屬性。資料備份、工作區保留和工作區伺服器屬性指定工作區資料庫如何備份以及在哪裡備份，均保留在記憶體中。如果需要，可以稍後更改這些設定，但現在請保留這些屬性。

在 Solution Explorer 視窗中，按右鍵 AW Internet Sales，然後點擊 Properties 選項，出現 AW 網際網路銷售屬性頁對話方塊，稍後可在部署模型時設定其中的某些屬性。

當安裝 SQL Server 資料工具時，有幾個新的選單項會被增加到 Visual Studio 環境中。點擊 Model 選單，從這裡可以匯入資料、更新工作區資料、在 Excel 中瀏覽模型、建立視圖和角色、選擇模型視圖，並設定計算選項。點擊 Table 選單，從這裡可以建立和管理關係、指定日期表設定、建立分區和編輯表屬性。如果點擊 Column 選單，可以添加和刪除表中的列、凍結列和指定排序順序。SQL Server 資料工具還在欄中增加了一些按鈕，最有用的 AutoSum 功能為選定的列建立標準聚合度量。其他工具列按鈕可以快速存取常用功能和指令。

需熟悉特定於創作表格模型的各種功能的對話方塊和位置。雖然一些專案尚未啟動，但可以了解表格模型的創作環境。

9.6.2 範例 2：取得資料

可以使用 SQL Server 資料工具（SSDT）的取得資料功能建立與 AdventureWorksDW 2014 範例資料庫的連接，選擇、預覽和過濾資料，然後匯入到模型工作區。透過使用 Get Data 功能，就可以從 Azure SQL、Oracle、Sybase、OData Feed、Teradata 等各種來源中匯入資料。當然，也可以使用 Power Query 的 M 函數查詢資料，M 函數是 Power Query 專用的函數語法，使用它可以自由靈活地完成資料匯入、整合、加工處理等工作。

1. 建立連接

建立到 AdventureWorksDW 2014 資料庫的連接，步驟如下：

（1）在 Tabular Model Explorer 視窗中，按右鍵 Data Source 選擇 Import from Data Source 指令。

將會啟動 Get Data 視窗，它指導使用者連接資料來源，如圖 9-32 所示。如果沒有看到表格模型資源管理員，可在方案總管中雙擊 Model.bim 檔案，在設計器中打開模型。

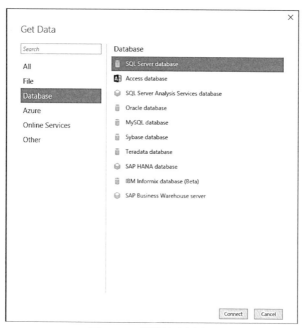

圖 9-32　選擇資料來源

（2）點擊 Database> SQL Server database，再點擊 Connect 按鈕。

（3）在 SQL Server database 對話方塊的 Server 中，輸入安裝 AdventureWorksDW 2014 資料庫的伺服器的名稱，然後點擊 Connect 按鈕。

（4）當提示輸入憑證時，需要指定分析服務在匯入和處理資料時用於連接到資料源的憑證。在 Impersonation Mode 下拉清單中選擇 Impersonation Account，然後輸入憑證，點擊 Connect 按鈕進行連接。建議讀者使用不會過期的帳戶，如圖 9-33 所示。

注意

Windows 使用者帳戶和密碼提供了連接到資料來源的最安全的方法。

圖 9-33　使用 Windows 使用者帳戶和密碼

（5）在 Navigator 對話方塊中選擇 AdventureWorksDW 2014 資料庫，然後點擊 OK 按鈕，建立與資料庫的連接。

（6）然後選取以下的核取方塊：DimCustomer、DimDate、DimGeography、 DimProduct、DimProductCategory、DimProductSubcategory 和 FactInternetSales，如圖 9-34 所示。

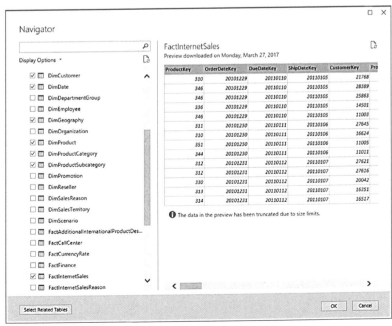

圖 9-34　資料庫的顯示選項

點擊 OK 按鈕後，開啟查詢編輯器。

2. 過濾表資料

AdventureWorksDW 2014 範例資料庫中的表，含有不需要包含在模型中的資料。如果可能，應盡可能過濾掉不必要的資料，以儲存模型使用的記憶體空間。方法是從表中篩選出一些列，使它們不被匯入到工作區資料庫中，也可以在模類型資料庫部署之後再將其匯入。

匯入之前過濾表資料的步驟如下：

（1）在 Query Editor 中，選擇 DimCustomer 表，出現資料源（讀者的 AdventureWorksDW 2014 範例資料庫）DimCustomer 表。

（2）選擇（按 Ctrl + 點擊可多選）「西班牙文教學」「法文教學」「西班牙文考試」「法文考試」列，按右鍵，然後執行 Remove Columns 指令，如圖 9-35 所示。

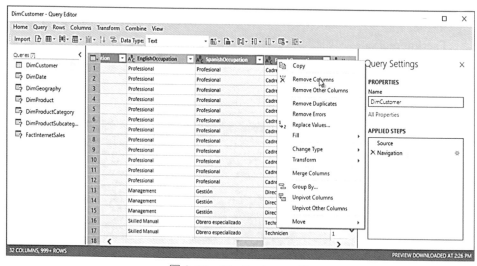

圖 9-35　DimCustomer 表

由於這些列的值與 Internet 銷售分析無關，因此無須匯入這些列。消除不必要的列可使模型更小、更有效率。

（3）透過刪除每個表中的以下列來過濾剩餘的表，實際內容如表 9-7 所示。

表 9-7　刪除的列

表名	刪除的列
DimDate	DateKey
	SpanishDayNameOfWeek
	FrenchDayNameOfWeek
	SpanishMonthName
	FrenchMonthName
DimGeography	SpanishCountryRegionName
	FrenchCountryRegionName
	IpAddressLocator
DimProduct	SpanishProductName
	FrenchProductName
	FrenchDescription
	ChineseDescription
	ArabicDescription
	HebrewDescription
	ThaiDescription
	GermanDescription
	JapaneseDescription
	TurkishDescription
DimProductCategory	SpanishProductCategoryName
	FrenchProductCategoryName
DimProductSubcategory	SpanishProductSubcategoryName
	FrenchProductSubcategoryName
FactInternetSales	OrderDateKey
	DueDateKey
	ShipDateKey

3. 匯入選定的表和列資料

現在已預覽並過濾出不必要的資料，這樣就可以匯入所需的其餘資料了。該精靈將匯入表資料以及表之間的任何關係，在模型中建立新的表和列，但不會匯入過濾出的資料。

匯入選定的表和列資料，步驟如下：

（1）檢視使用者的選擇。如果一切正常，點擊 Import 按鈕。Data Processing 對話方塊顯示從資料來源匯入到工作區資料庫的資料狀態，如圖 9-36 所示。

（2）點擊 Close 按鈕。

圖 9-36　工作區資料庫的資料狀態

4. 儲存模型專案

經常儲存模型專案很重要。儲存模型專案的操作非常簡單，只需執行 File> Save All 指令即可。

在本節，讀者匯入了名為 DimDate 的維度資料表。在讀者的模型中，這個表被命名為 DimDate。當然，它也可以被稱為 Date 表，因為它包含日期和時間資料。

9.6.3 範例 3：標記為日期表

在標記日期表和日期列之前，先做一些必要的準備工作，使自己的模型更容易了解。DimDate 表中有一個名為 FullDateAlternateKey 的列，包含在每個日歷年的每一天的一行。此列可用於很多測量公式和報告，但是 FullDateAlternateKey 並不是這個列的好的識別符號。若將其重新命名為

Date，那麼將使其更容易識別和包含在公式中。只要有可能，請重新命名表和列等物件名稱，這樣更容易在 SQL Server 資料工具和用戶端報表應用程式（如 Power BI 和 Excel）中進行識別。

重新命名 FullDateAlternateKey 列的步驟如下：

（1）在 Model Designer 中點擊 DimDate 表。

（2）雙擊 FullDateAlternateKey 列的標題，然後將其重新命名為 Date。

將標記設定為日期表，步驟如下：

（1）選擇 Date 列，然後在 Properties 視窗的資料類型下，確保選擇日期。

（2）執行 Date Table 指令，然後點擊標記為 Date Table。

（3）在 Mark as Date Table 對話方塊的 Date 下拉式選單中，選擇 Date 列作為唯一識別符號。通常預設選擇該列。點擊 OK 按鈕，如圖 9-37 所示。

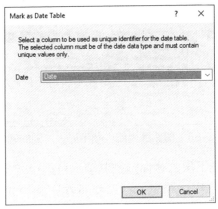

圖 9-37　標記為日期表對話方塊

9.6.4 範例 4：建立關係

關係是兩個表之間的連接，用於確定這些表中的資料應如何相關。例如，DimProduct 表和 DimProductSubcategory 表具有以每個產品屬於子類別為基礎的事實的關係。

1. 檢視現有關係並增加新關係

當透過使用取得資料功能匯入資料時，將從 AdventureWorksDW 2014 資料庫獲得 7 個表。一般來説從關係源匯入資料時，現有關係將自動與資料一起匯入。但是，在繼續創建模型之前，通常應該驗證表之間的關係是否正確被建立。在本範例中，將增加 3 個新的關係。

檢視現有的關係，步驟如下：

（1）執行 Model >Model view>Diagram view 指令。模型設計現在出現在關係圖視圖中，在視圖中顯示出前面匯入的所有表之間的關係，用連線表示匯入資料時自動建立的關係，如圖 9-38 所示。

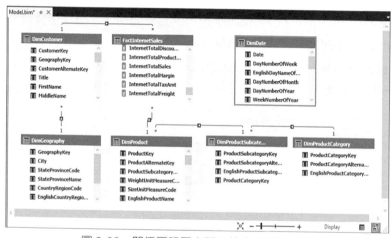

圖 9-38　關係圖視圖中顯示的表之間的關係

透過使用模型設計器右下角的迷你圖控制項，可盡可能多地包含表格。讀者也可以單擊並滑動表到不同的位置，使表接近在一起，或將它們放在特定的順序。移動表不影響表之間的關係。要檢視特定表中的所有列，請點擊並滑動表邊緣，以擴大或縮小該表。

（2）點擊 DimCustomer 表和 DimGeography 表之間的實線。這兩個表之間的實線表示此關係是活動的，也就是説，在計算 DAX 公式時會預設使用此關係。

> **注意**
>
> DimCustomer 表的 GeographyKey 列和 DimGeography 表的 GeographyKey 列在一個框中顯示。這些列用於表明相互之間的關係。關係的屬性現在也顯示在 Property 視窗中。

（3）驗證當從 AdventureWorksDW 資料庫匯入每個表時，建立了如表 9-8 所示的關係。

表 9-8　表之間的關係

活性	表	相關查閱表料表
是	DimCustomer [GeographyKey]	DimGeography [GeographyKey]
是	DimProduct [ProductSubcategoryKey]	DimProductSubcategory [ProductSubcategoryKey]
是	DimProductSubcategory [ProductCategoryKey]	DimProductCategory [ProductCategoryKey]
是	FactInternetSales [CustomerKey]	DimCustomer [CustomerKey]
是	FactInternetSales [ProductKey]	DimProduct [ProductKey]

如果任何關係丟失，請驗證模型是否包含以下表：DimCustomer、DimDate、DimGeography、DimProduct、DimProductCategory、DimProductSubcategory 和 FactInternetSales。

如果來自相同資料來源的表在不同時間匯入，則不會建立這些表之間的任何關係，此時必須手動重新建立這些關係。

2. 關注更多細節

在圖 9-39 所示視圖中，可以看到箭頭、星號以及表之間關係連線上的數字。

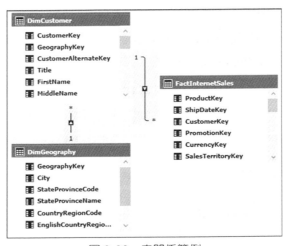

圖 9-39　表關係範例

其中，箭頭顯示篩選器方向；星號顯示此表是關係基數的多端；1 顯示此表是關係中的 " 一 " 端。如果需要編輯一個關係（例如更改關係的篩選器方向或基數），請雙擊關係線條，以開啟 Edit Relationship 對話方塊，如圖 9-40 所示。

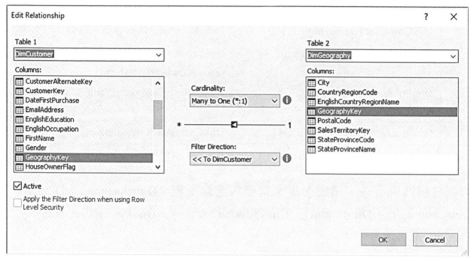

圖 9-40　Edit Relationship 對話方塊

在某些情況下，可能需要在模型的表之間建立其他關係，以支援某些業務邏輯。對於本例，需要在 FactInternetSales 表和 DimDate 表之間建立 3 個附加關係。

在表之間增加新的關係，步驟如下：

（1）在 Model Designer 的 FactInternetSales 表中，單選 OrderDate 列，然後將游標滑動到 DimDate 表的 Date 列，然後釋放。

此時兩表間將顯示一條實線，表示已經在 FactInternetSales 表的 OrderDate 列和 DimDate 表的 Date 列之間建立了活動關係，如圖 9-41 所示。

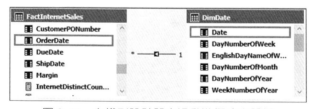

圖 9-41　在模型設計器中滑動游標建立關係

建立關係時，會自動選擇主資料表和相關查閱資料表之間的基數和篩選器方向。

（2）在 FactInternetSales 表中，選取 DueDate 列，然後滑動游標到日期列 DimDate 表，然後釋放滑鼠。

此時兩表間將顯示一條虛線，表示已經在 FactInternetSales 表的 DueDate 列和 DimDate 表的 Date 列之間建立了非活動關係。可以在表之間建立多個關係，但每次只能有一個關係處於活動狀態。可將非活動關係設為活動狀態，以便在自訂 DAX 運算式中執行特殊聚合。

（3）最後，再創造一個關係。在 FactInternetSales 表中，選取 ShipDate 列，將游標滑動到 DimDate 表的 Date 列，然後釋放滑鼠，如圖 9-42 所示。

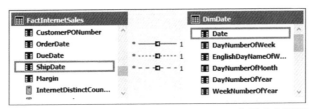

圖 9-42　在 FactInternetSales 與 DimDate 之間建立關係

9.6.5 範例 5：建立計算列

在本節中，我們將透過建立計算列在模型中建立資料。讀者可以使用查詢編輯器或模型設計器的更新版本（如本例）來實施建立計算列（作為自訂列）。舉例來說，可以在 3 個不同的表中建立 5 個新的計算列。雖然每個工作的步驟略有不同，但這裡主要展示有幾種方法可以建立列，重新命名它們，並將它們放在表的不同位置。此範例第一次使用了資料分析運算式（DAX）。DAX 是為表格模型建立高度可訂製的公式運算式的特殊語言。在本範例中，讀者可以使用 DAX 建立計算列、度量和角色篩檢程式。

1. 在 DimDate 表中建立 MonthCalendar 計算列

在 DimDate 表中建立 MonthCalendar 計算列，步驟如下：

（1）執行 Model> Model View >Data View 指令。計算列只能透過在資料視圖中使用模型設計器來建立。

（2）在 Model Designer 中點擊 DimDate 表標籤。

（3）按右鍵 CalendarQuarter 列標題，然後執行 Add Columns 指令。一個名為 CalculatedColumn 1 的列將插入到 Calendar Quarter 列的左側。

（4）在表格上方的公式欄中輸入以下 DAX 公式，AutoComplete 可以幫助讀者輸入列和表的全限定名稱，並列出可用的功能：

```
=RIGHT(" " & FORMAT([MonthNumberOfYear],"#0"), 2) & " - " & [EnglishMonthName]
```

然後為計算列中的所有行填充值。如果向下捲動表格，可以根據每行的資料看到該列的行具有不同的值。

（5）將此列重新命名為 MonthCalendar，如圖 9-43 所示。

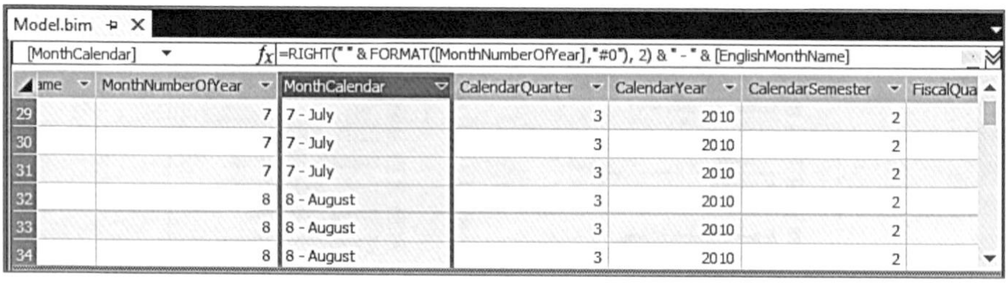

圖 9-43　將列重新命名為 MonthCalendar

MonthCalendar 計算列為 Month 提供了可排序的名稱。

2. 在 DimDate 表中建立 DayOf Week 計算列

在 DimDate 表中建立 DayOf Week 計算列，步驟如下：

（1）在 DimDate 表仍處於活動狀態時，點擊 Column 選單，然後執行 Add Columns 指令。

（2）在公式欄中輸入以下公式：

```
=R IGHT(" " & FORMAT([DayNumberOfWeek],"#0"), 2) & " - " & [EnglishDayNameOfWeek]
```

完成公式後，按 Enter 鍵將新列增加到表的最右側。

（3）將列重新命名為 DayOf Week。

（4）點擊列標題，然後將該列拖放到 EnglishDayNameOfWeek 列和 DayNumberOfMonth 列之間。

DayOf Week 計算列提供了星期幾可排序的名稱。

3. 在 DimProduct 表中建立一個 ProductSubcategoryName 計算列

在 DimProduct 表中建立一個 ProductSubcategoryName 計算列，步驟如下：

（1）在 DimProduct 表中，捲動到表格的最右側，最右邊的列名為 Add Column，單擊該列標題。

（2）在公式欄中輸入以下公式：

```
=RELATED('DimProductSubcategory'[EnglishProductSubcategoryName])
```

（3）將列重新命名為 ProductSubcategoryName。

ProductSubcategoryName 計算列用於在 DimProduct 表中建立一個層次結構，其中包括表 DimProductSubcategory 中的 EnglishProductCategoryName 列的資料。注意，層次結構不能跨越多個表。

4. 在 DimProduct 表中建立 ProductCategoryName 計算列

在 DimProduct 表中建立 ProductCategoryName 計算列，步驟如下：

（1）在 DimProduct 表仍然處於活動狀態時，點擊 Column 選單，然後執行 AddColumns 指令。

（2）在公式欄中輸入以下公式：

```
=RELATED('DimProductCategory'[EnglishProductCategoryName])
```

（3）將列重新命名為 ProductCategoryName。

ProductCategoryName 計算列用於在 DimProduct 表中建立一個層次結構，其中包含表 DimProductCategory 中的 EnglishProductCategoryName 列的資料。注意，層次結構不能跨越多個表。

5. 在 FactInternetSales 表中建立 Margin（保證金）計算列

在 FactInternetSales 表中建立 Margin 計算列，步驟如下：

（1）在模型設計器中選擇 FactInternetSales 表。

（2）在 SalesAmount 列和 TaxAmt 列之間建立一個新的計算列。

（3）在公式欄中輸入以下公式：

```
=[SalesAmount]-[TotalProductCost]
```

（4）將列重新命名為 Margin，如圖 9-44 所示。

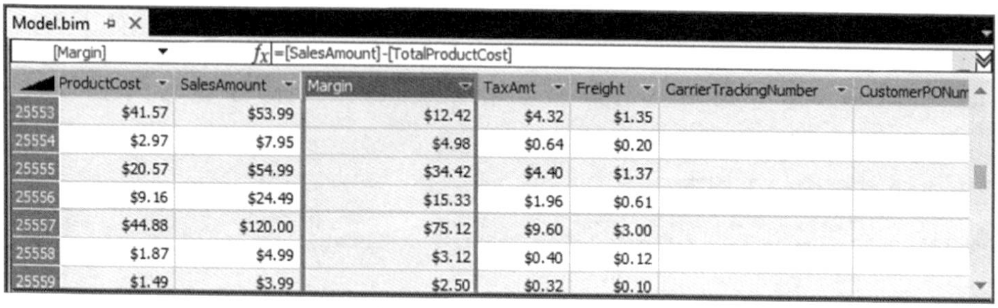

圖 9-44　將列重新命名

Margin 計算列用於分析每項銷售的利潤。

9.6.6 範例 6：建立度量

在本節中，我們將建立包含在模型中的度量。與建立計算列類似，度量是使用 DAX 公式建立的計算。但是，與計算列不同的是，以使用者選擇為基礎的篩檢程式來評估度量，例如增加到樞紐分析表中行標籤欄位的特定列或切片器。然後透過應用的度量計算過濾器中每個儲存格的值。度量是強大而靈活的計算，能夠包含在幾乎所有的表格模型中，以對數字資料執行動態計算。

要建立度量，可以使用測量網格（Measure Grid）。預設情況下，每個表都有一個空的測量網格，但是，通常不會為每個表建立度量。在資料視圖中，測量網格出現在模型設計器中表格的下方。要隱藏或顯示表的測量網格，可執行 Table>Show Measure Grid 指令。

可以通過點擊測量網格中的空儲存格，並在公式欄中輸入 DAX 公式來建立度量。當按 Enter 鍵完成公式後，度量將出現在儲存格中。還可以使用標準聚合功能點擊列創建度量，然後點擊工具列上的自動整理按鈕 Σ。使用 AutoSum 功能建立的度量可以直接顯示在列下方的測量網格儲存格中，並且可以移動。

在本範例中，可以透過在公式欄中輸入 DAX 公式並使用 AutoSum 功能來建立度量。

1. 在 DimDate 表中建立 DaysCurrentQuarterToDate 度量

在 DimDate 表中建立 DaysCurrentQuarterToDate 度量，步驟如下：

（1）在 Model Designer 中點擊 DimDate 表。

（2）在 Measure Grid 中點擊左上角的空白儲存格。

（3）在公式欄中輸入以下公式：

```
DaysCurrentQuarterToDate:=COUNTROWS( DATESQTD( 'DimDate'[Date]))
```

請注意，左下角的儲存格現在包含度量名稱 DaysCurrentQuarterToDate，後跟結果 92，如圖 9-45 所示。

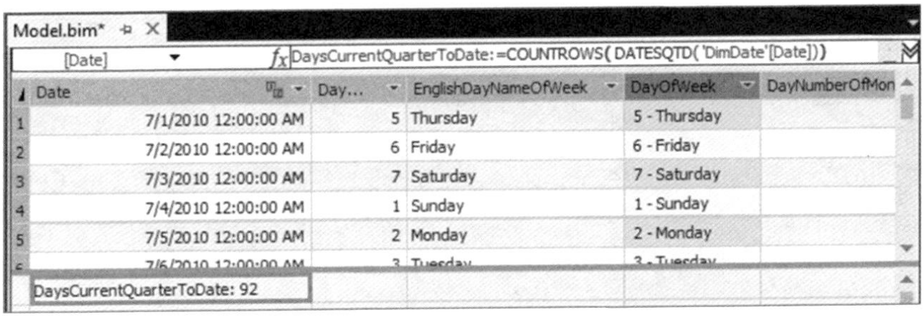

圖 9-45　建立一個 DaysCurrentQuarterToDate 度量

與計算列不同，使用度量公式可以輸內分支度量名稱，後跟冒號，接公式運算式。

2. 在 DimDate 表中建立 DaysInCurrentQuarter 度量

在 DimDate 表中建立 DaysInCurrentQuarter 度量，步驟如下：

（1）模型設計時，在 DimDate 表依然活躍狀態下，點擊測量網格所建立的度量下方的空白儲存格。

（2）在公式欄中輸入以下公式：

```
DaysInCurrentQuarter:=COUNTROWS( DATESBETWEEN( 'DimDate'[Date],
STARTOFQUARTER( LASTDATE('DimDate'[Date])),
ENDOFQUARTER('DimDate'[Date])))
```

建立一個不完整期與上一期間的比較對比。公式必須計算已經過去的時期的比例，並將其與前一期間的比例進行比較。在這種情況下，[DaysCurrentQuarterToDate] / [DaysInCurrentQuarter] 列出了目前時期的經過比例。

3. 在 FactInternetSales 表中建立 InternetDistinctCountSalesOrder 度量

在 FactInternetSales 表中建立 InternetDistinctCountSalesOrder 度量的步驟如下:

(1)點擊 FactInternetSales 表。

(2)點擊 SalesOrderNumber 列標題。

(3)在工具列上,點擊 AutoSum (Σ) 按鈕旁邊的向下箭頭,然後選擇
DistinctCount,如圖 9-46 所示。

AutoSum 功能使用 DistinctCount 標準聚合公式自動建立所選列的度量。

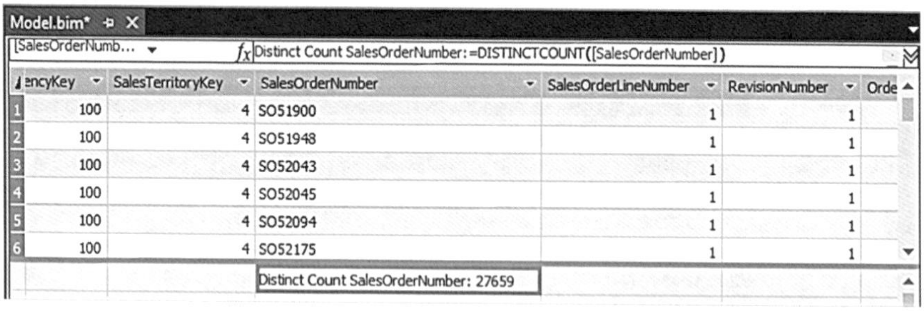

圖 9-46　建立 InternetDistinctCountSalesOrder 度量

(4)在測量網格中,點擊新度量,然後在屬性視窗的度量名稱中,將度量重新
命名為 InternetDistinctCountSalesOrder。

4. 在 FactInternetSales 表中建立其他度量

在 FactInternetSales 表中建立其他度量,步驟如下:

(1)透過使用 AutoSum 功能,建立並命名以下度量,如表 9-9 所示。

表 9-9　在 FactInternetSales 表中建立的其他度量

列	測量名稱	AutoSum (Σ)	公式
SalesOrderLineNumber	InternetOrderLinesCount	Count	= COUNTA ([SalesOrderLineNumber])
OrderQuantity	InternetTotalUnits	Sum	= SUM([OrderQuantity])
DiscountAmount	InternetTotalDiscount Amount	Sum	= SUM([DiscountAmount])
TotalProductCost	InternetTotalProductCost	Sum	= SUM([TotalProductCost])
SalesAmount	InternetTotalSales	Sum	= SUM([SalesAmount])

列	測量名稱	AutoSum （Σ）	公式
Margin	InternetTotalMargin	Sum	= SUM（Margin]）
TaxAmt	InternetTotalTaxAmt	Sum	= SUM（[TaxAmt]）
Fright	InternetTotalFreight	Sum	= SUM（[Freight]）

（2）通過點擊測量網格中的空白儲存格，使用公式欄建立並按順序命名以下度量：

```
InternetPreviousQuarterMargin:=CALCULATE([InternetTotalMargin],PREVIOUSQUARTER
('DimDate'[Date]))

InternetCurrentQuarterMargin:=TOTALQTD([InternetTotalMargin],'DimDate'[Date])

InternetPreviousQuarterMarginProportionToQTD:=[InternetPreviousQuarterMargin]*
([DaysCurrentQuarterToDate]/[DaysInCurrentQuarter])

InternetPreviousQuarterSales:=CALCULATE([InternetTotalSales],PREVIOUSQUARTER('
DimDate'[Date]))

InternetCurrentQuarterSales:=TOTALQTD([InternetTotalSales],'DimDate'[Date])

InternetPreviousQuarterSalesProportionToQTD:=[InternetPreviousQuarterSales]*([
DaysCurrentQuarterToDate]/[DaysInCurrentQuarter])
```

為 FactInternetSales 表建立的度量，可用於分析使用者選擇的篩檢程式定義的專案的關鍵財務資料，如銷售、成本和利潤率。

9.6.7 範例 7：建立關鍵績效指標

建立關鍵績效指標（Key Performance Indicator，KPI）是指透過對組織內部流程的輸入端、輸出端的關鍵參數進行設定、取樣、計算、分析。衡量流程績效的目標式量化管理指標是把企業的戰略目標分解為可操作的工作目標的工具，同時也是企業績效管理的基礎。

1. 建立 InternetCurrentQuarterSalesPerformance KPI

建立 InternetCurrentQuarterSalesPerformance KPI，步驟如下：

（1）在 Model Designer 中點擊 FactInternetSales 表。

（2）在 Measure grid 中，點擊一個空白儲存格。

（3）在表格上方的公式欄中輸入以下公式：

```
InternetCurrentQuarterSalesPerformance := DIVIDE([InternetCurrentQuarterSales]/
[InternetPreviousQuarterSalesProportionToQTD],BLANK())
```

此措施作為 KPI 的基本測量。

（4）按右鍵 InternetCurrentQuarterSalesPerformance，在出現的快顯功能表中選擇 CreateKPI 指令。

（5）在出現的 Key Performance Indicator（KPI）對話方塊中，在 Target 下拉式選單中選擇 Absolute value，然後輸入 "1.1"。

（6）在左（低）滑桿中輸入 "1"，在右（高）滑桿中輸入 "1.07"。

（7）在 Select icon style 列表中，選擇鑽石（紅色）、三角形（黃色）和圓形（綠色）圖示，如圖 9-47 所示。

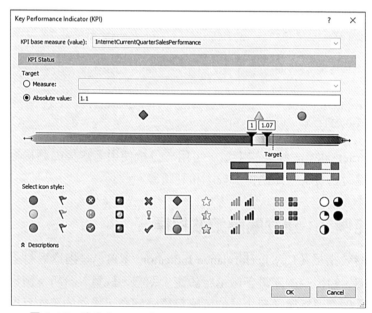

圖 9-47　建立 InternetCurrentQuarterSalesPerformance KPI

（8）點擊 OK 按鈕完成 KPI。

在測量網格中，注意 InternetCurrentQuarterSalesPerformance 度量旁邊的圖示，該圖標表示此度量值作為 KPI 的基準值。

2. 建立 InternetCurrentQuarterMarginPerformance KPI

建立 InternetCurrentQuarterMarginPerformance KPI，步驟如下：

（1） 在 FactInternetSales 表的度量網格中點擊一個空白儲存格。

（2） 在表格上方的公式欄中輸入以下公式：

```
InternetCurrentQuarterMarginPerformance :=IF([InternetPreviousQuarterMarginPro
portionToQTD]<>0,([InternetCurrent
QuarterMargin]-[InternetPreviousQuarterMarginProportionToQTD])/[InternetPrevio
usQuarterMarginProportionToQTD],BLANK())
```

（3） 按右鍵 InternetCurrentQuarterMarginPerformance，在出現的快速選單中選
　　　擇 Create KPI 指令。

（4） 在出現的 Key Performance Indicator（KPI）對話方塊中，在 Target 下拉式
　　　選單中選擇 Absolute value，然後輸入 "1.25"。

（5） 滑動左（低）滑桿，直到顯示 "0.8"，然後滑動右（高）滑桿，直到顯示
　　　"1.03"。

（6） 在 Select icon style 列表中，選擇菱形（紅色）、三角形（黃色）和圓形
　　　（綠色）圖示，然後點擊 OK 按鈕。

9.6.8 範例 8：建立視圖

本節範例將建立一個網際網路銷售視圖。此視圖定義了一個模型的可視子集，
該模型提供了重點突出的，特定於業務或應用的觀點。當使用者透過視圖連接
到模型時，他們僅將那些模型物件（表、列、度量、層次結構和 KPI）視為在
該視圖中定義的欄位。

本節建立的網際網路銷售視圖不包含 DimCustomer 表物件。當讀者建立從視圖
中排除某些物件的視圖時，該物件仍然存在於模型中，但是，它在報告用戶端
欄位清單中不可見。包含在視圖中的計算列和度量仍然可以從被排除的物件資
料計算。

本節的目的是描述如何建立視圖並熟悉表格模型創作工具。如果稍後將此模型
擴充為包含其他表，則可以建立其他視圖以定義模型的不同視點，例如庫存和
銷售。

建立網際網路銷售視圖的步驟如下：

（1）執行 Model >Perspectives> Create and Manage 指令。

（2）在 Perspectives 對話方塊中點擊 New Perspectives 按鈕。

（3）雙擊 New Perspectives 列標題，然後重新命名為 Internet Sales（網際網路銷售）。

（4）選擇除 DimCustomer 之外的所有表，如圖 9-48 所示。

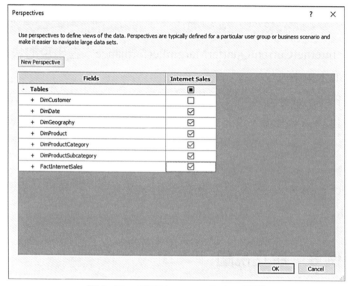

圖 9-48　建立 Internet Sales 視圖

之後，可以使用 Excel 的分析功能來測試此透視圖。Excel 樞紐分析表包含除 DimCustomer 表之外的所有表。

9.6.9 範例 9：建立層次結構

在本節我們將學習建立層次結構。層次結構是排列在層次中的列群組。舉例來說，地理層次結構，可能具有國家、省、市、縣的子等級。層次結構可以與報告用戶端應用程式字段清單中的其他列分開顯示，使用戶端使用者更輕鬆地導覽並包含在報告中。

要建立層次結構，可使用圖表格視圖的模型設計器。資料視圖不支援建立和管理層次結構。

1. 在 DimProduct 表中建立類別層次結構

在 DimProduct 表中建立類別層次結構，步驟如下：

（1）在「模型設計器（關係圖視圖）」中，執行 DimProduct> Create Hierachy（創建層次結構）指令。新的層次結構顯示在表格視窗的底部，重新命名為 Category（類別）。

（2）點擊並將 ProductCategoryName 列滑動到新的類別層次結構。

（3）在 Category 層次結構中，按右鍵 ProductCategoryName，選擇 Rename 指令，然後輸入 Category。注意，重新命名層次結構中的列，不會重新命名原表中的列。層次結構中的列只是表中列的表示。

（4）點擊並將 ProductSubcategoryName 列拖到 Category 層次結構中，重新命名為 Subcategory。

（5）按右鍵 ModelName 列 Add to hierachy，然後選擇 Category，重新命名為 Model。

（6）最後，增加 EnglishProductName 列到類別層次結構，重新命名為 Product，如圖 9-49 所示。

圖 9-49　在 DimProduct 表中建立類別層次結構

2. 在 DimDate 表中建立層次結構

在 DimDate 表中建立層次結構，步驟如下：

（1）在 DimDate 表中建立一個名為 Calendar 的層次結構。

（2）按順序增加以下列：

- CalendarYear
- CalendarSemester
- CalendarQuarter
- MonthCalendar
- DayNumberOfMonth

（3）在 DimDate 表中建立 Fiscal 的層次結構，按順序增加以下列：

- FiscalYear
- FiscalSemester

- FiscalQuarter
- MonthCalendar
- DayNumberOfMonth

（4）最後，在 DimDate 表中建立一個 ProductionCalendar 層次結構，按順序包含以下列：

- CalendarYear
- WeekNumberOfYear
- DayNumberOfWeek

9.6.10　範例 10：建立分區

在本節我們將學習建立分區，透過把 FactInternetSales 表分成較小的邏輯部分，以獨立於其他分區進行處理（更新）。預設情況下，在模型中包含的每個表都有一個分區，其中包含所有表的列和行。對於 FactInternetSales 表，我們要按年份劃分資料；每個表的 1/5 劃為一個分區。

1. 建立分區

1）在 FactInternetSales 表中建立分區

在 FactInternetSales 表中建立分區，步驟如下：

（1）在 Tabular Model Explorer 視窗中，展開 Tables 項，然後按右鍵 FactInternetSales，在出現的快顯功能表中選擇 Partitions 指令。

（2）在 Partition Manager 中，點擊 Copy 按鈕，然後將分區名稱更改為 FactInternetSales2010。如果使用者希望分區在一定時間內僅包含那些行，就必須修改查詢運算式。

（3）點擊 Design 開啟 Query Editor 視窗，然後點擊 FactInternetSales2010 進行查詢。

（4）在 Preview 視窗中，點擊 OrderDate 列標題的向下箭頭，點擊 Date/ TimeFilters> Between，如圖 9-50 所示。

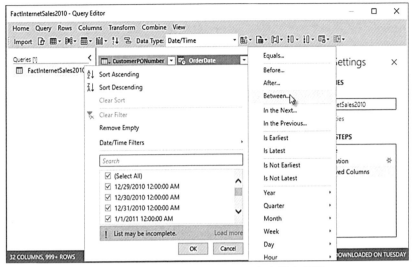

圖 9-50　在 FactInternetSales 表中建立分區

（5）在 Filter Rows 對話方塊中顯示行，其中：訂購日期選擇 is after or equal to，然後在日期欄位中輸入 "1/1/2010"；選擇 And 選項按鈕，選擇 is before 選項，在日期欄位中輸入 "1/1/2011"；點擊 OK 按鈕，如圖 9-51 所示。

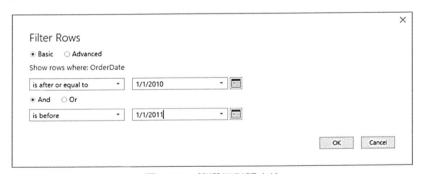

圖 9-51　篩選行對話方塊

在 Query Editor 視窗的 APPLIED STEPS 中，可看到名為 Filtered Rows 的選項。此篩檢程式僅用於選擇 2010 年的訂單日期。

（6）點擊 Import 按鈕。在分區管理員中，查詢運算式現在有一個附加的過濾行子句：

```
let
    Source = #"SQL/localhost;AdventureWorksDW2014",
    dbo_FactInternetSales = Source{[Schema = "dbo",Item = "FactInternetSales"]}
    [Data],
    #"Removed Columns" = Table. RemoveColumns (dbo_FactInternetSales,
    {"OrderDateKey", "DueDateKey","ShipDateKey"}),
    #"Filtered Rows" = Table.SelectRows(#"Removed Columns",each[OrderDate] >=
    #datetime(2010,1,1,0,0,0) and [OrderDate] <= #datetime(2011,1,1,0,0,0))
in
    #"Filtered Rows"
```

此敘述指定此分區僅包含在過濾行子句中指定的 2010 年中 OrderDate 行的資料。

2）建立 2011 年的分區

建立 2011 年的分區，步驟如下：

（1）在分區列表中點擊剛建立的 FactInternetSales2010 分區，然後點擊 Copy 按鈕，將分區名稱更改為 FactInternetSales2011。

不需要使用查詢編輯器來建立一個新的過濾行子句。因為建立了 2010 年的查詢備份，所以只需要在 2011 年的查詢中稍加修改即可。

（2）在查詢運算式中，為了使該分區只包含 2011 年度的行，可將其改為：

```
let
    Source = #"SQL/localhost;AdventureWorksDW2014",
    dbo_FactInternetSales = Source{[Schema="dbo",Item="FactInternetSales"]}
    [Data],
    #"Removed Columns" = Table.RemoveColumns(dbo_FactInternetSales,{"OrderDate
Key", "DueDateKey", "ShipDateKey"}),
    #"Filtered Rows" = Table.SelectRows(#"Removed Columns", each [OrderDate] >=
#datetime(2011, 1, 1, 0, 0, 0) and [OrderDate] < #datetime(2012, 1, 1, 0, 0, 0))
in
    #"Filtered Rows"
```

3）為 2012、2013 和 2014 年度的行建立分區

按照上述步驟，為 2012、2013 和 2014 年度的行建立分區，將過濾行子句中的年份更改為僅包含該年份的行。

2. 刪除分區

由於現在每年都有分區,可以刪除 FactInternetSales 分區了。在處理分區時選擇 Process all 選項可以防止重疊。

刪除 FactInternetSales 分區的步驟如下:
點擊 FactInternetSales 分區,然後點擊 Delete 按鈕。

3. 處理分區

在分區管理員中,注意到所建立的每個新分區的最後處理列顯示這些分區從未被處理過。因此建立分區時,應執行處理程序分區或處理程序表操作來更新這些分區中的資料。

處理 FactInternetSales 分區的步驟如下:

(1)點擊 OK 按鈕,關閉 Partition Manager 對話方塊。
(2)點擊 FactInternetSales 表,然後選擇「模型」>「流程」>「流程分區」選單指令。
(3)在 Process Partitions 對話方塊中將 Mode 選項設定為 Process Default(流程預設值)。
(4)選擇讀者建立的 5 個分區中每一個 Process 列的核取方塊,然後點擊 OK 按鈕,如圖 9-52 所示。

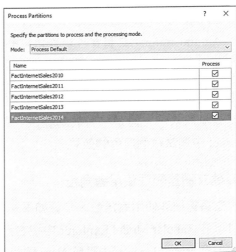

圖 9-52　處理 FactInternetSales 分區　　　　圖 9-53　Data Processing 對話方塊

如果系統提示輸入模擬憑證,請輸入 Windows 使用者名稱和密碼。

此時將出現 Data Processing 對話方塊,並顯示每個分區的處理程序詳細資訊。請注意,每個分區的行數不同。每個分區僅包含 SQL 敘述中 WHERE 子句中指定的行。處理完成後,關閉 Data Processing 對話方塊,如圖 9-53 所示。

9.6.11 範例 11:建立角色

在本節中我們將學習建立角色。角色是指透過限制對僅作為角色成員的使用者的存取來提供模類型資料庫物件和資料安全性。每個角色都使用單一許可權定義,如無、讀取、讀取和處理、處理或管理員。角色可以透過使用角色管理員在模型創作過程中定義。部署模型後,可以使用 SQL Server 管理工作室(SSMS)管理角色。

預設情況下,目前登入的帳戶具有模型的管理員許可權。但是,對於組織中其他使用者使用報告用戶端進行瀏覽,必須至少建立一個具有讀取許可權的角色,並將這些使用者增加為成員。

本例將建立以下 3 個角色。

- Sales Manager:組織中要有對所有模型物件和資料具有讀取許可權的使用者。
- Sales Analyst US:本例設定為只瀏覽與美國銷售相關的資料。對於此角色,使用 DAX 公式定義行篩檢程式,並限制成員僅瀏覽美國的資料。
- Administrator:具有管理員許可權的使用者,允許無限制的存取和在模類型資料庫上執行管理工作的許可權。

由於組織中的 Windows 使用者和群組帳戶是唯一的,因此可以從特定組織在成員增加帳戶。但是,對於本範例,還可以將成員留空。可以在 9.6.12 節的 Excel 中測試每個角色的效果。

1. 建立銷售經理使用者角色

建立銷售經理使用者角色,步驟如下:

(1)在 Tabular Model Explorer 中按右鍵 Role >Role Manager 指令。

(2)在 Role Manager 中點擊 New 按鈕。

（3）點擊 New Role 按鈕，然後在 Name 列中，將該角色重新命名為 Sales Manager。

（4）在 Permissions 列中，點擊下拉清單，然後選擇 Read 許可權，如圖 9-54 所示。

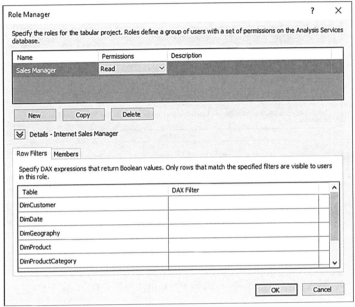

圖 9-54　建立 Sales Manager 使用者角色

（5）可選：點擊 Members 標籤，然後點擊 Add 按鈕。在 Select Users or Group 對話方塊中輸入要包含在角色中的組織的 Windows 使用者或群組。

2. 建立美國銷售分析師使用者角色

建立美國銷售分析師使用者角色，步驟如下：

（1）在 Role Manager 對話方塊中點擊 New 按鈕。

（2）將角色重新命名為 Sales Analyst US。

（3）給這個角色設定 Read 許可權。

（4）點擊 Row Filters 標籤，僅用於 DimGeography 表，在 DAX Filters 列中輸入以下公式：

```
= DimGeography[CountryRegionCode] = "US"
```

行篩檢程式公式必須解析為布林值（TRUE / FALSE）。使用此公式，將指定只有國家 / 地區程式值為 US 的行才能對使用者可見，如圖 9-55 所示。

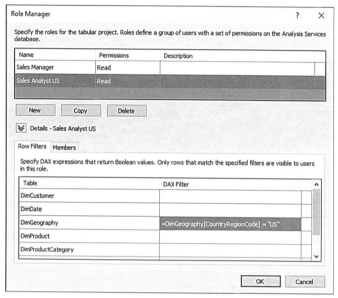

圖 9-55　建立美國銷售分析師使用者角色

（5）可選：點擊 Members 標籤，再點擊 Add 按鈕，在 Select Users or Group 對話方塊中，輸入要包含在角色中的組織的 Windows 使用者或群組。

3. 建立管理員使用者角色

建立管理員使用者角色，步驟如下：

（1）點擊 New 按鈕。

（2）將角色重新命名為 Administrator。

（3）授予此角色 Asministrator permission。

（4）可選：點擊 Members 標籤，然後點擊 Add 按鈕。在 Select Users or Group 對話方塊中輸入要包含在角色中的組織的 Windows 使用者或群組。

9.6.12 範例 12：在 Excel 中分析

本節範例為使用 Excel 中的「分析」功能開啟 Microsoft Excel，自動建立與模型工作區資料來源的連接，並自動將樞紐分析表增加到工作表。Excel 中的分析功能旨在提供一種快速簡單的方法在部署模型之前測試模型設計的效果，而不會進行任何資料分析。

本節的目的是讓讀者熟悉可以用來測試模型設計的工具。

要完成本節範例內容，Excel 必須安裝在與 SQL Server 資料工具（SSDT）相同的計算機上。

1. 使用預設視圖和網際網路銷售視圖進行瀏覽

可以使用預設視圖（包含所有模型物件）以及網際網路銷售視圖來瀏覽模型。互聯網銷售視圖排除了網際網路表物件。

1）使用預設視圖進行瀏覽

使用預設視圖進行瀏覽，步驟如下：

（1）執行 Model> Analysis in Excel 指令。

（2）在 Analysis in Excel 對話方塊中，點擊 OK 按鈕。

此時 Excel 開啟一個新的工作表。使用目前使用者帳戶建立資料來源連接，並使用「預設」視圖定義可視欄位，樞紐分析表會自動增加到工作表中。

（3）在 Excel 的樞紐分析表欄位清單中，DimDate 和 FactInternetSales 度量群組出現。而 DimCustomer、DimDate、DimGeography、DimProduct、DimProductCategory、DimProductSubcategory 和 FactInternetSales 度量表與各自列的表也會出現。

（4）關閉 Excel 且不儲存工作表。

2）使用網際網路銷售視圖進行瀏覽

使用網際網路銷售視圖進行瀏覽，步驟如下：

（1）點擊 Model>Analysis in Excel 指令。

（2）在 Analyze in Excel 對話方塊中選擇 Current Windows User 單選按鈕，然後在 Perspective 下拉式選單中選擇 Internet Sales（網際網路銷售），然後點擊 OK 按鈕，如圖 9-56 所示。

（3）在 Pivot Table Fields 面板中，DimCustomer 表從欄位清單中排除，如圖 9-57 所示。

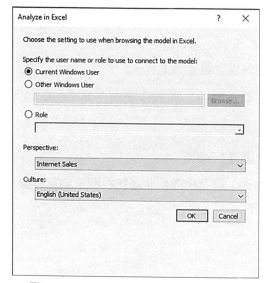

圖 9-56　Analyze in Excel 對話方塊

圖 9-57　樞紐分析表欄位範例

（4）關閉 Excel 且不儲存工作表。

2. 使用角色瀏覽

角色是任何表格模型的重要組成部分。每個角色至少需要有一個使用者作為成員，否則，使用者將無法使用其模型存取和分析資料。Excel 中的分析功能提供了一種方法來測試管理員定義的角色。

使用銷售經理使用者角色進行瀏覽，步驟如下：

（1）在 SQL Server 資料工具中，執行 Model>Analysis in Excel 指令。

（2）在 Analysis in Excel 對話方塊內，在 Specify the user name or role to use connect to the model 選擇 Role，然後在其下拉式選單中選擇 Sales Manager，然後點擊 OK 按鈕。

此時 Excel 開啟一個新的工作表，自動建立樞紐分析表。樞紐分析表欄位清單包含新模型中可用的所有資料欄位。

（3）關閉 Excel 且不儲存工作表。

資料庫效能最佳化

最佳化是修改應用軟體並調整底層資料庫管理系統的參數以提高性能的過程。效能是以使用者體驗的回應時間（通常是執行一個工作的時間，例如執行一個 SQL 敘述的時間）和吞吐量（單位時間內完成的工作量）來衡量的。對系統最佳化的第 1 步是確定瓶頸在何處。如果系統只用 1% 的時間來執行一個特定的（硬體或軟體）模組，那麼，無論這個模組的效率多麼低，重新設計或取代這個模組最多只能使系統的效能加強 1%。應用軟體與資料庫管理系統結合起來組成了一個非常複雜的系統，它的許多方面都可以被最佳化。SQL 程式和模式處於最高層，在這一層進行最佳化有關的問題包含如何表達一個查詢、創建什麼樣的索引等。這些問題都與特定的應用密切相關。資料庫管理系統處於下一層，這一層的效能問題包含磁碟中的物理資料組織、緩衝區管理等。這個層次的決策很大程度上是資料庫管理員的管理範圍，因此，應用程式設計師只能間接對其產生影響。最低層次的最佳化是硬體層的最佳化。為了提高性能，系統必須提供大量的主記憶體空間、足夠多的 CPU 和二級儲存裝置，以及足夠的通訊能力。

本章將討論資料庫最佳化問題、關聯式資料庫的查詢最佳化和應用程式的最佳化、實體資源的管理、NoSQL 資料庫的最佳化。

10.1 最佳化問題概述

在工作中使用結構化技術時,通常資料庫最佳化的工作不外乎系統最佳化(確保硬體和中介軟體設定妥當)、資料庫效能最佳化(修改資料庫方案)和資料存取效能最佳化(修改應用程式與資料庫的對話模式)3 種。

過去常常在專案的後期才會進行資料庫最佳化工作,因為常常要在大多數系統合格之後才能綜合考慮各方面因素再做最佳化。然而在今天,敏捷的團隊必須以一種增量的方式來實施開發,這表示效能最佳化是一項漸進的工作,即持續進行識別、剖析和最佳化。

10.1.1 最佳化的目標

1. 消除系統瓶頸

系統瓶頸是限制資料庫系統效能的重要因素。它可能是軟體不良的結果,或是軟體沒有正確設定和最佳化所致,它將嚴重地影響系統性能。透過效能調整和最佳化,可以消除系統瓶頸,更進一步地發揮整個資料庫系統的效能。

2. 縮短回應時間,加強整個系統的傳輸量

回應時間是指完成單一工作所用的時間。傳輸量是指在一段固定時間內完成的工作量。透過最佳化應用程式、資料庫管理系統、Web 伺服器、作業系統和網路設定,減少程序執行時間,降低對資料操作的時間,減少網路流量,加強網路速度,最後減少系統的回應時間,進一步加強整個系統的傳輸量。

10.1.2 識別效能問題

過度最佳化系統實際是浪費人力。如果發現一個效能問題,而且透過鑽研解決了這個問題,那麼就該停止在它上面的工作,並轉向其他方向。正如人們常做的:「如果鞋子沒有破,就沒有必要修補它。」因此,建議最好把時間放在改進自己應用程式的功能上,放在最需要的地方。最佳化的首要工作是確定系統環境中發生了哪些問題。這可以透過性能指標的收集和門檻值的比較來實現。資料庫最佳化需要收集作業系統資料、SQL 資料和資料庫實例 3 類統計資料,這些資訊需要在出現問題時即時收集，也需要定期收集並將結果儲存起來。歷史資料和即時資料為診斷問題和最後解決問題提供了依據。

1. 作業系統資料

作業系統資源使用的資料包含記憶體、CPU 和 I/O 使用等。資料收集可以透過監控工具或作業系統指令來實現，實際內容主要有：

- I/O：讀寫磁碟的時間，讀取磁碟時間（s），寫入磁碟時間（s），磁碟佇列等待時間。
- CPU：忙時處理器使用的百分比，中斷。
- 記憶體：可用記憶體大小，每秒頁交換多少，Swap 時間多少等。
- 網路衝突：網路使用。

2. SQL 資料

SQL 效能收集需要在最短的時間間隔內捕捉 SGA 資訊。需要收集的資料包含 SQL 檔案、作業系統使用者、資料庫使用者、執行程式、邏輯讀、實體讀、CPU 佔用率等。SQL 效能問題最初是透過系統執行例外或應用軟體錯誤等現象而曝露的，舉例來說，系統執行緩慢、應用功能顯示出錯、人機互動回應時間逾時等。發生問題後，系統管理維護人員根據系統執行狀態，透過調看系統和資料庫 trace 檔案、收集和分析系統統計資訊等方法來判定問題是否由 SQL 的執行導致，並進一步確定發生問題的應用軟體或出現例外的系統資源。

3. 資料庫實例

對 Oracle 資料庫來說，與資料庫相關的效能資料可以透過存取 Oracle 的 V$ 視圖來實現。重要的指標如下：

- SQL*Net 統計：活動使用者，活動階段，平均回應時間。
- 後台處理程序：DBWR，LGWR，Archiver。
- SGA：Buffer Cache 使用和命中率，Keep Pool 和 Recycle Pool 使用，Redo log buffer 使用，Shared pool 使用和排序。
- I/O：Redo Log 統計，I/O 事件，等待事件，資料庫物件和檔案增長，鎖，Latch。
- 記錄檔：警告記錄檔資訊。

10.1.3 剖析效能問題

定位效能問題，正確的方法是使用剖析工具（如 Profiling Tool）來追蹤問題的根源。這被稱為根本原因分析（Root Cause Analysis）。如果沒有識別出效能問題的根本原因，則很容易得出錯誤的猜測，進一步將大量的人力花在最佳化那些並不關鍵的地方。舉例來說，我們發現 SQL 問題後，透過問題重現和資料環境分析等方法來定位可疑的 SQL 敘述，進而利用 SQL 的計畫解釋工具對 SQL 的最佳化方法和執行路徑分析尋找可能導致效能問題的原因。Oracle 等主流資料庫產品為 SQL 最佳化提供了一系列資料庫管理視圖，包含資料檔案讀寫統計視圖（V$FILESTAT）、系統執行狀態統計視圖（V$SYSSTAT）、SQL 執行統計視圖（V$SQLAREA、V$SQL、V$SQLSTATS、V$SQLTEXT、V$SQL_PLAN 以及 V$SQL_PLAN_STATISTICS）等。透過對這些視圖的查詢與分析，維護人員能夠準確定位「熱點」SQL 敘述（Top SQL），並掌握其消耗或爭用最多的系統資源。

診斷問題是效能最佳化中非常重要的一部分，它將幫助我們了解一些細節問題，進一步確定為什麼效能指標會超過門檻值。這個階段的工作比發現問題更加困難。因為需要了解資料庫每個元件的作用以及如何影響其他元件。診斷工作需要豐富的專業知識和實作經驗，在診斷資料庫瓶頸時需要考慮以下因素。

- Latch 和 Locks：阻塞鎖，Latch 活動，階段鎖。
- I/O：邏輯 I/O，實體 I/O。
- 資料庫等待資訊：階段等待事件。
- 階段資訊：階段 SQL，階段活動。
- Rollback 活動：Rollback 段資訊。
- Network 活動：資料庫 SQL*Net 狀態和使用者活動。
- Caching：Library cache，Dictionary cache，Buffer cache 命中率和 Miss 比率。
- Redo logs：大小和數量。
- 記憶體：排序，記憶體使用和分配，SGA 詳細資訊。
- 磁碟：排序，讀，寫。
- 警告記錄檔：Parallel Server 活動，Cursor 使用。

- 空間管理：空間分配，空間使用和可用性，Extent 資訊，資料庫物件分配和使用，索引和鍵值。

連結上述資訊非常消耗時間，下面概略説明診斷的 3 個主要類別。

1. 診斷 SQL 問題

診斷 SQL 問題有許多方法。V$ SQL 視圖中儲存了所有記憶體中的 SQL 敘述資訊，可以從中找到消耗大部分 buffer get 或 buffer_gets/execution 很高的 SQL 敘述，然後檢查這些 SQL 的執行計畫和相關的分析統計資訊，診斷是否存在 SQL 方面的問題。

2. 診斷爭用

診斷爭用問題可以從檢查 $system_event 表開始。根據等待事件的等待時間，確定系統是否在某一方面存在爭用。調查這個表的資訊時應該排除空間事件，如 SQL * Net waiting for client 等，然後計算其他等待事件的時間，並進行有針對性的調整。

3. 診斷 I/O 問題

如果已經對 SQL 進行了最佳化，資料庫邏輯 I/O 比較正常但實體 I/O 很多，這表明需要減少磁碟讀的 I/O。最佳化工作首先要識別出哪些磁碟較忙，實際資料可以透過管理工具以及 UNIX 系統的 iostat 程式獲得。舉例來説，如果在一個具有 12 個磁碟的系統中有一個磁碟佔用了 25% 的 I/O（讀寫的數量），這個磁碟可能過忙，需要進行 I/O 最佳化。識別過熱的磁碟後，可以將相關的檔案和資料庫物件傳輸到其他磁碟中。

儘管大多數資料庫管理系統（DBMS）會同時提供一個剖析工具，有些整合開發環境（IDE）也會這樣做，但是使用者可能還會發現自己需要購買或下載一些單獨的工具。表 10-1 列出了一些工具的樣本。

表 10-1　常用分析工具總表

工具名稱	描述	URL
DBFlash for Oracle	資料庫剖析工具，能夠持續監控 Oracle 資料庫以揭示內部瓶頸（如函數庫快取等待）和外部瓶頸（如網路或 CPU）問題它也能顯示行等級的資料競爭，讓使用者能夠發現平行處理控制問題	www.confio.com
DevPartnerDB	能夠在多種資料庫平台（Oracle、SQL Server、Sybase 上工作的資料庫和存取剖析工具套件。能夠剖析各種範圍的元素，包含 SQL 敘述、預存程序、鎖和資料庫物件	www.compuware.com
JunittPerf	一組 Junit（www.junit.org）測試修飾器，這些修飾器被用來測量 Java 應用程式功能的效能和擴充性	www.clarkware.com
PerformaSure	透過重新建置最後使用者交易的執行路徑來反白顯示潛在的效能問題，PerformaSure 能夠剖析多層的 J2EE 應用程式	java.quest.com
Rational quantify	一個應用程式效能剖析工具，能夠瞄準一個應用程式的所有部分，而不只是有原始程式碼的部分。有 Windows 和 UNIX 兩個版本	www.rational.com

10.1.4 最佳化解決問題

最佳化問題通常可以分為系統最佳化、資料庫存取最佳化、資料庫最佳化和應用程式最佳化 4 類。

1. 系統最佳化

資料庫不但是整個技術環境的一部分，而且還依賴於其他元件能正確工作。從軟體這方面來說，作業系統、中介軟體、交易監視器（Transaction Monitor）和快取的安裝與配置不當都會造成效能問題。同樣，硬體也能夠引發效能的挑戰。資料庫伺服器記憶體和磁碟空間的大小，對於其效能也是非常重要的。筆者曾經多次看到，透過安裝價值幾千元的記憶體能夠顯著地改善價值數萬元的電腦的效能。網路硬體也是如此。幾年前筆者對一個遭受嚴重性能問題的系統做過架構評估，非常驚訝地發現這個應用有一個顯著的設計缺陷，就是資料庫伺服器的網路介面卡（Network Interface Card，NIC）是個 10Mb/s 的低速卡，換成 1000Mb/s 的網路卡後效能迅速提升。

2. 資料庫存取最佳化

在系統最佳化之後，最有可能成為效能問題的是資料庫的存取方式。其解決之道包含選擇正確的存取策略、最佳化應用的 SQL 程式和最佳化應用的對映 3 種基本的策略。

- 選擇正確的存取策略：在關聯式資料庫中資料存取可能有諸多選擇（如索引式存取、持久化架構、預存程序、資料表掃描、視圖等），每種皆有其優缺點。大多數應用程式將根據需要綜合使用這些策略，有些非常複雜的應用程式甚至可能會全部用到。

- 最佳化應用的 SQL 程式：這通常是一種非常有效的策略。然而，在有些情況下可能無法直接最佳化應用的 SQL 程式，而只能改變設定變數，這取決於資料庫的封裝策略。

- 最佳化應用的對映：現在有不止一種物件方案對映到資料方案的方式。舉例來説，有 4 種對映繼承結構的方式、兩種對映一對一關聯性（取決於外鍵的位置）的方式和 4 種對映類別作用範圍特徵的方式。由於有多種對映方式可供選擇，而且每種對映皆有其優缺點，因此透過改變對映選擇，就有可能加強應用程式的資料存取效能。或許應用實現了一種一表的方式來對映繼承，只有當發現其太慢的時候才會促使我們重構，以使用每個層次系統一表的方式。

3. 資料庫最佳化

資料庫最佳化專注於改變資料庫方案本身。需要考慮的策略包含非規範化資料方案、重新改造資料庫記錄檔、更新資料庫設定、重新組織資料儲存、重新改造資料庫架構 / 設計等。

1）非規範化資料方案規範化的資料方案常常會遇到效能問題。

其實這並不難了解，因為資料規範化的規則關注的是降低資料容錯，而非改善資料存取的效能。需要注意的是，只有在以下一種或多種情形下才應該借助於非規範化資料方案：①效能測試顯示系統出現問題，接下來的剖析揭示出需要縮短資料庫的存取時間，並且非規範化通常是我們最後的選擇。

②正在開發一個報表資料庫（Reporting Database），報表需要不同的資料視圖，這些視圖常常需要非規範化的資訊。③常用的查詢需要來自多個表的資料，包含常用的資料重複群組（Repeating Groups of Data）和以多行為基礎的運算型圖表（Calculated Figure）。④需要同時以各種方式對表進行存取。

2）重新改造資料庫記錄檔

資料庫記錄檔（Database Log）也稱為交易記錄檔（Transaction Log），用於送出和回覆交易，以及恢復（restore）資料庫。資料庫記錄檔毫無疑問是非常重要的。不幸的是，支援記錄檔需要效能和複雜性的負擔，在記錄檔中記錄的資訊越多，其效能就越差。因此，我們需要非常謹慎地考慮記錄檔的內容。一個極端情況是，我們或許希望記錄「每件事情」，但當我們真正這樣做時，很快就會發現其對效能的影響將使我們無法忍受。另一個極端情況則是，如果我們選擇記錄最低限度的內容，可能發現自己沒有足夠的資訊從不利的情形下恢復以前的內容。找到這兩種極端的最佳點很難，但卻對改進資料庫效能非常重要。

3）更新資料庫設定

儘管為資料庫設定預設值是一個好的開端，但它們很可能無法反映出目前情形下具體的細微差別。此外，即使我們已經正確設定了自己的資料庫，但環境可能隨時變化，舉例來說，或許新增需要處理的交易比最初的想法更多，或許資料庫的資料量會以與預期的不同速度增長等，將會促使我們改變資料庫設定。

4）重新組織資料儲存

隨著時間演進，資料庫中的資料會變得越來越缺少組織性，進一步導致效能下降。

常見的問題包含資料範圍（extent）、碎片（fragmentation）、行鏈接／遷移（Row Chaining/ Migrating）、非叢集化資料（Unclustered Gata）等。資料重組設施（Data Reorganization Utility）是資料庫管理系統中常見的特性，而且它還會提供搭配的管理工具。通常在非高峰期，敏捷資料庫管理員常常會自動執行資料庫重組設施，以保持實體資料儲存盡可能的高效。

5）重新改造資料庫架構／設計

除了對資料方案進行非規範化來改善效能以外，在最佳化資料庫時還應該考慮內嵌的觸發器呼叫、分散式資料庫、鍵、索引、剩餘空間、分頁大小（Page Size）、安全選項（Security Option）等問題。

4. 應用程式最佳化

應用程式碼和資料庫，都有可能成為效能問題的根源。事實上，在資料庫作為共用資源的情形下，改變應用程式碼要比改變資料庫方案容易得多。

1）共用通用的邏輯

許多系統都有這樣一個通病：在多個層中實現相同的邏輯。舉例來說，在業務物件和資料庫中，都實現了參考完整性的邏輯，可能「僅出於安全考慮」，就在每個層上實現安全存取邏輯。在兩個地方做相同的事情，顯然有個地方做了多餘的工作。為此應先找出問題的根源所在，然後解決這些容錯的、效率不佳的「罪魁禍首」。

2）合併細粒度的功能

一個常見的錯誤是在應用程式內實現了非常細粒度的功能，舉例來說，應用程式可能實現了各自的 Web 服務來更新客戶的名稱、位址以及電話號碼。儘管這些服務內聚性很高，但如果業務上常常需要把這 3 件事情放到一起來做，它們的效能並不是很高。相反，用一個 Web 服務來更新客戶的名稱、位址和電話號碼會更好，因為這比呼叫 3 個單獨的 Web 服務執行得更快。

10.2 關聯式資料庫的查詢最佳化

在資料庫系統中，最基本、最常用和最複雜的資料操作是資料查詢。關聯式資料庫的查詢效率是影響關聯式資料庫管理系統效能的關鍵因素。使用者的查詢透過對應查詢敘述送出給資料庫管理系統執行，該查詢首先要被資料庫管理系統轉化成內部表示。而對於同一個查詢要求，通常可對應多個不同形式但相互相等的運算式。這樣，相同的查詢要求和結果存在著不同的實現策略，系統在執行這些查詢策略時所付出的負擔會有很大差別。從查詢的多個執行策略中進行合理選擇的過程就是「查詢處理過程中的最佳化」，簡稱為查詢最佳化。

查詢最佳化的基本途徑可以分為使用者手動處理和機器自動處理兩種。在關聯式資料庫系統中，使用者只需要向系統表述查詢的條件和要求，查詢處理和查詢最佳化的實際實施即完全由系統自動完成。關聯式資料庫管理系統可自動產生許多候選查詢計畫並且從中選取較優的查詢計畫的程式稱為查詢最佳化工具（Query Optimizer）。

查詢最佳化工具的作用是：使用者不必考慮如何較好地表達查詢即可獲得較高的效率，而且系統自動最佳化可以比使用者的程式最佳化做得更好。

10.2.1 查詢處理的架構

使用者送出一個查詢後，這個查詢首先被資料庫管理系統解析，在解析過程中要驗證查詢語法及類型的正確性。身為描述性語言，SQL 沒有列出關於查詢執行方法的建議。因此，一個查詢被解析後不得不被轉化成關聯代數運算式，而這個運算式可以用前面介紹的演算法直接執行。舉例來說，一個典型的 SQL 查詢：

```
select distinct targetlist
from REL1 V1, …, RELn Vn
where condition
```

通常被轉換成以下形式的關聯代數運算式：

$$\pi_{targetilist} \ (\sigma_{condition'}(R_{EL1} \times \cdots \times R_{ELn}))$$

其中，*condition'* 是 SQL 查詢的條件（*condition*）的關聯代數形式。上面的關聯代數運算式是非常直接的，也非常容易產生；但是，執行起來需要很長時間，其主要原因在於這個運算式包含笛卡兒乘積。舉例來說，連接 4 個每個佔據 100 個磁碟區的關係，將產生一個具有個磁區的中間關係。如果磁碟速度為 10ms/ 頁，把這個中間關係寫入磁碟就需要 50h。即使設法把笛卡兒乘積轉換成相等連接，對於上述查詢，我們可能仍舊不得不忍受較長的周轉時間（幾十分鐘）。把這個查詢的執行時間降到幾秒（或，對於非常複雜的查詢降到幾分鐘）是查詢最佳化工具的預期目標，也可以說是基本職責。

一個典型的以規則為基礎的查詢最佳化工具（Rule-Based Query Optimizer）利用規則集合構建一個查詢執行計畫（Query Execution Plan），舉例來說，一個以索引為基礎的存取路徑優於表掃描等。以代價為基礎的查詢最佳化工具（Cost-Based Query Optimiser）除利用規則外，還利用資料庫管理系統維護的統計資訊來估計查詢的執行負擔，以此作為選擇查詢計畫的依據。以代價為基礎的查詢最佳化工具的兩個最重要的元件是查詢執行計畫產生器（Query Execution Plan Generator）和計畫負擔估計器（Plan Cost Estimator）。一個查詢執行計畫可以被看成是一個關聯運算式，並且，這個關聯運算式中的每個關係操作的每次出現都列出了求解方法（或存取路徑）。因此，查詢最佳化工具的主要職責就是列出一個獨立的執行計畫；並且，根據負擔估計的結果，利用這個執行計畫執行指定的關聯運算式是「相當廉價」的。然後，這個執行計畫被傳送給查詢計畫解譯器，這是一個直接負責根據指定的查詢計畫執行查詢的軟體模組。圖 10-1 描述了查詢處理的整體架構。

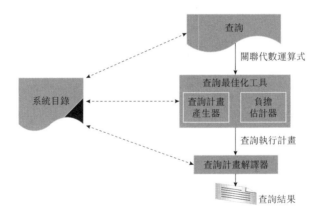

圖 10-1　查詢處理整體架構示意圖

10.2.2　以關聯代數相等性為基礎的啟發式最佳化

關係查詢的啟發式最佳化在快速地以一些簡單為基礎的基本結論。舉例來說，較小關係的連接優於較大關係的連接，執行相等連接優於計算笛卡兒乘積；在對關係的一遍掃描過程中執行多個操作優於對關係進行多遍掃描而每遍掃描只執行一個操作等。大多數啟發式規則都可以以關聯代數轉換的方式來表達，轉換後，產生一個不同但相等的關聯代數表達式。並不是所有的轉換都是最佳化的，有些情況下，可能產生低效的運算式。但是，將關係轉換與其他轉換過程結合起來，可以產生整體上較優的關聯運算式。

根據關聯式資料庫理論的發展和主流關聯式資料庫的實作，目前查詢最佳化工具對關係表達式進行轉換的啟發式規則主要有以選擇和投影為基礎的轉換、叉積和連接轉換、把選擇和投影沿著連接或笛卡兒乘積下推、利用關聯代數相等性規則 4 種。

1. 以選擇和投影為基礎的轉換

（1）$\sigma_{cond_1} \wedge \sigma_{cond_2}(R) \equiv \sigma_{cond_1}(\sigma_{cond_2}(R))$

$\sigma_{cond_1} \wedge \sigma_{cond_2}(R) \equiv \sigma_{cond_1}(\sigma_{cond_2}(R))$ 被稱為選擇串聯（Cascading of Selection），它單獨使用並沒有太大的最佳化價值，但常與選擇和投影沿著連接下推等其他轉換結合起來使用，表現其最佳化價值。

（2）$\sigma_{cond_1}(\sigma_{cond_2}(R)) \equiv \sigma_{cond_2}(\sigma_{cond_1}(R))$

$\sigma_{cond_1}(\sigma_{cond_2}(R)) \equiv \sigma_{cond_2}(\sigma_{cond_1}(R))$ 被稱為選擇的可交換性（Commutativity of Selection），與選擇串聯相似，常與選擇和投影沿著連接下推等其他轉換結合起來使用，表現其最佳化價值。

（3）如果 $attr \subseteq attr'$ 且 $attr'$ 是 R 的屬性集的子集，則 $\pi_{attr}(R) = \pi_{attr}(\pi_{attr'}(R))$。這個相等性被稱為投影串聯（cascading of projection），主要與其他轉換結合起來使用。

（4）如果 attr 中包含 cond 中用到的所有屬性，則 $\pi_{attr}(\sigma_{cond}(R)) \equiv \sigma_{cond}(\pi_{attr}(R))$。這個相等性被稱為選擇和投影的可交換性（Commutativity of Selection and Projection）。在把選擇和投影沿著連接下推的準備階段經常用到這個轉換。

2. 叉積和連接轉換

叉積和連接用到的轉換規則，就是大部分的情況下這些操作的可交換性規則和可結合性規則，即：

- $A \bowtie B \equiv B \bowtie A$
- $A \bowtie (B \bowtie C) \equiv (A \bowtie B) \bowtie C$
- $A \times B = B \times A$
- $A \times (B \times C) \equiv (A \times B) \times C$

與各種巢狀結構循環執行策略結合起來，這些規則是很有用的。大部分的情況下，外層循環掃描較小的關係是較好的，利用這個規則，可以把關係移動到恰當的位置。舉例來說，$Smaller \bowtie Bigger$ 可以被重新定義為 $Bigger \bowtie Smaller$，直覺上對應著查詢最佳化工具決定把 $Smalle$ 用於外層循環。

可交換性規則和可結合性規則，可以有效減少多關係連接的中間關係的大小。舉例來說，$S \bowtie T$ 可能比 $R \bowtie S$ 小很多，這時，計算（$S \bowtie T$）$\bowtie R$ 可能比計算（$R \bowtie S$）$\bowtie T$ 所需的 I/O 操作少很多。可交換性規則和可結合性規則，可以用於把後面的運算式轉換成前面的表達式。

實際上，一個查詢的多數執行計畫，都是透過利用可交換性規則和可結合性規則得到的。一個對 N 個關係進行連接的查詢有 $T(N) \times N!$ 個查詢計畫，$T(N)$ 是有 N 個葉節點的二元樹的數量（$N!$ 是 N 個關係的排列數，$T(N)$ 是對一個特定排列加括號的方法數）。這個數增長非常快，即使對非常小的 N 值，這個值也會非常大。其他可交換和可結合操作（例如集合並）也都有類似結果，但是，我們主要關注連接，因為它是最昂貴的操作。

查詢最佳化工具的工作是估計這些查詢計畫的負擔（負擔變化可能很大）並選擇一個「好的」查詢計畫。由於查詢計畫數非常大，尋找一個好的查詢計畫所耗費的時間，可能比強行執行一個沒有經過最佳化的查詢所需的負擔還要大（執行 10^6 次 I/O 操作比執行次記憶體操作快）。一般來說為了使查詢最佳化更加切實可行，查詢最佳化工具只在所有可能的查詢計劃的子集裡進行搜索，而且，負擔估計也只是一個近似值。因此，查詢最佳化工具非常有可能遺失最佳的查詢計畫，而實際上只是在所有「合理的」查詢計畫中選擇一個。換句話說，「查詢最佳化工具」的「最佳化」應該有保留地執行。

3. 把選擇和投影沿著連接或笛卡兒乘積下推

（1）$\sigma_{cond}(R \times S) \equiv R \bowtie_{cond} S$。

當 $cond$ 中既有關 R 的屬性又有關 S 的屬性時，可以利用這個規則。這個啟發式規則的基礎在於笛卡兒乘積絕對不應該被物化。而是應該把選擇條件與笛卡兒乘積合併，並利用計算連接的技術執行。當一行 $R \times S$ 產生後，立刻對其應用選擇條件可以節省一遍掃描，並避免儲存大的中間關係。

（2）如果 cond 中用到的屬性都屬於 R，則 $\sigma_{cond}(R \times S) \equiv \sigma_{cond}(R) \times S$。

這個啟發式規則的基本考慮是，如果我們必須進行笛卡兒乘積計算，那麼應該使參與笛卡兒乘積運算的關係盡可能地小。透過把選擇條件下推到 R，則有可能在 R 參與笛卡兒乘積運算前減少其包含的資料量。

（3）如果 $cond$ 中用到的屬性都屬於 R，則 $\sigma_{cond}(R \bowtie_{cond'} S) \equiv \sigma_{cond}(R) \bowtie_{cond'} S$。

這個啟發式規則的基本考慮是，如果我們必須進行笛卡兒乘積計算，那麼應該使參與笛卡兒乘積運算的連接關係的數量盡可能地少。注意，如果 cond 是比較條件的合取，只要每個合取部分包含的屬性都屬於同一個關係，那麼就可以把每個合取部分獨立地推到關係 R 或關係 S 上。

（4）如果 $attributes(R) \supseteq attr' \supseteq (attr \cap Iattributes(R))$（其中，$attributes(R)$ 為關系 R 包含的所有屬性組成的集合），則 $\pi_{attr}(R \times S) \equiv \pi_{attr}(\pi_{attr'}(R) \times S)$。

這個規則的基本原理在於，透過在笛卡兒乘積操作內部增加投影操作，減少了參與笛卡兒乘積運算的關係的資料量。由於連接操作（笛卡兒乘積是其特殊情況）的 I/O 複雜度是與參與連接的關係所佔據的頁數成正比的，因此我們必須儘早執行投影操作，這樣可以減少執行笛卡兒乘積操作所需傳輸的頁數。

（5）如果 $attr' \subseteq attribures(R)$，並且 $attr'$ 包含 R 與 $attr$ 和 $cond$ 共有的屬性，則 $\pi_{attr}(R \bowtie_{cond} S) \equiv \pi_{attr}(\pi_{attr'}(R) \bowtie_{cond} S)$。

這裡的基本原理與上述笛卡兒乘積的原理是一樣的。不過，其一個非常重要的額外要求是：attr' 包含中必須有關的關係中的屬性，如果這些屬性被投影操作過濾掉了，那麼從語法上講，運算式 $\pi_{attr'}(R) \bowtie_{cond} S$ 就是錯誤的。在笛卡兒乘積的情況下，沒有這個要求，因為笛卡兒乘積沒有連接條件。

如果我們把選擇串聯和投影串聯進行結合，那麼把選擇和投影沿著連接或笛卡兒積下推將非常有用。舉例來說，考慮運算式 $\sigma_{c_1 \wedge c_2 \wedge c_3}(R \times S)$，其中，$c_1$ 既包含 R 中的屬性也包含 S 中的屬性，c_2 只包含 R 中的屬性，c_3 只包含 S 中的屬性。那麼，我們可以把這個運算式轉換成執行效率更高的運算式，首先進行選擇串聯，然後將其下推，最後消除笛卡兒乘積：

$$\sigma_{c_1 \wedge c_2 \wedge c_3}(R \times S) \equiv \sigma_{c_1}(\sigma_{c_2}(\sigma_{c_3}(R \times S))) \equiv \sigma_{c_1}(\sigma_{c_2}(R) \times \sigma_{c_3}(S))$$
$$\equiv \sigma_{c_2}(R) \bowtie_{c_1} \sigma_{c_3}(S)$$

我們可以按照同樣的方式對包含投影的運算式進行最佳化。舉例來説，

考慮運算式 $\pi_{attr}(R)\bowtie_{cond}S$。假設 $attr_1$ 是 R 中包含的屬性集的子集，並且 $attr_1 \supseteq attr \cap attributes(R)$，$attr_1$ 就包含了 $cond$ 中有關的所有屬性。$attr_2$ 為對應 S 的類似屬性集，則有：

$$\pi_{attr}(R\bowtie_{cond}S) \equiv \pi_{attr_1}(R\bowtie_{cond}S)) \equiv \pi_{attr}(\pi_{attr_1}(R)\bowtie_{cond}S)$$
$$\equiv \pi_{attr}(\pi_{attr_2}(\pi_{attr_1}(R)\bowtie_{cond}S)) \equiv \pi_{attr}(\pi_{attr_1}(R)\bowtie_{cond}\pi_{attr_2}(S))$$

不難看出，結果運算式更高效，因為它對較小的關係進行連接。

4. 利用關聯代數相等性規則

典型情況下，可以用上面說明的規則將用關聯代數運算式表達的查詢轉換成比最初的運算式更好的運算式。這裡面的「更好」不能單從字面上來了解，因為用於指導轉換的標準是啟發式的。實際上，按照所有建議的轉換對運算式進行轉換，不一定能產生我們期望的最好結果。因此，在關係轉換階段可能產生很多候選的查詢計畫，還需進一步利用以代價為基礎的技術檢查。

下面是一個典型的應用關聯代數相等性的啟發式演算法：

（1）用選擇串聯打散選擇條件的合取部分。結果是一個獨立的選擇被轉換成選擇操作的序列，並可以獨立地考慮每個選擇操作。

（2）第 1 步為把選擇沿著連接或笛卡兒乘積下推提供了更大的自由度。現在，我們可以利用選擇的可交換性把選擇沿著連接下推，把選擇盡可能地推向查詢內部。

（3）把選擇操作和笛卡兒乘積操作合併以形成連接操作。雖然計算連接有很多有效的技術，但是要真正加強計算笛卡兒乘積的效能卻很難。因此，把笛卡兒乘積轉換成連接潛在地節省了很多時間和空間。

（4）利用連接和笛卡兒乘積的可結合性規則重新佈置連接操作的順序，目的是列出一個順序，利用這個順序可以產生最小的中間關係（注意：中間結果的大小直接影響負擔，因此，減少中間結果的大小加速了查詢處理的速度）。

（5）利用串聯投影把投影盡可能地推向查詢內部。由於減少了參與連接的關係包含的資料量，這潛在地加速了連接的計算速度。

（6）分辨可以在一趟中同時處理的操作，以節省把中間結果寫回磁碟的負擔。

10.2.3 查詢執行計畫的負擔估計

查詢執行計畫列出了每個操作的執行方法（存取路徑）的關聯運算式。為了深入討論估計一個查詢執行計畫的執行負擔的方法，這裡把查詢表示成「樹」。在一個查詢樹（Query Tree）中，每個內部節點被標記為一個關係操作，每個葉節點被標記為一個關係名稱。一元關係操作只有一個孩子，二元關係操作有兩個孩子。圖 10-2 分別列出了對應以下 4 個相等關聯運算式的查詢樹。

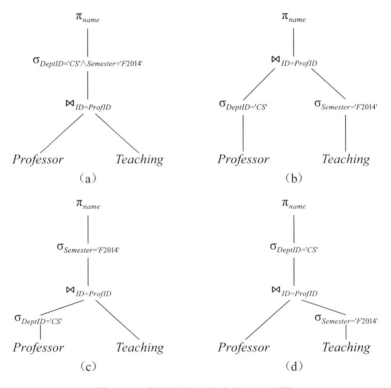

圖 10-2 關聯運算式的查詢樹示意圖

$$\pi_{name}\,(\sigma_{DeptID='cs'\,\wedge\,Semester='F\,2014'}(Professor \bowtie_{ID=ProfID} Teaching\,)) \tag{10-1}$$

$$\pi_{name}\,(\sigma_{DeptID='cs'}(Professor) \bowtie_{ID=Prof\,ID}\,\sigma_{Semester='F\,2014'}(Teaching\,)) \tag{10-2}$$

$$\pi_{name}\,(\sigma_{Semester='F\,2014'}(\sigma_{DeptID='cs'}(Professor) \bowtie_{ID=ProfID} Teaching\,)) \tag{10-3}$$

$$\pi_{name}\,(\sigma_{DeptID='cs'}(Professor \bowtie_{ID=Prof\,ID}\,\sigma_{Semester='F\,2014'}) (Teaching\,)) \tag{10-4}$$

Professor、*Teaching* 的關係如圖 10-3 所示。

Professor	ID	Name	DeptID		Teaching	ProfID	CrsCode	Semester
	200100001	張明根	CS			200100001	CS201	F2014
	200100005	李玉蘭	MGT			200100005	MGT101	F2015
	199900003	歐陽元鵬	CS			199900003	CS203	F2012
	198500021	張大為	MAT			198500021	MAT105	S2013
	199300047	黃曉明	EE			199300047	EE405	F2014
	199600005	葛大江	CS			199600005	CS202	F2013
	199300032	滕明貴	MAT			199300032	MAT108	F2011
	199800111	馬大華	MGT			199800111	MGT203	F2011
	198800009	許華	MGT			198800009	MGT206	F2013
	199000002	陳明	EE			199000002	EE403	S2013
	199000003	章穎	MAT			199000003	MAT107	S2014
	199000008	楊得清	MAT			199000008	MAT106	S2014
	199000012	施展	CS			199000012	CS205	F2014
	199000034	莫秋裡	EE			199000034	EE404	S2013
	199000045	甯江濤	EE			199000045	EE403	F2012

（a） （b）

圖 10-3 *Professor*、*Teaching* 的關係圖

式（10-1）對應查詢樹如圖 10-2（a）所示，可能是查詢處理器從一個 SQL 查詢生成的（把選擇條件 *"ID=ProfID"* 與叉積合併以後的）最初運算式。

```
select P.Name
FROM Professor P，Teaching T
WHERE P.ID = T.ProfID AND T.Semester == 'F2014'
AND P.DeptID = 'CS'
```

式（10-2）對應的查詢樹如圖 10-2（b）所示，該運算式來自式（10-1），它採用啟髮式規則，沿著連接把選擇全部下推。式（10-3）和式（10-4）對應的查詢樹分別如圖 10-2（c）、圖 10-2（d）所示，它們都來自式（10-2），並採用啟發式規則，把選擇條件的一部分下推到實際的關係。

接下來，我們對查詢樹進行擴張，在其中增加計算連接、選擇等操作的特定方法，進一步建立查詢執行計畫。然後，對每個計畫的負擔進行估計，選擇最佳計畫。

假設系統目錄中具有的關係資訊為：

- *Professor*
  * 大小：200 頁，1000 筆記錄（5 個元組 / 頁），記錄了 50 個系的教授資訊。
  * 索引：屬性 *DeptID* 上有聚集的 2 級 B+ 樹索引，屬性 ID 上有雜湊索引。

■ *Teaching*

＊ 大小：1000 頁，10000 筆記錄（10 個元組 / 頁），記錄了 4 個學期的授課資訊。

＊ 索引：屬性 *Semester* 上有聚集的 2 級 B+ 樹索引，屬性 *ProfID* 上有雜湊索引。

首先要列出屬性 *ID* 和 *ProfID* 的合理權重，對於 *Professor* 的 *ID* 屬性，權重必為 1，因為 *ID* 為屬性碼。對於 *Teaching* 的 *ProfID* 屬性，假設每個教授可能教同樣數量的課，由於有 1000 個教授記錄而有 10000 個授課記錄，*ProfID* 的權重大約為 10。我們現在考慮圖 10-2 所示的 4 種情況，假設有一個 52 頁的緩衝區用於計算連接，並有少量的額外主記憶體空間用於儲存索引塊和其他輔助資訊（在必要的時候列出準確的數量）。

1. 選擇沒有被下推的情況

執行連接的一種可能是利用巢狀結構循環連接，舉例來說，可以把較小的 *Professor* 關係放在外層循環。由於 *ID* 和 *ProfID* 上的索引都是聚集的，而且 *Professor* 中的每個元組可能比對 *Teaching* 中的多個元組（一般來說每個教授教多門課），負擔估計如下：

（1）掃描 *Professor* 關係：200 次頁傳輸。

（2）尋找 *Teaching* 關係中的比對元組：我們可以利用 50 頁緩衝區來儲存 *Professor* 關係的頁。由於每頁可以儲存 5 個 *Professor* 元組，每個 *Professor* 元組比對 10 個 *Teaching* 元組，故平均情況下，緩衝區中 *Professor* 關係的 50 頁能夠比對 *Teaching* 關係的 50×5×10=2500 個元組。*Teaching* 關係的 *ProfID* 屬性上的索引是非聚集的，因此，獲取的記錄 *ID* 不可能是有序的。結果是，從資料檔案中取得這 2500 個比對元組所需的開銷（不算從索引中取得記錄 *ID* 的負擔）可能達到 2500 次頁傳輸。然而，透過先比較對元組的記錄 *ID* 進行排序，可以確保透過不超過 1000 次（*Teaching* 關係的大小）頁傳輸取得符合的元組 [1]。由於這個過程必須被重複 4 次（每次對應 *Professor* 關係的 50 頁），因

---

[1]　為了對記錄 *ID* 進行排序，需要額外的儲存空間。由於總共是 2500 個元組的 *rid*，每個 *rid* 典型情況下是 8B，這需要在主記憶體中有 5 個 4KB 的頁來儲存這些 *rid*。

此取得 *Teaching* 關係中的比對元組共需 4000 次頁傳輸。

（3）對索引進行搜索：*Teaching* 關係有一個 *ProfID* 上的雜湊索引，可以假設每次索引搜索需要 1.2 次 I/O 操作。對於每個 *ProfID*，搜索可以找到一個容器，這個容器包含所有比對元組（平均為 10 個）對應記錄的 *ID*，可以用一次 I/O 操作取得所有這些記錄的 *ID*。這樣，對於 *Teaching* 關係中 10000 個比對記錄的 *ID*，可以透過每次 I/O 操作取得 10 個記錄 *ID* 的方式取得到，一共需要 1000 次 I/O 操作。因此，對所有記錄進行索引搜索的負擔為 1200 次頁傳輸。

（4）整體負擔：200+4000+1200=5400 次頁傳輸。

其他可選的方法是利用區塊巢狀結構循環連接或歸併連接。對於一個利用 52 頁緩衝區的區塊巢狀結構循環連接，內層循環對應的 *Teaching* 關係需要被掃描 4 次，這需要較少的頁傳輸：200+4×1000=4200 次。當然，如果 *Teaching* 關係中 *ProfID* 屬性的權重比較低，索引嵌套循環連接與區塊巢狀結構循環連接的比較結果可能迥然不同，因為索引對於減少 I/O 操作的數量變得更加有效。

連接結果可能包含 10000 個元組（因為 *ID* 是 *Professor* 的碼，並且每個 *Professor* 元組大概比對 10 個 *Teaching* 元組）。由於 *Professor* 元組的大小是 *Teaching* 元組大小的 2 倍，結果檔案的大小為 *Teaching* 大小的 3 倍，也就是 3000 頁。

接下來進行選擇和投影操作。由於連接結果沒有任何索引，所以只能選擇用檔案來掃描這個存取路徑。我們可以在掃描的過程中完成所有選擇和投影操作。順序檢查每個元組，如果它不滿足選擇條件，就捨棄它；如果它滿足選擇條件，就只捨棄沒有出現在 SELECT 子句中的屬性並將其輸出。

我們可以把連接階段和選擇 / 投影階段分割開來，把連接結果輸出到一個中間文件中，然後輸入這個檔案來執行選擇 / 投影操作。還有一個更好的方法，即透過把這兩個階段相交起來，以省去建立和存取中間檔案的 I/O 操作。這項技術被稱為管線（pipelining）技術，因其連接操作與選擇 / 投影操作執行起來像是在協作工作。連接階段執行到所有主記憶體緩衝區被填滿為止，然後，選擇 / 投影操作接管執行過程，清空緩衝區並輸入結果。接下來恢復至連接階段，填充緩衝區，讓這個過程繼續下去，直到選擇 / 投影操作輸出最後的元組為止。在管線中，一個關係操作的輸出被「流水」到下一個關係操作的輸入，省去了在磁碟上儲存中間結果的負擔。

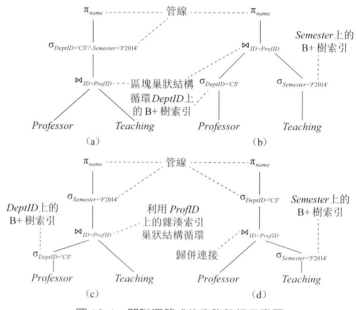

圖 10-4　關聯運算式的查詢執行示意圖

圖 10-4（a）所示為關係表述式的查詢執行計畫示意圖。利用區塊巢狀結構循環的連接策略，執行這個計畫需要 4200+α×3000 次頁 I/O；其中，3000 是連接結果的大小（前面已經計算過），α 為一個 0 ～ 1 的數，是選擇和投影對應的縮減因數。α×3000 是把查詢結果寫回磁碟的負擔。由於這個負擔對所有的查詢計畫（如圖 10-4（a）～圖 10-4（d）所示）都是相同的，在後續的分析中，我們將忽略這個負擔。

2. 選擇被完全下推的情況

圖 10-2（b）所示的查詢樹對應多個可選的查詢執行計畫。首先，如果我們把選擇推到樹的葉子結點（關係 *Teaching* 和關係 *Professor*），那麼可以利用 *DeptID* 和 *Semester* 上的 B⁺ 樹索引計算 $\sigma_{DeptID='CS'}$(*Professor*) 和 $\sigma_{Semester='F\,2014'}$ (*Teaching*)，但不幸的是，結果關係沒有任何索引（除非資料庫管理系統認為在結果關係上建立索引是值得的，但是即使如此也會帶來很多額外負擔）。尤

其是，我們不能利用 *Professor.ID* 和 *Teaching.ProfID* 上的雜湊索引。這樣，我們只能用區塊巢狀結構循環或歸併來計算連接。然後，在連接結果被輸出到磁碟前對其執行投影操作。換句話說，我們再次利用流水減少了執行投影操作的負擔。

我們估計這個查詢計畫的負擔如圖 10-4（b）所示，用區塊巢狀結構循環作為連接的執行策略。由於 50 個系有 1000 個教授，*Professor* 關係中的 DeptID 屬性的權重為 20；因此，$\sigma_{DeptID='CS'}(Professor)$ 的大小應該為 20 個元組，或說是 4 頁。*Teaching* 關係中的 *Semester* 屬性的權重為 10000/4=2500，或說是 250 頁。由於 *DeptID* 和 *Semester* 上的索引都是聚集的，因此計算選擇需要的 I/O 負擔為：4（存取兩個索引）+4（存取 *Professor* 關係中滿足條件的元組）+250（存取 *Teaching* 關係中滿足條件的元組）。

兩個選擇的結果不必被寫回磁碟，可以把 $\sigma_{DeptID='CS'}(Professor)$ 和 $\sigma_{Semester='F\ 2014'}(Teaching)$ 流水到連接操作，用區塊巢狀結構循環策略連接。由於第 1 個關係只有 4 頁，我們就把它全部放入主記憶體中，當計算第 2 個關係的時候，我們將其與 4 頁的 $\sigma_{DeptID='CS'}(Professor)$ 關係相連接，並把結果流水到操作 π_{name}。當所有對 *Teaching* 關係的選擇執行完畢後，無須額外 I/O，就可以結束連接過程。因此，整體負擔為 4+4+250=258 頁。

需要注意的是，如果 $\sigma_{DeptID='CS'}(Professor)$ 太大，以至於無法放入緩衝區，那麼不把 $\sigma_{Semester='F\ 2014'}(Teaching)$ 寫回磁碟是不可能計算連接的。因此，實際上，對 $\sigma_{DeptID='CS'}(Professor)$ 的掃描以及對 $\sigma_{Semester='F\ 2014'}(Teaching)$ 的最初掃描仍舊可以通過流水的方式執行，但是，$\sigma_{Semester='F\ 2014'}(Teaching)$ 將不得不被掃描多次，每次對應 $\sigma_{Semester='F\ 2014'}(Teaching)$ 的一段。為此，第 1 次掃描後，$\sigma_{Semester='F\ 2014'}(Teaching)$ 將不得不被寫回磁碟。

3. 選擇被下推到 *Professor* 關係的情況

對於圖 10-2（c）所示查詢樹，可以建置以下查詢執行計畫：首先，用 *Professor.DeptID* 上的 B⁺ 樹索引計算 $\sigma_{DeptID='CS'}(Professor)$。像選擇被完全下推的情況一樣，在後續的連接計算過程中，我們無法再用 *Professor.ID* 上的雜湊索引。然而，與選擇被完全下推的情況不同的是，*Teaching* 關係沒有任何變化，因此，我們仍舊可以利用索引巢狀結構循環的方法（用 *Teaching.ProfID*

上的索引）來計算連接。其他可用的連接方法包含塊嵌套循環連接和歸併連接。最後，我們把連接結果流水到選擇操作 $\sigma_{Semester='F\ 2014'}$，在掃描的同時執行投影操作，其查詢執行計畫如圖 10-4（c）所示。現在，我們列出這個計畫的負擔估計。

（1）$\sigma_{DeptID\ ='CS'}$（Professor）。有 50 個系共 1000 個教授。因此，這個選擇的結果可能包含 20 個元組，或説是 4 頁。由於 Professor.DeptID 上的索引是聚集的，取得這 20 個元組大概需要 4 次 I/O 操作。對於 2 級樹索引，索引搜索需要兩次 I/O 操作。由於通常偏好把選擇結果流水到接下來的選擇階段，因此，這裡無輸出負擔。

（2）索引巢狀結構循環連接。我們利用上面選擇操作的結果，將結果直接流水到連接操作，作為連接操作的輸入。需要特別注意的是，由於索引巢狀結構循環利用了 Teaching.ProfID 上的雜湊索引，因此即使選擇的結果很大，也無須將其存入磁碟。一旦對 Professor 的選擇產生的元組足以填滿緩衝區，我們便立刻把這些元組與符合的 Teaching 元組連接起來，連接的過程利用雜湊索引，連接結果被輸出。然後恢復選擇過程，再次填充緩衝區。由於每個 Professor 元組比對可能被儲存在同一個容器的 10 個 Teaching 元組中，因此，為了找到 20 個元組的所有比對，不得不搜索索引 20 次，每次負擔約為 1.2 次 I/O 操作。由於索引是非聚集的，還需額外 200 個 I/O 操作來從磁碟中取得實際比對的元組，整體來説，這需要 1.2×20+200=224 次 I/O 操作。

（3）整體負擔。由於連接結果被流水到後續的選擇操作和投影操作，後續操作無任何 I/O 負擔。因此，整體負擔為：4+2+224=230 次 I/O 操作。

4. 選擇被下推到 Teaching 關係的情況

這種情況與選擇被下推到 Professor 關係的情況類似，只不過是選擇被應用到 Teaching 關係而非 Professor 關係中。由於對 Teaching 關係執行選擇後遺失了其上的索引，因此我們不能把這個關係作為索引巢狀結構的內層關係。然而，可以將其作為索引巢狀結構的外層關係，內層循環可以利用 Professor 關係的 Professor.ID 上的雜湊索引。也可以利用區塊巢狀結構循環和歸併來計算這個連接。在這個實例裡，我們選擇歸併連接。像前面的實例一樣，後續利用選擇和投影的過程可以透過管線的方式實現。結果的查詢計畫如圖 10-4（d）所示。

（1）連接－排序階段。第 1 步是對 *Professor* 關係利用 *ID* 排序以及對 $\sigma_{Semester='F\ 2014'}$(*Teaching*) 利用 *ProfID* 排序。

（2）為了對 *Professor* 排序，我們首先要掃描並建立歸併段。由於 *Professor* 包含 200 個磁區，也就包含 4 個（即 200/50=4）歸併段。這樣，建立 4 個有序歸併段並將其存入磁碟，需要 2×200 次 =400 次磁碟 I/O 操作。歸併這些歸併段只需額外一趟掃描，但是，透過延遲這個歸併過程可將其與歸併連接的歸併過程合併起來。

（3）為了對 $\sigma_{Semester='F\ 2014'}$(*Teaching*) 進行排序，我們必須先計算這個關係。由於 *Teaching* 包含 4 個學期的資訊，選擇結果包含約 10000/4=2500 個元組。由於索引是聚集的，這 2500 個元組儲存在檔案的連續 250 塊中。因此，選擇的負擔約為 252 次磁碟 I/O 操作（其中，2 次磁碟 I/O 操作用於對索引進行搜索）。然而，選擇結果並不馬上被寫回磁碟，而是每當緩衝區的 50 頁滿後，才會立刻對其排序，然後把排序結果作為一個歸併段寫回磁碟。按照這種方法建立了 5 個（即 250/50=5）歸併段。這個過程需要 250 次磁碟 I/O 操作。

$\sigma_{Semester='F\ 2014'}$(*Teaching*) 的 5 個歸併段可以透過一趟歸併完成排序。然而，我們不單獨執行這個歸併過程，而是把這個過程與歸併連接的歸併過程（還包含對 *Professor* 關係進行歸併的過程，這個過程已經在前面被延遲了）結合起來。

（4）連接－歸併階段。沒有把 *Professor* 關係的 4 個有序歸併段和 $\sigma_{Semester='F\ 2014'}$(*Teaching*) 的 5 個有序歸併段歸併成兩個有序關係，而是把有序歸併段直接流水到歸併連接的歸併階段，無須把有序的中間關係寫入磁碟。按照這種方法，就可以把對關係進行排序的最後歸併階段與連接的歸併階段結合起來了。

整合的歸併階段首先為 *Professor* 關係的 4 個有序歸併段各自分配一個輸入緩衝區，共 4 個輸入緩衝區。然後，為 $\sigma_{Semester='F\ 2014'}$(*Teaching*) 的 5 個有序歸併段各自分配一個輸入緩衝區，共 5 個輸入緩衝區。還要分配 1 個輸出緩衝區用於緩衝連接結果。*p* 為 *Professor* 關係的 4 個有序歸併段的 4 個頭元組中 *p.ID* 最小的元組，*t* 為 $\sigma_{Semester='F\ 2014'}$(*Teaching*) 的 5 個有序歸併段的 5 個頭元組中 *t.Prof ID* 最小的元組，把和進行比對；如果 *p.ID*=*t.Prof ID*，把 *t* 從對應的歸併段中移除，連接後的元組被放入輸出緩衝區（這裡移除了 *t* 而沒有移除 *p*，是因為同一 *Professor* 元組可以比對多個 *Teaching* 元組）。如果 *p.ID* < *t.Prof*

ID，捨棄 p，否則捨棄 t。重複這個過程直到所有的輸入歸併段都被窮盡為止。

這個整合的歸併過程的負擔，就是讀兩個關係的有序歸併段的負擔，即讀 Professor 的有序歸併段需要 200 次 I/O 操作，讀 $\sigma_{Semester='F\ 2014'}(Teaching)$ 的有序歸併段需要 250 次 I/O 操作。

（5）其他負擔。連接結果被直接流水到後續的選擇（在 DeptID 屬性上的選擇）和投影（對 name 屬性的投影）操作。由於沒有中間結果被寫入磁碟，這一階段的 I/O 開銷為零。

（6）整體負擔。把每個獨立操作的負擔加起來，結果是：400+252+250+200+250=1352。

5. 最佳查詢計畫分析

比較分析上面的各種結果，不難看出：最佳的查詢計畫是對應圖 10-4（c）所示選擇被下推到 Professor 關係的那個計畫。然而，在我們考慮的計畫中，這僅是所有可能計畫的很小的子集。不過，值得高興的是，從這裡面可以觀察到非常有趣的現象：儘管選擇被完全下推的計畫中參與連接的關係更小（因為選擇被全部下推了），但選擇被下推到 Professor 關係的計畫比選擇被完全下推的計畫要好。對這個非常明顯的矛盾，通常的解釋是：把選擇下推到 Teaching 關係使其遺失了索引。令人欣喜的是，這再次證明了啟發式規則，也只不過是「啟發式」的。儘管利用啟發式規則偏好產生較好的查詢計畫，但是，還要用更加通用的代價模型對查詢計畫進行評估。

10.2.4 選擇一個計畫

上節列出的一些查詢執行計畫，其計畫的數量可能非常龐大，這就需要一種有效的方法，從所有可能的查詢執行計畫組成的集合中，選擇一個較小的子集，這個子集中的計畫都較好。然後，對這個子集中每個計畫的負擔進行估計，選擇負擔最小的作為最後查詢執行計畫。

1. 選擇一個邏輯計畫

定義查詢執行計畫時，列出了每個內部節點的關係實現方法的查詢樹。建置這樣一棵查詢樹包含兩個工作：選擇一棵樹以及選擇其內部節點的實現方法。

選擇恰當的樹相對更加困難，可選的樹的數量有可能非常多，因為二元可交換可結合運算符號（例如連接、叉積、集合併等）可以按照很多不同的方式被處理。如果一個查詢樹的子樹對應的 N 個關係被這種可交換可結合操作組合在一起，這個子樹有 $T(N) \times N!$ 種組成方式。如果把這種指數級複雜度的工作獨立開來，就可以先集中精力研究邏輯查詢執行計畫（Logical Query Execution Plan）。如圖 10-5 所示，透過把這種連續的二元操作組合成一個節點，暫時避免了考慮這種具有指數級複雜度的問題。

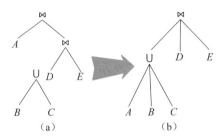

圖 10-5 　把查詢樹轉換成邏輯查詢執行計畫示意圖

同一個「主計畫」（如圖 10-2（a）所示）能夠產生多個不同的邏輯查詢執行計畫，在建置邏輯查詢執行計畫的過程中把選擇和投影操作下推，並把選擇操作和笛卡兒乘積操作組合成連接操作。在所有可能的邏輯查詢執行計畫中，只有很少的一部分被保留下來以進一步檢查。一般來說保留下來的是被完全下推的樹（因為其可能建立的中間結果是最小的）以及所有「接近」被完全下推的樹。保留「接近」被完全下推的樹的原因，是基於這樣的考慮：即把選擇或投影下推到查詢樹的葉子節點，有可能消除在計算連接的過程中利用索引的可能性。

根據這個啟發式規則，不可能選擇圖 10-2（a）所示的查詢樹，因為它沒有執行任何下推。剩餘的樹可能被選擇，包含圖 10-4（c）所示的查詢樹，它的估計負擔是最小的，甚至優於圖 10-4（b）所示的被完全下推的查詢計畫。在這個實例中，所有的連接都是二元的，因此，圖 10-5 所示的轉換並沒有相關。

2. 縮減搜索空間

在列出候選的邏輯查詢執行計畫後，查詢最佳化工具必須決定如何執行包含可交換可結合操作的運算式。舉例來說，圖 10-6 列出了幾個把一個包含多個關係的可交換可結合節點的邏輯計畫的可選方法。

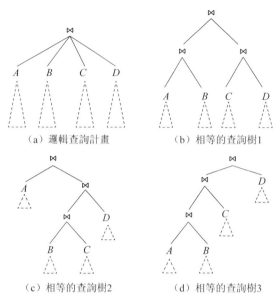

（a）邏輯查詢計畫　　　　　　（b）相等的查詢樹1

（c）相等的查詢樹2　　　　　　（d）相等的查詢樹3

圖 10-6　邏輯查詢計畫與相等的 3 個查詢樹示意圖

對應邏輯查詢計畫，一個節點的所有可能的相等查詢子樹的空間是二維的。首先，我們必須選擇樹的形狀（忽略對節點的標記）。舉例來說，圖 10-6 所示的樹具有不同的形狀，圖 10-6（d）所示是最簡單的，這種形狀的樹被稱為左深查詢樹（Left-Deep Query Tree）。一個樹的形狀對應著對一個包含可交換可結合操作的關係子運算式。這樣，圖 10-6（a）對應的邏輯查詢執行計畫對應的運算式為 $A \bowtie B \bowtie C \bowtie D$，查詢樹，如圖 10-6（b）～圖 10-6（d）所示對應的運算式分別為（$A \bowtie B$）$\bowtie$（$C \bowtie D$）、$A \bowtie$（（$B \bowtie C$）$\bowtie D$）和（（$A \bowtie B$）$\bowtie C$）$\bowtie D$。左深查詢樹對應的關聯代數運算式具有的形式永遠為（$\cdots$（（$E_{i1} \bowtie E_{i2}$）$\bowtie E_{i3}$）$\bowtie \cdots$）$\bowtie E_{in}$。

一般來說查詢最佳化工具只考慮一種具有特定形狀的查詢樹，那就是左深查詢樹。這是因為，即使固定了樹的形狀，查詢最佳化工具還是要做很多工作。實際上，對於圖 10-6（d）所示的左深樹，仍有種可能的連接順序。舉例來說，（（$B \bowtie D$）$\bowtie C$）$\bowtie A$ 是形如圖 10-6（d）所示的左深樹的另外一個可能的連接順序，它對應一個不同的左深查詢執行計畫。看上去 4! 查詢執行計畫的負擔似乎並不大，但有資料顯示，幾乎所有的商業查詢最佳化工具都放棄對 16 個以上關係進行連接的最佳化。

除了縮減搜索空間外，選擇左深樹而非如圖 10-6（b）所示的樹的原因，是可以利用管線技術。舉例來說，在圖 10-6（d）中，我們可以先計算 $A \bowtie B$，把連接結果流水到下一個連接操作與 C 進行連接。第 2 個連接的結果繼續向上流水，無須把中間關係在磁碟中物化。流水對大關係是非常重要的，因為一個連接的中間輸出可能非常大。舉例來說，如果關係 A、B 和 C 的大小為 1000頁，中間關係可能包含 10^9 頁，而與 D 連接後可能縮減為幾頁。在磁碟中儲存這樣的中間結果，其負擔將是非常大的。

3. 啟發式搜索演算法

選擇左深樹已經相當大地縮減了搜索空間，但進一步為左深樹的每個葉子節點指定關係將進一步地壓縮搜索空間。然而，為左深樹的每個葉子節點指定關係會有 N! 種方法，估計所有可能方法中每一個方法的負擔將難以企及，或極其複雜。因此，還需要一個啟發式的搜索演算法，可以透過只尋找搜索空間的一小部分就能找到合理的查詢計畫。基於動態規劃的啟發式搜索演算法目前已被應用於很多商業資料庫管理系統中，如 DB2 等。動態規劃的啟發式搜索演算法的簡化版本如圖 10-7 所示。

輸入：邏輯計畫 $E_1 \bowtie E_2 \bowtie \cdots \bowtie E_N$

輸出：「好」左深計畫 $(\cdots((E_{i1} \bowtie E_{i2}) \bowtie E_{i3}) \bowtie \cdots) \bowtie E_{in}$

所有的單關係計畫

所有代價最低的單關係計畫

$for(i：=1; i<N; i++)do$

$Plans：=\{best \overset{meth}{\bowtie} 1\text{-}plan \mid best \in Best; 1\text{-}Plans, best$ 中尚未用到的某些 E_i 的計畫 $\}$

$Best：=\{plan \mid plan \in Plans, plan$ 中代價最低的 $\}$

end

$return\ Best;$

圖 10-7　查詢執行計畫空間的啟發式搜索示意圖

為了建置一個左深查詢樹，首先計算一個 N 路連接 $E_1 \bowtie E_2 \bowtie \cdots \bowtie E_N$ 中的每個單關係運算式的所有查詢計畫（稱其為單關係計畫）的負擔（每個 E_i 是一個單關聯運算式）。注意，每個 E_i 可能有幾個查詢計畫（因為有不同的存取路徑。舉例來說，一個存取路徑可能利用掃描，而另外一個存取路徑可能利用索引），因此，可能的單關係計畫的數量為 N 或更大的值。這樣，所有計劃中最佳的計畫（也就是負擔最小的計畫）被擴充成雙關係計畫，然後是三關係計畫。為了把最佳的單關係計畫 p 擴充成雙關係計畫，這裡假設 p 是 E_{i1} 的查詢計畫，p 與除 E_{i1} 的查詢計畫以外（因為我們已經選擇 p 為 E_{i1} 的查詢計畫）的所有單關係計畫進行連接；然後，我們估計所有這樣的計畫的負擔，保留最佳的雙關系計畫。每個最佳的雙關係計畫 q（假設它為 $E_{i1} \bowtie E_{i2}$ 的查詢計畫）被擴充為一個三關係計畫的集合，這是透過把 q 與除 E_{i1} 的查詢計畫之外（因為這兩者已經在 q 中了）的所有單關係計畫進行連接實現的。再次，只有最低負擔的計畫被保留下來進入下一階段。這個過程持續下去，直到完全建置了對應 $E_1 \bowtie E_2 \bowtie \cdots \bowtie E_N$ 的邏輯計畫的左深運算式。

一旦執行連接的最佳計畫被選定，就可以將連接結果看成一個單關聯運算式 E，接下來的工作是為 $\pi_{name} (\sigma_{Semester='F\ 2014'} (E))$ 尋找一個計畫。由於 E 的結果不是有序的、沒有索引且不需要消除重複，因此選擇順序掃描作為存取路徑，在掃描的過程中同時計算選擇和投影。並且，由於 E 的結果被儲存在主記憶體中，所以可以利用管線技術避免在磁碟上儲存中間結果。

10.3 應用程式的最佳化

應用程式碼和資料庫一樣，都有可能成為效能問題的根源。事實上，在資料庫作為共用資源的情形中，改變應用程式碼要比資料庫方案容易得多。特定應用的資料庫模式處於應用的核心。如果模式設計得好，可能會設計出高效的 SQL 敘述。所以，在應用層的最佳化策略首先就應該是設計一個規範化的資料庫，並估計表的大小、屬性值的分佈、查詢的特徵及其執行頻率，以及可能對資料庫執行的更新等。對規範化的模式進行調整以加強執行頻率最高的操作的執行效率是依賴於上述這些估計的。增加索引是最重要的最佳化方法。此外，反向規範化是另外一種重要的最佳化技術。

10.3.1 SQL 敘述的最佳化

SQL 無所不在。儘管如此，SQL 卻難以使用，因為它是複雜的、令人困惑且易出錯的。在筆者近 30 年的實作中，看到了目前 SQL 使用中存在著的大量的糟糟實作，甚至有的作者在教材或類似出版物中還推薦這些糟糕實作，重複行和 null 就是典型實例。

1. SQL 中的類型檢查和轉換

SQL 只支援弱形式的強類型化，實際包含：

- BOOLEAN 值只能賦到 BOOLEAN 變數，並只能和 BOOLEAN 值比較。
- 數字值只能設定值給數值變數，並且與數字值比較（「數字」（numeric）指的是 SMALLINT、BIGINT、NUMERIC、DECIMAL 或 FLOAT）。
- 字串值只能設定值給字串變數，並且只能與字串進行比較（「字串」指的是 CHAR、VARCHAR 或 CLOB）。
- 位元串值只能設定值給位元串變數，並且只能與位元串值進行比較（「位元串」指的是 BINARY、BINARY VARYING 或 BLOB）。

因此，像數值與字串這樣的比較就是非法的。然而，即使兩個數的類型不同，它們之間的比較也是合法的，例如分別屬於 INTEGER 和 FLOAT 類型的兩個數（此時，整數值會在進行比較之前強制轉為 FLOAT。這就有關類型轉換問題。在通常的計算領域中，一個廣為認可的原則就是要儘量避免類型轉換，因為容易出錯，尤其是在 SQL 中。允許類型轉換的怪異後果就是某些集合並、交、差運算會產生一些在任何運行中都沒有出現過的行，例如圖 10-8 中的 SQL 表 Table1 和 Table2。假設 Table1 表中的 X 列為 INTEGER 型，Table2 表中的 X 列為 NUMERIC(5, 1) 型；Table1 表中的 Y 列為 NUMERIC(5, 1) 型，Table2 表中的 Y 列為 INTEGER 型。如果我們進行以下的 SQL 查詢：

```
 select X,  Y  from Table1 union select X,  Y  from Table2
```

獲得的結果將是圖 10-8 右側所示的 a。在結果中的 X 列和 Y 列都是 NUMERIC (5, 1) 類型，且這些列中的值實際上是由 INTEGER 轉為 NUMERIC(5, 1) 類型。因此，結果是由未在 Table1 和 Table2 中出現的行組成的非常奇怪的並運算。雖然看上去結果並沒有遺失資訊，但並不能說明它不會導致問題。

Table1	
X	Y
0	1.0
0	2.0

Table2	
X	Y
0.0	0
0.0	1
1.0	2

a	
X	Y
0.0	1.0
0.0	2.0
0.0	0.0
1.0	2.0

圖 10-8　奇怪的並運算範例圖

因此，無論是在 SQL 還是其他上下文中，要確保同名列始終具有同一類型，只要可能就儘量避免類型轉換。如果類型轉換無法避免時，強烈建議使用 CAST 或 CAST 的相等物進行顯性類型轉換。例如前述的這個查詢，可以轉化為：

```
select cast(X as NUMERIC(5,1)) as X, Y from Table1
union
select X, cast(Y as NUMERIC(5,1)) as Y from Table2
```

2. SQL 中的字元序

SQL 中有關的類型檢查和類型轉換的規則，尤其是在字串場合下的規則，要遠比假設的複雜。因為，任何確定的字串都由取自相關字元集（Character Set）的字元組成，並且都有一個連結的字元序（Collation）。字元序是與特定字元集相關，並決定著由特定字元集的字元所組成的字串的比較規則，也做核心對序列（Collation Sequence）。設 C 是對應於字元集 S 的字元序，a 和 b 是字元集 S 中的任意字元，則 C 必使比較運算式 a<b，a=b，a<b 之一為真，其餘為假。然而，有一些變數值得注意：

（1）任何確定的字元序都有 PAD SPACE 或 NO PAD 之分。假設 "str" 和 "str" 具有相同的字元集和字元序，雖然第 2 個字串比第 1 個字串多了一個空格，但如果使用 PAD SPACE 則認為兩者是「比較上相等的（Compare Equal）」。因此，強烈建議，如果可能就一直用 NO PAD。

（2）對於確定的字元序，即使字元 a 和 b 不同，比較運算式 a=b 也可能傳回 TRUE。舉例來說，字義名為 CASE_INSENSITIVE 的字元序，其中每個小寫字母都定義為與對應的大寫字母比較上相等。因此，明顯不同的字串有時也產生比較上的相等。所以，可以看到 SQL 中的某些形式上的比較運算式，即使是在和不同的情況下，也可以傳回 TRUE（即使它們是不同的類型也可能比較上相等，這是因為 SQL 對類型轉換的支援造成的）。所以，建議使用「相等但可區分（Equal But Distingshable）」來表示這樣的值對（Pair of Value）。這樣，相等比較在很多上下文（例如 MATCH、LIKE、UNION 和 JOIN）中執行（常常是隱式地執行），所用的相等性實際上是「即使可區分且也相等（Equal Even If Distingshable）」。舉例來說，假設 CASE_INSENSITIVE 字元序如上所述定義，並將 PAD SPACE 用於此字元序，那麼，如果表 P 及表 SP 的 SNO 列都使用此字元序，且表 P 和表 SP 中某行的值分別是 "C3" 和 "c3"，則這兩行會被認為滿足 SP 到 P 的外鍵約束，而忽略外鍵值中的小寫 "c" 以及其尾部的空格。而且，當計算運算式包含 UNION、INTERSECT、EXCEPT、JOIN、GROUP BY、DISTINCT 等運算子時，系統可能不得不從許多相同但可區分的值中選出一個作為結果中某行某列的值。不幸的是，SQL 本身對此種情況沒有列出完整的解決方案。結果是，在 SQL 沒有完全說明該如何計算的情況下，一些運算式無法獲得確定的值。SQL 的術語是「可能非確定性的（Possibly Nondeterministic）」。舉例來說，如果字元序 CASE_INSENSITIVE 用於表 Table 的列 C，那麼即使 Table 不發生任何變化，select max（C）from table 也可能視情況傳回 "ZZZ" 或 "zzz"。

強烈建議，盡可能避開「可能非確定性的」運算式。

3. 不要重複，不要 null

假設 SQL 是真正關係化的，那麼一些本應有效的運算式轉換及對應的最佳化才會因為「重複」的存在而不再有效。舉例來說，圖 10-9 所示的資料庫（非關聯式，且表沒有鍵，表中沒有雙底線）。

Table1	
PNO	PNAME
SE001	Translator
SE001	Translator
SE001	Translator
SE005	Translator

Table2	
SNO	PNO
S1	SE001
S1	SE001
S1	SE001

圖 10-9　具有重複的資料庫（非關係化）範例圖

Table1 中存在 3 個（SE001，Translator），可能有某種意義。那麼，業務決策基於表 Table1 和 Table2 進行查詢，獲得的 Translator 及對應的 Table2 供應商或是零件編號可能產生的結果如下：

```
(1)    SELECT Table1.PNO
       FROM Table1
       WHERE Table1.PNAME = 'Translator'
                   OR Table1.PNO IN (SELECT Table2.PNO
                                     FROM Table2
                                     WHERE Table2.SNO = 'S1')
       結果：SE001*3, SE005*1。

(2)    SELECT Table2.PNO
```

```
            FROM Table2
            WHERE Table2.SNO = 'S1'
                        OR Table2.PNO IN (SELECT Table1.PNO
                                            FROM Table1
                                            WHERE Table1.PNAME = 'Translator' )
```
結果：SE001*2, SE005*1。

(3)　SELECT Table1.PNO
```
     FROM Table1, Table2
     WHERE (Table2.SNO = 'S1' AND
                 Table2.PNO = Table1.PNO )
                 OR Table1.PNAME = 'Translator'
```
結果：SE001*9, SE005*3。

(4)　SELECT Table2.PNO
```
     FROM Table1, Table2
     WHERE (Table2.SNO = 'S1' AND
                 Table2.PNO = Table1.PNO )
                 OR Table1.PNAME = 'Translator'
```
結果：SE001*8, SE005*4。

(5)　SELECT Table1.PNO
```
     FROM Table1
     WHERE Table1.PNAME = 'Translator'
     UNION ALL
     SELECT Table2.PNO
         FROM Table2
         WHERE Table2.SNO = 'S1'
```
結果：SE001*5, SE005*2。

(6)　SELECT DISTINCT Table1.PNO
```
     FROM Table1
     WHERE Table1.PNAME = 'Translator'
     UNION ALL
     SELECT Table2.PNO
         FROM Table2
         WHERE Table2.SNO = 'S1'
```
結果：SE001*3, SE005*1。

(7)　SELECT Table1.PNO

```
      FROM Table1
      WHERE Table1.PNAME = 'Translator'
      UNION ALL
      SELECT DISTINCT Table2.PNO
           FROM Table2
           WHERE Table2.SNO = 'S1'
      結果：SE001*4, SE005*2。
```

(8)　SELECT DISTINCT Table1.PNO
```
      FROM Table1
      WHERE Table1.PNAME = 'Translator'
               OR Table1.PNO IN
                  (SELECT Table2.PNO
                   FROM Table2
                   WHERE Table2.SNO = 'S1' )
      結果：SE001*1, SE005*1。
```

(9)　SELECT DISTINCT Table2.PNO
```
      FROM Table2
      WHERE Table2.SNO = 'S1'
               OR Table2.PNO IN
                  (SELECT Table1.PNO
                   FROM Table1
                   WHERE Table1.PNAME = 'Translator' )
      結果：SE001*1, SE005*1。
```

(10)　SELECT Table1.PNO
```
      FROM Table1
      GROUP BY Table1.PNO, Table1.PNAME
      HAVING Table1.PNAME = 'Translator'
               OR Table1.PNO IN
                  (SELECT Table2.PNO
                   FROM Table2
                   WHERE Table2.SNO = 'S1')
      結果：SE001*1, SE005*1。
```

(11)　SELECT Table1.PNO
```
      FROM Table1, Table2
      GROUP BY Table1.PNO, Table1.PNAME, Table2.SNO, Table2.PNO
      HAVING (Table2.SNO = 'S1' AND
```

```
            Table2.PNO = Table1.PNO
   OR Table1.PNAME = 'Translator' )
   結果：SE001*2, SE005*2。

(12)  SELECT Table1.PNO
      FROM Table1
      WHERE Table1.PNAME = 'Translator'
      UNION
      SELECT Table2.PNO
      FROM Table2
      WHERE Table2.SNO = 'S1'
      結果：SE001*1, SE005*1。
```

上述 12 種情況也許有一些問題，因為它們實際上是假設每種情況要查詢的轉換器（Translator）都至少由一個供應商提供。不過，這一事實不會對後面的結論產生實際影響。

綜合上述 12 種情況，產生了 9 種不同的結果。這裡的不同，指的是它們的重複度（Degree of Duplication）不同。因此，如果業務工作在意結果的重複，那麼為了獲得確實想要的結果，就需要格外仔細地表述查詢。當然，類似的說明也適用於資料庫系統本身。因為不同的表述方式可以產生不同的結果，最佳化器也必須對其運算式轉換工作非常小心。① 最佳化器程式本身比看起來更加難以撰寫和維護，可能也更加容易出錯，這些綜合起來就使得產品更為昂貴，也更難以投放到市場中；②系統的效能可能少於其本應達到的水準；③使用者不得不花費時間和精力來確定問題的所在。

關係模型是禁止重複的。要想關係化地使用 SQL 就應採取措施避免出現重複。如果每個基底資料表都至少有一個鍵，那麼在這樣的基底資料表中就永遠不會出現重複。在 SQL 查詢中指定 DISTINCT，就可以有效地把結果中的重複去除。當然，一些 SQL 運算式仍會具有重複的結果表，如 SELECT ALL、UNION ALL、VALUES 等。因此，強烈建議，總是指定 DISTINCT；寧可顯性地做，永遠不要指定 ALL。

SQL 中的 null 概念容易導致三值邏輯（即 3VL，TRUE、FALSE 和 UNKNOWN），與關係模型中常用的二值邏輯（2VL）矛盾。以 A>B 為例，如果不知道 A 的值，那麼不管 B 的值是多少（比較特殊的情況是 B 的值也是

UNKNOWN），*A* 是否大於 *B* 都是 UNKNOWN（注意：這也是三值邏輯一詞的來源）。

無論是布林運算式或是查詢，依照三值邏輯其結果無疑是正確的，但在現實世界中一定是錯誤的。圖 10-10 所示的含有 null 的非關係化資料庫，對於零件型號為 P0001 的 MANUFACTURERS 儲存位置的陰影表示沒有任何東西。概念上，在那個位置不存在任何東西，甚至連只包含空白的字串或空字串也不是（即對應於零件型號為 P0001 的「元組」不是真正的元組）。

圖 10-10　含有 null 的資料庫（非關係化）範例圖

在這種情況下，如果一個 SQL 表述是：

```
select Table1.sno, Table2.pno
from Table1, Table2
where Table1.MANUFACTURERS<>Table2.MANUFACTURERS
    or Table2.MANUFACTURERS<>"昆明 "
```

那麼，where 子句中的布林表達式（Table1.MANUFACTURERS <> Table2.MANUFACTURERS）or（Table2.MANUFACTURERS <> " 昆 明 "）， 對於僅有的資料，這個運算式的值是 UNKNOWN OR UNKNOWN，簡化為 UNKNOWN。我們知道，該例 SQL 查詢檢索的目標，是那些使 where 子句中運算式為 TRUE（不是 FALSE 也不是 UNKNOWN）的資料，因此，它將檢索不到任何東西。

但是，現實中，零件型號 P0001 確實有對應的供應商，零件型號 P0001 的 "null MANUFACTURERS" 確實代表某個真實的值，如果我們把其設為 c，那麼，c 要麼是昆明，要麼不是。如果 c 是昆明，那麼運算式由：

```
(Table1.MANUFACTURERS  <>  Table2.MANUFACTURERS)
or  (Table2.MANUFACTURERS  <>  "昆明 ")
```

變為（對於我們僅有的資料）：

```
(" 成都 "  <>  " 昆明 ")  or  ("昆明 "  <>  " 昆明 ")
```

此式的值為 TRUE，因為第 1 項的值為 TRUE。另一方面，如果 c 不是昆明，那麼運算式變為（還是對於我們僅有的資料）

```
("成都" <> c) or (c <> "昆明")
```

此式的值也是 TRUE，因為第 2 項的值為 TRUE。因此，此布林運算式在現實世界中總是為真。所以，查詢也應該不管 null 到底代表什麼值都傳回（S0001，P0001）。換句話說，三值邏輯正確的結果與現實世界中的正確結果是不同的。

再如，對於圖 10-10 所示的同一個 Table2，如果進行下面的查詢：

```
select pno
from Table2
where MANUFACTURERS= MANUFACTURERS
```

現實世界中答案當然是目前出現在 Table2 中的零件型號集合，然而 SQL 根本不會傳回任何零件編號。因此，如果資料庫中有 null，一些查詢就會獲得錯誤答案。而且我們無從知曉到底哪個查詢會獲得錯誤的答案，而哪些又不會。所以，整個結果變得可疑了，永遠不能相信從包含 null 的資料庫中獲得的答案。資料庫權威戴特（C.J.Date）認為，這種情況完全是致命的。

要關係化地使用 SQL，必須採取措施防止 null 出現。首先，應該對每張基底資料表的每列都顯性或隱式地指定 NOT NULL 約束，這樣 null 就永遠不會在基底資料表中出現。不幸的是，一些 SQL 運算式仍會產生包含 null 的結果表。一些可以生產 null 的情況如下：

- 類似 SUM 這樣的 SQL「集函數」在參數為空（empty）時（COUNT 和 COUNT（*）除外，它們在此種情況下會正確傳回 0）。
- 如果一個純量查詢的值為空白資料表，則空白資料表透過類型轉為 null。
- 如果行子查詢的結果為空白資料表，則空白資料表透過類型轉為全是 null 的行。注意，從邏輯上講，全為 null 的行和一個 null 行不是一回事（一個邏輯區別），而 SQL 卻認為它們是一回事，至少某些時候如此。
- 外連接和「並連接」（Union Joins）明確設計為會在結果中產生 null。
- 如果忽略了 CASE 運算式中的 ELSE 子句，則會假設 ELSE 子句為 ELSE NULL 形式。

- 如果 x=y 為 TRUE，則運算式 NULLIF（x,y）傳回 null。
- ON DELETE SET NULL 和 ON UPDAE SET NULL 的「參照觸發動作」都能產生 null。

當然，如果禁止了 null，就必須採用其他方法處理遺失資訊。不過，其他方法非常複雜，讀者可自行參考，這裡不再討論。

4. 基關係變數和基底資料表

關係值（Relation）與關係變數（Relvar）是重大的邏輯區別。但在 SQL 中的對應部分可能讓人想法混亂，因 SQL 沒有明顯區分關係值與關係變數，而是用同一個術語「表」（Table）來指「表值」或「表變數」。舉例來說，CREATE TABLE AAA 中的關鍵字 TABLE 指的是「表變數」，但當我們説「表 AAA 有 5 筆記錄」時，「表 AAA」指的是一個「表值」，即名為 AAA 的表變數的目前值。因此，這裡進一步明確：①關係變數指的是允許值為關係的變數，SQL 中 INSERT、DELETE 和 UPDATE 操作的目標物件都是關係變數，而非關係；②若 R 是關係變數，r 是設定值給 R 的關係，則 R 和 r 必須是同一（關係）類型的。

1）更新是集合等級的

關係模型中的所有運算都是集合等級的，即它們的運算元是整個關係或整個關係變數，而非單獨元組。因此，INSERT 是將目標關係變數插入到一個元組集合；DELETE 是從目標關係變數中刪除一個元組集合；而 UPDATE 是在目標關係變數中更新一個元組集合。舉例來說，關係變數 Table1 服從完整性約束：供應商 S0001 和 S0004 總是位於同一個城市，那麼試圖更改兩者中的任何一城市的「單一元組 UPDATE」都必然會失敗。相反，我們必須對兩者進行更改，方法可能如下：

方法 1

```
UPDATE Table1
  WHERE SNO = 'S0001'
     or SNO = 'S0004' :
     {CITY := '成都'}
```

方法 2

```
UPDATE Table1
  SET CITY := '成都'
  WHERE SNO = 'S0001'
  or SNO = 'S0004'
```

「更新是集合等級的」這一事實暗示著，在顯性請求的更新沒有完成之前，類似 ON DELETE CASCADE 這樣的「參照觸發操作」是一定不能執行的（更一般的，所有類型的觸發操作都是如此）。

「更新是集合等級的」這一事實還說明，完整性約束在所有的更新（也包含觸發操作，如果有的話）完成之前也是不能進行檢查的。

2）關係設定值

一般的關係設定值透過向一個（由一個關係變數參考代表的）關係變數指派關係值（由關聯運算式表示）的方式執行。例如：

```
S := S WHERE NOT (CITY = " 北京 ")
```

這個設定值邏輯相等於下述 DELETE 敘述：

```
DELETE S WHERE CITY = ' 北京 '
```

再如：

```
DELETE R WHERE bx;
```

（其中，R 是關係變數名稱，bx 是布林運算式），是以下關係設定值的簡寫，兩者邏輯相等：

```
R := R WHERE NOT (bx);
```

或，我們可以說 DELETE 敘述是下面運算的簡寫（注意，無論哪種方式都會獲得相同的結果）：

```
R := R MINUS ( R WHERE bx);
```

在 SQL 中，INSERT 的資料來源是透過運算式的方式指定的，其 INSERT 插入的其實是表，而非行，儘管插入的表（來源表）可能經常只包含 1 行，甚至根本沒有行。SQL 中的 INSERT 定義既不採用 UNION，也不採用 D_UNION，而是採用 SQL 的 "UNION ALL" 運算子。如果目標表遵守鍵約束，那麼就無法插入一個已經存在的行，反之則可以成功插入重複行。SQL 中的 INSERT 提供一個選項，可以將目標表名後的列名稱的列標識插入值的目標列；第 i 個目標列對應於來源表的第 i 個列。忽略此項等於從左至右依次對應目標表中的方式，指定目標表的所有列。建議千萬不要忽略此選項。例如下面的 INSERT 敘述：

```
INSERT INTO TABLE2 VALUES ('S0005', 'P0006',1000);
```

就不如下面的 INSERT 敘述好：

```
INSERT INTO TABLE2(PNO, SNO,QTY) VALUES ('S0005', 'P0006',1000);
```

因為，前者的表述方式依賴於表 TABLE2 中的列排序，而後者的敘述則不依賴。下面的實例說明 INSERT 插入的是表而非行：

```
INSERT INTO
TABLE2 ( PNO, SNO,QTY )
VALUES ('S0005', 'P0006', 1000 ),
('S0006', 'P0007', 800 ),
('S0007', 'P0009', 1800 );
```

3）關於鍵

一個鍵是一個屬性的集合，而且一個屬性應該是一個屬性名稱／類型名稱對：①鍵的概念是用於關係變數而非關係。因為，說某個物件是鍵，也就是說某個完整性約束生效了；而完整性約束是用於變數的，不是用於值的。②對於基關係變數，通常要指定一個鍵作為主鍵（Primary）（關係變數中的其他鍵稱為取代鍵）。至於選擇哪個鍵作為主鍵，不在關係模型的範圍之內。③如果 R 是關係變數，那麼 R 必須至少有一個鍵。因為，R 所有可能的值都是關係，而根據定義可知，這些關係都至少應不包含重複元組。在 SQL 中，不管是什麼基底資料表，強烈建議使用 UNIQUE 或 PRIMARY KEY，確保每個表都至少有一個鍵。④鍵值是元組（SQL 中的行），而非標題。

5. 關聯運算式要表示什麼

每一個關係變數都有確定的關係變數述詞。可以說，這個述詞的含義就是對應關係變數。舉例來說，供應商關係變數 Table1 的述詞是：供應商 SNO 簽訂了合約，其名稱為 SNAME，狀態是 STATUS，位於城市 CITY。那麼，除了 CITY 之外的所有供應商屬性上的投影為：

```
Table1 { SNO, SNAME, STATUS }
```

這個運算式表示一個關係，此關係包含的元組採用的形式為：

```
TUPLE { SNO s, SNAME n, STATUS t }
```

這樣，以下形式的元組存在於關係變數 Table1 中，對應的 CITY 設定值為 c。

```
TUPLE { SNO s, SNAME n, STATUS t, CITY c }
```

其結果表示以下的述詞擴充：存在某個 CITY 滿足供應商 SNO 簽訂了合約，其名稱為 SNAME，狀態為 STATUS，所在城市正是 CITY。

這個述詞表示關聯運算式 TABLE1{SNO，SNAME，STATUS} 的含義。可見，此謂詞只有 3 個參數，而其對應的關係也只有 3 個屬性（CITY 並不是述詞的參數，而是邏輯學家所謂的「約束變元」）。

6. SQL 中的類型約束

SQL 不支援類型約束，不過允許我們建立自訂類型。例如下面的敘述：

```
CREATE TYPE QTY AS INTEGER FINAL;
```

這裡的 FINAL 關鍵字就是用於指明自訂的 QTY 類型不能有任何子類型。根據 SQL 的定義，所有的可用整數（包含負整數）都被認為是有效的數量。如果我們想將數量限制在某個特定的區間，那麼必須在每次使用類型時都指定對應的資料約束。實作中，這可能是一個基底資料表約束。舉例來說，如果基底資料表 Table2 中的 QTY 列定義為 QTY 類型而非 INTEGER 類型，那麼應該對表的定義進行以下擴充：

```
CREATE TABLE SP(
SNO     VARCHAR(5)   NOT NULL,
PNO     VARCHAR(6)   NOT NULL,
QTY     QTY NOT      NULL,
UNIQUE ( SNO, PNO ),
```

```
FOREIGN KEY ( SNO ) REFERENCES TABLE1 (SNO),
FOREIGN KEY ( PNO ) REFERENCES TABLE2 (PNO),
CONSTRAINT SPQC CHECK ( QTY >= QTY(0) AND
QTY <=  QTY(10000)));
```

在 CONSTRAINT 宣告中的運算式 QTY（0）和 QTY（10000）可以認為是對 QTY 選擇器的呼叫。選擇器並不是 SQL 的術語，描述在 SQL 中如何使用選擇器非常複雜，已經超出本書的範圍，請讀者自行參考相關資料。

下面展示 POINT 類型的 SQL 定義：

```
CREATE TYPE POINT AS
 (X NUMERIC (5,1), Y NUMERIC(5,1)) NOT FINAL;
```

這裡使用 NOT FINAL，而非上例中的 FINAL。

需要特別注意的是，由於 SQL 並不真正支援類型約束，所以只要可能，就用如 QTY 範例的方式使用資料庫約束，彌補這個缺失。當然，如果按照這個建議做了，就要付出代價，即大量的重複工作。但這個代價是值得的，遠比資料庫中出現壞資料所付出的代價低。

7. 相關子查詢

從效能角度看，要儘量避免相關子查詢。因為相關子查詢必須對外層表的第 1 行進行重複計算，而非對所有的行僅計算 1 次。舉例來說，查詢「既供應了 P00001 型號元件，也供應了 P00002 型號元件的供應商的名字」，其邏輯表述方式為：

```
{A.SNAME} WHERE EXISTS B (B.SNO = A.SNO
            AND B.PNO = 'P00001')
            AND (B.SNO = A.SNO AND B.PNO = 'P00002')
```

相等的 SQL 表述方式是很直接的：

```
SELECT DISTINCT A.SNAME
   FROM S AS A
   WHERE EXISTS (SELECT *
             FROM SP AS B
             WHERE B.SNO = A.SNO
             AND B.PNO = 'P00001')
```

```
AND EXISTS (SELECT *
                FROM SP AS B
                WHERE B.SNO = A.SNO
                AND B.PNO = 'P00002')
```

可以轉為：

```
SELECT DISTINCT A.SNAME
  FROM S AS A
  WHERE A.SNO IN (SELECT B.SNO
                    FROM SP AS B
                    WHERE B.PNO = 'P00001')
      AND A.SNO IN (SELECT B.SNO
                        FROM SP AS B
                        WHERE B.PNO = 'P00002')
```

8. SELECT *

在 SQL 中，SELECT 子句對 "SELECT *" 的使用，在所有關列不相關並且列的自左在右排序也不相關的情況下，是可以接受的。然而，這種用法在其他情況下卻是危險的。因為 "*" 的含義在已有表中增加新列的情況下會發生改變。因此強烈建議，時刻警惕這種情況的發生，尤其是不要在游標定義的最外層使用 "SELECT *"，應該明確地顯式命名相關列。這個說明，也適用於視圖定義。

9. 避免排序

排序的負擔很大，所以應該儘量避免排序。需要詳細了解哪些類型的查詢可能導致查詢最佳化工具在查詢計畫中引用排序，如果可能的話，避免執行這些類型的查詢。除了歸併連接外，消除重複也包含排序操作。因此，除非對業務來說非常重要，否則不要用 DISTINCT 關鍵字。集合操作（如 UNION 和 EXCEPT）也會引用排序操作以消除重複，但這可能是無法避免的（然而，某些資料庫管理系統提供了 UNION ALL 操作，這個集合操作不需要消除重複，因此也就不需要排序）。

對處理 ORDER BY 子句來說，排序是不可避免的（因此應該仔細考慮，對結果進行排序是不是必需的）。GROUP BY 子句通常也會引用排序。如果排序是不可避免的，可以考慮利用聚集索引進行預排序。

10.3.2 索引

對索引的調整是資料庫效能最佳化的重要工作之一。索引是表的或多個列的鍵值的有序列表，在表上建立索引可以快速檢索資料在資料庫中的位置，減少查閱的行數，同時索引也是關聯式資料庫中強制唯一性約束的一種方法。不管是 Oracle 資料庫還是 DB2 資料庫，都可分為聚集索引和非聚集索引兩種結構。索引帶來的好處是顯而易見的，但索引的存在同時帶來了相關的儲存負擔，更為嚴重的是，額外的索引可能相當大地增加對資料庫進行修改的敘述的處理時間。由於每當索引對應的表被更新的時候，其索引也要更新，因此，如果在一個經常被插入、刪除的表上建立索引，而建立的索引對應的搜索碼包含一個經常被更新的列時，建立索引所帶來的處理查詢的效能增益就需要仔細斟酌。例如下述查詢：

```
SELECT P.DeptId
    FROM PROFESSOR AS P
    WHERE P.Name = :name
```

由於 PROFESSOR 的主鍵為 ID，我們可以認為資料庫管理系統已經在這個屬性上建立了聚集索引。但是，這個索引對於該查詢沒有任何用處，因為我們需要的是找到所有具有特定名字的教授。一個可能是顯性地在 Name 屬性上建立一個非聚集索引。如果名稱相同的教授很少，這個索引可以相當大地加快查詢的執行速度。但是，在名稱相同的教授非常多的情況下，一個較好的解決方案是使 Name 屬性上的索引為聚集的，而 ID 屬性上的索引為非聚集的。結果是，具有相同名字的行被組合在一起，可以透過一次 I/O 操作獲取滿足條件的所有記錄。這個索引可以是 B+ 樹索引，也可以是雜湊索引（由於 Name 上的條件是相等條件）。

上述範例說明，由於一個表最多只能有一個聚集索引，所以不能將這個索引浪費在不能利用聚集索引優勢的屬性上。資料庫管理系統通常在主鍵上建立了一個聚集索引，但是，我們不應該受此侷限。主鍵上的非聚集索引也能確保鍵值的唯一性，並且，至多有一行能具有一個特定的鍵值，聚集不能把具有相同搜索鍵值的行組合在一起。因此，如果我們不想按照主鍵對行進行排序，在主鍵上建立聚集索引是沒有理由的。此外，用一個聚集索引取代一個已經存在的聚集索引是一件非常耗時的工作，因為這個過程中包含對儲存結構的完全重組；

當然，我們不可能每執行一個查詢，就建立一個新的聚集索引。正確的做法是，事先對應用進行分析，考慮應用可能會執行哪些查詢以及每個查詢的執行頻率，建立一個可能帶來最大收益的聚集索引，直到效能分析顯示需要對系統進行再次最佳化為止，都不應修改。

如果兩個不同的查詢受益於同一個表的兩個不同的聚集索引，那麼將面臨難題：同一個表上只能建立一個聚集索引。一個可能的解決方案是利用唯獨索引策略（Index-Only Strategy）。假設 TEACHING 表的 Semester 屬性上存在一個聚集的 B+ 樹索引；但是，另外一個非常重要的查詢受益於 TEACHING 表的 ProfID 屬性上的聚集索引，其目的是快速存取與一個教授相關的課程程式（列出 ProfID，尋找相關的 CrsCode）。可以透過建立一個搜索碼為 <ProfID, CrsCode> 的非聚集 B+ 樹索引來回避這個問題，查詢有關的所有資訊都被包含在這個索引中（這種索引通常被稱為覆蓋索引）。處理查詢根本不需要存取 TEACHING 表，我們只需按照 ProfID 屬性值沿著索引到達葉級即可。由於對應一個 ProfID 屬性值的頁面等級 CrsCode 屬性值都是聚集在一起的，因此只需沿著索引的葉級向前掃描，利用索引項目即可取得整個結果集。這種方法的效果與在 TEACHING 表上建立搜索碼為 <ProdID, CrsCode> 的聚集索引的效果是一樣的（實質上，這種方法的效率更高，因為索引更加小巧，掃描葉級的片段比掃描 TEACHING 表的同一片段所需的 I/O 次數更少）。

唯獨索引查詢包含兩種情況。在這個實例中，我們利用 ProfID 對索引進行搜索以快速定位相關的課程程式（CrsCode）。然而，假設還有一個查詢，這個查詢需要列出講授一種特定課程的所有教授的 ProfID。不幸的是，儘管這個查詢需要的所有資訊都包含在上面建立的索引中，但不能搜索，因為 CrsCode 屬性不是搜索碼的第 1 個屬性。但這並不等於沒有辦法，列出這個查詢結果集的辦法是掃描索引的整個葉級。與搜索相比，這是低效的，但是這種方法比掃描整個資料檔案效率高（索引是小的），也比在 CrsCode 屬性上再建立一個非聚集索引的方法效率高。

巢狀結構是 SQL 最強大的特徵之一。然而，巢狀結構查詢非常難最佳化。例如下述的 SQL 表述：

```
SELECT P.Name，C.CrsName
   FROM PROFESSOR AS P，COURSE AS C
```

```
WHERE P.Department == 'CS' AND
      C.CrsCode IN (SELECT T.CrsCode
         FROM TEACHING AS T
         WHERE T.Semester == '62003' AND T.ProfID == P.ID)
```

這個查詢傳回一個行集，其第 1 個屬性的屬性值是一個電腦科學系（CS）教授的名字，而且這個教授在 2013 年春季講授過一種課程（62003）。第 2 個屬性的屬性值就是這門課程的名字。

典型情況下，查詢最佳化工具將這個查詢分隔成兩個獨立的部分。內部查詢被作為一個獨立的敘述來最佳化；外部查詢也被獨立最佳化（把內部 SELECT 敘述的結果集看作一個資料庫關係）。在這種情況下，子查詢（內部查詢）與外部查詢是相關的；因此，高效率地執行子查詢是非常重要的，因為子查詢需要被執行多次。舉例來說，利用 TEACHING 表上搜索碼為 <ProfID, Semester> 的聚集索引，可以快速地取得特定教授在特定學期講授的所有課程（這非常可能是一個很小的集合）。如果可能的話，搜索碼應該包含 WHERE 子句中包含的所有屬性，這樣可以避免不必要地取得資料庫中的行。

由於巢狀結構查詢中內外層查詢是獨立最佳化的，最佳化器可能忽略某些替代的執行策略。舉例來說，不可能用到 TEACHING 表上的搜索碼值為 <ProfID, CrsCode> 的聚集索引；因為巢狀結構子查詢只是根據外層查詢提供的 P.ID 值建立課程程式（CrsCode）集。然而，非常容易想到，上面的查詢相等於下面的查詢：

```
SELECT C.CreName，P.Nam
  FROM PROFESSOR.P，TEACHING.T，COURSE.C
  WHERE T.Semester = '62003' AND P.Department = 'CS'
     AND P.ID = T.ProfID AND T.CrsCode = C.CrsCode
```

在對這個查詢進行最佳化的過程中，將考慮到利用這個索引。

10.3.3 反向規範化

反向規範化（Denormalization）是指透過向一個表中增加容錯資訊來設法加強唯讀查詢的效能。這個過程是關係規範化的逆過程，結果導致了違反範式條件。

反向規範化採取增加容錯資訊的形式。舉例來說，為了列印一個包含學生姓名的班級花名冊，需要對 STUDENT 表及 TRANSCRIPT 表進行連接。我們可以透過在 TRANSCRIPT 表上增加一個 Name 屬性列來避免連接。與上面的實例相比，STUDENT 表仍舊包含其他資訊（例如 Address），因此，反向規範化沒有消除保留 STUDENT 表的必要性。

另一個實例是對 STUDENT 表及 TRANSCRIPT 表進行連接來建置一個結果集，以便把一個學生的名字與其平均績點連結起來。如果這個查詢執行得非常頻繁，我們可能需要在 STUDENT 表上增加一個 GPA 列來加強這個查詢的效能。儘管修改前 GPA 沒有被儲存在資料庫中，但這仍舊是容錯資訊，因為可以透過 TRANSCRIPT 表計算 GPA。這是反向規範化的非常有吸引力的實例，因為額外的儲存空間是有名無實的。

但是，不要無限制地進行反向規範化。除了需要額外的儲存空間外，反向標準化還需要額外的負擔來維護一致性。在這個實例中，每當發生一次成績變更或向 TRANSCRIPT 表增加一個新行，都要更新對應的 GPA 值。這個過程可能是由執行修改的交易來完成的，反向規範化在增加這個交易的複雜度的同時還降低了這個交易的性能。一個較好的方法是增加一個觸發器，每當發生更新的時候，觸發器被觸發來更新 STUDENT 表。儘管效能損失不可避免，但是這個方法降低了交易的複雜度，並且避免了發生交易沒有恰當維護一致性的情況。

關於何時進行反向規範化沒有通用的規則。以下是一些可能相互衝突的不完整的關於反向規範化的指導性意見，在應用中包含一個特定的交易集的時候，需要綜合考慮這些指導性意見。

（1）規範化可以降低儲存空間的負擔，因為規範化通常消除了容錯資料及空值；同時，表和行比較小，減少了必須執行的 I/O 操作的數量，允許更多的行被儲存在高速快取中。

（2）反向規範化增加了儲存負擔，因為增加了容錯資訊。然而，在容錯度比較低的情況下，規範化也可能增加儲存負擔。

（3）規範化通常使複雜查詢（例如 OLAP 系統中的某些查詢）的執行效率較低，因為查詢執行的過程中必然要有關處理連接操作。

（4）規範化通常使簡單查詢（例如 OLTP 系統中的某些查詢）的執行效率更高，因為這種查詢通常只有關包含在一個表中的少量屬性。由於關係分解後每個關係包含的元組較少，因此在執行一個簡單查詢的過程中需要掃描的元組就較少。

（5）規範化通常使簡單的更新型交易的執行效率更高，因為規範化偏好減少每個表包含的索引數量。

10.3.4 實現惰性讀取

對應用系統的重要的效能考慮是，當物件被取得時，是否應該自動讀取屬性。如果一個屬性佔用的空間非常大並且很少被存取，則需要考慮是否採取惰性讀取（Lazy Read）的方式。舉例來說，在人力資源管理系統中，員工的身份證照片是一個基本屬性，它的平均大小可能為 100KB，很少會有操作實際用到這個資料。當讀取該物件時，無須自動跨網路去取得這個屬性，可以僅當實際用到該屬性時再去取得它。這可以透過 getter() 方法完成，該方法是為了提供一個單獨屬性的設定值，而且它會檢視該屬性是否已被初始化，如果沒有，這時再從資料庫中取得它。

惰性讀取的其他常見用法是，把要取得的物件作為查詢結果在物件程式內實現報表。在這兩種情形下，只需要物件的小的資料子集。

10.3.5 引用快取

快取（Cache）指的是在記憶體中臨時儲存實體備份的地方。由於資料庫存取常常佔用業務應用程式中大部分的處理時間，因此快取能夠急劇降低應用程式對資料庫的存取數量。快取包含：

- 物件快取（Object Cache）。該方式會在記憶體中維護業務物件的備份。應用程式伺服器可以把某些或所有業務物件放進共用的快取中，以使它支援的所有使用者能夠使用該物件的相同備份。這降低了它與資料庫互動的次數，因為現在其只需要取得一次物件，並且在更新資料庫之前合併多個使用者的改動即可。另外一種方式是，每個使用者都有一個快取，這樣可在非高峰期間對資料庫進行更新，笨重用戶端應用程式也會採用這種方式。可以輕鬆地將物件快取實現成 Identity Map 模式，該模式建議使用一個集合並透過它的標識域（表示資料庫內主鍵的屬性，這是一種影子資訊）來支持對象的尋找。

- 資料庫快取（Database Cache）。資料庫伺服器會將資料快取在記憶體中，進一步減少磁碟存取的次數。
- 用戶端資料快取（Client Data Cache）。用戶端的機器可以有自己的小型資料庫備份，進一步減少網路流量，並以離線模式（Disconnected Mode）執行。這些資料庫的副本是根據資料庫記錄（公司資料庫）複製而來，用以取得更新後的資料。

10.3.6 充分利用工具

資料庫管理系統供應商提供了各種用於對資料庫進行最佳化的工具。這些工具通常情況下需要建立一個試驗資料庫，在這個資料庫裡對各種查詢執行計畫進行試驗。在大多數資料庫管理系統中，一個這樣的典型工具是 EXPLAIN PLAN 敘述，它允許使用者檢視資料庫管理系統產生的查詢計畫。這個敘述不是 SQL 標準的一部分，因此，在不同資料庫管理系統供應商提供的資料庫產品中，這個敘述的語法可能會有所差別。基本的用法就是先執行一個以下形式的敘述：

```
EXPLAIN PLAN SET queryno = 20130002 FOR
   SELECT P.Name
   FROM PROFESSOR AS P,TEACHING AS T
   WHERE P.ID = T.ProfID AND T.Semester = 'F2014'
      AND T.Semester = 'CS'
```

這個敘述使資料庫管理系統產生一個查詢執行計畫，並把這個查詢執行計畫當成一個元組集儲存在 PLAN TABLE 關係（queryno 是這個關係的屬性，有些資料庫管理系統用不同的屬性名稱，例如 ID）中。然後，可以透過執行以下對 PLAN_TABLE 關係的查詢來取得這個查詢執行計畫。

```
SELECT * FROM PLAN_TABLE  WHERE queryno = 20130002
```

以文字為基礎的查詢執行計畫的檢測功能非常強大，但是，目前只有熱衷於這種方式的人才使用。一個繁忙的資料庫管理員通常把以文字為基礎的方法作為最後的方法，因為大多數資料庫管理系統供應商都提供了圖形介面的最佳化工具。舉例來說，IBM 的 DB2 有一個 Visual Explain 工具，Oracle 提供了 Oracle Diagnostic Pack 工具，微軟提供了 Query Analyzer 工具。這些工具不僅顯示查詢計畫，而且能夠建議我們建立索引以加強各種查詢的執行速度。

透過檢查查詢執行計畫，我們可以確認資料庫管理系統是否忽略了我們所提供的「暗示」以及細心建立的索引。如果對目前的查詢執行策略不滿意，我們可以設法嘗試其他執行策略。更重要的是，很多資料庫管理系統提供了追蹤工具，我們可以利用追蹤工具追蹤查詢的執行，並輸出 CPU 和 I/O 資源利用情況以及每步處理的行數這些資訊。利用追蹤工具，我們可以使資料庫管理系統耐心地嘗試各種查詢執行計畫，並評估每個執行計畫的效能，進一步使我們的應用系統處於最佳的狀態。

這裡需要特別提及的是跨平台資料庫最佳化利器 DB Optimizer（DBO）。DBO 是美國英巴卡迪諾公司的 7X24 小時快速資料庫效能最佳化工具，是一款資料庫效能資料獲取、分析以及最佳化 SQL 敘述的整合環境，可以幫助 DBA 以及開發人員快速發現、診斷和最佳化執行效率差的 SQL 敘述。DBO 具有中文版，支援 Oracle、Sybase、IBM DB2、MS SQL Server 等資料庫平台。

DBO 為綠色免安裝軟體，在資料庫伺服器端無須安裝代理，透過 JDBC 驅動連接到資料庫，無須安裝資料庫用戶端驅動，連接使用者只需有權存取動態效能視圖即可。DBO 在執行時期僅擷取與效能相關的資料，給資料庫伺服器帶來的系統壓力小於 1%，因而適合用於關鍵的生產系統。

DBO 的典型工作流程包含發現和分析問題、解決問題、驗證結果。此外，還包含一個用來撰寫 SQL 敘述的 SQL 編輯器。

DBO 包含 Profiler、Tuner、SQL Editor 和 Load Editor 四大元件。透過 Profiler 元件可以發現和分析問題，判斷資料庫是否存在瓶頸以及瓶頸的實際所在。Profiler 元件持續地對資料庫進行資料獲取，以建置資料庫的負載統計模型。擷取資料時會過濾掉執行性能良好的 SQL 敘述，僅收集「重量級」的 SQL 敘述資訊 [2]。

透過 Profiler 元件發現需要最佳化的 SQL 敘述後，就可以選擇該 SQL 敘述，從出現選單中選擇 Tune，把該 SQL 敘述匯入到 DBO 的另一元件最佳化器（Tunner）中，進一步開始最佳化。

---

2 「重量級」包含兩種，一種是執行時間較長的，另一種是執行頻度很高的 SQL 敘述。

DBO 不僅可以從 Profiler 元件中獲得要最佳化的 SQL 敘述,還可直接撰寫 SQL 敘述,或從資料來源瀏覽器中拖曳要最佳化的資料庫物件;或選擇 SQL 檔案執行批次最佳化,或從 Oracle 的 SGA 中尋找要最佳化的 SQL 敘述。

使用者可透過 Hints 告知資料庫最佳化器執行 SQL 敘述的最佳方式。DBO 的最佳化器可以自動地使用 Hints 產生 case,進一步得出最佳的執行方式。並且,DBO 的 Hints 是可配置的。SQL 重新定義可以在不改變 SQL 敘述語義的情況下,將其修改成語義上相等、執行效率更高的形式。

10.4 實體資源的管理

承載資料庫管理系統執行的實體資源(CPU、I/O 裝置等)的效能,無疑在一定程度上決定著業務應用系統的效能。但是,按照目前的精細化分工,應用程式設計師通常無權控制這些資源。然而,某些資料庫管理系統向程式設計師或資料庫管理員提供了控制這些可用的實體資源的使用方式的機制。

一個磁碟單元只有一條獨立的通道,對一個表或索引的每個讀寫入請求必須按序透過這條通道。因此,如果許多常用的資料項目駐留在磁碟上,就會產生一個很長的等待被處理的存取佇列,回應時間就會受到負面影響。從中獲得的教訓是,多個小磁碟的效能可能優於一個獨立的大磁碟,因為資料項目可以分佈在多個小磁碟上,進一步可以在多個磁碟上平行地執行 I/O 操作。由於資料在磁碟間的分配策略可能對效能產生非常大的影響,資料庫管理系統提供了一種機制,使用者可以利用這種機制指定特定的資料項目儲存在哪個磁碟上。

把一個表劃分成多個片段並將其分散儲存在不同的磁碟上,可以實現對一個獨立的表的平行處理存取。舉例來說,STUDENT 表可以被分成 COLLEGE_ STUDENTS、MASTER_ STUDENTS 和 DOCTOR_STUDENTS 三個片段。注意,在這種情況下,所有片段都包含被頻繁存取的行。片段被分佈在不同的磁碟上可以提高性能,因為對學生資訊的多個 I/O 請求可以平行處理執行。此外,還要注意的一點是順序讀取一個檔案(例如資料表掃描)通常比隨機讀取檔案更加高效。因為資料庫管理系統設法把屬於同一個檔案的頁儲存在一起,結果是省去了讀取兩個連續頁之間的搜尋時間。但是,實現對檔案的順序 I/O

存取是不容易的，因為大部分的情況下磁碟中儲存了多個檔案，不同處理程序對不同檔案的存取相交在一起，磁頭將從一個磁柱移動到另一個磁柱。這樣，儘管一個處理程序循序存取一個檔案，來自同一處理程序的兩個連續存取間可能還有搜尋的負擔，因為來自其他處理程序的存取請求可能插在這兩個請求之間。即使磁碟中的所有檔案都被循序存取，這也是一個無法避免的事實。從中獲得的教訓是，如果我們想利用順序檔案存取來提高性能，應該把這個檔案放在一個獨立的磁碟上。關於這個情況的比較好的實例是資料庫管理系統維護的用於確保原子性的記錄檔。

除了設法影響應用程式利用 I/O 裝置的方式外，程式設計師還可以影響 CPU 的使用方式。大部分的情況下，資料庫管理系統分配一個特定的處理程序（或執行緒）來執行一個 SQL 敘述對應的執行計畫。處理程序是順序的（在每一時間點隻做一件事，可能利用 CPU 執行程式，也可能請求 I/O 傳輸直到其完成），因此，在每一時間點它只用一個實體裝置。結果是，在具有很少平行處理使用者的連線分析處理環境中，吞吐量受到了負面影響，因為資源使用率很低。在具有很多平行處理使用者的連線分析處理環境中，資源使用率加強，但是，在利用一個獨立處理程序來執行一個查詢計畫的時候，回應時間可能是不可接受的。

一般來説可以利用平行查詢處理（Parallel Query Processing）技術來縮短一個查詢的回應時間，在平行查詢處理環境中，多個平行處理處理程序執行一個查詢計畫的不同組成部分。如果系統有多個 CPU（因此處理程序可以被並存執行），或查詢計畫包含資料表掃描、查詢存取非常大的表（因此需要仔細考慮 I/O 最佳化），以及資料分佈在多個磁碟上（因此多個處理程序可以平行地利用多個磁碟）的情況下，可能帶來回應時間的效能增益。

10.5 NoSQL 資料庫的最佳化

10.5.1 NoSQL 資料庫最佳化的原則

NoSQL 資料庫有多種，每一種 NoSQL 資料庫的最佳化方法也不盡相同。不過，資料庫最佳化的原則大致相同。在制定一個效能最佳化整體方案時，應當考慮下列 6 個原則。

原則 1：牢記最大的效能收益，通常來自最初所做的努力。以後的修改一般只產生越來越小的效益，並且需要付出更多的努力。

原則 2：不要為了最佳化而最佳化。最佳化的目的是解除效能問題，如果最佳化的不是引起效能問題的主要原因，那麼這種最佳化對回應時間產生的提升甚微，而且實際上這種最佳化可能會使後續最佳化工作變得更加困難。

原則 3：站在全域角度巨觀考慮問題。要最佳化的系統永遠不是孤立存在的，在進行任何最佳化之前，務必考慮它對整個系統帶來的影響。

原則 4：一次只修改一個參數。即使一定所有的更改都有好處，也沒有任何辦法來評估每個更改所帶來的影響。如果一次更改多個參數，那麼很難判斷哪個參數對系統的效能影響最大。如果每次最佳化一個參數以改進某一方面，那麼改進之後的效果就很容易判斷。

原則 5：檢查是否存在軟、硬體環境以及網路環境問題。

原則 6：在開始最佳化之前，確保支援修改過程回復。由於修改是作用在現有的系統之上的，如果最佳化沒有取得預期的效果，甚至帶來負面影響時，需要取消那些改動，因此必須對此有所準備。

10.5.2 文件類型資料庫 MongoDB 的常用最佳化方案

1. 建立索引，但要到處使用索引

一般情況下，在查詢準則欄位上或排序條件的欄位上建立索引，可以顯著加強執行效率。舉例來說，我們經常把 papers 表的 name 欄位作為查詢準則，那麼，在 papers 表的 name 欄位上建立一個索引，可以顯著加強查詢效率。其範例程式如下：

```
db.papers.ensureIndex({name:1});
```

索引一般用在傳回結果只是整體資料一小部分的時候。根據經驗，一旦要傳回大約集合一半的資料就不要使用索引了。

若是已經對某個欄位建立了索引，又想在大規模查詢時不使用它（因為使用

索引可能會較低效），可以使用自然排序，用 {"$natural" : 1} 來強制 MongoDB 禁用索引。自然排序就是「按照磁碟上的儲存順序傳回資料」，這樣 MongoDB 就不會使用索引了：

```
>db.foo.find().sort({"$natural":1})
```

如果某個查詢不用索引，MongoDB 會做全資料表掃描，即一個一個掃描文件，檢查整個集合，以找到結果。

2. 限定傳回結果筆數

使用 limit() 限定傳回結果集的大小，可以有效減少資料庫伺服器的資源消耗，以及網路傳輸的資料量，快速回應使用者的請求。舉例來說，假設 papers 表的資料量非常大，我們可以分批顯示，每批顯示的數量可以訂製，預設情況下只查詢最新的 10 篇文章的屬性資料。為了加強查詢效率，透過執行 "db.papers.find().sort({name: -1}).limit(10)" 指令，以取得最新的 10 筆資料，而不必將 papers 表的資料都放到結果集中，這樣可以顯著減少資料庫伺服器的負載。其範例程式如下：

```
articles = db.papers.find().sort({name:-1}).limit(10);
```

3. 只查詢必須的欄位

只查詢必須的欄位，也可以有效減少資料庫伺服器的資源消耗，以及網路傳輸的資料量，快速回應使用者的請求。假設被尋找的論文函數庫的論文數量非常大，那麼只查詢必須的欄位比查詢所有欄位效率更高。其範例程式如下：

```
articles = db.papers.find({ },
        {name:1, title:1, author:1, abstract:1}).sort({name:-1}).limit(10);
```

這裡，透過執行 "db.papers.find" 指令查詢 papers 表的資料。請注意，這個指令有 2 個參數，其中第 2 個參數顯性地指明只需要傳回欄位 name、title、author 和 abstract，而不必將所有的欄位都選擇出來。這樣可以節省查詢時間，節省系統記憶體，最重要的是查詢效率很高。

4. 採用讀寫效率高的 Capped Collection 進行資料操作

在 MongoDB 中，Capped Collection 的讀寫效率比普通 collection 的讀寫效率更

高，但使用 Capped Collection 須注意以下幾點：

（1）Capped Collection 必需事先建立，並設定大小。其範例程式如下：

```
db.createCollection("newcoll", {capped:true,size:100000});
```

　　這裡，建立一個名為 newcoll 的 Capped Collection，指定它的初始大小是 100000B。

（2）Capped Collection 可以使用 insert 和 update 操作，但不能使用 delete 操作，只能用 drop 方法刪除整個 collection。

（3）預設以 insert 為基礎的次序排序。如果查詢時沒有排序，則總是按照 insert 的順序傳回。

（4）如果超過 collection 的限定大小，會自動採取 FIFO 演算法，新記錄將替代最先插入的記錄。

5. 採用 Server Side Code Execution 指令集

在 MongoDB 中，對於常用的或複雜的工作，可用預先的指令寫好，並用一個指定名稱儲存起來，在需要時即可自動完成指令，這就是 Server Side Code Execution。它是一組指令集，能夠完成特定功能，由 JavaScript 敘述撰寫，經編譯和最佳化後儲存在資料庫伺服器中，可由應用程式透過一個呼叫來執行，而且允許使用者宣告變數。可以接收輸導入參數、傳回執行預存程式的狀態值，也可以巢狀結構呼叫。其範例程式如下：

```
>db.system.js.save{"_id": "echo", "value":function(x){return x;}}
>db.eval("echo('mytest') ")
mytest
```

MongoDB 中 Server Side Code Execution 都儲存在 system.js 表中。上述範例中，首先定義了一個名為 echo 的 Server Side Code Execution，它可以接收一個參數，並將這個參數的值傳回給用戶端。接下來，透過 db.eval 指令呼叫這個 Server Side Code Execution，並指定一個輸入參數 mytest。呼叫之後，此 Server Side Code execution 傳回給用戶端一個與輸入參數相同的值 mytest。

6. 使用 hint

大部分的情況下，MongoDB 的查詢最佳化工具都是自動工作的。但在某些情況下，如果我們強制使用 hint，那麼可以加強工作效率。因為 hint 可以強制要求查詢操作使用某個索引。

舉例來說，要查詢多個欄位的值，並且在其中一個欄位上有索引，可以透過 hint 指明使用這個索引，其範例程式如下：

```
db.collection.find({name:u,abstract:d}).hint({name:1});
```

在本例中，collection 表的 user 列上有一個索引，但需要對 collection 表按 name 和 abstract 欄位進行查詢。如果不強制指定索引，將做全資料表掃描；如果指定了索引，將比全資料表掃描效率更高。

7. 盡可能減少磁碟存取

記憶體存取比磁碟存取要快得多。所以，很多最佳化的本質就是盡可能地減少對磁碟的存取。有幾種簡單實用的辦法：①使用 SSD（固態硬碟）。SSD 在很多情況下都比機械硬碟快很多，但容量小，價錢高，難以安全清除資料，與記憶體讀取速度的差距依舊明顯。但是，還是可以嘗試使用的。一般來說 SSD 與 MongoDB 配合得非常完美，但這也不是包治百病的靈丹妙藥。②增加記憶體。增加記憶體可以減少對硬碟的讀取。但是，增加記憶體也只能解決燃眉之急，總有記憶體裝不下資料的時候。需要注意的是，存取新資料比舊資料更頻繁，一些使用者比其他使用者更加活躍，特定區域比其他地方擁有更多的客戶。這種應用可以透過精心設計，讓一部分文件快取在記憶體中，相當大減少硬碟存取。

8. 透過建立分級文件加速掃描

將資料組織得有層次，不僅可以更有條理，還可讓 MongoDB 在某些條件下沒有索引時也能快速查詢，例如，假設有個查詢並不使用索引。如前文所述，MongoDB 需要檢查集合中的所有文件來確定是否有什麼能比對查詢準則。這個過程可能相當耗時，且文件結構非常重要，會直接影響效率的高低。

例如下述的文件結構：

```
{
    "_id": id,
    "name": username,
```

```
    "email": email,
    "facebook": username,
    "phone": phone_number,
    "street": street,
    "city": city,
    "state": state,
    "zip": zip,
    "fax": fax_number
}
```

當執行以下查詢：

```
>db.users.find({"zip", "610021"})
```

MongoDB 將檢查每個文件的每個欄位來尋找 zip 欄位，而使用內嵌文件則可以建立自己的「樹」，進一步讓 MongoDB 的執行速度比上述查詢時更快。其文件結構改變如下：

```
{
    "_id": id,
    "name": username,
    "omline": {
        "email": email,
        "facebook": username
    },
    "address": {
        "street": street,
        "city": city,
        "state": state,
        "zip": zip
    },
    "tele": {
        "phone": phone_number,
        "fax": fax_number
    }
}
```

文件結構改變後，其查詢對應地改變為：

```
>db.users.find({"address.zip": "620021"})
```

這樣，MongaDB 在找到符合的 address 之前，僅檢視 _id、name 和 online，而後在 address 中比對 zip。合理使用層次，可以減少 MongoDB 對欄位的存取，加強查詢速度。

9. AND 型查詢要點

假設要查詢滿足條件 A、B、C 的文件。若滿足 A 的文件有 80000，滿足 B 的文件有 18000，滿足 C 的文件有 400。如果以 A、B、C 的順序，讓 MongoDB 進行查詢，其查詢效率將非常不佳，如圖 10-11 所示，圖中深色部分表示每步都必須搜索的查詢空間。顯然，按照結果數量由大到小的順序進行查詢，多做了很多額外的工作。

圖 10-11　含有 null 的資料庫（非關係化）範例

而如果把 C 放在最前，然後是 B，最後是 A，那麼針對 B 和 C 只需要檢視（最多）400 個文件，如圖 10-12 所示。顯然，相對於圖 10-11 所示的查詢，圖 10-12 所示的按照結果數量由小到大的順序進行查詢，避免了很多不必要的工作。

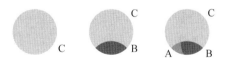

圖 10-12　按數量從小到大進行查詢的查詢空間範例

可以看出，要是已知某個查詢準則更加苛刻，那麼將其放置在最前面（尤其是在它有對應索引的時候），則可以顯著加強查詢效率。

10.5.3 列簇資料庫 Cassandra 的最佳化

1. 不要盲目使用 Super Column

Cassandra 將用戶端插入的資料寫入 SSTable 檔案中時，會對每一個 Key 對應的所有 Column 的名稱建立索引，所以，如果某一個 Key 中包含了大量的

Column，那麼這個索引就可以相當大地加強對 Column 尋找的速度。但是對於 Super 類型的 ColumnFamily，Cassandra 只會對 Super Column 的名稱建立索引，當尋找某一個 Super Column 下的 Column 時，就沒有索引可以使用，需要依次檢查所有的 Column，直到找到所有合適的 Column 為止。如果某個 Super Column 下有大量的 Column，那麼讀取這個 Super Column 下的某個 Column 就將耗費大量的時間。

所以在設計 Cassandra 的資料模型時，不要盲目使用 Super Column，要仔細考慮專案的實際資料情況，如果採用 Super column 後，在 Super Column 中將存在大量的 Column，就需要考慮是否採取另外一種想法來設計 Cassandra 的資料模型了。

2. 硬碟的容量大小限制

Cassandra 中每一個 Key 對應的所有資料都需要完整地保存在一個 SSTable 檔案中，即一顆硬碟中。如果某一個 Key 對應的資料超過了這個大小限制，系統就會出現硬碟空間不足的錯誤。

3. 使用合理的壓縮策略

使用合理的壓縮策略，能有效地加強叢集的穩定性和效能。在實際使用中，Cassandra 頻繁地進行資料壓縮會導致系統出現不穩定。原因是資料壓縮將消耗大量的磁碟 I/O 和記憶體。如果關閉資料壓縮功能，將導致資料檔案夾下出現大量的 SSTable 檔案，佔用過多的磁碟空間，同時降低讀取的效率。

4. 謹慎使用二級索引

在 Cassandra 0.7.x 版本中，提供了二級索引的功能，使得使用者可以按照 Column 的值進行查詢。這種特性雖然非常實用，但是也為 Cassandra 帶來了額外的負擔。對於需要建立二級索引的欄位，Cassandra 除了要完成正常資料寫入的操作，同時還要建立索引，相當於二次寫入。這會延長資料寫入的時間。如果某一個 Column Family 中有大量的字段需要建立二級索引，那麼這個資料寫入的額外消耗就顯得非常可觀了。所以在實際應用中，需要謹慎考慮是否真的需要使用二級索引。

5. 合理調整 JVM 啟動參數

Cassandra 是以 Java 為基礎的應用，可以透過修改啟動 Cassandra 的 JVM 參數來達到性能最佳化的目的。

Cassandra 中設定 JVM 的啟動參數的檔案為 $CASSANDRA_HOME/conf/cassandraenv.sh，在這個檔案中修改 JVM_OPTS 變數的值，然後重新啟動 Cassandra，就可以修改 Cassandra 的 JVM 啟動參數並使其生效。

在 Linux 系統中，Cassandra 預設的 JVM 啟動參數如下：

```
-ea
-xx:  +UseThreadPriorities
-XX:  ThreadPriorityPolicy=42
-Xms  $  MAX_HEAP_SIZE
-Xmx  $  MAX_HEAP_SIZE
-XX:  +  HeapDumpOnOutOfMemoryError
-Xss128k
-XX:+UseParNewGC
-XX:+UseConeMarkSweepGC
-XX:+CMSParallelRemarkEnabled
-XX:SurvivorRation =  8
-XX:MaxTenuringThreshold=1
-XX:CMSInitiatingOccupancyFraction=75
-XX:+UseCMSInitiatingOccupancyOnly
```

Sun 的官網網站中有完整 JVM 參數的詳細說明，可以參考。

在設定 JVM 的啟動參數時，有兩個最為重要的參數 Xms 和 Xmx。在進行 JVM 參數最佳化時，可以先從 Xms 和 Xmx 這兩個參數開始，然後再根據實際的應用執行情況調整其他的參數。舉例來說，假設 Cassandra 叢集中實際的伺服器記憶體大小為 16GB，可以嘗試使用以下 JVM 啟動參數：

```
-da
-Xms12G
-Xmx12G
-XX:+UseParallelGC
-XX:+CMSParallelRemarkEnabled
-XX:SurvivorRatio=4
-XX:MaxTenuringThreshold=0
```

11

資料庫重構

資料庫重構是企事業單位在資訊化處理程序中的熱點和困難問題，是漸進
式開發必備的重要工作，是從事資料庫開發及管理的進階技能。

本章討論資料庫的結構、資料品質、參照完整性重構，展示了如何運用重構、
測試驅動及其他敏捷技術進行漸進式資料庫開發。並透過許多實例，詳細說明
了資料庫重構的過程、策略以及部署。書中的範例程式是用 Java、Hibernate 和
Oracle 程式撰寫的，非常簡潔，可以很容易地將它們轉換成 C# 或 C++ 的程式。

11.1　資料庫重構的重要性

現代的軟體開發過程，包含 Rational 統一過程（RUP）、極限程式設計（XP）、
敏捷統一過程（AUP）、Scrum、動態系統開發方法（DSDM）等，在本質上都
是演進式的。許多軟體開發的實作表明，資料庫工作者也可以採用類似開發者
使用的現代演進式技術，並從中受益，資料庫重構就是資料專家需要的重要技
能之一。

軟體開發的偉大之處，就在於它們傳達了許多有用的設計思想。模式曾經幫助
筆者開發靈活的架構，建置堅固、可擴充的軟體系統，不過，唯模式卻導致筆

者在工作中犯過過度設計的錯誤。隨著不斷歸納和加強，筆者開始「透過重構實現模式、趨向模式和去除模式（refactoring to，towards，and away from pattern）」，而不再是在預先設計中使用模式，也不再過早地在程式中加入模式。這種使用模式的新方式，既避免了過度設計，又不至於設計不足。

對於過度設計，筆者曾經有過深刻的教訓，那就是，如果預計錯誤，浪費的將是寶貴的時間和金錢。花費幾天甚至更長時間對設計方案進行微調，僅是為了增加過度的靈活性或不必要的複雜性。事實上，這種情況並不罕見，而且這樣只會減少用來增加新功能、排除系統缺陷的時間。如果預期中的需求根本不會成為現實，那麼按此撰寫的程式又將怎樣處置呢？那就是刪除不現實的。刪除這些程式並不方便，何況我們還指望著有一天它們能派上用場。無論原因如何，隨著過度靈活、過分複雜的程式的堆積，項目負責人以及團隊中的其他程式設計師，尤其是那些新成員，就得在毫無必要的更龐大、更複雜的程式基礎上工作了。過度設計總是在不知不覺中出現，許多架構師和程式設計師在進行過度設計時甚至自己都不曾意識到。而當工程負責人發現團隊的生產效率下降時，又很少有人知道是過度設計在作怪。

設計不足會使軟體開發節奏越來越慢，甚至導致：①系統的 1.0 版很快就發佈了，但是程式品質很差；②系統的 2.0 版也發佈了，但品質低劣的程式使我們不得不慢了下來；③在打算發佈未來版本時，隨著劣質程式數量的增加，開發速度也越來越慢，最後使用者甚至程式設計師都對專案失去信心；④最後意識到這樣一定不行，開始考慮推倒重來。雖然這種事情在軟體企業司空見慣，但對它熟視無睹，無疑將為此付出高昂的代價，更為嚴重的是，這會相當大地降低企業的競爭力。

演進式資料庫開發是一個適時出現的概念。不是在專案的前期試圖設計資料庫綱要（schema），而是在整個專案生命週期中逐步地形成它，以反映專案參與方確定的不斷變化的需求。不論讀者是否喜歡，需求會隨著專案的推進而變化。傳統的方式是忽略這個基本事實並試圖以各種方式來「管理變更」，這實際上是對阻止變更的一種委婉的說法。現代開發技術的實作者們選擇接受變化，並使用一些技術，進一步能夠隨著需求的變化演進他們的工作。以演進的方式進行資料庫開發，好處是顯而易見的：

- 將浪費減至最少。演進的、即時（JIT）的生產方式能夠避免一些浪費，在串列式開發方式中，如果需求發生變化，這些浪費是不可避免的。如果後來發現某項需求不再需要，所有對詳細需求、架構和設計工件方面的早期投資都會損失掉。如果有能力事先完成這部分工作，那一定也有能力以 JIT 的方式來完成同樣的工作。

- 避免了大量重複工作。當然，以演進的方式進行資料庫開發，仍需要進行一些初始的建模工作，將主要問題前期想清楚，如果在專案後期才確定這些問題，可能會導致大量重複工作。事實上，這裡只是不需要過早涉及其中的細節。

- 總是知道系統可以工作。透過演進的方式，定期產生能夠工作的軟體，即使只是部署到一個示範環境中，它也能工作。如果每一兩周就獲得一個系統的可工作版本，就會大幅地降低專案的風險。

- 總是知道資料庫設計具有最高的品質。這就是資料庫重構所關注的「每次改進一點」模式設計。

- 與開發人員的工作方式一致。開發人員以演進的方式工作，如果資料專業人員希望成為現代開發團隊中的有效成員，那麼也需要以演進的方式工作。

- 減少了總工作量。以演進的方式工作，只需要完成今天真正需要完成的工作，沒有其他工作。

演進式資料庫開發的優勢是明顯的，不過也有一些不足之處：

- 存在文化上的阻礙。許多資料專業人員喜歡按串列式的方式進行軟體開發，他們常持這樣的觀點：在程式設計開始之前，必須建立某種形式的詳細邏輯和物理資料模型。不過，現代方法學已經放棄了這種方式，因為它效率不高，風險較大。

- 學習曲線。需要花時間來學習這些新技術，甚至需要花更多的時間將串列式的思維方式轉變成演進式的思維方式。

30 多年的實作使筆者明白，要想成為一名非常優秀的軟體設計師，了解優秀軟體設計的演變過程比學習優秀設計本身更有價值，因為設計的演變過程中隱藏著真正的大智慧。演變所得到的設計結構當然也有幫助，但是不知道設計是怎麼發展而來的，在下一個專案中將很可能犯同樣的錯誤，或陷入過度設計的錯誤。

透過學習不斷改進設計，可以成為一名出色的軟體設計師。測試驅動開發和持續重構是演進式設計的關鍵實作。將「模式導向的重構」的概念植入如何重構的知識中，就會發現自己如有神助，能夠不斷地改進並獲得優秀的設計。

11.2 資料庫重構的概念

11.2.1 資料庫重構的定義

所謂重構就是一種「保持行為的轉換」。Martin Fowler 在 *Refactoring* 一書中這樣定義：「是一種對軟體內部結構的改善，目的是在不改變軟體的可見行為的情況下，使其更易了解，修改成本更低。」

關於資料庫重構，Joshua Kerievsky 在 *Refactoring to Patterns* 一書中這樣定義：「對已有的資料庫綱要做簡單修改的行為過程。可以將資料庫重構看作事後再標準物理資料庫模式的一種方式。」我們可以這樣了解，資料庫重構是對資料庫綱要的簡單變更，在保持其行為語義和資訊語義的同時改進了它的設計，既沒有增加新功能，也沒有破壞原有的功能，既沒有增加新的資料，也沒有改變原有資料的含義。這裡的資料庫綱要，既包含結構方面（如表和視圖的定義），也包含功能方面（如預存程序和觸發器）等。

舉例來說，拆分列（Split Column）的資料庫重構，可以將一個表中單獨的列取代成兩個或多個其他的列。假設一個資料庫內有一張 Person 表，其中的 FirstDate 列已經被用於兩種意圖：①當這個人是客戶時，該列儲存這個客戶的出生日期；②當這個人是員工時，儲存這個員工的就職日期。系統執行之初，完全可以滿足業務需要，因為這是按業務需要設計的。但隨著發展，出現了最初沒有想到的新情況：一個人既是客戶又是雇員，這時資料庫系統就不能提供支援。經理要求對此進行修改，以滿足新的需求。一個常見的傳統的方案是：將 FirstDate 列修改成 BirthDate 和 HireDate 列，以修復已有的資料庫模式。但為了維護已有資料庫綱要的行為語義，就需要更新所有存取 FirstDate 列的原始程式碼，使之能夠與兩個新列一起工作。為了維護資訊語義，需要撰寫遷移指令稿（Migration Script），該指令稿會往返穿梭（Loop Through）於各個表間，確定其類型，然後將現有的日期複製到適當的列中。聽起來不難，而且有時候的確如此，但實作經驗是，這種修改在實際操作中並不容易。

資料庫重構在概念上比程式重構要困難得多，程式重構只需要保持行為語義，而數據庫重構不僅要保持行為語義，還必須保持資訊語義。並且由於資料庫架構所導致的耦合度，資料庫重構可能變得非常複雜。更為嚴重的是，在資料庫有關的理論中，基本忽略了耦合的概念。儘管大多數資料庫理論的書籍會極其詳盡地論述資料規範化，卻常常對降低耦合的方式鮮有提及。所幸只有實施資料庫重構時，耦合才會成為一個嚴重的問題。客觀上講，這也是傳統資料庫理論沒有有關的束西，是一個新的挑戰。

圖 11-1（a）描述了資料庫重構中最容易但較少見的場景，這種情形下只有應用程序的程式與資料庫綱要耦合。這種情形，在傳統上稱為煙囪（Stove Pipe），它們是單獨執行的已有應用程式，或是新增的專案。圖 11-1（b）描述了資料庫重構中困難但常見的場景，在這裡各種類型的軟體系統都與已有資料庫綱要發生耦合，這在已有的資訊系統中較為常見。

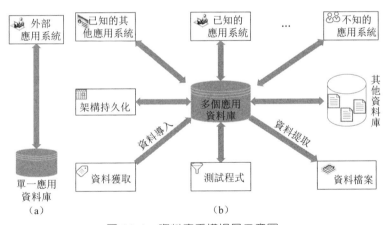

圖 11-1　資料庫重構場景示意圖

對於圖 11-1（a）所示的單一應用資料庫環境，將一個列從一個表移動到另一個表是非常簡單的，因為我們可以完全控制資料庫綱要和存取資料庫的應用原始程式碼。這意味著可以同時重構資料庫綱要和應用原始程式碼，而不必同時支援原有的方案和新的方案，因為只有一個應用存取被重構的資料庫。

對於圖 11-1（b）所示的多個應用資料庫環境，為了實現資料庫重構，不僅需要完成與單應用資料庫環境下同樣但不能進行立即刪除原表被移出的列之類的工作，而且需要在一定的「轉換期」中同時保持這兩個列，讓開發團隊有時間來更新並重新部署他們所有的應用。只有在足夠的測試可以確保安全時，才能刪除被移出的列等。此時，資料庫重構才算完成。

總之，資料庫重構是簡單地變化資料庫的模式以改進其設計，同時保持其行為和資訊語義不變。對已有資料庫綱要做小的改造以進行擴充，如增加一個新列或新表，並不是資料庫重構，因為這種改變是對設計的擴充。即使同時對已有資料庫綱要做大量的微小改動，如重新命名 10 個列，都不能算作資料庫重構，因為這不是一種單一的、微小的改變。資料庫重構是對資料庫綱要做微小的變動，在保持行為和資訊語義不變的同時改進其設計。

11.2.2 資料庫重構的內涵是保持語義

重構資料庫綱要時，必須同時保持資訊語義和行為語義。資訊語義是指資料庫內部資訊的含義，這是從使用該資訊的使用者角度來看的。資訊語義保持，表示在語義上不應該增加或減少任何東西，當重構改變儲存在一個列中的資料值時，該資訊的用戶端不應該受到此種改進的影響。舉例來說，對一個字元類型的電話號碼列進行了「引用通用格式（Introduce Common Format）」的資料庫重構，將（028）8577-6666 和 023.6127.3678 這樣的資料分別轉為02885776666 和 02361273678。雖然格式獲得了改進，處理該資料的程式要求更簡單，但從實際的角度來看，真正的資訊內容沒有變化。請注意，在顯示電話號碼時還是會選擇採用（XXX）XXXX-XXXX 的格式，但在儲存該資訊時卻不會以這種方式進行。再如，假設有一個 FullName 列，其設定值如「李三友」和「歐陽，晰書」，而且決定應用引用通用格式對其重新格式化，以使所有名字被儲存成像「歐陽，晰書」這樣的格式。將名字儲存成字串，會出現相同的資料，而且原來的格式仍在沿用，儘管其中一種格式已不再支援。要做到這一點，任何無法處理新標準格式的應用程式碼都要被重新定義。從嚴格意義上來說，語義事實上已經發生變化（不再支援舊的資料格式），但從業務角度來說，它們並未變化，依然能夠成功儲存一個人的全名。

同理，在行為語義方面，目標是要保持黑盒功能性不變，所有與資料庫綱要變更部分進行處理的原始程式碼都必須改造，進一步實現與原來同樣的功能。舉例來說，重構中進行了「引入計算方法」重構，希望對原有的預存程序進行改造，讓它們呼叫該方法，而非實現相同的計算邏輯。整體上看，在資料庫上還是實現了同樣的邏輯，但現在計算邏輯上只在一個地方出現。

重要的一點是要意識到資料庫重構是資料庫轉換的子集。資料庫轉換可能改變語義，也可能不改變語義，但資料庫重構不會改變語義。

從表面上來看，「引用列」像是一種相當好的重構；在表中加入一個空列並沒有改變表的語義，直到有新的功能開始使用這個列為止。但事實上，這是一種轉換，而非重構，因為它將不可避免地改變應用的行為。舉例來說，如果你在表的中間引用該列，所有使用列位置來存取表（舉例來說，程式參考第 8 列而非其列名稱）的程式邏輯都會失敗。而且，即使該列加在了表的尾端，與一個 DB2 表綁定的 COBOL 程式也會失敗，除非與新的方案再次綁定。

11.2.3 資料庫重構的類別

資料庫重構主要有資料品質重構和結構重構之分，大致有以下 5 類別：

（1）資料品質型。其特徵是資料庫重構專注於加強資料庫內資料的品質。例如引入列約束（Introduce Column Constraint）和使用布林值替代類型碼（Replace Type Code with Boolean）。

（2）結構型。其特徵是資料庫重構會改變已有的資料庫綱要。例如重新命名列（Rename Column）和分離只讀取資料（Separate Read Only Data）。當一種資料庫重構不屬於架構型、效能或參考完整性之一時，應當將其看作是結構型重構。

（3）架構型。其特徵是一些資料庫的列或表等專案會被重組成另外的預存程序或視圖的專案。例如使用方法封裝運算（Encapsulate Calculation with a Method）和使用視圖封裝表（Encapsulate Table with a View）。

（4）效能。這是一種結構類型資料庫重構，其特徵是重構致力於加強已有資料庫的效能。例如引用運算類型資料列（Introduce Calculated Data Column）和引用備選索引（Introduce Alternate Index）。

（5）參考完整性。這是一種結構類型資料庫重構，其特徵是致力於確保參考完整性。例如引用串聯刪除（Introduce Cascading Delete）和為運算型列引用觸發器（Introduce Triggers for Calculated Column）。

11.2.4 重構工具

20 世紀 90 年代中期，開始出現重構工具。目前，主流的 Java IDE，如 Eclipse、JBuilder、IntelliJ、NetBeans 等已經支援或部分支援自動重構。目前的重構工具功能或許還不夠強大，不過，堅信在不久的將來，新的重構工具能夠對更多低層次重構的自動化提供支援，能夠為特定程式碼片段的重構提出建議，能夠對同時應用幾個重構的設計進行詳細檢視。

11.3 資料庫重構的過程

圖 11-2 所示為一個資料庫重構過程的 UML 活動圖。這個過程的動機，是希望實現修復在用系統的缺陷的新需求。在目前的資料庫中，餘額 Balance 列實際上是描述帳戶 Account 實體，而非客戶 Customer 實體，只有透過重構，才能為應用加入一種新的財務交易。

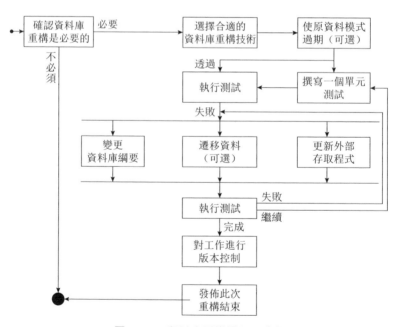

圖 11-2　資料庫重構過程示意圖

11.3.1　確認資料庫重構是必要的

重構是否需要進行，主要考慮以下 3 個問題。

（1）重構是必須的嗎？

只有在必要的情況下才進行重構。如果原有的表結構是正確的，只是開發者不同意原有的資料庫設計，或誤解了原有的設計，這種在實際情況中極為常見的情況需要重構資料庫嗎？資料庫管理員通常對專案團隊的資料庫和其他有關的資料庫非常了解，並且知道這樣的問題應該去找誰。因此，他們更適合來決定原有的資料庫綱要是否是最佳。而且，資料庫管理員常常了解整個企業的全域視圖，這為他們提供了深刻的見解，避免了部門意見的偏見性。對於圖 11-2 所示的實例，顯然資料庫綱要需要改變。

（2）變更真的需要現在進行嗎？

變更是否需要現在進行，常常來自於以往的經驗。張工程師要求進行資料庫綱要變更有很好的理由嗎？張工程師能解釋該變更所支援的業務需求嗎？這樣的需求正確嗎？張工程師過去建議過好的變更嗎？張工程師的建議慎重嗎？根據這些評估，企業經理定奪是否現在進行資料庫重建。

（3）值得這樣去做嗎？

企業經理需要評估這項重構的整體影響。為了做到這一點，企業經理需要了解外部程式是怎樣與資料庫的這一部分耦合的。這方面的知識是企業經理透過長期與企業架構師、操作類型資料庫管理員、應用程式開發者以及其他資料庫管理員一起工作而獲得的。如果企業經理不能確定影響，他（她）就需要決定是按內心的感覺走，還是建議應用程式開發者等待，直到他（她）與合適的人員溝通之後。他（她）的目標是確保資料庫重構會成功。即使只有一個應用存取該資料庫，該應用也有可能與想改變的這部分資料庫綱要高度耦合在一起，導致不值得進行這次資料庫重構。對於圖 11-2 所示的實例，這個設計問題顯然很嚴重，所以儘管有許多應用會受影響，企業經理還是決定要進行這次重構。

11.3.2　選擇最合適的資料庫重構

選擇正確的途徑是實現資料庫重構的基本前提。敏捷資料庫管理員需要的重要技能，就是了解能力。實現一個資料庫內部的新資料結構和新邏輯，常常會有諸多選擇，可以對資料庫綱要進行多種重構。在確定對資料庫進行重構後，就要確定哪一種重構最適合目前所面臨的情況，首先必須分析並了解目前所面臨的問題。當張工程師第一次找到滕經理時，他可能進行過分析，也可能沒有。舉例來說，他可能找到滕經理說，Account 表需要儲存目前的餘額，所以我們需要一個新的列（透過「引用列」轉換）。但是他並不知道，這個列已經存在於 Customer 表中了，只是其位置有可能不對。滕經理正確地識別出了這個問題，但他的解決方案並不正確。以滕經理對原有資料庫綱要為基礎的知識面，以及他對張工程師識別出的問題的了解，他建議張工程師應該進行「移動列」重構。

11.3.3 確定資料清洗的需求

以正確的資料為基礎，才能得出正確的結論。在對一個結構類型資料庫重構或其中一個子分類重構時，首先需要確定資料本身是否足夠整潔地可以進行重構。如果資料本身品質很差（如有很多壞資料），則在後續測試階段將難以得出正確結論，影響重構的處理程序。根據已有資料的品質，通常可以快速發現清洗來源資料的需要。在繼續結構型重構之前，這需要一個或多個單獨的資料品質重構。資料品質問題比較常見於那些隨著時間的演進而大打折扣的遺留資料庫設計，常見的資料品質問題如表 11-1 所示。

表 11-1 常見與遺留資料相關問題

問題	範例	對應用程式的潛在影響
多用途的列	一個日期型的列，用於儲存某人的生日如果此人是顧客的話。但如果此人是公司員工，這個列就用於儲存此人進公司的日期	如果一個列被用於多種用途，那麼就需要額外的程式來確保來源資料以「正確的方式」使用，這些程式常常會檢查一個列或更多其他列的值
多用途的表	一個通用的 Customer 表中同時儲存了人和公司的資訊	由於人和公司的資料結構不一樣，屬性不同，必然在一些行中的或幾個列為空，而另外一些列不空。這樣一個列被用於儲存幾種類型的實體，就需要複雜的對映來處理該列所儲存的值
資料的設定值不一致	一個人的出生年份 BirthDate 列，有的值含世紀（如 2000 年以後的），有的不含世紀（如 43 年出生的）	其應用需要實現驗證程式，以確保資料的基本設定值是正確的；可能需要定義和實現針對不正確設定值的取代策略；需要開發錯誤處理策略來處理壞資料

問題	範例	對應用程式的潛在影響
資料格式化不一致／不正確	一個人的名稱在一個表中的儲存格式為「姓名」，而在另一個表中則為「姓，名」	取得和儲存資料需要適當的解析程式
資料遺失	在某些記錄中沒有記錄一個人的出生日期	可參見處理不一致資料設定值的策略
列遺失	需要一個人的曾用名（formername），但是卻不存在這樣一列	可能需要在現有的遺留方案中增加該列；可能不需要對資料做任何處理；標識一個預設數值，直到資料可用；可能需要尋找一種備選的資料來源
存在附加的列	資料庫內儲存了一個人聯繫過的另外一個人的電話號碼，而業務上並不需要它	如果其他應用程式需要這些列，可能需要在自己的物件中實現它們，以確保其他應用程式能夠使用應用程式所產生的資料；當插入一筆新的記錄時，可能需要向資料庫中寫入適當的預設值；為了更新資料庫，可能需要讀取原來的值，然後將其重新寫回去
存在多個相同資料的來源	客戶資訊被儲存於幾個獨立的遺留資料庫中，或客戶名稱被儲存於同一資料庫的多個表中	為資訊標識一個單獨的來源，並且只使用它；對於相同資訊，做好取取多個來源的準備；當發現同一資訊被儲存在多處時，標識最佳來源的選取規則
針對相同類型的實體存在多種鍵策略	一個表使用社會保險號（SSN）作為鍵儲存客戶資訊，另外一個表則使用客戶 ID 作為鍵，而其他表則使用一個代理鍵	需要做好透過多種策略對類似資料進行存取的準備，這表示在一些類別中需要有類似的尋找器操作；一個物件的某些屬性可能是非可變的：即它們的設定值不能被修改，因為它們表示的是關聯式資料庫中鍵的一部分
特殊字元的使用不一致	日期使用連字元來分隔年、月和日，而數字設定值則被儲存成用連字元標示負數的字串	增加了解析程式的複雜性；需要附加文件來標示字元的用法
相似的列的資料類型不同	在一個表中，客戶 ID 被儲存成數字，而在另一個表中則為字串	可能需要確定物件想要處理什麼樣的資料，然後再在它和資料來源之間進行適當的相互轉換；如果外鍵的類型不同於其所代表的原始資料，那麼就需要進行表連接，因此任何嵌入到物件中的 SQL 會變得更為困難

問題	範例	對應用程式的潛在影響
存在不同的詳細等級	一個物件需要月總銷售額，而資料庫中儲存的是每個訂單單獨的總計金額，或者物件需要一件物品的各個元件（如一個汽車的車門和引擎）的重量，而資料庫只記錄了整體重量	可能需要複雜的對映程式來處理多種詳細的等級
存在不同的操作模式	一些資料是唯讀的資訊快照，而其他資料則是讀取寫入的	物件的設計必須反映它們所對映的資料的特徵。物件可能是基於只讀取資料，因此無法更新或刪除它們

11.3.4 使原資料庫綱要過時

如果有多個應用存取已有的資料庫，那麼重構資料庫就需要一個轉換期，讓舊模式和新模式同時工作一段時間，以便為其他應用程式的負責團隊留出時間來重構和重新部署他們的系統。當然，在開發者的沙盒中工作時，這實際上並不是問題，但如果將重構的程式移至其他環境便會產生這個需要。一般來說把這個平行執行的時間稱為過期時段（Deprecation Period），該時期必須反映出工作沙盒的現實情況。舉例來說，當資料庫重構位於開發整合沙盒內時，過期時段可能只是幾個小時，只要夠測試資料庫重構即可。當資料庫重構處於其專案整合沙盒內時，過期時段可能是幾天，只要夠負責專案的團隊成員更新和重新測試程式即可。當其處於其測試和生產沙盒內，過期時段可能是幾個月或甚至幾年。

圖 11-3 描述了在多應用的情況下一次資料庫重構的生命週期。先在專案的範圍內實現它，如果成功的話，再將它部署到產品環境。在轉換期中，原來的模式和新的模式同時並存，有足夠的支援性的程式來確保所有的資料更新都能正確進行。在轉換期中，需要假設兩件事情：首先，某些應用會使用原來的模式，而另一些應用會使用新的模式；其次，應用應該只需要與一種模式進行處理，而非兩個版本的模式。在圖 11-2 所示的範例中，某些應用將使用 Customer.Balance，而另一些應用將使用 Account.Balance，但沒有應用會同時使用兩者。不論它們用到的是哪一個列，應用都應該正常執行。當轉換期結束時，原來的模式和支援性的程式將被移除，資料庫會被重新測試。此時，我們的假定是所有的應用都使用 Account.Balance。

實現此次重構　　　轉換期　　　重構完成

重構過的資料庫方案和支援性程式部署到產品環境中

原來的資料庫方案和支援性程式從產品環境中移除

圖 11-3　多應用場景一次資料庫重構的生命週期示意圖

11.3.5　撰寫單元測試進行前測試、中測試和後測試

同程式重構類似，擁有全面的測試套件才能確保資料庫重構的有效進行。如果能夠很容易地驗證資料庫在變更之後仍能與應用一起工作，那麼就有信心對資料庫綱要進行變更。迄今為止，做到這一點的唯一途徑，就是採用測試驅動開發（TDD）的方式。如果沒有目前資料庫修改部分的單元測試，那麼必須撰寫適當的測試。即使有適當的單元測試套件，可能仍然需要撰寫新的測試程式，尤其是在結構類型資料庫重構的情形下。測試的內容包含測試資料庫綱要、測試應用使用資料庫綱要的方式、檢驗資料移轉的有效性和測試外部程式碼。

1. 測試資料庫綱要

測試資料庫綱要主要包含以下內容：

（1）預存程序和觸發器。應該對預存程序和觸發器進行測試，就像對待應用程式那樣。

（2）參照完整性（RI）。對於參照完整性規則，應予以測試，特別是在層疊式刪除的情況，即在父行被刪除的同時，也刪除與之高度耦合的子行。在 Account 表插入資料時，一些存在性規則必須確保存在，例如一個客戶行對應一個帳戶行。雖然這些存在性規則很容易測試，但是卻不能忽略。

（3）視圖定義。視圖常常實現了業務邏輯。需要檢查的內容包含過濾 / 選擇邏輯是否正常執行，是否退回了正確的行數，是否傳回了正確的列，以及列與行是否按正確的順序排列。

（4）預設值。列常常定義了預設值。預設值是否確實已指定？（有時候會不小心從表定義中刪除了這一部分。）

（5）資料不變式。列常常會定義一些不變式，以約束的形式實現。舉例來說，一個數字列可能限制只能包含 1 ～ 7 的值。應該對這些不變式進行測試。

圖 11-4 所示的是兩個處於轉換期的方案變更驗證。第 1 個變更是在 Account 表加入 Balance 列。這個變更，有關資料遷移和外部程式測試。第 2 個變更是增加 SynchronizeAccountBalance 和 SynchronizeCustomerBalance 兩個觸發器，用於保持兩個資料列的同步。要實現這一目的，就需要透過測試來確保當 Customer.Balance 列更新時，Account.Balance 也獲得更新，反之亦然。

2. 檢驗資料移轉的有效性

為確保資料庫重組成功，一些資料庫重構技術要求對來源資料進行遷移，有時甚至還要求淨化來源資料。圖 11-4 所示的範例中，必須將資料值從 Customer.Balance 複製到 Account.Balance，這是實現重構的一部分工作。此時就需要檢驗每個顧客的正確餘額資料確實被進行了複製。

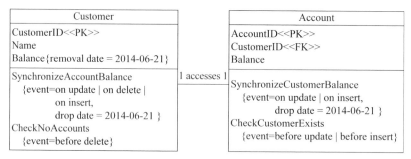

圖 11-4　兩個處於轉換期的方案變更驗證示意圖

在「應用標準編碼」和「統一主鍵策略」重構中，實際上是「淨化」了資料值。不過，對這種淨化邏輯必須進行檢驗。在「應用標準編碼」重構技術中，需要將資料庫中所有 "USA" 和 "U.S." 這樣的編碼值全部轉換成標準值 "US"。無疑，這就需要編寫一些測試來檢驗舊的編碼不再使用，並且被轉換成了對應的正規編碼。在「統一主鍵策略」重構技術中，可能發現顧客在有些表中是透過顧客 ID 來標識的，另一些表中是透過社會保險號（SSN）來標識的，還有一些表是透過電話號碼來標識的。如果我們希望選擇一種方式來標識顧客，也許是顧客 ID，然後對其他表進行重構，使用這個列。此時，就需要撰寫一些測試來檢驗各行之間的關係是否仍然正確（舉例來說，如果電話號碼 028-85771234 參考了顧客王大力的記錄，那麼當採用顧客 ID 5301024621 作為主鍵後，王大力的記錄仍然應該被參考）。

3. 測試外部存取程式

被重構的資料庫至少有一個甚至多個應用程式對其存取。對這些應用程式,也必須進行檢驗,就像企業中的其他 IT 資產一樣。要成功地重構資料庫,就需要能引用最後的方案,如圖 11-5 所示,並觀察最後的方案是否破壞了外部存取程式。要做到這一點,唯一的方法就是對這些程式進行完整的回歸測試。這需要有完整的回歸測試套件,如果沒有這樣的套件,就需要立刻開發這樣的測試套件。當然,這樣的套件應包含對所有的外部存取程式的測試單元,並且隨著時間的演進,專案小組會逐步建立起所需的全部測試套件。

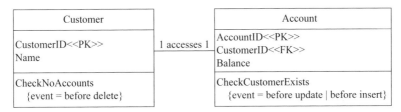

圖 11-5　資料庫重構後的方案示意圖

撰寫資料庫測試的重要方面,就是建立測試資料,可以採用以下多種策略:

(1)具有源測試資料。可以只維護一個資料庫實例,或裝滿測試資料的檔案,使應用程式團隊對此進行測試。開發者需要從該實例中匯入資料,以在他們的沙盒中組裝(Populate)資料庫,而且同樣地,需要把資料載入到自己的專案整合和測試 /QA 沙盒中。這些載入程式(Routine)會被看作是其他沿圖 11-1(b)所示的線與企業的資料庫耦合的應用程式。

(2)測試資料產生指令稿。這實際上是一個迷你應用程式,它能夠將資料清除,然後使用已知資訊來組裝成企業在用的資料庫。該應用程式需要隨時演變,進一步與企業在用的資料庫保持一致。

(3)自包含式(self-contained)測試案例。各個測試,能夠建立它們自己需要的資料。對於單一測試而言,一個好的策略是將資料庫放到一個已知的狀態裡面,針對這個狀態進行測試,然後回復任何的變更,讓資料庫回到它最初的狀態。該方式需要對撰寫單元測試的人員進行訓練,其明顯的優點是,當測試結果不符合預期時,能夠簡化分析工作。

11.3.6 實現預期的資料庫綱要變化

實現資料庫重構的重要方面是，必須確保資料庫方案變更的部署嚴格遵守了企業的資料庫開發指南。這些指南由資料庫管理團隊提供並支援，至少應該包含命名和文件撰寫方面的指南。在前述的實例中，加入了 Account.Balance 列和 Synchronize AccountBalance 與 SynchronizeCustomerBalance 兩個觸發器。其 DDL 程式如下：

```
ALTER TABLE Account ADD Balance Numeric;
COMMENT ON Account.Balance "移動 Customer 表的 Balance 列，
生效日期為 2014-06-21";
CREATE OR REPLACE TRIGGER SynchronizeCustomerBalance
   BEFORE INSERT OR UPDATE
   ON Account
   REFERENCING OLD AS OLD NEW AS NEW
   FOR EACH ROW
   DECLARE
   BEGIN
      IF :NEW.Balance IS NOT NULL THEN
          UpdateCustomerBalance;
      END IF;
END;

COMMENT ON SynchronizeCustomerBalance "移動 Customer 表的 Balance 列
到 Account 中，生效日期為：2014-06-21";

CREATE OR REPLACE TRIGGER SynchronizeAccountBalance
   BEFORE INSERT OR UPDATE OR DELETE
   ON Customer
   REFERENCING OLD AS OLD NEW AS NEW
   FOR EACH ROW
   DECLARE
   BEGIN
   IF DELETING THEN
      DeleteCustomerIfAccountNotFound;
   END IF;
   IF(UPDATING OR INSERTING) THEN
      IF :NEW.Balance IS NOT NULL THEN
          UpdateAccountBalanceForCustomer;
```

```
      END IF;
   END IF;
END;

COMMENT ON SynchronizeAccountBalance "移動 Customer 表的 Balance
列到 Account 中,生效日期為:2014-06-21";
```

修改資料庫方案的成功經驗是,為每個指令稿設定一個唯一的遞增編號。最容易的做法就是從 1 號開始,每次定義一個新的資料庫重構時增量計數,最簡單的方法是採用應用的建置號(Build Number)。需要特別注意的是,每次重構都應採用一個小指令稿,這樣做的好處如下:

(1)簡單且易實現。與包含許多步驟的指令稿相比,小的變更指令稿更容易維護。舉例來說,如果實施過程中發現由於一些未能預見的原因,某次重構不應該執行(也許不能更新一個主要應用,而該應用會存取變更部分的方案),希望能簡單地不去執行它。

(2)容易把握正確性。希望能夠以正確的順序對資料庫方案執行每次重構,進一步按定義的方式對它進行演進。重構可以建立在其他重構的基礎上。舉例來說,可能對一個列進行改名,接著在幾周後將它移動到另一個表。第二次重構將依賴於第一次重構,因為它的程式會參考列的新名字。

(3)容易進行版本控制。不同的資料庫實例會擁有資料庫方案的不同版本。

11.3.7 遷移來源資料

資料庫重構常常要求以某種方式操作來源資料。舉例來說,有些情況下,需要將資料從一個地方移動到另一個地方,我們稱之為「行動資料」。在另一些情況下,則需要淨化資料的值,這在資料品質重構時是很常見的,例如「採用標準類型」和「引用通用格式」。與修改資料庫綱要類似,可以建立一個指令稿來執行所需的資料移轉工作。這個指令稿應該與其他指令稿一樣擁有標識號,以便管理。在將 Customer.Balance 列移動到 Account 表的實例中,資料移轉指令稿將包含以下資料操作語言(DML)程式:

```
/* 從 customer.Balance 到 Account.Balance 的一次資料移轉 */
UPDATE Account SET Balance =
```

```
         (SELECT Balance FROM Customer
         WHERE CustomerID = Account.CustomerID);
```

根據現有資料的品質，專案小組可能很快發現需要對來源資料進行進一步淨化。這可能需要應用一項或多項資料品質重構技術。需要注意的是，在進行結構性資料庫重構和架構性資料庫重構時，最好是暫時不要考慮資料品質問題。資料品質問題在遺留的資料庫設計中很常見，這些設計問題將隨時間的演進而逐步被解決。

11.3.8　更新資料庫管理指令稿

實現資料庫重構的關鍵部分就是要更新遺留資料庫管理指令稿，主要內容包含：

（1）資料庫變更記錄檔。該指令稿包含了實現所有資料庫方案變更的原始程式碼，並且是根據整個專案過程中這些變更的應用次序進行的。在實現一個資料庫重構時，該記錄檔中要只包含目前的變更。

（2）更新記錄檔。該記錄檔包含對資料庫方案以後變更的原始程式碼，它會在過期時段之後執行，用於資料庫重構。在圖 11-4 所示的實例中會包含移動 Account.Balance 列和引入 SynchronizeAccountBalance、SynchronizeCustomerBalance 觸發器所需的原始程式碼。

（3）資料移轉記錄檔。該記錄檔包含了資料操縱語言（DML），以重新格式化或清洗整個專案過程中的來源資料。

11.3.9　重構外部存取程式

當資料庫方案發生變更時，常常需要重構原有的外部程式，這些外部程式需要存取這部分變更過的方案，包含了遺留應用、持久架構、資料複製程式、報表系統等。

如果有許多程式存取這個遺留資料庫，重構必然會遇到一些風險，因為某些程式不會被負責它們的開發團隊更新，或情況更糟，目前也許不能指派一個團隊來負責它們，更為極端的情況是，一個應用的外包單位已經倒閉，無法找到原始程式。這表示需要指派某人負責更新這個（些）應用，需要有人承擔費用。對於這種情況，有兩種基本策略可以選擇。第 1 種策略是進行資料庫重構並為它指定一個數十年的轉換期。透過這種方式，那些無法改變的或不能改變的外部程式仍然能工作，但其他應用可以存取改進過的部分。這種策略的不足之處在於，支援兩種方案的支援性程式將長期存在，顯然降低了資料庫的效能，使資料庫變得混亂。第 2 種策略是放棄這次重構。

11.3.10　進行回歸測試

一旦完成對應用程式碼和資料庫方案的改變，就需要執行自己的回歸測試套件。這個工作應該能自動執行，包含測試資料的安裝或產生、實際執行的測試本身、實際測試結果和預期結果的比對，以及根據合理的方式重新設定資料庫。成功的測試能夠發現問題，進一步可以再次修改，直到正確為止。由於可以按小步快走的方法，測試一點，改變一點，再測試一點，如此下去直到重構完成，所以當測試失敗時，專案小組能夠清楚地知道問題就出在剛剛進行過的改動中。反之，如果每次變化越大，那麼捕捉問題的難度就會越高，開發工作就會變得越慢和越低效。

11.3.11　為重構撰寫文件

由於遺留資料庫是一個共用資源，也是重要的 IT 資產，資料庫管理員需要記錄資料庫變化的過程。無論是在重構團隊內部傳達變化，或向其他所有有興趣的各方傳達建議性的變化，都是重要的。同時，更新任何相關的文件，對於以後把此次變更送出測試 /QA 沙盒和以後投入生產時，都是重要的，因為其他團隊需要知道資料庫方案是如何演變的。企業管理員有可能需要該文件，進一步能夠更新相關的詮譯資訊。在撰寫敏捷文件時，要切記簡單性和充分夠用性，建議遵循實效主義程式設計（Pragmatic Programming，Hunt and Thomas 2000）的原則。

更為簡單的辦法是，撰寫資料庫發佈版宣告，在其中歸納所做的變更，按順序列出每項資料庫重構。例如對前述的實例重構，在列表中可能是「121：將 Customer. Balance 列移動到 Account 表中」。

文件和原始程式碼一樣，都是系統的一部分。擁有文件的好處必須大於其建立和維護的成本。

11.3.12 對工作進行版本控制

將所有工作都錄入到版本控制工具裡面，進一步置於設定管理（Configuration Management，CM）控制之下。對於資料庫重構工作的版本控制，包含任何此項工作所建立的 DDL、變更指令稿、資料移轉指令稿、測試資料、測試案例、測試資料產生程式、文件和模型。

11.4 資料庫重構的策略

筆者所帶領的團隊先後對數百個複雜程度不同的資料庫進行過重構，本節匯集了我們的經驗教訓，希望對讀者進行資料庫重構有所幫助。

11.4.1 透過小變更降低變更風險

採取一些必要的步驟，每次只進行一小步，完成指定的工作，這樣可以有效地控制風險。一般來說變更越大，就越有可能引用缺陷，發現引用的缺陷也就越困難。如果在進行了一個小變更之後，發現引起了破壞，沒有達到預期目的，那麼，我們會很清楚哪個變更導致了問題的出現，進一步確定對應的對策。

11.4.2 唯一地標識每一次重構

在軟體開發專案中，可能對資料庫方案進行了數百次的重構和轉換。因為這些重構常常存在相依關係，舉例來說，可能對一個列改名，然後幾周後將它移到了另一個表中，所以我們需要確保重構以正確的順序進行。為了做到這一點，應該以某種方式標識每一次重構，並標識出它們之間的相依關係。表 11-2 列出了標識方法的基本策略。

表 11-2　資料庫重構版本標識策略

版本標識策略	說明	優點	缺點
建置編號	應用建置編號通常是由建置工具（如 Cruise Control）分配的整數值，當應用進行變更，編譯成功並透過所有的單元測試後會產生建置編號（即使這次變更是一次資料庫重構）	①簡單策略； ②一系列的重構可以被看作一個先進先出（FIFO）佇列，按建置編號的循序執行； ③資料庫版本直接與應用版本連結起來	①假設所用的資料庫重構工具與建置工具是整合在一起的，或每次重構都是一個或在設定管理控制之下的多個指令稿； ②許多建置不包含資料庫變更。因此版本識別符號對資料庫來說是不連續的（例如，它們可能是 1、7、9、12……而不是 1、2、3、4……）； ③當同一個資料庫中有多個應用在開發時，管理起來很困難，因為每個專案團隊將有相同的建置編號
日期 / 時間戳記	目前的日期 / 時間被分配給這次重構	①簡單策略； ②一系列重構被作為一個 FIFO 佇列進行管理	①採用以指令稿為基礎的方式來實現重構，使用日期 / 時間戳記作為檔案名稱看起來有點怪； ②需要一種方法來連結重構和對應的應用建置
唯一識別碼	為重構分配一個唯一的識別符號，諸如 GUID 或一個增量值	存在產生唯一值的策略（舉例來說，可以使用全球唯一標識符（GUID）產生器）	① GUID 作為檔案名稱有點怪； ②使用 GUID 時，仍然需要確定執行重構的順序，需要一種方法來連結重構和對應的應用建置

註：這裡的策略是假設在一個單應用、單資料庫環境中。

11.4.3　轉換期觸發器優於視圖或批次同步

在重構時，多數情況下都是幾個應用存取相同的資料庫表、列或視圖，因此不得不設定一個轉換期。在這個轉換期中，新舊方案在生產環境中同時存在。這樣，就需要有一種方法來確保不論應用存取哪一個版本的方案，都能存取到一致的資料。表 11-3 列出了用於保持資料同步的主要策略。根據我們的經驗，觸發器在絕大多數情況下都是最好的方法。視圖的方法能實現同步，批次處理的方法也可以實現同步，但在實際應用中的效果都不如以觸發器為基礎的同步方式。

表 11-3　資料庫重構轉換期資料同步策略

同步策略	說明	優點	缺點
觸發器	實現一個或多個觸發器，對另一個版本的 schema 進行對應的更新	即時更新	①可能成為效能瓶頸； ②可能引起觸發器循環； ③可能引起鎖死； ④常常引用重複的資料（資料同時儲存在新舊 schema 中）
視圖	引用代表原來表的視圖，用這種方式同時更新新舊 schema 的資料	①即時更新； ②不需要在表/列之間移動物理資料	①某些資料庫不支援可更新的視圖，或不支援可更新視圖的連接操作； ②引用視圖和最後刪除視圖時帶來了額外的複雜性
批次更新	一個批次處理工作處理並更新資料，定期執行（例如每天）	資料同步帶來的效能影響在非峰值負載時消除了	①極有可能帶來參照完整性問題； ②需要追蹤以前版本的資料，來確定對記錄做了哪些變更； ③如果在批次處理時發生了多個變化（舉例來說，某人同時更新了新舊 schema 中的資料），就會難以確定哪些變化需要接受常常引用重複的資料（資料同時儲存在新舊 schema 中）

11.4.4 確定一個足夠長的轉換期

資料庫管理員必須為重構指定一個符合實際要求的轉換期。轉換期的長短，要足夠所有團隊完成他們的工作。我們發現一個最容易的辦法，就是對不同類型的重構，分別達成一個一致同意的轉換期，然後一致地採用它。舉例來說，結構重構可能有兩年的轉換期，而架構重構可能有三年的轉換期。

這種方法的主要不足在於，它要求採用最長的轉換期，即使存取重構方案的應用不多，而且這些應用經常重新部署。不過，可以透過積極移出生產資料庫中不再需要的方案來緩解這個問題，即使轉換期還沒有結束。此外，還可以透過資料庫「變更控制委員會」協商一個更短的轉換期，或直接與其他團隊進行協調。

11.4.5 封裝對資料庫的存取

大量實作表明，資料庫存取封裝得越好，就越容易重構。最低限度，即使應用程式包含強制寫入的 SQL 敘述，也應該將這些 SQL 程式放在明確標識的地方，這樣在需要的時候就能容易地找到它們並進行更新。可以按一種一致的方式來實現 SQL 邏輯，如對每個業務類別提供 save()、delete()、retrieve() 和 find() 操作。或可以實現資料存取對象（DAO），實現資料存取邏輯的類別與業務類別分離。舉例來說，企事業單位的 Customer 和 Account 業務類別分別擁有 CustomerDAO 和 AccountDAO 類別。更好的做法是，可以完全放棄 SQL 程式，從對映中繼資料產生資料庫存取邏輯。

11.4.6 使建立資料庫環境簡單

IT 企業的人員變化是常態化的。在資料庫重構專案的生命週期中，經常會有人加入專案小組，又有人會離開專案小組。團隊成員需要能建立資料庫的實例，而且是在不同的機器上使用不同版本的方案，如圖 11-6 所示。最有效的方法就是透過一個安裝指令稿，執行建立資料庫方案的初始 DDL 以及所有對應的變更指令稿，然後執行回歸測試套件以確保安裝成功。

專案Q的
開發沙盒

專案整合
沙盒

沙盒示範
投入生產環境前
的測試 /QA沙盒

生產
環境

圖 11-6　沙盒[1] 示意圖

1　沙盒是一個完整的工作環境，在這個環境中可以對系統進行建置、測試和執行。出於安全的考慮，不同的沙盒之間通常保持分離，不僅開發者能在自己的沙盒中工作而不必擔心會破壞別人的工作，而且其品質保證 / 測試團隊也能夠安全地執行他們的系統整合測試，而最後的使用者還能夠執行系統而不必擔心開發者會造成來源資料或系統功能上的衝突。

11.4.7 將資料庫資產置於變更控制之下

筆者見過一些小團隊，曾經有過沉痛的教訓，那就是資料庫管理員不進行變更控制，有時甚至開發者也不進行變更控制。最後導致當需要把應用部署到生產前的測試環境或生產環境中去時，這些小團隊常常疲於確定資料模型或變更指令稿的正確版本。因此，資料庫資產和其他關鍵的專案資產一樣，應該有效地進行管理。我們的經驗是，將資料庫資產與應用放在同一個設定函數庫（Repository）裡是很有幫助的，這樣可使我們能夠看到是誰進行了變更，而且支援回覆功能。

線上資源 groups.yahoo.com/group/agileDatabases/ 有這方面的討論，讀者可以從中學到許多有益的經驗。

11.5 資料庫重構的方法

11.5.1 結構重構

結構重構改變了資料庫方案的表結構，主要包含刪除列、刪除表、刪除視圖、引用計算列、移動列、列改名等。

1. 刪除列
從現有的表中刪除一個列，如圖 11-7 所示。

原 schema　　　　　轉換期 schema　　　　重構完成後 schema

圖 11-7　刪除 Customer.FormerName 列範例圖

1）引發「刪除列」重構的動因
當發現表中的某些列並沒有真正被使用的時候，最好是刪除這些列，以免誤用。應用「刪除列」的首要原因，是為了重構資料庫的表設計，或是由於外部應用重構引起的，例如該列已不再使用。此外，「刪除列」常常作為「移動列」資料庫重構的步驟，因為該列會從原來的表中移除。

2）表結構更新的方法

透過刪除一個列來更新方案，需要執行以下步驟：

（1）選擇一種刪除策略。有些資料庫產品不允許刪除一個列，則可以建立一個臨時表，將所有資料移到臨時表裡，刪除原來的表，用原來的表名重新建立一個不包含該列的表，將資料從臨時表移動到新增的表，再刪除臨時表。如果所用的資料庫產品提供了刪除列的方法，那麼只需使用 ALTER TABLE 指令的 DROP COLUMN 選項。

（2）刪除列。有時候，如果資料量很大，我們需要確保執行「刪除列」的時間是合理的。為了將影響降到最低，可以將列的物理刪除安排在該表最少使用的時間段。另一種策略是將該列標識為未使用，這可以透過 ALTER TABLE 指令的 SET UNUSED 選項來實現。SET UNUSED 指令執行的速度很快，可以將刪除列的影響降到最低。然後就可以在計畫好的非峰值時間刪除這些未使用的列。在使用這個選項時，資料庫不會對該列進行物理刪除，但會對所有人隱藏該列。

（3）處理外鍵。如果 FormerName 是主鍵的一部分，那麼必須同時刪除其他表中對應的列，這些表使用該列作為外鍵連接到 Customer。注意，還需要重新建立這些表上的外鍵約束。在這種情況下，可能需要考慮先進行「引用替代鍵」或「用自然鍵取代替代鍵」重構，再進行「刪除列」重構，以此來簡化工作。

3）資料移轉的方法

為了支援從表中刪除列，可能需要保留原有的資料，或可能需要考慮「刪除列」的效能。如果從生產環境的表中刪除一列時，那麼在業務上通常要求保留原有的資料，「以防萬一」在將來的什麼時候會用到它。最簡單的方法就是建立一個臨時表，其中包含來源表的主鍵和打算刪除的列，然後將對應的資料移到這個新的臨時表中，此後就可以選擇其他方法來保留資料，例如將資料儲存在外部檔案中。

下面的程式描述了刪除 Customer.FormerName 列的步驟。為了保留資料，建立了一個名為 CustomerFormerName 的臨時表，它包含了 Customer 表的主鍵和 FormerName 列。

```
CREATE TABLE CustomerFormerName
AS SELECT CustomerID，FormerName FROM  Customer；
```

4）存取被刪除列資料的應用程式的更新方法

確定並更新所有參考 Customer.FormerName 的外部程式，並考慮以下問題：

（1）重構程式，使用替代的資料來源。某些外部程式可能包含一些程式，會用到包含在 Customer.FormerName 列中的資料。如果出現這種情況，必須找到替代的資料來源，修改程式使用這些替代資料來源，否則這次重構就應該取消。

（2）對 SELECT 敘述瘦身。某些外部程式可能包含一些查詢，讀取了該列的資料，然後又忽略了取到的值。

（3）重構資料庫的插入和更新。某些外部程式可能包含一些程式，在插入資料時將「假值」放入這一列中，這種程式需要刪除。或程式可能包含一些程式，在插入或更新資料庫時阻止寫入 FormerName。在另一些情況下，可能在應用中使用 SELECT * FROM Customer，預期獲得一定數量的列，並透過位置參考的方法從結果集中取出列的值。這樣的應用程式可能被破壞，因為 SELECT 敘述的結果集現在少了一列。一般來說，在應用中對任何表使用 SELECT * 都不是一個好方法。當然，這裡的真正問題是應用使用了位置參考，這是我們重構必須考慮的問題。刪除對 FormerName 的參考的範例程式如下：

```
// 重構前的範例程式
public Customer findByCustomerID(Long customerID) {
    stmt = DB.prepare("SELECT CustomerID, Name, FormerName "+
        "FROM Customer WHERE CustomerID = ?");
    stmt.setLong(1, customerID.longValue());
    stmt.execute( );
    ResultSet rs = stmt.executeQuery( );
    if (rs.next( )) {
        customer.setCustometID(rs.getLong("CustomerID"));
```

```
            customer.setName(rs.getString("Name"));
            customer.setFavoritePet(rs.getString("FormerName"));
     }
     return customer;
}
public void insert(long customerId, String Name, String formerName) {
     stmt = DB.prepare("INSERT into customer " +
            "(CustomerID,Name,FormerName)" +
            "values(?, ?, ?)");
     stmt.setLong(1,customerID);
     stmt.setString(2,name);
     stmt.setString(3,formerName);
     stmt .execute( );
}


public void update(long customerId, String Name, String formerName) {
     stmt = DB.prepare("UPDATE Customer SET Name = ?, " +
            "FormerName = ? WHERE CustomerID =?");
     stmt.setString(1,name);
     stmt.setString(2,formerName);
     stmt.setLong(3,customerID);
     stmt .executeUpdate( );
}


// 重構後的範例程式
public Customer findByCustomerID(Long customerID) {
     stmt = DB.prepare("SELECT CustomerID, Name " +
            "FROM Customer WHERE CustomerID = ?");
     stmt.setLong(1, customerID.longValue());
     stmt.execute( );
     ResultSet rs = stmt.executeQuery( );
     if (rs.next( )) {
            customer.setCustometID(rs.getLong("CustomerID"));
            customer.setName(rs.getString("Name"));
     }
     return customer;
}

public void insert(long customerId, String name) {
     stmt = DB.prepare("INSERT into customer " +
```

```
        "(CustomerID，Name ) values(?, ?)");
    stmt.setLong(1，customerID);
    stmt.setString(2，Name);
    stmt .execute( );
}

public void update(long customerId, String name) {
    stmt = DB.prepare("UPDATE Customer " +
            "SET Name = ? WHERE CustomerID = ?");
    stmt.setString(1，name);
    stmt.setLong(2，customerID);
    stmt .executeUpdate( );
}
```

2. 刪除表

從資料庫中刪除一個現有的表。

1）引發「刪除表」重構的動因

在遺留資料庫中,當表被其他類似的資料來源(如另一個表或視圖)代替時,或這個特定的資料來源不再需要時,就需要對這個表進行刪除,以保持資料庫的瘦身和高效。此時,我們需要進行「刪除表」重構。

2）模式更新的方法

在進行「刪除表」重構時,必須解決資料完整性問題。如果 Pets 被其他表參考到,那麼必須刪除對應的外鍵約束,或將外鍵約束重新指向其他表。圖 11-8 展示了一個例子,說明如何刪除 Pets 表:只需將這個表標識為已過時的,並在轉換期結束後刪除即可。

Pets	Pets {drop date=2014-06-21 }	
原 schema	轉換期 schema	重構完成後 schema

圖 11-8　刪除 Pets 表範例圖

下面的程式是刪除該表的 DDL。

■　刪除日期 =2014 年 6 月 21 日

```
DROP TABLE Pets;
```

當然，我們可以選擇對這個表進行改名。這樣，一些資料庫產品會自動將所有對 Pets 的參考改為對 PetsRemoved 的參考。在刪除表 Pets 後，我們不能參考一個將要刪除的表，那麼就需要透過「刪除外鍵」重構來刪除參照完整性約束。

■ 改名日期 =2014 年 6 月 21 日

```
ALTER TABLE Pets RENAME TO PetsRemoved;
```

3）資料移轉的方法

「刪除表」重構時，需要將原有的資料備份，以備需要時進行恢復。我們可以透過 CREATE TABLE Pets Removed AS SELECT 指令來完成。以下的程式是選擇保留 Pets 表中資料，然後再刪除表的 DDL。

■ 在刪除表之前複製資料

```
CREATE TABLE PetsRemoved AS SELECT * FROM Pets;
```

■ 刪除日期＝ 2014 年 6 月 21 日

```
DROP TABLE Pets;
```

4）對被刪除表存取程式的更新方法

所有存取 Pets 表的外部程式，都必須進行重構。如果沒有替代 Pets 表的資料來源，並且仍然需要 Pets 表中的資料，那麼在找到替代資料來源之前，不能刪除這個表。

3. 刪除視圖

刪除一個現有的視圖。這種資料庫重構相對簡單，它不需要遷移資料。

1）引發「刪除視圖」重構的動因

當視圖被其他類似的資料來源（如另一個表或視圖）代替時，或這個特定的查詢就不再需要，此時需要進行「刪除視圖」重構工作。

2）模式更新的方法

為了刪除圖 11-9 中的 AccountDetails 視圖，必須在轉換期結束時對 AccountDetails 執行 DROP VIEW 指令。事實上，刪除 AccountDetails 視圖的程式非常簡單，只要將該視圖示識為已過時，然後在轉換期結束時刪除它就可以了。

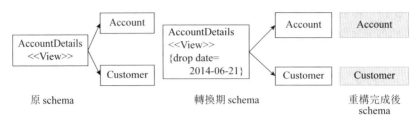

圖 11-9 刪除 AccountDetails 視圖範例圖

■ 刪除日期 =2014 年 6 月 21 日

```
DROP VIEW AccountDetails;
```

3）存取被刪除視圖的應用程式的更新方法

刪除 AccountDetails 視圖前，我們需要確定並更新所有參考 AccountDetails 的外部程式。需要重構以前使用 AccountDetails 的 SQL 程式，讓它直接從來源表中存取資料。類別似地，一些中繼資料被用於產生存取 AccountDetails 的 SQL 程式，也需要更新。修改應用的範例程式如下：

```
// 重構前的範例程式
stmt.prepare("SELECT * FROM AccountDetails " + "WHERE CustomerID = ?");
stmt.setLong(1, customer.getCustomerID);
stmt.execute( );
ResultSet rs = stmt.executeQuery( );
// 重構後的範例程式
stmt.prepare("SELECT * FROM Account " +
    "WHERE Customer.CustomerID = Account.CustomerID " +
    "AND Customer.CustomerID = ? ");
stmt.setLong(1, customer.getCustomerID);
stmt.execute( );
ResultSet rs = stmt.executeQuery( );
```

4. 引用新的計算列

引用一個新的列，該列以對一個或多個表中資料為基礎的計算。圖 11-10 所示的是以兩個表為基礎的計算，事實上這種計算可以是對一個或多個表中資料的計算。

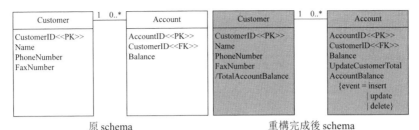

圖 11-10　以兩個表資料為基礎的計算

1）引發「引用計算列」重構的動因

進行「引用計算列」的主要原因，是透過預先計算由其他資料推導出的值來改善應用的效能。舉例來說，由於業務的擴充，可能需要引用一個計算列來說明一個客戶的信用風險等級（例如楷模、低風險、高風險等），這個風險等級是以該客戶對貴公司為基礎的付款歷史情況的。

2）表結構更新的方法

進行「引用計算列」重構的步驟相對較為複雜，因為資料間存在相依關係，需要保持計算列的值與它基於的資料值同步。實際步驟如下：

（1）確定同步策略。基本選擇包含批次處理工作、應用負責更新或資料庫觸發器。如果不需要即時地更新計算列的值，可以先用批次處理工作的方式；否則需要在另兩種方式中進行選擇。如果應用負責進行對應的更新，那麼不同的應用可能以不同的方式實現，這其中存在風險。觸發器的方式可能是兩種即時策略中比較安全的一種，因為更新邏輯只需在資料庫中實現一次。圖 11-10 所示為假設採用觸發器的方式。

（2）確定如何計算該值。必須確定來源資料，以及如何使用這些來源資料來確定 TotalAccountBalance 的值。

（3）確定包含該列的表。必須確定 TotalAccountBalance 應該包含在哪個表中。為確定這一點，專案小組必須決定這個計算列最適合描述哪個業務實體。例如，顧客的信用風險指示符號最適合放到 Customer 實體中。

（4）加入新的列。通過「引用新列」轉換來加入圖 11-10 中的 Customer. TotalAccountBalance 列。

（5）實現更新策略。需要實現並測試在步驟 1 中選擇的策略。

加入 Customer.TotalAccountBalance 列 和 Update CustomerTotalAccountBalance 觸發器的程式如下，當 Account 表被修改時就會執行該觸發器。

■ 建立新列 TotalAccountBalance

```
ALTER TABLE Customer ADD  TotalAccountBalance NUMBER;
```

■ 建立觸發器以保持資料同步

```
CREATE OR REPLACE TRIGGER
UpdateCustomerTotalAccountBalance
BEFORE UPDATE OR INSERT OR DELETE
ON Account
REFERENCING OLD AS OLD NEW AS NEW
FOR EACH ROW
DECLARE
NewBalanceToUpdate NUMBER :=0;
CustomerIDToUpdate NUMBER;
BEGIN
CustomerIDToUpdate := :NEW.CustomerID;
IF UPDATING THEN
   NewBalanceToUpdate := :NEW.Balance - :OLD.Balance;
END IF;
IF INSERTING THEN
   NewBalanceToUpdate := :NEW.Balance;
END IF;
IF DELETING THEN
   NewBalanceToUpdate := -1*:OLD.Balance;
   CustomerIDToUpdate := :OLD.CustomerID;
END IF;
UPDATE Customer SET TotalAccountBalance =
    TotalAccountBalance + NewBalanceToUpdate
    WHERE CustomerID = CustomerIDToUpdate;
END;
```

3）存取程式更新的方法

當引用計算列時，就需要確定在外部應用中所有用到這個計算的地方，然後將原來的程式改為利用 TotalAccountBalance 列的資料。當然，這需要用存取 TotalAccountBalance 的值來取代原有的計算邏輯。以下是透過循環顧客所有的

帳戶來計算整體餘額的程式。在重構後的版本中,如果顧客物件已從資料庫中
取出,則只需簡單地從記憶體中讀取該值即可。

```
// 重構前的範例程式
stmt.prepare("SELECT  SUM(Account.Balance) " +
    "FROM Customer,  Account " +
    "WHERE  Customer.CustomerID =
    Account.CustomerID"  +  "AND Customer.CustomerID =  ? ");
stmt.setLong(1, customer.getCustomerID);
stmt.execute( );
ResultSet rs =  stmt.executeQuery( );
return rs.getBigDecimal("Balance");

// 重構後的範例程式
return customer.getBalance( );
```

5. 合併列
合併一個表中的兩個或多個列。

1)引發「合併列」重構的動因
引發「合併列」重構,通常有以下原因。

(1)相等的列。由於團隊缺乏管理,兩名甚至多名開發者間缺乏必要的溝通,
在描述表的方案的中繼資料庫不存在時,常常在互不知道的情況下加入了
某些列,這些列都被用於儲存同樣的資料。舉例來說,FeeStructure 表有
17 個列,其中 CA_INIT 和 CheckingAccountOpeningFee 兩列都被用於儲
存新開支票帳戶時銀行收取的初始費用。

(2)這些列是過度設計的結果。原來加入這些列的目的是確保資訊按照它的
組成形式來儲存,但實際使用時表明,並不需要當初設想的這些詳細
資訊。舉例來說,圖 11-11 中的 Customer 表包含 PhoneCountryCode、
PhoneAreaCode 和 PhoneLocal 等列,它們代表一個電話號碼的屬性。

(3)這些列的實際用法是一樣的。一些列是原來加入表中的,但隨著時間的
演進,這些列的用法發生了變化,使得它們都被用於同一個目的。舉例來
説,Customer 表中包含 PreferredCheckStyle 和 SelectedCheckStyle 列(圖

11-11 中沒有顯示）。第 1 列被用來記錄顧客下一季的支票寄送方式，第 2 列被用於記錄支票以前寄送給顧客的方式。這在 20 世紀 70、80 年代前是有用的，那時需要花數月的時間訂購新支票，但現在連夜就能列印出支票，我們已經自然地在這兩個列中儲存了相同的值。

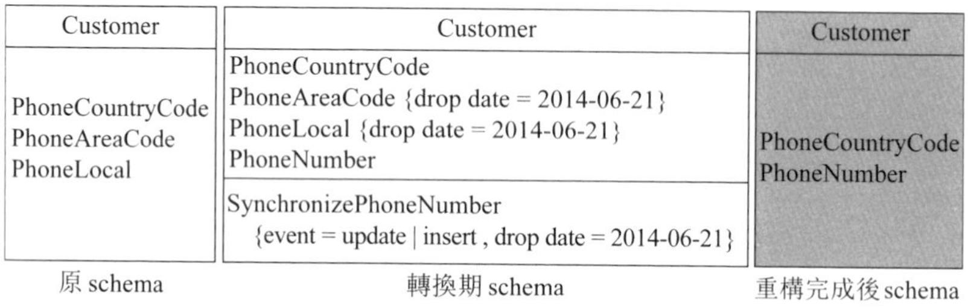

Customer	Customer	Customer
PhoneCountryCode PhoneAreaCode PhoneLocal	PhoneCountryCode PhoneAreaCode {drop date = 2014-06-21} PhoneLocal {drop date = 2014-06-21} PhoneNumber SynchronizePhoneNumber {event = update | insert , drop date = 2014-06-21}	PhoneCountryCode PhoneNumber
原 schema	轉換期 schema	重構完成後schema

圖 11-11　合併 Customer 表中與電話相關的列

2）表結構更新的方法

進行「合併列」重構有兩項必需的工作：①引用新的列。透過 SQL 指令 ADD COLUMN 在表中加入新列。在圖 11-11 中這個列是 Customer. PhoneNumber。但是，如果表中有一個列可以儲存合併後的資料，就可以不做這項工作。②引用一個同步觸發器，確保這些列彼此間保持同步。觸發器必須在這些列的資料發生變化時觸發。

圖 11-11 所示的實例中，Customer 表將一個人的電話號碼儲存在 PhoneCountryCode、PhoneAreaCode 和 PhoneLocal 三個獨立的列中。這也許最初是合理的，但發展到目前，幾乎沒有應用對國別程式有興趣，因為它們只在北美範圍內使用。而所有的應用，都同時使用區碼和本機電話號碼。因此，保留 PhoneCountryCode 列，同時將 PhoneAreaCode 和 PhoneLocal 合併為 PhoneNumber 列是合理的，這樣可以反映應用對資料的實際用法。我們引用了 SynchronizePhoneNumber 觸發器來保持 4 個列中的資料同步。

下面的 SQL 程式展示引用 PhoneNumber 列，並最後刪除兩個原有列的 DDL。

```
COMMENT ON Customer.PhoneNumber "合併 Customer 表的 PhoneAreaCode 列和
PhoneLocal 列，最後日期為：2014-06-21";

ALTER TABLE Customer ADD PhoneNumber NUMBER(12);
```

```
// 在 2014 年 06 月 21 日

ALTER TABLE Customer DROP COLUMN PhoneAreaCode;
ALTER TABLE Customer DROP COLUMN PhoneLocal;
```

3）資料移轉的方法

要成功完成「合併列」重構，必須將被合併的原有列中的所有資料轉換到合併列中，在範例中就是將 Customer.PhoneAreaCode 和 Customer.PhoneLocal 的資料轉換到 Customer.PhoneNumber 中。下面的 SQL 敘述展示了最初將 PhoneAreaCode 和 PhoneLocal 的資料合併到 PhoneNumber 中去的 DML。

```
/* 從 Customer.PhoneAreaCode 和 Customer.PhoneLocal 到 Customer.PhoneNumber 的一次
   性的資料移轉。當這些列同時啟用時，需要一個觸發器保持這些列同步 */
UPDATE Customer SET  PhoneNumber =
        PhoneAreaCode*100000000 +  PhoneLocal;
```

4）存取程式更新的方法

為最後完成合併列，在轉換期間，必須全面地分析存取程式，然後對應地對它們進行更新。顯然，存取程式需要利用 Customer.PhoneNumber，而非以前未合併的列，這樣，有可能必須刪除負責合併的程式。這些程式將原有的列組合成類似合併後的列那樣的資料。這些程式應該重構，可能需要全部刪除。此外，還需要更新資料有效性檢查程式，以使其可利用合併後的資料。某些資料有效性檢查程式存在的原因，是因為此前這些列還沒有合併在一起。舉例來說，如果一個值儲存在兩個獨立的列中，那麼可能有一些有效性檢查程式，驗證這兩個列的值是正確的。在兩個列合併之後，顯然這段程式就不再需要了。

下列程式片段展示了當 Customer.PhoneAreaCode 和 Customer.PhoneLocal 列被合併時，getCustomerPhoneNumber ( ) 方法所發生的改變：

```
// 重構前的範例程式
public String getCustomerPhoneNumber(Customer customer)  {
    String  phoneNumber =  customer.getCountryCode( );
    phoneNumber.concat(phoneNumberDelimiter( ));
    phoneNumber.concat(customer.getPhoneAreaCode( ));
    phoneNumber.concat(customer.getPhoneLocal( ));
    return  phoneNumber;
}
```

```
// 重構後的範例程式
public String getCustomerPhoneNumber(Customer customer) {
    String phoneNumber = customer.getCountryCode( );
    phoneNumber.concat(phoneNumberDelimiter( ));
    phoneNumber.concat(customer.getPhoneNumber( ));
    return phoneNumber;
}
```

6. 移動列

將一個列及其所有資料從一個表遷移至另一個表。

1）引發「移動列」重構的動因

進行「移動列」重構的常見動因包含：

（1）規範化。原有的某些列破壞了某項規範化原則，這是極為常見的現象。透過將該列移至另一個表，可以增加來源表的規範化程度，進一步減少資料庫中的資料容錯。

（2）減少常用的連接操作。在遺留資料庫中，存在對某個表的連接僅是為了存取它的列。如果將這個列移動到其他表中，那麼就消除了連接的必要，進一步有效地改善了資料庫的效能。這似乎與第 1 項矛盾，但重構是按實際情況進行的。

（3）重新組織一個拆分後的表。如果剛剛進行了「拆分表」重構，或該表在原來的設計中實際上就是被拆分的，則需要對一個或多個列進行移動。也許該列所處的表需要經常存取，但該列卻很少需要，或該列所處的表很少被存取，但該列卻常常需要。在第 1 種情況下，當不需要該列時，不選擇該列的資料並傳到應用程式可以改善網路效能。在第 2 種情況下，由於需要的連接操作更少，所以資料庫效能會獲得改善。

2）模式更新的方法

（1）確定刪除和插入規則。在表中的某些列被列出後，當刪除或插入記錄時，有可能引發其他表的變化，我們透過創立觸發器進行控制。

（2）引用新列。透過 SQL 指令 ADD COLUMN 在目標表中引用新列。在圖 11-12 所示的實例中，這個列就是 Account.Balance。

（3）引用觸發器。在轉換期中，在原來的列和新的列上都需要觸發器，實現從一個列複製資料到另一個列。當任何一行資料發生變化時，這些觸發器都要呼叫。

圖 11-12 所示的實例是將 Customer 表的 Balance 列移動到 Account 表中。在轉換期中，Customer 表和 Account 表中都會有 Balance 列。

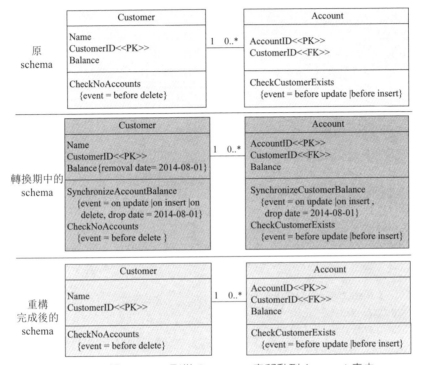

圖 11-12 將 Balance 列從 Customer 表移動到 Account 表中

原有的觸發器是我們有興趣的。Account 表中已經有一個觸發器，它會在插入和更新時檢查對應的列是否在 Customer 表中存在，這是一個基本的參照完整性（RI）檢查。這個觸發器就讓它留在那裡。Customer 表中有一個刪除觸發器，確保如果有 Account 表中的行參考到 Customer 表中的這一行，則這一行不被刪除，這是另一個參照完整性檢查。

下列程式中引用了 Account.Balance 列以及 SynchronizeCustomerBalance 和 SynchronizeAccountBalance 觸發器，來保持與 Balance 列同步。程式中還包含了在轉換期結束時刪除支援性程式的指令稿。

```
COMMENT ON Account.Balance "從 Customer 表中移出
    Balance，移出日期為：2014-06-21";
ALTER TABLE Account ADD Balance NUMBER(32,7);
COMMENT ON Customer.Balance "Balance 列移入到
    Account 表，移入日期為：2014-06-21";
CREATE OR REPLACE TRIGGER SynchronizeCustomerBalance
    BEFORE INSERT OR UPDATE
    ON Account
    REFERENCING OLD AS OLD NEW AS NEW
    DECLARE
    BEGIN
        IF :NEW.Balance IS NOT NULL THEN
            UpdateCustomerBalance;
        END IF;
    END;


CREATE OR REPLACE TRIGGER SynchronizeAccountBalance
    BEFORE INSERT OR UPDATE DELETE
    ON Customer
    REFERENCING OLD AS OLD NEW AS NEW
    FOR EACH ROW
    DECLARE
    BEGIN
        IF DELETING THEN
            DeleteCustomerIfAccountNotFound;
        END IF;
        IF (UPDATING OR INSERTING) THEN
            IF :NEW.Balance IS NOT NULL THEN
                UpdateAccountBalanceForCustomer;
            END IF;
        END IF;
    END;

一在 2014 年 6 月 21 日
ALTER TABLE Customer DROP COLUMN Balance;
DROP TRIGGER SynchronizeCustomerBalance;
DROP TRIGGER SynchronizeAccountBalance;
```

3）資料移轉的方法

將所有資料從原來的列複製到新的列，如在上例中，從 Customer.Balance 複製到 Account.Balance。這可以透過多種方式完成，常用的是透過一個 SQL 指令稿或一個 ETL 工具完成。下面的程式展示了將 Balance 列中的資料從 Customer 移動到 Account 中去的 DML。

```
/* 從 Customer.Balance 到 Account.Balance 的一次性資料移轉。當這些列同時啟用時，需要
一個觸發器保持這些列的同步 */
UPDATE Account SET Balance =
        (SELECT Balance FROM Customer
        WHERE CustomerID = Account.CustomerID);
```

4）存取程式更新的方法

在轉換期中，我們需要全面地分析所有的存取程式，然後對它們進行對應更新。可能需要的更新包含：

（1） 修改連接操作，使用移動後的列。不論是強制寫入在 SQL 中的連接還是透過元資料定義的連接，都必須進行重構，來使用移動後的列。我們必須修改取得餘額資訊的查詢，從 Account 表中取得資訊而非從 Customer 表中。

（2） 在連接中加入新表。如果連接不包含 Account 表，現在就必須加入它。這可能會降低效能。

（3） 從連接中刪除原來的表。有些連接可能包含 Customer 表，僅是為了取得 Customer.Balance 列的資料。既然這個列已被移走，Customer 表也就可以從這些連接中移除，這有可能改善效能。

下列程式展示了原來的程式如何存取 Customer.Balance 列，及修改後的程式如何存取 Account.Balance 列。

```
// 重構前的範例程式
public BigDecimal getCustomerBalance(Long customerID)
        throws SQLException {
    PreparedStatement stmt =null;
    BigDecimal customerBalance = null;

    stmt = DB.prepare("SELECT Balance FROM Customer " +
            " WHERE CustomerID = ?");
    stmt.setLong(1, customerID.longValue( ));
    ResultSet rs = stmt.executeQuery( );
```

```
    if (rs.next( )) {
        customerBalance = rs.getBigDecimal("Balance");
    }
    return CustomerBalance
}

// 重構後的範例程式
public BigDecimal getCustomerBalance(Long customerID)
        throws SQLException {
    PreparedStatement stmt =null;
    BigDecimal customerBalance = null;

    stmt = DB.prepare("SELECT Balance "
            " FROM Customer, Account " +
            " WHERE Customer.CustomerID = " +
                " Account.CustomerID AND CustomerID = ? ");
    stmt.setLong(1, customerID.longValue( ));
    ResultSet rs = stmt.executeQuery( );
    if (rs.next( )) {
    customerBalance = rs.getBigDecimal("Balance");
    }
    return CustomerBalance;
}
```

7. 列改名

列改名就是對一個已有的列進行改名。

1）「列改名」重構的動因

進行「列改名」的首要原因是為了增加資料庫方案的可讀性，進一步滿足企業所接受的資料庫命名標準，或使資料庫可移植。舉例來說，當從一個資料庫產品移植到另一個資料庫產品時，可能發現原來的列名稱不能使用了，因為新的資料庫將它作為了保留的關鍵字。

2）表結構更新的方法

（1）引用新的列。在圖 11-13 所示的實例中，透過執行 SQL 指令 ADD COLUMN 加入了 FormerName 列。

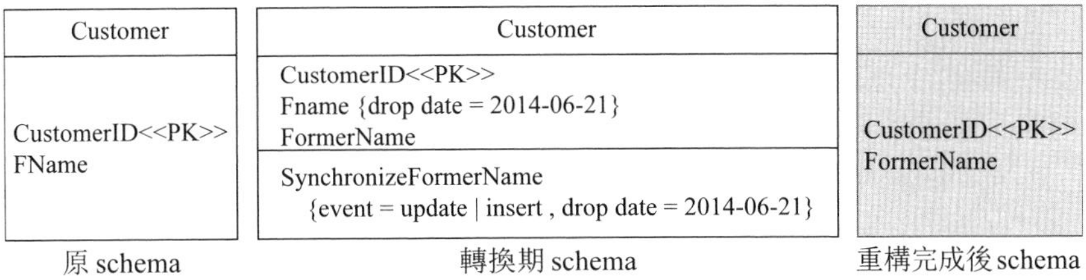

Customer	Customer	Customer
CustomerID<<PK>> FName	CustomerID<<PK>> Fname {drop date = 2014-06-21} FormerName SynchronizeFormerName {event = update | insert , drop date = 2014-06-21}	CustomerID<<PK>> FormerName
原 schema	轉換期 schema	重構完成後schema

圖 11-13　為 Customer 表的 FName 列改名範例圖

（2）引用一個負責同步的觸發器。負責將資料從一個列複製到另一個列。當資料發生變化時，必須呼叫該觸發器。

（3）對其他一些列進行改名。如果 FName 在其他表中被用作外鍵（或外鍵的一部分），那麼需要遞迴地進行「列改名」，確保命名的一致性。舉例來說，如果 Customer.CustomerNumber 被改名為 Customer.CustomerID，可能需要修改其他表中所有 CustomerNumber 的名字。因此，Account.CustomerNumber 也會被改名為 Account. CustomerID，以保持列名稱的一致性。

下列的程式展示了一些 DDL，將 Customer.FName 改名為 Customer. FormerName，建立了名為 SynchronizeFormerName 的觸發器，負責在轉換期中對資料進行同步，並在轉換期結束後刪除原來的列和觸發器。

```
COMMENT ON Customer.FormerName "重新命名Customer 表
     的 Fname 列，執行日期為：2014-06-21";
ALTER TABLE Customer ADD FormerName VARCHAR(8);

COMMENT ON Customer.FName "重新命名為 FirstName，
     刪除日期為：2014-06-21";
UPDATE Customer SET FormerName = FName;
CREATE OR REPLACE TRIGGER SynchronizeFormerName
     BEFORE INSERT OR UPDATE
     ON Customer
     REFERENCING OLD AS OLD NEW AS NEW
     DECLARE
     FOR EACH ROW
     BEGIN
          IF INSERTING THEN
               IF :NEW.FormerName IS NULL THEN
```

```
                :NEW.FormerName := :NEW.FName;
            END IF;
            IF :NEW.FName IS NULL THEN
                :NEW.FName := :NEW.FormerName;
            END IF;
        END IF;
        IF UPDATING THEN
            IF NOT(:NEW.FormerName = :OLD.FormerName) THEN
                :NEW.FName := :NEW.FormerName;
            END IF;
            IF NOT(:NEW.FName = :OLD.FName) THEN
                :NEW.FormerName := :NEW.FName;
            END IF;
        END IF;
    END IF;
END IF;

// 在 2014 年 6 月 21 日
DROP TRIGGER SynchronizeFormerName;
ALTER TABLE Customer DROP COLUMN FName;
```

3）資料移轉的方法

將全部資料從原來的列複製到新的列中，在上例是從 FName 複製到 FormerName 中，方法與「移動列」重構相同。

4）存取程式更新的方法

存取 Customer.FName 的外部程式必須進行修改，改為存取新名稱的列，只需要修改嵌入的 SQL 和對映中繼資料即可。下列程式所示的 hibernate 對映檔案展示了 FName 列改名時對映檔案應該如何變化。

```
// 重構前的對映
<hibernate-mapping>
<class name="Customer" table="Customer">
    <id name="id"   column="CUSTOMERID">
            <generator  class="CustomerIDGenerator"/>
    </id>
    <property  name="FName">
</class>
</hibernate-mapping>
```

```
// 轉換其中的對映
<hibernate-mapping>
<class name="Customer" table="Customer">
    <id name="id"  column="CUSTOMERID">
          <generator  class="CustomerIDGenerator"/>
    </id>
    <property  name="FName"/>
    <property  name="FormerName"/>
</class>
</hibernate-mapping>
// 重構後的對映
<hibernate-mapping>
<class name="Customer" table="Customer">
    <id name="id"  column="CUSTOMERID">
          <generator  class="CustomerIDGenerator"/>
    </id>
    <property  name="FormerName"/>
</class>
</hibernate-mapping>
```

8. 結構重構必須關注的幾個問題

（1）避免觸發器循環。在實現觸發器時，要確保不發生循環。如果一個原來列中的值發生了改變，Table.NewColumn 1 ～ Table.NewColumnN 應該更新，但這個更新不應該再次觸發對原來列的更新。

（2）修復被破壞的視圖。視圖與資料庫的其他部分耦合在一起，所以當進行結構重構時，有時會不可避免地破壞一個視圖。如果出現這種情況，那麼就要修復被破壞的視圖。

（3）修復被破壞的觸發器。觸發器與表定義耦合在一起，因此，像列改名或移動列這樣的結構性變更可能會破壞觸發器。舉例來説，一個插入觸發器可能會檢查儲存在特定列中的資料的有效性，如果這個列被改動了，該觸發器就可能被破壞，此時就要修復被破壞的觸發器。

（4）發現被破壞的預存程序。預存程序會呼叫其他預存程序並存取表、視圖和列。因此，任何結構重構都有可能破壞原有的預存程序。當然，我們可能還需要其他測試來發現業務邏輯缺陷。

```
SELECT Object_Name, Status
    FROM User_Objects
    WHERE Object_Type = 'PROCEDURE' AND Status = 'INVALID'
```

（5）發現被破壞的表。表與其他表中的列是透過命名習慣間接耦合在一起的。例如，如果對 customer 表的 CustomerNumber 列進行了改名，那麼應該同時對 Account 表的 CustomerNumber 列和 Policy 表的 CustomerNumber 列改名。以下程式可以在 Oracle 中找出所有列名稱包含 "CUSTOMERNUMBER" 的表：

```
SELECT Table_Name, Column_Name
    FROM User_Tab_Columns
    WHERE Column_Name LIKE '%CUSTOMERNUMBER%';
```

（6）確定轉換期。結構重構務必要設定一個轉換期。在此期間，可在多應用環境中實現這些重構。對被重構的原來的方案以及列和觸發器必須指定相同的廢棄日期。廢棄日期必須考慮到更新外部程式所需的時間，這些外部程式會存取資料庫被重構的部分。

11.5.2 參照完整性重構

參照完整性重構是一種變更，它確保參照的行在另一個表中存在，並確保不再需要的行被對應地刪除。參照完整性重構包含增加外鍵約束、為計算列增加觸發器、刪除外鍵約束、引用層疊刪除、引用硬刪除、引用軟刪除等。

1. 增加外鍵約束

為一個已有的表增加一個外鍵約束，強制實現到另一個表的關係。

1）「增加外鍵約束」重構的動因

引發「增加外鍵約束」重構的主要原因，是在資料庫層面上強制資料相依關係，確保資料庫實現某種參照完整性業務規則，防止持久無效的資料。如果多個應用存取同一個資料庫，這一點就特別重要，因為我們不能指望這些應用能強制實現一致的資料完整性規則。舉例來說，在圖 11-14 中，如果 AccountStatus 中沒有對應的行，那麼就不能在 Account 中增加一行資料。許多資料庫允許在交易送出時強制實現資料庫約束，這使得我們能夠以任意順序進行插入、更新或刪除行，只要在交易送出時保持資料的完整性就可以了。

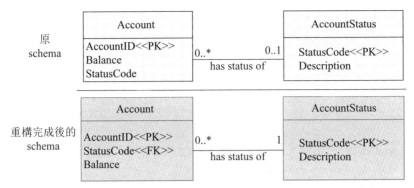

圖 11-14　將 Balance 列從 Customer 表移動到 Account 表中

2）模式更新的方法

（1）選擇一種約束檢查策略。目前主流的資料庫產品均支援一至兩種方式來強制實現外鍵約束：①按照立即檢查的方式，在資料插入、更新或刪除時會檢查外鍵約束。這種立即檢查的方式會更快地偵測到失敗，並迫使應用考慮資料庫變更（插入、更新和刪除）的順序。②按照延遲檢查的方式，在應用送出交易時會檢查外鍵約束。這種方式提供了一定的靈活性，應用不必擔心資料庫變更的順序，因為約束會在交易送出時檢查。這種方法使應用能夠快取所有的髒物件，並以批次處理的方式將它們寫入資料庫，只要確保在交易送出時資料庫處於乾淨的狀態就可以了。不論哪種方式，當第 1 次（可能有多次）外鍵約束失敗時資料庫都會傳回例外。

（2）建立外鍵約束。透過 ALTER TABLE 指令的 ADD CONSTRAINT 子句在資料庫中建立外鍵約束。為了讓資料庫能清晰有效地報告錯誤，應該根據企業的資料庫命名慣例為資料庫的外鍵約束命名。如果所使用的是送出時檢查約束，可能會引起效能降低，因為資料庫會在交易送出時檢查資料的完整性，這對數百萬行的表來說是一個大問題。

（3）為外表的主鍵引用索引（可選）。資料庫在參照的表上使用 SELECT 敘述來檢查子表中輸入的資料是否有效。如果 AccountStatus.StatusCode 列上沒有索引，那麼可能會遇到嚴重的效能問題，需要考慮進行引用索引重構。如果建立了索引，就會改善約束檢查的效能，但是會降低 AccountStatus 表的更新、插入和刪除的效能，因為資料庫現在必須維護新增的索引。

下面的程式展示了在表中增加外鍵約束的步驟。在這個實例中，我們將約束建立為在資料變動時立即進行外鍵約束檢查。

```
ALTER TABLE Account
    ADD  CONSTRAINT  FK_Account_AccountStatus
    FOREIGN KEY (StatusCode)
    REFERENCES AccountStatus;
```

如果希望將約束建立為在交易送出時進行外鍵約束檢查，其範例程式如下：

```
ALTER TABLE Account
    ADD  CONSTRAINT  FK_Account_AccountStatus
    FOREIGN KEY (StatusCode)
    INITIALLY DEFERRED;
```

3）資料移轉的方法

（1）確保參照的資料存在。

（2）確保外表包含所有要求的行。

（3）確保來源表的外鍵列包含有效的值。

（4）為外鍵列引用預設值。

對於圖 11-14 所示的實例，必須確保加入外鍵約束之前資料是乾淨的；如果不是，那麼就必須更新資料。假設在 Account 表中有一些行沒有設定，或不是 AccountStatus 表中的值，這時必須更新 Account.Status 列，使它包含 AccountStaus 表中存在的值。

```
UPDATE Account SET Status = 'DORMANT'
    WHERE Status NOT IN (SELECT StatusCode
    FROM AccountStatus) AND Status IS NOT NULL;
```

另外，也可以讓 Account.Status 包含空值，這時需要更新 Account.Status 列，使它包含一個已知的值，如下所示：

```
UPDATE Account SET Status = 'NEW'
    WHERE Status IS NULL;
```

4）存取程式更新的方法

（1）類似的 RI 程式。某些應用程式會實現 RI 業務規則，這些規則現在由資料庫的外鍵約束來處理。這樣的應用程式應該刪除。

（2）不同的 RI 程式。某些應用程式會包含一些程式，強制實現不一樣的 RI 業務規則，這是這次重構中沒有列入計畫而需要實現的。這表示在實現中，要麼需要重新考慮是否應該加入這個外鍵約束，因為在這條業務規則上企業的機構中沒有一致意見；要麼需要修改這些程式，使其以新版本（從它為基礎的角度來看）的業務規則工作。

（3）不存在的 RI 程式。某些外部程式甚至沒有注意到這些資料表中包含的 RI 業務規則。

下列程式所示，修改應用程式增加外鍵約束以處理資料庫拋出例外的問題。

```
// 重構前的程式
stmt = conn.prepare("INSERT INTO Account(" +
        " AccountID, StatusCode, Balance) VALUES(?, ?, ?)");
stmt.setLong(1, accountID);
stmt.setString(2, statusCode);
stmt.setBigDecimal(3, balance);
stmt.executeUpdate( );


// 重構後的程式
stmt = conn.prepare("INSERT INTO Account( " +
        " AccountID, StatusCode, Balance) VALUES(?, ?, ?)");
stmt.setLong(1, accountID);
stmt.setString(2, statusCode);
stmt.setBigDecimal(3, balance);
try {
  stmt.executeUpdate( );
}
catch (SQLException exception) {
  int errorCode = exception.getErrorCode( );
  if (errorCode = 2291) {
        handleParentRecordNotFoundError( );
  }
  if (errorCode = 2292) {
     handleParentDeletedWithChildFoundError( );
  }
}
```

2. 為計算列增加觸發器

引用一個新的觸發器來更新計算列中包含的值。計算列可能是以前透過「引用計算列」重構時引用的。

1）「為計算列增加觸發器」重構的動因

進行「為計算列增加觸發器」重構的主要動因，通常是確保在來源資料改變時，計算列中包含的值能正確地更新。一般來說，這項工作應該由資料庫來完成，而非由應用程式完成。

2）模式更新的方法

由於計算列的資料相依關係，進行「為計算列增加觸發器」重構可能會較複雜。在圖 11-15 中，TotalPortfolioValue 列是經過計算獲得的。注意，這裡的名稱前面有一個斜線，這是 UML 慣例。如果 TotalPortfolioValue 和來源資料在同一個表中，那麼有可能不能使用觸發器更新資料值。

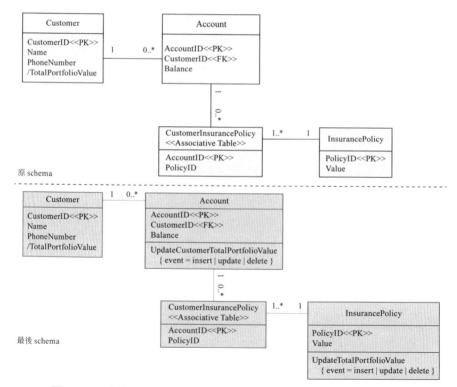

圖 11-15　增加一個觸發器來計算 Customer.TotalPortfolioValue 範例

因此，更新方案的步驟如下：

（1）確定是否可以用觸發器來更新計算列。

（2）確定來源資料。

（3）確定包含該列的表。

（4）加入該列。

（5）加入觸發器。

本例中 TotalPortfolioValue 來源資料存在 Account 表和 InsurancePolicy 表中，因此，為每個表增加一個觸發器，分別是 UpdateCustomerTotalPortfolioValue 和 UpdateTotal PortfolioValue，下列程式展示了如何加入這兩個觸發器。

```
// 用觸發器更新 TotalPortfolioValue
CREATE OR REPLACE TRIGGER UpdateCustomerTotalPortfolioValue
  AFTER UPDATE OR INSERT OR DELETE
  ON Account
  REFERENCING OLD AS OLD NEW AS NEW
  FOR EACH ROW
  DECLARE
    BEGIN
        UpdateCustomerWithPortfolisValue;
    END;
  END;
/

CREATE OR REPLACE TRIGGER UpdateCustomerTotalPortfolioValue
  AFTER UPDATE OR INSERT OR DELETE
  ON InsurancePolicy
  REFERENCING OLD AS OLD NEW AS NEW
  FOR EACH ROW
  DECLARE
    BEGIN
        UpdateCustomerWithPortfolisValue;
    END;
  END;
/
```

3）資料移轉的方法

這種重構沒有資料需要遷移。不過，在我們的實例中，必須計算出 Account.

Balance 和 Policy.Value 的和，對 Customer 表中所有的行更新 Customer. TotalPortfolioValue 列，即必須根據計算來填充對應的列。這通常是透過一個或多個指令稿，以批次處理的方式完成的。範例程式如下：

```
UPDATE Customer SET TotalPortfolioValue =
    (SELECT SUM(Account.Balance)+SUM(Policy.Balance)
    FROM Account，CustomerInsurancePolicy，InsurancePoliCy
    WHERE Account.AceountID = CustomerInsurancePolicy.AccountID
      AND CustomerInsurancePolicy.PolicyID = Policy.PolicyID
      AND Account.CustomerID = Customer.CustomerID);
```

4）存取程式更新的方法

最後完成這種類型的重構，需要在外部程式中確定目前所有執行這種計算的地方，然後修改程式使其存取重構的計算列。本例中，這一計算列就是 TotalPortfolioValue，通常包含刪除計算程式並用讀取資料庫操作來替代原來的程式。當然，在不同的應用中，其計算執行的方式可能不一樣，或是因為應用中存在缺陷，或是因為情況確實不同，無論如何都需要協商關於這部分業務的正確的計算方法。

3. 刪除外鍵約束

刪除外鍵約束從一個已有的表中刪除一個外鍵約束，使資料庫不再強制實現對另一個表的關係。

1）「刪除外鍵約束」重構的動因

進行「刪除外鍵約束」重構的主要動因是不再在資料庫層面上強制實現資料相依套件關係，而是由外部程式強制實現資料完整性。當資料庫不能承擔強制實現 RI 對效能的影響，或 RI 規則在不同的應用中有變化時，這一點尤為重要。

2）模式更新的方法

刪除外鍵約束有兩種方法，第 1 種是執行 ALTER TABLE DROP CONSTRAINT 指令，第 2 種是執行 ALTER TABLE DISABLE CONSTRAINT 指令。使用後一種方法的好處是它確保了表的關係仍然記錄在案，不過它不再強制實現約束。在圖 11-16 所示的範例中，Account.StatusCode 與 AccoutStatus.StatusCode 之間存在外鍵約束。第 1 種方法刪除了約束，第 2 種方法禁用了約束，進一步記錄下了對這個約束的曾經需要。建議使用第 2 種方法。

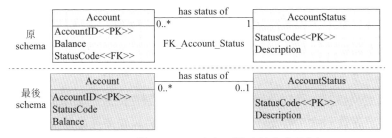

圖 11-16　從 Account 表中刪除外鍵約束範例

下面的程式展示了這兩種方法：

```
ALTER TABLE Account DROP CONSTRAINT FK_Account_Status;
ALTER TABLE Account DISABLE CONSTRAINT FK_Account.Status;
```

3）資料移轉的方法

這種重構不需要進行資料移轉。

4）存取程式更新的方法

外部程式會修改定義外鍵約束的資料列，因此必須確定並更新所有這些外部程式。在更新外部程式中需要注意兩個問題：①每個外部程式都需要更新，以確保對應的 RI 規則仍然強制實現。這些規則可能不一樣，但一般來說，需要在每個應用中加入一些程式，以確保當 Account 表參照 AccountStatus 表時，AccountStatus 表中存在對應的行。②有關例外處理。因為資料庫不再拋出與這個外鍵約束有關的 RI 例外，所以需要對應地修改所有的外部程式。

4. 引用層疊刪除

當「父記錄」被刪除時，資料庫自動地刪除對應的「子記錄」。請注意，另一種刪除子記錄的方法就是在子記錄中除去對父記錄的參考。這種方法只有當子表中的外鍵列允許空時才能用，但是這種方法會造成許多「孤兒」行。

1）「引用層疊刪除」重構的動因

進行「引用層疊刪除」重構主要是為了保持資料的參照完整性，在父記錄被刪除時確保與它相關的子記錄也被刪除。

2）模式更新的方法

（1）確定要刪除什麼。確定當父記錄刪除時，應該刪除的子記錄。舉例來說，在電商管理專案中，如果刪除了一筆訂單記錄，就應該刪除與該訂單相連結的所有訂單項記錄。這種活動是遞迴式的，子記錄還有它自己的子記錄，也需要刪除，這促使需要對它們也進行「引用層疊刪除」重構。

（2）選擇層疊機制。可以透過觸發器或參照完整性約束的 DELETE CASCADE 選項來實現層疊刪除。需要注意的是，不是所有資料庫產品都支援這一選項。

（3）實現層疊刪除。根據上一步選擇的層疊機制進行實施，如果選擇第 1 種方式，那麼撰寫一個觸發器，在刪除父記錄時刪除所有的子記錄。如果希望精確地控制刪除父記錄時刪除哪些子記錄，那麼採用這種方式最合適。這種方式的不利之處在於，必須編寫程式來實現這項功能。如果沒有完全考慮清楚同時執行的多個觸發器之間的相互關係，也可能引起鎖死。如果選擇第 2 種方法，那麼在定義 RI 約束時開啟 DELETE CASCADE 選項，透過 ALTER TABLE MODIFY CONSTRAINT 這筆 SQL 指令就可完成。但是，選擇這種方式，就必須在資料庫定義參照完整性約束，將會是一項很大的工作（因為需要對資料庫中大量的關係進行「增加外鍵約束」重構）。這種方式的主要好處是不需要編寫程式，因為資料庫會自動地刪除子記錄。採用這種方式的挑戰在於偵錯可能會很困難。圖 11-17 所示的是利用觸發器的方式，對 Policy 表進行「引用層疊刪除」重構。

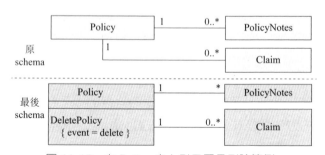

圖 11-17　在 Policy 表上引用層疊刪除範例

下列程式展示了 DeletePolicy 觸發器，它刪除了 PolicyNotes 和 Claim 表中所有與 Policy 表中被刪除的記錄有關係的記錄。

```
// 建立觸發器，刪除 PolicyNotes 和 Claim
CREATE OR REPLACE TRIGGER DeletePolicy
```

```
AFTER DELETE ON Account
FOR EACH ROW
DECLARE
  BEGIN
    DeletePolicyNotes( );
    DeletePolicyClaim( );
  END;
END;
```

透過帶 DELETE CASCADE 選項的 RI 約束來實現「引用層疊刪除」重構的範例程式，如下所示。

```
ALTER TABLE POLICYNOTES ADD
CONSTRAINT FK_DELETEPOLYCYNOTES
FOREIGN KEY (POLICYID)
REFERENCES POLICY (POLICYID) ON DELETE CASCADE
ENABLE;

ALTER TABLE CLAIMS ADD
CONSTRAINT FK_DELETEPOLYCYCLAIM
FOREIGN KEY (POLICYID)
REFERENCES POLICY (POLICYID) ON DELETE CASCADE
ENABLE;
```

3）資料移轉的方法

這種重構不需要進行資料移轉。

4）存取程式更新的方法

在進行這種重構時，必須刪除目前應用程式中實現子記錄刪除功能的部分。也許有些應用實現了這種刪除，而另一些應用卻沒有。在資料庫中實現層疊刪除，需要非常小心，不應該假設所有的應用都實現了相同的 RI 規則，不論對我們來說這些 RI 規則有多麼的明顯。如果層疊式刪除不能進行，那麼也要處理資料庫傳回的新的錯誤。下列程式展示了在「引用層疊刪除」重構進行之前和之後，對應的應用程式變化情況。

```
// 重構前的範例程式
private  void deletePolicy (Policy policyToDelete) {
    Iterator  policyNotes =
```

```
        policyToDelete.getPolicyNotes(  ).iterator( );
    for  (Iterator iterator =  policyNotes; iterator.hasNext( ); ) {
        PolicyNote policyNote =  (PolicyNote) iterator.next( );
        DB.remove(policyNote);
    }
    DB.remove(policyToDelete);
}

// 重構後的範例程式
private  void deletePolicy (Policy policyToDelete) {
    DB.remove(policyToDelete);
}
```

5. 引用軟刪除

在一個已有的表中引用一個標記列，表明該行已刪除，這被稱為軟刪除／邏輯
刪除。這種刪除，不是物理地刪除該行（俗稱硬刪除）。這種重構與「引用硬
刪除」相對。

1）「引用軟刪除」重構的動因

進行「引用軟刪除」的主要動因是為了保留所有的應用資料，通常是為了保留
歷史資料。

2）模式更新的方法

在圖 11-18 所示的「引用軟刪除」重構中，需要完成以下工作：

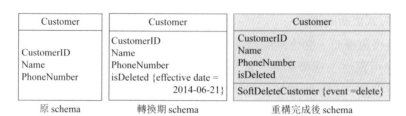

圖 11-18　為 Customer 表引用軟刪除範例

（1）引用識別欄位。必須為 Customer 表引用一個新的列，用於標識該行是否
已被刪除。該列通常是一個布林欄位，用 TRUE 和 FALSE 來表明記錄是否已
被刪除。該列也可以是一個日期／時間戳記類型的欄位，表明記錄何時被刪
除。在上例中，引用了一個布林型欄位 isDeleted。該列不允許為空。

（2）確定如何更新這個標記列。Customer.isDeleted 列既可以由應用程式進行更新，也可以在資料庫中透過觸發器進行更新。建議使用觸發器方式更新，因為它很簡單，並能避免應用不更新該列的風險。

（3）撰寫刪除程式。刪除記錄時更新這個刪除識別欄位的程式需要撰寫並測試。如果採用布林類型的列，將它的值設為 TRUE；如果採用日期 / 時間戳記類型的列，將它的值設為目前的日期和時間。

（4）撰寫插入程式。在插入時必須正確設定刪除識別欄位，布林列設定為 FALSE，日期 / 時間戳記列設定為一個預先確定的日期（例如 2030 年 12 月 31 日）。這可以透過「引入預設值」重構或一個觸發器很容易地實現。

下面的程式展示了怎樣增加 Customer.isDeleted 列，並為其設定一個預設值。

```
ALTER TABLE Customer ADD  isDeleted BOOLEAN ;
ALTER TABLE Customer MODIFY isDeleted DEFAULT FALSE ;
```

下列程式展示了建立這樣一個觸發器：該觸發器截取 SQL 指令 DELETE，並將 Customer.isDeleted 標記置為 TRUE。這段程式在刪除之前先複製資料，更新刪除識別欄位，然後在原來的記錄刪除後再將這筆記錄插回去。

```
// 建立一個陣列來儲存被刪除的顧客記錄
CREATE OR REPLACE PACKAGE SoftDeleteCustomerPKG
AS
  TYPE ARRAY IS TABLE OF Customer%ROWTYPE INDEX
  BY BINARY_INTEGER;
  oldvals ARRAY;
  empty ARRAY;
END;
/

// 初始化該陣列
CREATE OR REPLACE TRIGGER SoftDeleteCustomerBefore
BEFORE DELETE ON Customer
BEGIN
  SoftDeleteCustomerPKG.oldvals := SoftDeleteCustomerPKG.empty;
END;
/
```

```
// 捕捉被刪除的行
CREATE OR REPLACE TRIGGER SoftDeleteCustarnerStore
BEFORE DELETE ON Customer
FOR EACH ROW
DECLARE
i NUMBER DEFAULT
    SoftDeleteCustomerPKG.oldvals.COUNT + 1;
BEGIN
  SoftDeleteCustomerPKG.oldvals(i).CustomerID := :old.CustomerID;
  deleteCustomer.oldvals(i).Name = old.Name;
  deleteCustomer.oldvals(i).PhoneNumber = old.PhoneNumber;
END;
/

// 將 isDeleted 標記設為 TRUE，插回顧客表
CREATE OR REPLACE TRIGGER SoftDeleteCustomerAdd
AFTER DELETE ON Customer
DECLARE
BEGIN
  FOR i IN 1..SoftDeleteCustomerPKG.oldvals.COUNT LOOP
    insert into Customer(
        CustomerID, Name, PhoneNumber, isDeleted)
        values(deleteCustomer.oldvals(i).CustomerID,
            deleteCustorner.oldvals(i).Name,
            deleteCustomer.oldvals(i).PhoneNumber,
            TRUE);
  END LOOP;
END;
/
```

3）資料移轉的方法

這種重構不需要進行資料移轉，但需要設定一些行值。在上面的實例中，所有行中 Customer.isDeleted 的值必須正確設定。不過，這通常是由一個或多個指令稿以批次處理的方式完成的。

4）存取程式更新的方法

進行「引用軟刪除」重構必須修改存取資料的外部程式。

（1）必須修改讀取查詢，確保從資料庫中讀出的資料不是被標識為已刪

除的。應用程式必須為所有 SELECT 查詢加上 WHERE 子句（如 WHERE isDeleted=FAISE）。除了修改所有的讀查詢之外，還可以使用「用視圖封裝表」重構，視圖傳回的是 Customer 表中 isDeleted 列為 FALSE 的記錄。另一種方法是進行「增加讀取方法」重構，這樣相應的 WHERE 子句只需在一個地方實現。

（2）必須修改刪除方法。所有的外部程式都必須將物理刪除改為更新 Customer.isDeleted 列。舉例來説，DELETE FROM Customer WHERE PKColumn=nnn 將修改為 UPDATECustomer SET isDeleted=TRUE WHERE PKColumn=nnn。另外，像前面所説的那樣，可以引用一個刪除觸發器來防止物理刪除並將 Customer.isDeleted 設定為 TRUE。

下面的程式展示了如何為 Customer.isDeleted 列設定初值：

```
UPDATE Customer SET isDeleted = FALSE
    WHERE isDeleted IS NULL;
```

下列程式展示了「引用軟體刪除」重構進行之前和之後，Customer 物件的讀取方法所發生的變化。

```
// 重構前的範例程式
stmt.prepare("SELECT CustomerID, Name, PhoneNumber " +
            " FROM Customer WHERE CustomerID = ? ");
stmt.setLong(1, customer.getCustomerID);
stmt.execute( );
ResultSet rs = stmt.executeQuery( );

// 重構後的範例程式
stmt.prepare("SELECT CustomerID, Name, PhoneNumber " +
            " FROM Customer " +
            " WHERE CustomerID = ? AND isDeleted = ?");
stmt.setLong(1, customer.getCustomerID);
stmt.setBoolean(2, false);
stmt.execute( );
ResultSet rs = stmt.executeQuery( );
```

下列程式展示了「引用軟體刪除」重構進行之前和之後，刪除方法所發生的變化。

```
// 重構前的範例程式
stmt.prepare("DELETE FROM Customer " +
    " WHERE CustomerID = ? ");
stmt.setLong(1, customer.getCustomerID);
stmt.executeQuery( );

// 重構後的範例程式
stmt.prepare("UPDATE Customer SET isDeleted = ? " +
    " WHERE CustomerID = ?");
stmt.setLong(1, true);
stmt.setBoolean(2, customer.getCustomerID);
stmt.execute( );
ResultSet rs = stmt.executeQuery( );
```

6. 引用硬刪除

硬刪除就是物理地刪除被軟刪除或邏輯刪除標識為已刪除的記錄。這種重構與
「引入軟刪除」相對應。

1)「引用硬刪除」重構的動因

進行「引用硬刪除」的主要動因是不再需要檢查記錄是否標識為已刪除,刪除
了已經標識的行,就有效地減小了表的體積,對應地提升了對該表查詢的速度。

2)模式更新的方法

為了進行「引用硬刪除」重構,首先需要刪除識別欄位,如圖 11-19 所範例子
中的 Customer.isDeleted 列。其次,需要刪除更新 Customer.isDeleted 列的程
式,通常是一些觸發器程式,但在一些應用中也包含這種程式。這些程式可能
為布林類型的識別欄位設定初值 FALSE,或在使用日期 / 時間戳記時設定預
先確定的值。大多數情況下只需刪除這個觸發器即可。下面的程式展示了刪除
Customer.isDeleted 列的方法:

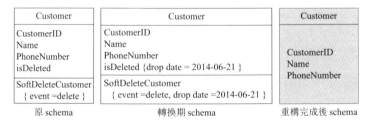

圖 11-19 為 Customer 表引用硬刪除範例

3）資料移轉的方法

在圖 11-19 所示的實例中，必須刪除 Customer 表中所有 isDeteted 列為 TRUE 的資料行，因為這些行已經被邏輯刪除了。在刪除這些行之前，需要更新或刪除一些資料，這些資料參考了那些已經被邏輯刪除的資料。這一般是透過一個或多個指令稿以批次處理的方式來完成的。需要注意的是，在刪除之前，應該將這些已標識為刪除的記錄歸檔，這樣在需要的時候還能夠取消這次重構。下面的程式展示了如何從 Customer 表中刪除那些 Customer.isDeleted 標記（flag）被設定為 TRUE 的記錄：

```
DELETE FROM Customer WHERE isDeleted = TRUE；
```

4）存取程式更新的方法

進行「引用硬刪除」重構，必須從兩個方面修改存取這些資料的外部程式：① SELECT 敘述必須不再存取 Customer.isDeleted 列；②所有的邏輯刪除程式都必須更新。其範例程式如下：

```
// 重構前的範例程式
public void customerDelete(Long customerIdToDelete)
        throws Exception {
  PreparedStatement stmt = null;
  try {
      stmt = DB.prepare("UPDATE Customer " +
          "SET isDelete = ? WHERE CustomerID = ? ");
      stmt.setLong(1, Boolean.TRUE);
      stmt.setLong(2, customerIdToDelete);
      stmt.execute( );
    }
    catch (SQLException SQLexc) {
      DB.HandleDBException(SQLexc);
    }
    finally {DB.cleanup(stmt);}
}

// 重構後的範例程式
public void customerDelete(Long customerIdToDelete)
        throws Exception {
  PreparedStatement stmt = null;
```

```
try {
    stmt = DB.prepare("DELETE FROM Customer " +
        " WHERE CustomerID = ? ";
    stmt.setLong(1, customerIdToDelete);
    stmt.execute( );
}
catch (SQLException SQLexc) {
    DB.HandleDBException(SQLexc);
}
finally {DB.cleanup(stmt);}
}
```

11.5.3 資料品質重構

資料品質重構是透過變更一些資料庫的方案,來改進資料庫中包含的資訊的品質。資料品質重構改進並確保了資料庫中資料的一致性和用途。這些資料品質重構包含增加查閱資料表、採用標準程式、採用標準類型、引用通用格式、統一主鍵策略、刪除預設值、引用預設值、使列不可空等。

1. 增加查閱資料表

為已有的列建立查閱資料表。

1)「增加查閱資料表」重構的動因

進行「增加查閱資料表」重構,主要有以下動因:

(1) 引用參照完整性。舉例來說,在已有的 Address.StateID 列上引用參照完整性約束,確保其資料品質。

(2) 提供程式尋找。在資料庫中提供一個預定的程式列表,而非在每個應用中使用一個列舉變數。這種查閱資料表常常是快取在記憶體中的。

(3) 取代一個列約束。在最初設計或上一次重構時,我們對一個列加上了一個列約束。但是,隨著應用的演變,可能需要引用更多的程式值。現在可以確認,如果在一個查閱資料表中儲存這些值,比更新列約束更加容易。

(4) 提供詳細的描述。除了定義允許的程式之外,可能還需要儲存這些程式的描述資訊。舉例來說,在 State 表中,需要將程式 CD 與 Chengdu(成都)聯繫起來,如圖 11-20 所示。

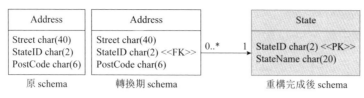

圖 11-20　加入一個 State 查閱資料表範例

2）模式更新的方法

對於圖 11-20 所示的重構，更新資料庫的方案步驟如下：

（1）確定表結構。必須確定查閱資料表（State）中的列。

（2）引用該表。透過 CREATE TABLE 指令在資料庫中建立 State 表。

（3）確定尋找資料。必須確定需要將哪些行插入 State 表中。考慮採用「插入資料」重構。

（4）引用參照完整性約束。為了確保來源表中程式列到 State 表的參照完整性約束，必須進行「加入外鍵」重構。

下列程式展示了引用 State 表，以及在 State 表和 Address 表之間加入外鍵約束的 DDL。

```
// 建立查閱資料表
CREATE TABLE State(
   StateID CHAR(2) NOT NULL，
   StateName CHAR(20)，
   CONSTRAINT PKState PRIMARY KEY(StateID)
);

// 引用指向查閱資料表外鍵
ALTER TABLE Address ADD CONSTRAINT FK_Address_State
   FOREIGN KEY(StateID) REFERENCES State;
```

3）資料移轉的方法

對於圖 11-20 所示的實例，必須確保 Address.StateID 中的資料值在 State 表中都有對應的值。填充 State.StateID 最容易的辦法就是複製 Address.StateID 中唯一的值。採用這種自動化的方式，需要檢查獲得的資料行，確保沒有引用無效的資料值。如果發現有無效的值，就需要對 Address 表和 State 表進行對應的更新。如果有記錄描述資訊的列，如 State.StateName，則必須提供對應的值，這常常是透過資料管理工具或指令稿以手動的方式完成的。另一種策略是從一個外部檔案中載入 State 表中的資料。

下列程式展示了用來自 Address.StateID 列的唯一資料填充 State 表的 DDL。在這個範例中,是使用程式 CD 而非 Cd、cd 或 Chengdu。最後一步是提供對應每個地(州)程式的(地)州名稱(本例僅填充了 3 個地(州)的名稱)。

```
// 在查閱資料表中填充資料
INSERT INTO State(State)
   SELECT DISTINCT UPPER(State) FROM Address;
// 將 Address.StateCode 更新為有效的值並清理資料
UPDATE Address SET State = 'CD'
      WHERE UPPER(State) = 'CD';

// 現在提供地(州)名稱
UPDATE State SET StateName = 'chengdu'
      WHERE State = 'CD';
UPDATE State SET StateName = 'mianyang'
      WHERE State = 'MY';
UPDATE State SET StateName = 'xichang'
      WHERE State = 'XC';
```

4)存取程式更新的方法

如果加入了 State 表,那麼必須確保外部程式使用來自查閱資料表中的資料值。下面的程式展示了外部程式如何從 State 表中取得地(州)的名稱(以前可能是透過內部硬編碼的集合來取得州名的)。

```
// 重構之後的程式
ResultSet rs = statement.executeQuery(
    "SELECT State, StateName FROM State");
```

有些程式可能選擇快取這些資料值,而另一些程式會在需要時存取 State 表,快取可以工作得很好,因為 State 表中的資料很少改動。如果在查閱資料表上引用了外鍵約束,那麼外部程式還需要處理資料庫拋出的例外。

2. 採用標準程式

對一個列採用一組標準的程式值,以確保它符合資料庫中其他類似列裡儲存的值。

1）「採用標準程式」重構的動因

進行「採用標準程式」重構，主要有以下動因：

（1）整理資料。如果資料庫中不同的程式有相同的語義，那麼最好是將它們標準化，這樣就能夠在所有資料屬性上採用標準的邏輯。舉例來說，在圖11-21 中，Country. CountryID 中的值是 USA，而 Address.CountryID 中的值是 US，這裡就可能會遇到問題，因為不能準確地連接這兩個表。在整個資料庫中採用一致的值，任選其中一個都可以。

Address			
Street	City	State	CountryID
西安路11號 23 Kun St. 117 Lane	樂山市 Hickton New York	SC CA NY	CHN USA US

Country	
CountryID	Name
CHN USA	CHINA United States

原 schema

Address			
Street	City	State	CountryID
西安路11號 23 Kun St. 117 Lane	樂山市 Hickton New York	SC CA NY	CHN US US

Country	
CountryID	Name
CHN US	CHINA United States

重構完成後 schema

圖 11-21　採用標準地（州）程式範例

（2）支援參照完整性。如果需要對以程式為基礎的列進行「加入外鍵約束」重構，就需要先將這些程式值標準化。

（3）加入查閱資料表。如果進行「加入查閱資料表」重構，常常需要先將尋找的代碼值為基礎標準化。

（4）符合國家標準或企業（企業）標準。許多機構有詳細的資料標準和資料建模標準，希望開發團隊能遵守。當進行「使用正式資料來源」重構時，常常會發現目前的資料方案不符合機構的標準，因此需要重構，以反映正式資料來源的值。

（5）減少程式的複雜性。如果同樣語義的資料有幾種不同的值，那麼就需要編寫額外的程式來處理這些不同的值。舉例來說，原來程式碼中的 CountryID="us" 或 CountryID="USA"……需要簡化為 CountryID="USA"。

2）模式更新的方法

（1）確定標準值。對程式的「官方」值達成一致意見。這些值是由國家編碼中心或企業頒佈的程式、原有的應用表提供，還是由業務使用者提供？不管是哪種方式，這些值都需要被專案參與方所接受。

（2）確定儲存程式的表。必須確定包含程式列的表。這可能需要進行擴充分析和多次反覆運算，然後才能發現所有有程式的表。需要注意的是，這種重構一次只應用於一列，可能需要多次進行這種重構，以確保整個資料庫的一致性。

（3）更新預存程序。如果將程式值標準化，那些存取受影響列的預存程序可能也需要更新。例如，如果 getUSCustomerAddress 有一個 WHERE 子句是 Address. CountryID="USA"，就需要改成 Address.CountryID="US"。

3）資料移轉的方法

如果我們對特定的程式進行標準化，那麼必須更新那些沒有使用標準化程式的行，讓它們使用標準的程式。如果要更新的行數比較少，使用簡單的 SQL 指令稿來更新目標表就足夠了。如果必須更新大量的資料，或在一個支援交易的表中程式發生改變，可進行「更新資料」重構。

下面的程式展示了更新 Address 表和 Country 表，使用標準程式值的 DML：

```
UPDATE Address SET CountryID='CA' WHERE CountryID='CAN'
UPDATE Address SET CountryID='US' WHERE CountryID='USA'
UPDATE Country SET CountryID='CA' WHERE CountryID='CAN'
UPDATE Country SET CountryID='US' WHERE CountryID='USA'
```

4）存取程式更新的方法

（1）強制寫入的 WHERE 子句。可能需要更新 SQL 敘述，在 WHERE 子句中使用正確的值。舉例來說，如果 Country. CountryID 的值從 "US" 變為 "USA"，需要改變 WHERE 子句以使用這個新值。

（2）有效性檢查程式。同理，可能需要更新用於資料屬性值的有效性檢查的來源程式。舉例來說，像 CountryID="US" 這樣的程式必須修改，使用新的程式值。

（3）尋找結構。程式的值可能作為常數、列舉值和集合定義在各種程式設計「尋找結構」中，在應用的各處使用。這些尋找結構的定義必須修改，以使用新的程式值。

（4）測試程式。在測試邏輯和測試資料產生邏輯中常常對這些程式進行強制寫入，需要修改這些邏輯以使用新的程式值。

下列程式展示了讀取 US 位址的方法，包含重構之前和重構之後的。

```
// 重構前的範例程式
stmt=DB.prepare("SELECT addressId, city, state, countryID " +
    "FROM address WHERE countryID = ?");
stmt.setString(1, "USA");
stmt.execute( );
ResultSet rs = stmt.executeQuery( );

// 重構後的範例程式
stmt=DB.prepare("SELECT addressId, city, state, countryID " +
    "FROM address WHERE countryID = ?");
stmt.setString(1, "US");
stmt.execute( );
ResultSet rs = stmt.executeQuery( );
```

3. 採用標準類型

確保列的資料類型與資料庫中其他類似列的資料類型一致。

1）「採用標準類型」重構的動因

進行「採用標準類型」重構，主要有以下動因：

（1）確保參照完整性。如果想對儲存相同語義資訊的所有表進行「加入外鍵」重構，就需要將這些列資料類型標準化。舉例來說，圖 11-22 展示了所有的電話號碼列被重構為以整數類型儲存。

（2）加入查閱資料表。如果進行「加入查閱資料表」重構，需要讓兩個程式列的類型一致。

（3）符合國家標準或企業（企業）標準。許多機構有詳細的資料標準和資料建模標準，希望開發團隊能夠遵守。一般來說當進行「使用正式資料來源」重構時，常常會發現目前的資料方案不符合機構的標準，因此需要重構以反映正式資料來源的值。

（4）減少程式的複雜性。如果同樣語義的資料有幾種不同的資料類型，那麼就需要撰寫額外的程式來處理這些不同的類型。舉例來說，對 Customer、Branch 和 Employee 中的電話號碼有效性檢查程式可以重構，使用同一個共用方法。

2）模式更新的方法

實施這種重構必須先確定標準的資料類型。需要對列的「官方」資料類型達成一致意見。這一資料類型必須能處理所有原有的資料，外部存取程式也必須能處理它（較舊的語言有時候不能處理較新的資料類型）。然後必須確定哪些表包含了需要改變資料類別型的列。這可能需要進行擴充分析和多次反覆運算，然後才能發現所有需要改變列類型的表。請注意，這種重構一次只應用於一列，可能需要多次進行這種重構，以確保整個資料庫的一致性。

圖 11-22 所 示 的 是 改 變 Branch.Phone、Branch.FaxNumber 和 Employee. PhoneNumber 列，以使用同樣的整類型資料類型。Customer.PhoneNumber 列已經是整數的，所以不需要重構。

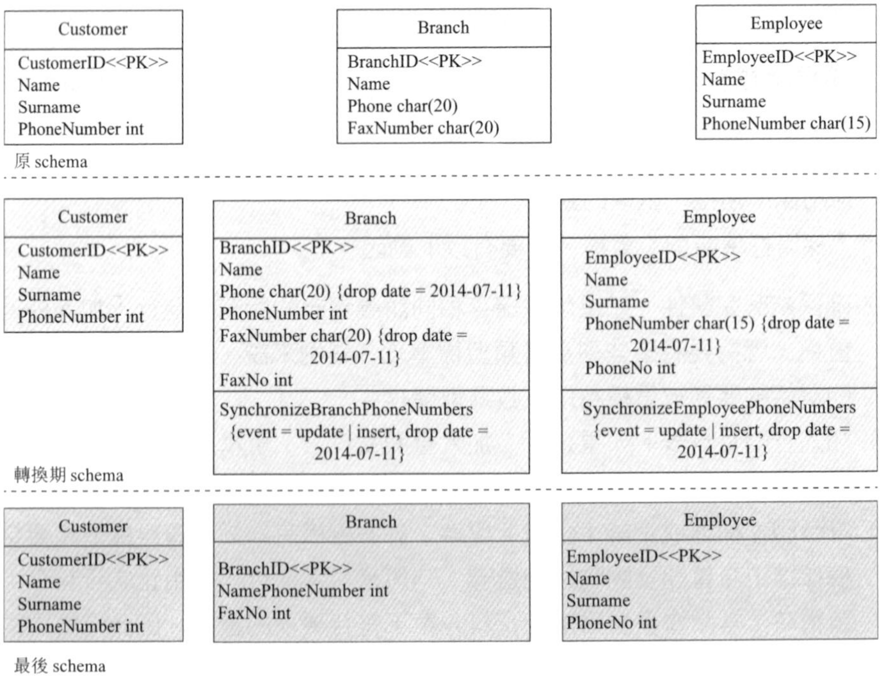

圖 11-22　在 3 個表中採用標準資料類型範例

下列程式描述了變更 Branch.Phone、Branch.FaxNumber 和 Employee.Phone 列所需的 3 次重構。當然，可以透過「引用新列」在表中加入一個新列進行重構。在實際實施中，為了給所有的應用留出一些時間遷移到新的列上，在轉換期間，需要維護新舊的列並同步它們的資料。

```
ALTER TABLE Branch ADD COLUMN PhoneNumber INT;
COMMENT ON Branch.PhoneNumber " 取代 Phone，廢棄日期 =2014-07-11";
ALTER TABLE Branch ADD COLUMN FaxNo INT;
COMMENT ON Branch.FaxNo " 取代 FaxNumber, 廢棄日期 =2014-07-11";
ALTER TABLE Employee ADD PhoneNo INT;
COMMENT ON Employee.PhoneNo " 取代 PhoneNumber, " +
   " 廢棄日期 = 2014-07-11";
```

下列的程式展示了如何同步 Branch.Phone、Branch.FaxNumber 和 Employee.
Phone 列與原有的列所發生的變更。

```
CREATE OR REPLACE TRIGGER SynchronizeBranchPhoneNumbers
   BEFORE INSERT OR UPDATE
   ON Branch
   REFERENCING OLD AS OLD NEW AS NEW
   FOR EACH ROW
   DECLARE
   BEGIN
      IF :NEW.PhoneNumber IS NULL THEN
         :NEW.PhoneNumber := :NEW.Phone;
      END IF;
      IF :NEW.Phone IS NULL THEN
         :NEW.Phone := :NEW.PhoneNumber;
      END IF;
      IF :NEW.FaxNumber IS NULL THEN
         :NEW.FaxNumber := :NEW.FaxNo;
      END IF;
      IF :NEW.FaxNo IS NULL THEN
         :NEW.FaxNo := :NEW.FaxNumber;
      END IF;
   END;
/

CREATE OR REPLAC TRIGGER SynchronizeEmployeePhoneNumbers
   BEFORE INSERT OR UPDATE
   ON Employee
   REFERENCING OLD AS OLD NEW AS NEW
   FOR EACH ROW
   DECLARE
   BEGIN
```

```
    IF :NEW.PhoneNumber IS NULL THEN
        :NEW.PhoneNumber := :NEW.Phone;
    END IF;
    IF :NEW.PhoneNo IS NULL THEN
        :NEW.PhoneNo := :NEW.PhoneNumber;
    END IF;
  END;
/
```

第 1 次更新現有資料程式如下：

```
UPDATE Branch SET PhoneNumber = formatPhone(Phone)，
    FaxNo = formatPhone(FaxNumber);
UPDATE Employee SET PhoneNo = formatPhone(PhoneNumber);
```

2014 年 7 月 11 日刪除舊的列程式如下：

```
ALTER TABLE Branch DROP COLUMN Phone;
ALTER TABLE Branch DROP COLUMN FaxNumber;
ALTER TABLE Employee DROP COLUMN PhoneNumber;
DROP TRIGGER SynchronizeBranchPhoneNumbers;
DROP TRIGGER SynchronizeEmployeePhoneNumbers;
```

3）資料移轉的方法

如果資料庫中的資料較少，要更新的行數比較少，那麼使用簡單的 SQL 指令稿來更新目標表就足夠了。如果資料庫中的資料較多，必須更新大量的資料，或需要轉換複雜的資料，那麼應該考慮進行「更新資料」重構。

4）存取程式更新的方法

在進行「採用標準類型」重構時，外部程式應該以下面的方式進行修改：

（1）改變應用變數的資料類型。需要修改程式碼，使它的資料類型與列的資料類型比對。

（2）資料庫互動程式。向這個列儲存、刪除和取得資料的程式必須修改，使用新的資料類型。舉例來說，如果 Customer.Zip 從字元型改為數字型，那就必須將應用程式中的 customerGateway.getString（"ZIP"）改為 customerGateway.getLong（"ZIP"）。

（3）業務邏輯程式。同理，需要更新應用程式，使用新的列。下列程式片段展示了當 PhoneNumber 的資料類型從 String 變為 Long 時，一個類別重構之前和之後的狀態，該類別透過指定的 BranchID 找到 Branch 表中的一行。

```
// 重構前的範例程式
stmt =DB.prepare("SELECT BranchID, Name, " +
    "PhoneNumber, FaxNumber " +
    "FROM Branch WHERE BtanchID = ? ");
stmt.setLong(1, findBranchID);
stmt.execute( );
ResultSet rs = stmt.executeQuery( );
if (rs.next( )) {
    rs.getLong("BranchID");
    rs.getString("Name");
    rs.getString("PhoneNumber");
    rs.getString("FaxNumber");
}
```

```
// 重構後的範例程式
stmt =DB.prepare("SELECT BranchID, Name, " +
    "PhoneNumber, FaxNumber " +
    "FROM Branch WHERE BtanchID = ? ");
stmt.setLong(1, findBranchID);
stmt.execute( );
ResultSet rs = stmt.executeQuery( );
if (rs.next( )) {
    rs.getLong("BranchID");
    rs.getString("Name");
    rs.getLong("PhoneNumber");
    rs.getString("FaxNumber");
}
```

4. 統一主鍵策略

為實體選擇鍵策略，並在資料庫中保持一致。

1）「統一主鍵策略」重構的動因

進行「統一主鍵策略」重構，主要有以下動因：

（1）改善效能。可能在每個鍵上都需要有一個索引，這樣資料庫在插入、更新和刪除時效能會更好。

（2）符合國家標準或業界標準。許多機構有詳細的資料標準和資料建模標準，希望開發團隊能遵守。一般來說當進行「使用正式資料來源」重構時，常常會發現目前的資料方案不符合機構的標準，因此需要重構，以反映正式資料來源的值。

（3）改處理程序式一致性。如果單一實體有不同的鍵，存取表的程式實現就會有不同的方式。這增加了使用這些程式的人的維護負擔，因為他們必須了解每一種用法。

統一鍵策略重構通常比較複雜，甚至非常困難。例如圖 11-23 所示的情況，不僅需要 Policy 表的 schema，而且還需要其他表的 schema，當然，這種情況是指當這些表包含了指向 Policy 外鍵並且沒有使用所選擇的鍵策略的情況。為了做到這一點，就需要進行「取代列」重構。因此，需要進行「引用替代替」或「引用索引」重構。

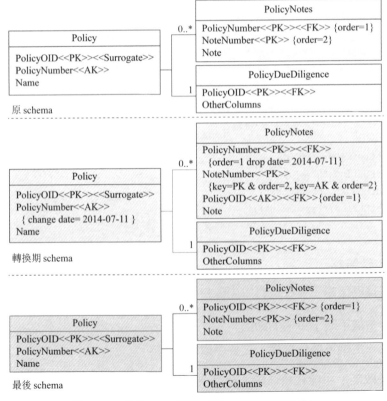

圖 11-23 對 Policy 表進行統一鍵策略重構範例

2）模式更新的方法

（1）確定合適的鍵。需要在實體的「官方」鍵列上達成一致意見。理想情況下，這也反映了企業或公司的資料標準。

（2）更新來源表的 schema。最簡單的方法就是使用目前的主鍵並停止使用其他的鍵。如果採用這種方式，只要刪除支援這些鍵的索引即可。如果選擇使用其他鍵而放棄目前的主鍵，這種方法也能生效。但是，如果原有的鍵都不可取，那麼就可能需要進行「引入替代鍵」重構。

（3）將不需要的鍵標記為已過時。非主鍵的其他鍵（在本例中是 PolicyNumber），都應該進行標記，說明它們在轉換期結束後將不再被用作鍵。請注意，可能需要保留這些列上的唯一性約束，儘管不再打算將它們作為鍵。

（4）加入新索引。如果鍵上還沒有索引，需要透過「引用索引」為 Policy 表引用以鍵列為基礎的索引。

圖 11-23 所示的實例為對 Policy 表進行統一鍵策略重構，只使用 PolicyOID 作為鍵。為了實現這一點，在 Policy.PolicyNumber 列上說明了它在 2014 年 07 月 11 日將不再作為鍵，引用的新列 PolicyNotes.PolicyOID 將作為新的鍵列取代 PolicyNotes. PolicyNumber。下面的程式加入了 PolicyNotes.PolicyNumber 列。

```
ALTER TABLE PolicyNotes ADD PolicyOID CHAR(12);
```

下列程式在轉換期結束時執行，用於刪除 PolicyNotes.PolicyNumber 和基於 Policy. PolicyNumber 列上的索引。

```
COMMENT ON Policy "統一鍵，只使用 PolicyOID 作為鍵，" +
    "生效日期 =2014-07-11";
DROP INDEX PolicyIndex2;

COMMENT ON PolicyNotes "統一鍵，只使用 PolicyOID 作為 " +
    "鍵，所以刪除 PolicyNumber 列，生效日期 =2014-07-11";
ALTER TABLE PolicyNotes ADD
    CONSTRAINT PolicyNotesPolicyOID_PK
    PRIMARY KEY (PolicyOID, NoteNumber);

ALTER TABLE PolicyNotes DROP COLUMN PolicyNumber;
```

3）資料移轉的方法

一些表透過外鍵保持與 Policy 表的關係，這些表現在必須實現反映所選鍵策略的外鍵。舉例來說，PolicyNotes 表原來實現了基於 Policy.PolicyNumber 的外鍵，但現在必須實現以 Policy.PolicyOID 為基礎的外鍵。顯然，這可能需要透過「取代列」來做到這一點，並且這種重構要求從來源列（Policy. PolicyOID 中的值）複製資料到 PolicyNotes. PolicyOID 列。下面的程式設定了 PolicyNotes.PolicyNumber 列的值。

```
UPDATE PolicyNotes SET PolicyNotes.PolicyOID=Policy.PolicyOID
  WHERE PolicyNotes.PolicyNumber = Policy.PolicyNumber
```

4）存取程式更新的方法

實施這種重構，主要的目的是確保原有的 SQL 敘述在 WHERE 子句中使用正式的主鍵列，確保連接的效能至少像以前一樣好。舉例來說，以前的程式透過組合 PolicyOID 和 PolicyNumber 列來連接 Policy、PolicyNotes 和 PolicyDueDiligence，而重構之後的程式只使用 PolicyOID 列對它們進行連接。其範例程式如下：

```
// 重構前的程式
stmt.prepare("SELECT Policy.Note FROM Policy, PolicyNotes " +
            "WHERE Policy.PolicyNumber = " +
            "PolicyNotes.PolicyNumber " +
            "AND Policy.PolicyOID = ?");
stmt.setLong(1, policyOIDToFind);
stmt.execute( );
ResultSet rs = stmt.executeQuery( );

// 重構後的程式
stmt.prepare("SELECT Policy.Note FROM Policy, PolicyNotes " +
            "WHERE Policy.PolicyOID = PolicyNotes.PolicyOID " +
            "AND Policy.PolicyOID = ?");
stmt.setLong(1, policyOIDToFind);
stmt.execute( );
ResultSet rs = stmt.executeQuery( );
```

5. 刪除預設值

從一個已有的列中刪除資料庫提供的預設值。

1）「刪除預設值」重構的動因

如果應用沒有為某些列分配資料，而我們又希望資料庫在這些列中儲存一些資料時，常常會進行「引用預設值」重構。如果由於應用提供了所需的資料，不再需要資料庫來插入這些列的資料時，就可能不再需要資料庫來持久保持這些預設值，因為我們希望應用能提供這些列的值。在這種情況下就需要進行「刪除預設值」重構。

2）模式更新的方法

實施「刪除預設值」重構，必須使用 ALTER TABLE 指令的 MODIFY 子句，從資料庫表的這一列上刪除預設值。下面的程式展示了圖 11-24 中 Customer. Status 列上的預設值的步驟。從資料的角度來說，用 NULL 作為預設值和沒有預設值是一樣的。

```
ALTER TABLE Customer MODIFY Status DEFAULT NULL;
```

圖 11-24　刪除 Customer.Status 列上的預設值的步驟

3）資料移轉的方法

「刪除預設值」重構，不需要進行資料移轉。

4）存取程式更新的方法

如果某些存取程式依賴於表所使用的預設值，那麼對於表的這種變化，要麼需要加入資料有效性檢查程式，要麼考慮取消這次重構。下列程式展示了現在應用程式如何提供列的值，而非依賴於資料庫來提供預設值。

```
// 重構前的程式
public void createRetailCustomer(long customerID, String Name) {
    stmt = DB.prepare("INSERT INTO customer ( " +
        "CustomerID, Name) VALUES(?, ?)");
    stmt.setLong(1, customerID);
    stmt.setString(2, Name);
```

```
      stmt.execute( );
}

// 重構後的程式
public void createRetailCustomer(
        long customerID, String Name) {
    stmt = DB.prepare("INSERT INTO customer ( " +
        "CustomerID, Name, Status) VALUES(?, ?, ?)");
    stmt.setLong(1, customerID);
    stmt.setString(2, Name);
    stmt.setString(3, RETAIL);
    stmt.execute( );
}
```

6. 引用預設值

讓資料庫為一個已有的列提供預設值。

1)「引用預設值」重構的動因

當在表中加入一行時，常常希望某些列的值由一個預設值填充，如圖 11-25 所示。但是，插入敘述並不總是會填充該列，這通常是因為該列是在插入敘述寫好之後才加入的，或只是因為發出插入敘述的應用不需要該列。一般來說，如果我們想讓該列不可空，會發現對該列引用預設值是有用的。

圖 11-25　在 Customer.Status 列上引用預設值範例圖

2）模式更新的方法

引用預設值是單步驟的重構。相對來說很簡單，只需要使用 SQL 指令 ALTER TABLE 為列定義預設值。可以說明這次重構的實際發生日期，告訴人們這個預設值是何時引用到 schema 中的。下面的程式展示了如何在 Customer.Status 列上引用一個預設值。

```
ALTER TABLE Customer MODIFY Status DEFAULT 'NEW';
COMMENT ON Customer.Status ' 在插入資料時，如果沒有指明該列的資料，將使用新的預設
值。生效日期 = 2014-07-11 ';
```

3）資料移轉的方法

原有的行可能在該列上有空值，雖然為列加上了預設值，但這些行不會自動更新。而且，某些行中可能還有無效的值。因此，需要檢查該列中包含的資料，找出那些需要確定是否進行更新的值的列表。如果需要，可以撰寫一個指令稿，檢查整個表，為這些行引用預設值。

4）存取程式更新的方法

引用預設值，在表面上看似乎不會影響到任何存取程式，但這可能是某種假像。如果遇到的下列問題，必須採取對應的對策。

（1）新的值使不變式被破壞。舉例來說，一個類別可能假設顏色列的值是紅、綠或藍三原色，但現在定義的預設值是紅。

（2）原來存在採用預設值的程式。可能存在多餘的原始程式碼，在程式中檢查空的值並引用預設值。這些程式可以刪除。

（3）原有的原始程式碼假設使用不同的預設值。舉例來說，原有的程式可能會尋找作為預設值的空值，這是程式以前設定的，如果它發現值為空，就會讓使用者有機會選擇顏色。現在預設值是紅色，這些程式就永遠不會呼叫到了，使用者不能設定。

在為列引用預設值之前，必需全面地分析存取程式，然後對它們進行對應的更新。

7. 實施資料品質重構的常見問題

因為資料品質重構改變了資料庫中儲存的資料，它們有一些共同的問題需要解決，實際步驟如下：

（1）修復被破壞的約束。可能在受影響的資料上定義了一些約束。如果是這樣，就可以先透過「刪除列約束」重構刪除約束，再透過「引用列約束」加上約束，反映改進後的資料值。

（2）修復被破壞的視圖。視圖常常在它們的 WHERE 子句中參考強制寫入的資料值，一般是選擇出資料的子集。因此當資料值發生改變時，這些視圖可能被破壞。因此，需要透過執行測試套件，檢查視圖定義（這些視圖參考了資料發生改變的列）來發現被破壞的視圖。

（3）修復被破壞的預存程序。預存程序中定義的變數、傳遞給預存程序的參數、預存程序計算出的傳回值，以及預存程序用使用的 SQL 都有可能與被改進的資料耦合在一起。希望原有的測試能揭示出資料品質重構所引發的業務邏輯問題，不然只要這些預存程序存取了儲存變化後資料的列，就需要檢查所有預存程序的原始程式碼。

（4）更新資料。需要在更新資料過程中鎖定來源資料行，這會影響應用的效能和應用對資料的存取。這個問題，可以採用兩種策略加以解決：①可以鎖住所有的資料，然後對資料進行更新。②可以鎖住資料的子集，甚至一次只鎖住一行資料，然後對這個子集進行更新。第一種方法確保了一致性，但是由於更新數百萬個資料需要一些時間，這可能會降低資料庫的效能，使應用在這一段時間中不能更新資料。第二種方法確保應用在更新過程中能夠存取來源資料，但可能影響行之間資料的一致性，因為有些行會擁有舊的、「低品質」的資料值，而另一些行已進行了更新。

可程式化資料中心

隨著網際網路與雲端運算的發展，越來越多的應用被從本機遷移到雲端，這些應用最後被執行在共用的資料中心。受到資料中心應用複雜並且需求多變特徵的影響，傳統系統結構中的部分硬體元件（如共用末級快取、記憶體控制器、I/O 控制器等）固定功能的設計不能很好地滿足這些混合多應用的場景需求。為解決這一問題，電腦系統結構需要提供一種可程式化硬體機制，使得硬體功能能夠根據應用需求的變化進行調整，即資料中心管理員可以透過程式設計的方式來控制資料中心的運轉。

本章設計了一種可程式化資料中心模型，該模型的建立充分考慮了能源消耗等問題，特別注意以大數據有效放置為基礎的大數據智慧放置方法等。

12.1 概述

目前資料中心正面臨著資源使用率與服務品質相衝突的挑戰。使用虛擬化、容器等負載融合的方法將多個應用執行在同一伺服器中，可以有效地加強伺服器的資源使用率；但是在這一過程中，無管理的軟硬體資源分享帶來了不可預測的效能波動。為了確保延遲敏感型應用的服務品質，在共用的資料中心環境下，管理員或開發者通常會為這些應用獨佔或過量分配資源，造成了非常低的資料中心資源使用率，一般只有 6% ～ 12%。針對這種由於共用軟硬資源競爭所帶來的干擾問題，一些現有工作在軟體層次，透過分析應用的競爭點，使用排程、隔離等方案嘗試解決該問題。但由於資料中心中巨量應用的特點，對巨量的應用組合進行競爭點的判別與消除是不切實際的；同時由於資料中心應用不斷變化的動態性特點，資源競爭點也隨時在發生變化，因此這些軟體技術很難在通用資料中心發揮作用。另一些研究提出在硬體層次上實現資源隔離與劃分（如末級緩存容量劃分、記憶體通道劃分等），但由於缺少統一的介面，這些工作通常只關注單一的資源，而沒有考慮到資源之間的相連結；同時由於目前系統結構在共用硬體層次的應用語義資訊缺失，使得其在硬體層次無法區分不同的應用需求，造成在硬體層次很難實現硬體資源的細粒度管理。

建置高效的資料中心需要一種軟硬體協調的機制，而傳統電腦系統結構所提供的指令集架構（ISA）抽象不能滿足這一需求，正如白皮書 21st *Century Computer Architecture* 中所指出的：我們需要一種高層介面將程式設計師或編譯器資訊封裝並傳遞給下層硬體，以獲得更好的效能或實現更多應用相關的功能。在學術界中，已有一些研究透過在硬體上增加可程式化機制，實現根據應用需求對硬體策略進行調整的功能，如系統結構領域已經提出在記憶體控制器、Cache 與一致性協定上使用可程式化邏輯來提供更靈活的功能，但這些只考慮了如何為單一應用提供更多的可程式化支援，無法很好地在資料中心這種多應用場景下使用。

軟體定義資料中心是近年來提出的新概念，類似於軟體定義網路，是指透過軟體來定義資料中心的運轉狀況等。舉例來說，透過軟體定義資料中心的節能措施、維修檢修措施，等等。軟體定義資料中心最直接的應用就是透過軟體控制資料中心的雲狀態，例如，在資料交換冷時期（晚上 9 點到第 2 天早晨 7 點），讓伺服器自動執行在節能狀態，進一步實現節省耗電的目標。

可程式化資料中心屬於軟體定義資料中心一種。它是軟體定義資料中心的最進階階段，即資料中心管理員可以透過程式設計的方式來控制資料中心的運轉。它包含資料備份策略、資料節能策略等。可程式化資料中心將是雲端運算發展的終態，同時也是雲端運算發展的必然需要。可程式化資料中心將大幅提升資料中心彈性資源的分配能力，大幅節省耗電，同時為大數據的後期計算和分析的智慧化提供基礎。

12.2 可程式化資料中心系統架構

圖 12-1 展示了可程式化資料中心的系統架構。雲端資料中心的管理人員可以撰寫資料中心資源管理程式,該程式主要包含資料分配管理、異質資料節點分配管理及規則管理。通過這 3 個模組可以實現資料中心的各種軟硬體資源的管理和分配,同時對它們實行監控。

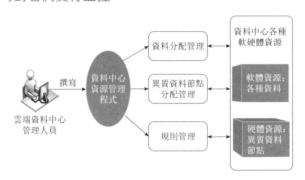

圖 12-1 可程式化資料中心的系統架構示意圖

案例

若某個資料中心有 100 台普通電腦,其中 60 台是新購的電腦,每台電腦的儲存容量是 2TB。另外 40 台是保護已有投資重用的舊電腦,每台電腦的儲存容量是 500GB。現有 30TB 的資料資源需要放入該資料中心,其中 22TB 資料資源存取頻繁,3TB 的資料資源較少存取,另外有 5TB 的資料資源從來不會被存取,僅作為資料資源備份使用。

若為可程式化資料中心,則會充分利用這 100 台電腦,讓資源能夠有效儲存在合適的電腦上。

首先,運算資源總容量為 60 台新電腦共有 120TB 的儲存容量。40 台重用舊電腦有 20TB 的儲存容量。假設每台電腦的儲存上限為 90%,則 60 台新電腦最多的儲存容量為 108TB,40 台重用舊電腦最多可用儲存容量為 18TB。

其次,計算現有資料資源需要的資料儲存容量。22TB 頻繁存取的資料資源按照儲存因數為 3(HDFS 與 GFS 等預設的儲存因數均為 3)的策略實施,所需儲存的實際容量為 66TB。按照 90% 的儲存上限,至少需要

66TB/90%=73.34TB 儲存容量。3TB 較少存取的資料資源也按照儲存因數為 3 的策略實施，所需儲存的實際容量為 9TB。同樣按照 90% 的儲存上限，至少需要 9TB/90%=10TB 儲存容量。5TB 從來不會被存取的資料資源將按照儲存因數為 2 的策略實施，所需儲存的實際容量為 10TB。同樣按照 90% 的儲存上限，至少需要 10TB/90%=11.12TB 儲存容量。

可程式化資料中心，需要能夠撰寫程式來管理上述的硬體資源和軟體資源。實際策略如下：

（1）37 台新電腦用來儲存頻繁存取的資料資源，電腦處於正常運轉狀態；

（2）5 台新電腦用來儲存較少存取的資料資源，電腦處於節能執行狀態（節省能源）；

（3）23 台重用舊電腦用來儲存從不存取的資料資源，電腦關機（節省、能源）；

（4）18 台新電腦關機不儲存任何東西，待後面有新資料再利用（主要儲存存取資料）；

（5）17 台重用舊電腦關機不儲存任何東西，待後面有新資料再利用（主要儲存從不存取資料）。

12.3 資料分配管理

12.3.1 資料分配管理原理

目前，對資料放置策略的研究主要集中在對資料中心某一方面的分析研究，而非針對整個資料中心，也沒有形成一套完整的以資料中心為基礎的雲端環境下大數據的放置模型。對單方面的研究主要集中在以下 5 個方面：備份策略、以異質資料節點為基礎的資料放置策略、以資料存取熱點為基礎的資料放置策略、以 MapReduce 為基礎的 Join 連接查詢計算的資料放置策略及以節能為基礎的資料放置策略。有關備份數量的問題，現有方法的一般想法是對於那些存取次數十分頻繁的資料複製多個資料備份（大於 Hadoop 預設的 3 個），對於那些存取次數很少的資料只儲存 2 個備份。有關備份儲存位置的問題，現有研究一般都圍繞當一個備份故障時，如何較快地取得另一個備份的問題。

圖 12-2 展示了資料中心的雲端資料分配方法，基本實現原理為：根據資料集的歷史處理記錄或根據預先的定義獲得資料關係網。利用資料集關係網，可以獲得資料集無計算關係子網、資料集孤立計算子網及其資料集有連結計算子網3 個子網。透過資料集無計算關係子網獲得對應的無計算關聯資料集，對於無計算關聯資料集，需要先判斷，如果該資料集屬於靜態資料集（死資料，資料不會再改變），則對它們採用資料放置策略 1，按照資料放置策略 1 的方法將它們放置到資料放置叢集 1 中；如果該資料集屬於動態資料集（活資料，資料會不斷增加），則對它們採用資料放置策略 2，按照資料放置策略 2 的方法將它們放置到資料放置叢集 2 中。透過資料集孤立計算子網（該資料集只發生針對本身單一資料集的計算）獲得的孤立計算資料集，按照資料放置策略 3 的方法將它們放置到資料放置叢集 3 中。

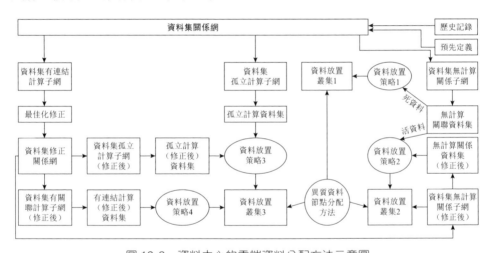

圖 12-2　資料中心的雲端資料分配方法示意圖

對於資料集有連結計算子網，需要進行對應的最佳化修正得到資料集修正關係網。根據資料集修正關係網，可以獲得資料集無計算關係子網（修正後）、資料集孤立計算子網（修正後）及資料集有連結計算子網（修正後）3 個子網。透過資料集無計算關係子網（修正後）獲得對應的無計算關聯資料集（修正後）。對於無計算關聯資料集（修正後），採用資料放置策略 2，按照資料放置策略 2 的方法將它們放置到資料放置叢集 2 中。透過資料集孤立計算子網（修正後）獲得的孤立計算（修正後）資料集，按照資料放置策略 3 的方法將它們放置到資料放置叢集 3 中。透過資料集有連結計算子網（修正後）獲得的有連結計算子網（修正後）資料集，按照資料放置策略 4 的方法將它們放置到資料放置叢集 3 中。其中異質資料節點分配方法將決定資料放置叢集 1、資料放置叢集 2 及其資料放置叢集 3 的實際分配實施。

12.3.2 資料分配管理案例

案例

資料中心雲端資料分配方法實施案例。

1. 第一步：形成資料集關係網

根據資料集的歷史處理記錄或根據預先的定義，獲得資料關係網。圖 12-3 為一個具有 n 個資料集的資料集關係網。

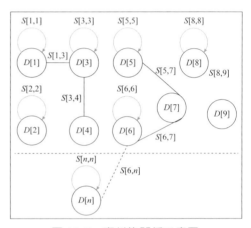

在圖 12-3 中，需要特別說明的是：

（1）在雲端運算中共使用了 n 個資料集合：$D[1]$，$D[2]$，$D[3]$，$D[4]$，$D[5]$，$D[6]$，$D[7]$，$D[8]$，$D[9]$，…，$D[n]$。

圖 12-3　資料集關係示意圖

（2）$S[i,j]$ 表示資料集 $D[i]$ 與 $D[j]$ 之間的計算連結度，主要分為以下 4 種情況：

① 如果 $i = j$，並且 $S[i,j] = 0$。$i = j$ 表明為同一個資料集。如果 $S[i,j] = 0$，表明針對該資料集本身沒有任何計算操作（如查詢等）。

② 如果 $i = j$，並且 $S[i,j] > 0$。$i = j$ 表明為同一個資料集。如果 $S[i,j] > 0$，表明針對該資料集本身有計算操作（如針對該單一資料集的查詢等）。

③ 如果 $i \neq j$，並且 $S[i,j] = 0$。$i \neq j$ 表明有關兩個不同的資料集。如果 $S[i,j] = 0$，表明這兩個不同的資料集之間沒有任何計算操作（如 Join、Union 及笛卡兒乘積等）。

④ 如果 $i \neq j$，並且 $S[i,j] > 0$。$i \neq j$ 表明有關兩個不同的資料集。如果 $S[i,j] > 0$，表明這兩個不同的資料集之間有計算操作（如 Join、Union 及笛卡兒乘積等）。

（3）根據（2）及歷史計算關係或預先定義，獲得對應的含數值的資料集歷史計算關係圖，如圖 12-4 所示。其中：

S [1, 1]=200；S [1, 3]=200；S [2, 2]=5；S [3, 3]=50；S [3, 4]=4；S [5, 5]=100；

S [6, 6]=200；S [5, 7]=78；S [6, 7]=88；S [8, 8]=60；S [9, 9]=0；S [6, n]=1；S [n, n]=120；

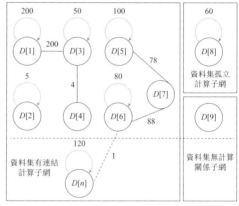

① 從圖 12-4 可以獲得圖 12-2 中所提及的 3 個子網：資料集有連結計算子網、資料集孤立計算子網和資料集無計算關係子網。

② 從圖 12-4 可以獲得圖 12-2 中所提及的兩個子網分別對應的資料集：孤立計算資料 {D[8]} 及其無計算關聯資料集 {D[9]}。

圖 12-4　含數值的資料集關係網

2. 第二步：形成資料集修正關係網

Hadoop 本身的資料放置策略的最大優勢是透過分區函數讓所有的資料區塊能夠實現自由流動，進一步達到一種較好的負載平衡。第二步對來自第一步的資料集有連結計算子網進行對應的修正，讓一部分資料集的資料放置遵循 Hadoop 本身的資料放置策略，從而實現較好的負載平衡。其中最關鍵的是需要設定對應的修正因數（該修正因數可以由雲端資料中心管理人員自行程式設計設定），然後對資料集有連結計算子網進行對應的修正得到一個資料集修正關係網。實際子步驟如下：

（1）取得來自第一步的資料集有連結計算子網，如圖 12-5 所示。

（2）最佳化修正。進行最佳化修正的重要因素是需要設定一個最佳化修正因數。優化修正因數的設定可以由資料中心管理人員設定（程式設計實現）。假設資料中心管理人員設定的修正因數為 6，則計算關係小於或等於 6 的計算因數全部去掉，而保留那些計算關係大於 6 的計算因數。經過修正因數的修正之後，提到的資料集修正關係網如圖 12-6 所示。

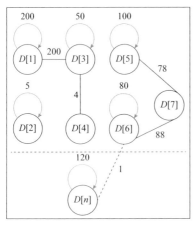

圖 12-5　資料集有連結子網

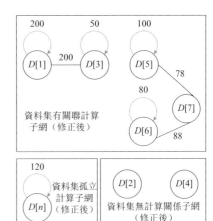

圖 12-6　資料集修正關係網

（3）從圖 12-6 中可以獲得圖 12-2 中所提及的 3 個子網：資料集有連結計算子網（修正後）、資料集孤立計算子網（修正後）和資料集無計算關係子網（修正後）。

（4）從圖 12-6 中可以獲得圖 12-2 中所提及的 3 個子網分別對應的資料集：有連結計算（修正後）資料集 $\{D[1]，D[3]，D[5]，D[6]，D[7]\}$，孤立計算（修正後）資料集 $\{D[n]\}$ 和無計算關聯資料集（修正後）$\{D[2]，D[4]\}$。

3. 實施資料放置

根據第一步和第二步的結果，實施實際的資料集的放置，主要包含以下 5 個步驟：

1）對於第一步獲得的無計算關聯資料集的資料放置

對於該部分資料集需要先進行以下判斷：

（1）如果無計算關聯資料集屬於靜態死資料（永遠不會再被使用的資料，僅作為檔案儲存），則將該部分資料按照資料放置策略 1 進行資料放置，將它們放入資料放置叢集 1 中。

（2）如果無計算關聯資料集屬於動態活資料（該部分資料會繼續增加，如來自雲資料庫表的資料，會不斷有新資料增加），則將該部分資料按照資料放置策略 2 進行資料放置，將它們放入資料放置叢集 2 中。

2）對於第一步獲得的孤立計算資料集的資料放置

將該部分資料按照資料放置策略 3 進行資料放置，將它們放入資料放置叢集 3 中（具體實現見下節）。

3）對於第二步獲得的無計算關聯資料集（修正後）的資料放置

將該部分資料按照資料放置策略 2 進行資料放置，將它們放入資料放置叢集 2 中（具體實現見下節）。

4）對於第二步獲得的孤立計算（修正後）資料集的資料放置

將該部分資料按照資料放置策略 3 進行資料放置，將它們放入資料放置叢集 3 中（具體實現見下節）。

5）對於第二步獲得的有連結計算（修正後）資料集的資料放置

將該部分資料按照資料放置策略 4 進行資料放置，將它們放入資料放置叢集 3 中（具體實現見下節）。

12.4 異質資料節點分配管理

資料中心中的資料節點主要來源有兩種：利舊的資料節點和新購置的資料節點。利舊的資料節點是指將各種已有的資料節點硬體資源搜集到一起放到資料中心，成為叢集中的一部分。新購置的資料節點是指為擴充而新購買且設定到資料中心的一些資料節點。不管來自利舊的資料節點還是新購置的資料節點，這些資料節點大都是異質的資料節點，也就是說每個資料節點的服務能力（如額定運算能力、實際運算能力、儲存能力、使用年限等）都是不一樣的。舉例來說，記憶體不同、CPU 不同，則單核心 / 多核心的資料節點的服務能力就不同：記憶體大、CPU 多、多核心的資料節點的服務能力要強於那些記憶體小、CPU 少、單核心的資料節點的服務能力。同樣，和行設定的資料節點使用年限不一樣，其能力也不一樣。服務年限長的資料節點明顯要弱於服務年限短的資料節點的服務能力，這不僅體現在計算效率上，還表現在能源消耗上。新購置的資料節點的運算能力和耗電明顯要比同等設定的使用了多年的資料節點運算能力強、耗電低。

12.4.1 異質資料節點分配管理方法

原始的 Hadoop 資料放置策略並沒有考慮資料節點服務能力的差異,所以在進行資料放置的時候也不會考慮異質資料節點的服務能力問題。但是在實際應用中,如果資料放置不恰當,會對資料計算的效率產生很大的影響。舉例來說,Node[1] 和 Node[2] 兩個節點的服務能力分別為 Service[N1] 和 Service[N2],假設 Service[N1]=5×Service[N2],那麼對於傳統的 Hadoop 機制,分配同樣的資料給這兩個節點進行計算,顯然節點 Node[1] 能很快完成計算,而節點 Node[2] 則需要較長的時間才能完成計算。按照 Hadoop 的調度機制,將資料節點 Node[2] 的資料傳輸到計算速度快的資料節點 Node[1] 中去執行計算。此時,就有關大量資料從資料節點 Node[2] 到資料節點 Node[1] 的遷移(可能是普通的非 MapReduce 的原始資料的遷移,也可能是 MapReduce 的中間資料 Shuffle 階段的遷移),進而會大幅影響叢集的執行效率。如果我們在進行資料放置的時候能夠考慮到資料的服務能力,將大幅加強叢集的整體服務能力。基於此理念,可程式化資料中心雲端資料放置方法的異質資料節點分配模組如圖 12-7 所示。

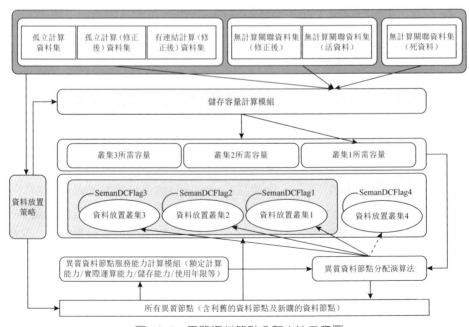

圖 12-7　異質資料節點分配方法示意圖

從圖 12-7 中可以看出，異質資料節點分配方法的基本原理為：對於所有的異質節點（含舊的資料節點及新購的資料節點）需要透過異質資料節點服務能力計算模組進行計算。資料節點服務能力的計算包含資料節點額定運算能力、資料節點實際運算能力、儲存能力、使用年限等。當獲得了所有異質資料節點服務能力之後，使用異質資料節點分配演算法將所有異質資料節點邏輯劃分為 4 個資料放置叢集：資料放置叢集 1、資料放置叢集 2、資料放置叢集 3 和資料放置叢集 4。其中，資料放置叢集 1 用於儲存無計算關聯資料集（靜態死資料）；資料放置叢集 2 用於儲存無計算關聯資料集（動態活資料）及無計算關聯資料集（修正後）；資料放置叢集 3 用於儲存孤立計算資料集、孤立計算（修正後）資料集及有連結計算（修正後）資料集；資料放置叢集 4 是那些備用異質資料節點所組成的資料放置邏輯叢集。

這裡的資料放置叢集都是邏輯上的資料放置叢集，也就是說資料放置叢集 1、資料放置叢集 2 和資料放置叢集 3 屬於同一個物理資料節點叢集。如圖 12-7 所示，凡是帶有語意標記 SemanDCFlag1（Semantic Data Node Flag 1 ）的所有異質資料節點，都屬於資料放置叢集 1；凡是帶有語意標記 SemanDCFlag2 的所有異質資料節點，都屬於資料放置叢集 2；凡是帶有語意標記 SemanDCFlag3 的所有異質資料節點，都屬於資料放置叢集 3；凡是帶有語意標記 SemanDCFlag4 的所有異質資料節點，都屬於資料放置叢集 4。但是，與其他 3 個資料放置叢集不同的是，資料放置叢集 4 是那些備用的異質資料節點所組成的一個邏輯叢集。這個叢集並沒有連接到實際的實體的資料中心，只有當資料中心的資料節點不夠時，才會從它們中間選擇合適的資料節點補充到其他 3 個邏輯資料放置叢集中去。

異質資料節點分配演算法是異質資料節點分配方法中最核心的部分，主要包含以下 9 個步驟。

（1）透過異質資料節點服務能力計算模組獲得每台資料機構節點的能力。

（2）透過儲存容量計算模組取得叢集 1 ～叢集 3 的所需容量。叢集 1 ～叢集 3 所需容量由以下公式決定：

■ 叢集 1 所需容量

叢集 1 所需容量 = 無計算關聯資料集（靜態死資料）實際大小 × 資料放置

策略 1 採用的備份因數 ×（1+ 資料放置叢集 1 的容量容錯設定值設定因數 f(1)）。其中，資料放置策略 1 的備份因數參見本章第 5 節相關內容；資料放置叢集 1 的容量容錯設定值設定因數 f(1) 的大小由資料中心管理員設定。

■ 叢集 2 所需容量

叢集 2 所需容量 =（無計算關聯資料集（動態活資料）實際大小 + 無計算關聯資料集（修正後））× 資料放置策略 2 採用的備份因數 ×（1+ 資料放置叢集 2 的容量容錯設定值設定因數 f(2)）。

其中，資料放置策略 2 的備份因數，參見資料放置策略一節；資料放置叢集 2 的容量容錯設定值設定因數 f(2) 的大小由資料中心管理員設定。

■ 叢集 3 所需容量

叢集 3 所需容量 =（孤立計算資料集實際大小 + 孤立計算（修正後）資料集實際大小）× 資料放置策略 3 採用的備份因數 ×（1+ 資料放置叢集 3 的容量容錯設定值設定因數 f(3)）+ 有連結計算（修正後）資料集實際大小 × 資料放置策略 4 採用的備份因數 ×（1+ 資料放置叢集 3 的容量容錯設定值設定因數 f(3)）。

其中，資料放置策略 3 的備份因數及其資料放置策略 4 的備份因數，參見資料放置策略一節；資料放置叢集 3 的容量容錯設定值設定因數 f(3) 的大小由資料中心管理員設定。

（3）取得不同類類型資料的資料放置策略，包含資料放置策略 1、資料放置策略 2、資料放置策略 3 和資料放置策略 4。

（4）將步驟（1）～（3）的計算結果作為異質資料節點分配演算法的輸入，透過異構資料節點分配演算法的基本原則實施對所有異質節點進行分配。對凡是即將分配到資料放置叢集 1 的所有異質資料節點打上語意標記記號 SemanDCFlag1；對凡是即將分配到資料放置叢集 2 的所有異質資料節點打上語意標記記號 SemanDCFlag2；對凡是即將分配到資料放置叢集 3 的所有異質資料節點打上語意標記記號 SemanDCFlag3；對凡是即將分配到資料放置叢集 4 的所有異質資料節點打上語意標記記號 SemanDCFlag4。實際實現想法包含以下 4 個步驟：

① 對於資料放置叢集 1 的分配策略。在滿足儲存容量需求的前提下，將所有異質節點中服務能力最差的資料節點分配給資料放置叢集 1。這樣做的理由很簡單，因為資料放置叢集 1 僅用來儲存靜態死資料，不需要進行任何計算。

② 對於資料放置叢集 2 的分配策略。在滿足儲存容量需求的前提下，將所有異質節點中除去分配給資料放置叢集 1 後，從剩下的所有異質節點中將服務能力最差的資料節點分配給資料放置叢集 2。這樣做的理由是，資料放置叢集 2 中儲存的資料集需要很少的計算。

③ 對於資料放置叢集 3 的分配策略。在滿足儲存容量需求的前提下，將所有異質節點中服務最好的資料節點分配給資料放置叢集 3。這樣做的理由是，資料放置叢集 3 需要大量的計算，對異質節點的服務能力要求最高。

④ 對於資料放置叢集 4 的分配策略。資料放置叢集 1、資料放置叢集 2 及其資料放置叢集 3 分配完成後，剩下的所有資料節點均為資料集群 4 中的資料節點。

（5）將所有帶有 SemanDCFlag1 標記的異質資料節點，在邏輯上劃分成資料放置叢集 1。

（6）將所有帶有 SemanDCFlag2 標記的異質資料節點，在邏輯上劃分成資料放置叢集 2。

（7）將所有帶有 SemanDCFlag3 標記的異質資料節點，在邏輯上劃分成資料放置叢集 3。

（8）將所有帶有 SemanDCFlag4 標記的異質資料節點，在邏輯上劃分成資料放置叢集 4。

（9）將所有的無計算關聯資料集（靜態死資料），按照資料放置策略 1 的方法儲存到資料放置叢集 1 中；將所有的無計算關聯資料集（動態活資料）及無計算關聯資料集（修正後），按照資料放置策略 2 的方法儲存到資料放置叢集 2 中；將所有的孤立計算資料集及其孤立計算（修正後）資料集，按照資料放置策略 3 的方法儲存到資料放置叢集 3 中；將所有的有連結計算（修正後）資料集，按照資料放置策略 4 的方法儲存到資料放置叢集 3 中。

12.4.2 異質資料節點服務能力計算方法

透過對異質節點的 CPU、記憶體、外部儲存、I/O、使用年限等進行分析，建立一個異質節點的能力計算模型。透過該模型，可計算出資料中心異質節點的服務能力。

西部某資料中心透過以下計算公式來實現異質節點服務能力的計算：

```
SERVICECAPABILITY[1]
    =CPU.CAPABILITY[1]×WEIGHTS[CPU]+MEMORY.CAPABILITY[1]
    ×WEIGHTS[MEMORY]+STORAGE.CAPABILITY[1]
    ×WEIGHTS[STORAGE]+I/O.CAPABILITY[1]×WEIGHTS[I/O]
    +USINGYEAR.CAPABILITY[1]×WEIGHTS[USINGYEAR]+OTHERS
式中：SERVICECAPABILITY[1]──節點的整個服務能力；
    CPU.CAPABILITY[1]──CPU 的服務能力；
    WEIGHTS[CPU]──CPU 部分所佔的權重；
    MEMORY.CAPABILITY[1]──記憶體的服務能力；
    WEIGHTS[MEMORY]──記憶體部分所佔的權重；
    STORAGE.CAPABILITY[1]──外部儲存的服務能力；
    WEIGHTS[STORAGE]──外部儲存部分所佔的權重；
    I/O.CAPABILITY[1]──I/O 的服務能力；
    WEIGHTS[I/O]──I/O 部分所佔的權重；
    USINGYEAR.CAPABILITY[1]──使用年限；
    WEIGHTS[USINGYEAR]──使用年限部分所佔的權重；
    OTHERS──其他因素的服務能力。
```

12.5 資料放置策略

談到資料放置策略，不能不談 Google 的資料放置策略。這裡先介紹一下 Google 的資料放置策略，再介紹語意資料放置策略。

12.5.1 Google 的資料放置策略

Google 研發 GFS（Google File System）的最初目標是因為 Google 的各種應用，如搜索引擎等需要處理越來越多的資料，舉例來說，BigTable 中儲存的索引表就可能達到 PB 等級。為了高效處理這些大數據，Google 使用上百萬台伺服器同時對所需處理的大數據進行平行計算。而平行計算實現的重要前提就是需要讓資料分散在不同地方，同時對外提供服務。因此，Google 的資料放置策略遵循以下原則：

- 資料儘量均衡分散在不同的儲存節點中，主要目標是儘量讓每台伺服器能夠儲存儘量相等的資料量，並進行計算，提高效率，同時避免出現部分儲存節點和計算節點負載過大，而另外一些卻負載很小的情況。
- 資料備份數目為 3 個。為了資料安全起見，預設的備份數量為 3 個。一旦其中一個備份出現問題，可以立即呼叫其他備份。
- 儘量將 2 個備份儲存在一個機架上，而將另外一個備份儲存在另外一個機架上。大數據計算中面臨的極大問題就是資料移轉需要佔用極大的頻寬，它將是限制大數據計算的極大瓶頸。因此，為了便於資料移轉和保證安全。Google 的備份放置策略是儘量讓兩個備份放在同一個機架上，以減小資料移轉。將另外一個備份放入另外一個機架，主要是為了安全起見，一旦儲存兩個備份的機架出現故障，另外一個機架的備份可以繼續使用，加強可用性。

12.5.2 Hadoop 的資料放置策略

Hadoop 的 HDFS（Hadoop Distribute File System）是 GFS 的開放原始碼產品，它的資料放置策略和 GFS 一樣，遵循同樣的原則。

12.5.3 其他常用的資料放置策略

GFS 和 HDFS 採用了同樣的備份放置策略。另外，還有人提出了一些不同的資料放置策略，基本上可以簡單地概括為根據不同的應用採用不同的備份放置策略。

（1）波形資料中心。有些公司資料規模不是很大，只有一個機架，因此，它們直接採用將 3 個備份放在同一個機架的方式來實現。

（2）根據資料重要性進行備份放置。

對於極其不重要的資料儲存 2 個備份，按照自由的方式進行放置。對於一般的資料儲存 3 個備份，按照 HDFS 的方式進行放置。對於非常重要的資料儲存 4 個備份，在按照 HDFS 的方式進行放置的基礎上，再在第 3 個機架上儲存一個備份，確保資料的可用性。

（3）根據資料的冷熱度進行備份放置。對於存取頻率較低的資料，按照 HDFS 方式進行放置。

對於存取頻率極其頻繁的資料，在按照 HDFS 的方式進行放置的基礎上，增加 1 或 2 個備份，進一步實現更多的備份存取支援，加強平行度，從而實現加強存取效率的目標。

12.5.4 語意資料放置策略

1. 放置策略

可程式化資料中心採用了 4 種不同的資料放置策略：資料放置策略 1、資料放置策略 2、資料放置策略 3 和資料放置策略 4。

- 資料放置策略 1。使用 Hadoop 預設的資料放置方案（即備份數為 2），一旦資料分配完成，立即關機，達到節省能源的目的。資料策略 1，主要是針對那些死資料的資料放置，這種資料直接使用兩個備份，可以確保安全，同時資料儲存完成後，直接關機，節省能源。
- 資料放置策略 2。使用 Hadoop 預設的資料放置方案（備份數為 3），讓其處於節能執行狀態。
- 資料放置策略 3。使用 Hadoop 預設的資料放置方案（備份數為 3）。
- 資料放置策略 4。以 Hadoop 為基礎的一種改進的資料放置方案。

其主要實現步驟描述如下：

（1）將所有有資料連結的資料集形成一個資料連結子集。

（2）對該資料連結子集進行資料劃分。將每個資料集按照 Hadoop 的劃分方式，劃分成每塊 64MB 的資料區塊。

（3）將具有連結計算關係的所有資料區塊打上不同的語意標記記號，如 SemanDFlag[1]、SemanDFlag[2] 及 SemanDFlag[3] 等。

（4）將沒有連結計算的所有資料區塊打上統一的語意標記記號 SemanDFlag0。

（5）將具有相同語意標記記號（語意標記記號為 SemanDFlag0 的除外）的所有資料區塊，按照資料放置策略 4 的機制放到資料放置叢集 3 中的同一個資料節點。其放置原則可以描述如下：

① 將具有相同語意標記記號的資料區塊形成一個語意表（語意標記記號為 SemanDFlag0 的除外），如表 12-1 所示。

表 12-1　資料語意標記表

語意標記記號	資料區塊	資料區塊數量
SemanDFlag[1]	$D[i].j$，…	Num[1]
SemanDFlag[2]	$D[k].j$，…	Num[1]
…	…	…
SemanDFlag[m]	$D[p].k$，…	Num[m]

② 從表 12-1 中找出資料區塊數量最大的語意標記記號。
③ 從資料放置叢集 3 中找出服務能力最好的資料節點。
④ 將②找到的語意標記記號所對應的全部資料區塊放到步驟③所找到的服務能力最好的資料節點中。
⑤ 刪除③找到的語意標記記號在表 12-1 中所對應的行，獲得新的表。
⑥ 重複②～⑤，指導所有的語意標記記號對應的資料區塊全部分配到資料放置叢集 3 中。

（6）將所有語意標記記號為 SemanDFlag0 的所有資料區片按照資料放置策略 3 的機制放置到資料放置叢集 3 中（這些語意標記記號為 SemanDFlag0 的資料區塊，其實不和任何其他資料區塊發生計算關係（如 Join、Union 及笛卡兒乘積等），這樣我們可以按照 Hadoop 提供的資料放置機制進行放置）。

2. 實施案例

下面的案例展示了一個實際的以資料放置策略 4 為基礎的方法，是西部某資料中心的一個實際案例。

案例

（1）將所有有資料連結的資料集形成一個資料連結子集。如圖 12-8 展示了兩個資料連結子集：資料連結子集 [1] 和資料連結子集 [2]。

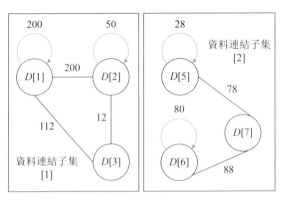

圖 12-8　資料連結子集示意圖

（2）對該資料連結子集進行資料劃分。將每個資料集按照 Hadoop 的劃分方式，劃分成每塊 64MB 的資料區塊。

（3）將具有連結計算關係的所有資料區塊打上不同的語意標記記號，如 SemanDFlag1 及 SemanDFlag2。

（4）將那些沒有連結計算關係的所有資料區塊打上統一的語意標記記號 SemanDFlag0。經過上述步驟（2）～（4）之後，獲得如圖 12-9 所示的帶語意標記的資料區塊示意圖。

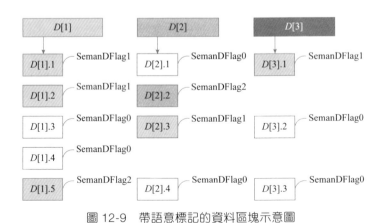

圖 12-9　帶語意標記的資料區塊示意圖

（5）將那些具有相同語意標記記號（語意標記記號為 SemanDFlag0 的除外）
的所有資料區塊，按照資料放置策略 4 的機制放到資料放置叢集 3 中的同一個
資料節點。其放置原則可以描述如下：

① 將具有相同語意標記記號的資料區塊形成一個語意表（語意標記記號
  SemanDFlag0 的除外），如表 12-2 所示。

表 12-2　資料語意標記表

語意標記記號	資料區塊	資料區塊數量
SemanDFlag1	$D[1].1$，$D[1].2$，$D[2].3$，$D[3].1$	4
SemanDFlag2	$D[1].5$，$D[2].2$	2

② 從表 12-2 中找出資料區塊數量最大的語意標記記號。表 12-2 中資料區塊
  數量最大的語意標記記號為 SemanDFlag1，它的資料區塊數量為 4，而語
  意標記記號 SemanDFlag2 的資料區塊數量為 2。

③ 從資料放置叢集 3 中找出服務能力最好的資料節點。圖 12-10 所示的資
  料放置集群 3 中有 5 個資料節點，分別標有對應的服務能力。其中 Data
  Node[2] 的服務能力最好，為 7 個單位。

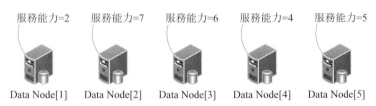

圖 12-10　資料放置叢集 3（帶服務能力標記）

④ 將②找到的語意標記記號所對應的全部資料區塊放到③所找到的服務能力
  最好的資料節點中，如圖 12-11 所示（假設資料節點存入 1 個資料區塊，
  其服務能力減 1，故而 Data Node[2] 在儲存完語意標記為 SemanDFlag1 的
  所有資料區塊後，其服務能力降低至 3）。

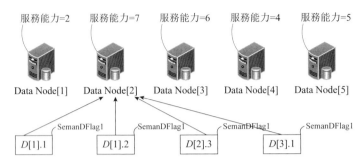

圖 12-11 語意標記記號為 SemanDFlag1 的所有資料區塊放入放置叢集 3

⑤ 刪除②找到的語意標記記號在表 12-2 中對應的行，獲得新的表如表 12-3
所示。

表 12-3 資料語意標記表

語意標記記號	資料區塊	資料區塊數量
SemanDFlag2	D[1].5，D[2].2	2

⑥ 重複②～⑤，指導所有的語意標記記號對應的資料區塊全部分配到資料放
置叢集 3 中，如圖 12-12 所示。

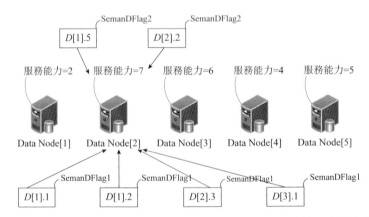

圖 12-12 語意標記記號為 SemanDFlag2 的所有資料區塊放入放置叢集 3

（6）將所有語意標記記號為 SemanDFlag0 的資料區片按照資料放置策略 3 的
機制放置到資料放置叢集 3 中。（這些語意標記記號為 SemanDFlag0 的資料
區塊其實不和任何其他資料區塊發生計算關係（如 Join、Union 及笛卡兒乘積
等），按照 Hadoop 提供的資料放置機制進行放置即可）。

資料備份與災難恢復

隨著電腦儲存資訊量的不斷增長，資料在人們的日常工作、生活中已變得越來越重要。硬體的故障、人為的錯誤操作、各種各樣的電腦病毒，以及自然災害等無時無刻不在威脅著資料的安全。

本章將介紹資料備份的概念、方案與備份系統結構，以及資料災難恢復的概念、災難恢復關鍵技術和典型案例等內容。

A.1 資料備份的概念及層次分析

資料備份就是給資料買保險，而且這種保險比起現實生活中僅給予對應金錢賠償的方式顯得更加實在，它能實實在在地還原使用者備份的資料，一點不漏。如同保險之優勢，只有發生意外的人才能體會到，備份亦然。資料備份是確保資料安全的唯一解決方案。

A.1.1 資料備份的概念

備份大家都不會陌生。在日常生活中，我們都在不自覺地在進行備份。例如：存摺密碼記在腦子裡怕忘，就會寫下來記在紙上；門鑰匙、抽屜鑰匙總要再去配一把。其實備份的概念說起來很簡單，就是保留一套後備系統，這套後備系統或是與現有系統一模一樣，或能夠替代現有系統的功能。與備份對應的概念是恢復，恢復是備份的逆過程。在發生資料故障時，電腦系統無法使用，但如果儲存了一套備份資料，利用恢復措施就能夠很快將被損壞的資料重新恢復出來。

下面介紹一些與資料備份有關的概念。

（1）24×7 系統：電腦系統必須一天 24 小時、一周 7 天執行。這樣的電腦系統被稱為 24×7 系統。

（2）備份視窗（Backup Window）：一個工作週期內留給備份系統進行備份的時間長度。如果備份視窗過小，則應努力加強備份速度，如使用磁帶庫。

（3）故障點（Point of Failure）：電腦系統中所有可能影響日常操作和資料的部分都被稱為故障點。備份計畫應覆蓋盡可能多的故障點。

（4）備份伺服器（Backup Server）：在備份系統中，備份伺服器是指連接備份介質的備份機，一般備份軟體也執行在備份伺服器上。

（5）跨平台備份（Cross Plat Backup）：備份不同作業系統中系統資訊和資料的備份功能。跨平台備份有利於降低備份系統成本，進行統一管理。

（6）備份代理程式（Backup Agent）：執行在異質平台上，與備份伺服器通訊進一步實現跨平台備份的小程式。

（7）平行流處理（Para Streaming）：從備份伺服器同時向多個備份媒體備份的技術。在備份視窗較小的情況下可以使用平行流技術。

（8）全備份（Full Backup）：將系統中所有的資料資訊全部備份。

（9）增量備份（Incremental Backup）：只備份上次備份後系統中變化過的資料資訊。

（10）差分備份（Differential Backup）：只備份上次完全備份以後變化過的資料資訊。

（11）備份媒體輪換（Media Rotation）：輪流使用備份媒體的策略，好的輪換策略能夠避免備份媒體被過於頻繁地使用，進一步加強備份媒體的壽命。

A.1.2 資料備份的層次及備份方法

資料備份可分為 3 個層次：硬體級、軟體級和人工級。

1. 硬體級備份

硬體級備份是指用容錯的硬體來確保系統的連續執行，如果主硬體損壞，後備硬體馬上能夠接替其工作。這種方式可以有效地防止硬體故障，但無法防止資料的邏輯損壞。當邏輯損壞發生時，硬體備份只會將錯誤複製一遍，而無法真正地保護資料。硬體備份的作用實際上是確保系統在出現故障時能夠連續執行，因此更應稱為硬體容錯。

硬體級的備份方法主要包含：

（1）磁碟映像檔：可以防止單一硬碟的實體損壞，但無法防止邏輯損壞。

（2）磁碟陣列（Disk Array）：一般採用磁碟容錯陳列（Redundant Arrays ofIndependent Disks，RAID）技術，可以防止多個硬碟的實體損壞，但無法防止邏輯損壞。

（3）雙機容錯：備用（Standby）、叢集都屬於雙機容錯的範圍。雙機容錯可以防止單台電腦的實體損壞，但無法防止邏輯損壞。

硬體級備份對火災、水淹、線路故障造成的系統損壞和邏輯損壞無能為力。

2. 軟體級備份

軟體級備份是指將系統資料儲存到其他媒體上，當出現錯誤時可以將系統恢復到備份時的狀態。由於這種備份是由軟體來完成的，所以稱為軟體備份，當然，用這種方法備份和恢復都要花費一定時間。使用這種方法可以完全防止邏輯損壞，因為備份媒體和電腦系統是分開的，錯誤不會重複寫到媒體上。這就表示，只要儲存足夠長時間的歷史資料，就能夠恢復正確的資料。

軟體級備份的方法主要為資料複製：可以防止系統的實體損壞及某種程度的邏輯損壞。

3. 人工級備份

人工級備份最為原始，也最簡單和有效，但如果要用人工方式從頭恢復所有資料，耗費的時間恐怕會令人難以忍受。

理想的備份系統是全方位、多層次的。一個完整的系統備份方案應包含硬體備份、軟體備份、日常備份制度（Backup Routines）、災難恢復制度（Disaster Recovery Plan，DRP）4 個部分。首先，要使用硬體備份來防止硬體故障：如果由於軟體故障或人為誤操作造成了資料的邏輯損壞，則使用軟體方式和手動方式結合的方法恢復系統；選擇了備份硬體和軟體後，還需要根據企業本身情況制定日常備份制度和災難恢復措施，並由管理人員切實執行備份制度。這種結合方式組成了對系統的多級防護，不僅能夠有效地防止實體損壞，還能夠徹底防止邏輯損壞。

A.1.3 系統級備份

當災難發生時，留給系統管理員的恢復時間常常相當短，但現有的備份措施沒有任何一種能夠使系統從大的災難中迅速恢復過來。通常系統管理員想要恢復系統至少需要以下 5 個步驟：

（1）恢復硬體。
（2）重新載入作業系統。
（3）設定作業系統（驅動程式設定、系統、使用者設定）。
（4）重新載入應用程式，進行系統設定。
（5）用最新的備份恢復系統資料。

即使一切順利，這一過程也至少需要兩三天，這麼漫長的恢復時間對現代企業來說，幾乎是不可忍受的，同時也會嚴重損害企業信譽。但如果系統管理員採用系統備份措施，災難恢復將變得相當簡單和迅速。

系統備份與普通資料備份的不同在於，它不僅備份系統中的資料，還備份系統中安裝的應用程式、資料庫系統、使用者設定、系統參數等資訊，以便需要時迅速恢復整個系統。

與系統備份對應的概念是災難恢復。災難恢復同普通資料恢復的最大區別在於，在整個系統都故障時，使用災難恢復措施能夠迅速恢復系統；而使用普通資料恢復則不行，如果系統也發生了故障，則在開始資料恢復之前，必須重新載入系統。也就是說，資料恢復只能處理狹義的資料故障，而災難恢復則可以處理廣義的資料故障。

對系統資料進行安全有效的備份具有非常重要的意義，但是在對系統備份的了解方面仍然存在以下 4 個錯誤。

（1）複製＝系統備份。備份不僅只是資料的保護，其最後目的是為了在系統遇到人為或自然災難時，能夠透過備份內容對系統進行有效的災難恢復。所以，在考慮備份選擇時，應該不僅只是消除傳統輸入指令的複雜程式或手動備份的麻煩，更要能實現自動化及跨平台的備份，滿足使用者的全面需求。因此可以說，備份不等於單純的複製，管理也是備份重要的組成部分。管理包含備份的可計劃性、磁帶機的自動化操作、歷史記錄的儲存以及記錄檔記錄等。正是有了這些先進的管理功能，在恢復資料時我們才能掌握系統資訊和歷史記錄，使備份真正實現輕鬆和可靠。因此，備份應該是「複製＋管理」。

（2）用雙機、磁碟陣列、映像檔等系統容錯替代系統備份。

雙機、映像檔等可實現 Server 的高可用性和大幅地確保業務連貫。但是雙機熱備份絕對不等於備份，因為普通的雙機熱備份無法解決下面的兩個問題：

■ 使用者誤操作、軟體故障導致寫入錯誤資料、病毒攻擊、人為刪除破壞資料。
■ Server 或儲存裝置遺失、各種災害性破壞。

（3）資料庫附帶備份系統可以滿足嚴格的系統備份需求，資料庫系統附帶的備份系統基本可實現資料庫的本機和異地備份，但目前都是透過預設時間點或備份間隔等方式實現資料備份。其不能解決的問題有：

■ 不能實現即時資料備份，備份間隔資料處在非保護狀態。
■ 備份時由於是一段時間內的資料集中複製，對 Server、網路、CPU 等壓力相當大，大多在備份時需要停止對外服務。

（4）已有備份軟體，恢復資料沒有問題。

資料備份的根本目的是恢復資料，一個無法恢復資料的備份，對任何系統來說都是毫無意義的。作為最後使用者，一定要清醒地意識到，能夠安全、方便而又高效率地恢復資料，才是備份系統的真正生命所在。

很多人會以為，既然備份系統已經把需要的資料備份下來了，恢復應該不成什麼問題。事實上，無論是企業資料中心，還是普通的桌面級系統中，備份資料無法完全恢復進一步導致資料遺失的實例時有發生。

A.2 系統備份的方案選擇

對資料進行備份是為了確保資料的一致性和完整性，消除系統使用者和操作者的後顧之憂。不同的應用環境要求不同的解決方案來適應。一般來說，一個完整的備份系統，對備份軟體和硬體都有較高的要求。在選擇備份系統之前，首先要把握備份的 3 個主要特點：

（1）備份最大的忌諱是在備份過程中因媒體容量不足而更換媒體，因為這會降低備份資料的可用性。因此，儲存媒體的容量在備份選擇中是最重要的。

（2）備份的目的是防備萬一發生的意外事故，如自然災害、病毒侵入、人為破壞等。這些意外發生的頻率不是很高，從這個意義上來講，在滿足備份視窗需要的基礎上，備份資料的存取速度並不是一個很重要的因素。

（3）可管理性是備份中一個很重要的因素，因為可管理性與備份的可用性密切相關。最佳的可管理性是指能自動化備份的方案。

我們在選擇備份系統時，既要做到滿足系統容量不斷增加的需求，又要所用的備份軟體能夠支援多平台系統。要做到這些，就得充分使用網路資料儲存管理系統，它是在分散式網路環境下，透過專業的資料儲存管理軟體，結合對應的硬體和儲存裝置，對網路的資料備份進行集中管理，進一步實現自動化的備份、檔案歸檔、資料分級儲存及災難恢復等。

一個完整的資料備份方案，應包含備份軟體、備份硬體、備份策略 3 個部分。

A.2.1 備份軟體

在任何系統中，軟體的功能和作用都是核心所在，備份系統也不例外。磁帶裝置等硬體提供了備份系統的基礎，而實際的備份策略的制定、備份媒體的管理，以及一些擴展功能的實現，則都是由備份軟體來最後完成的。

一般備份軟體主要分為兩大類：①各個作業系統廠商在軟體內附帶的，如 NetWare 作業系統的 Backup 功能、Windows NT 作業系統的 NTBackup 等；②各個專業廠商提供的全面的專業備份軟體。

對於備份軟體的選擇，不僅要注重使用方便、自動化程度高，還要有好的擴充性和靈活性。同時，跨平台的網路資料備份軟體能滿足使用者在資料保護、系統恢復和病毒防護方面的支援。一個專業的備份軟體配合高性能的備份裝置，能夠使受損壞的系統迅速起死回生。

1. 系統備份對軟體的要求

系統備份對軟體的要求主要包含以下 14 個方面：

（1）安裝方便、介面人性化、使用靈活是系統備份軟體必不可少的條件。

（2）備份軟體的主要作用是為系統提供一個資料保護的方法，其本身的穩定性和可用性是最重要的。首先，備份軟體一定要與作業系統 100% 相容；其次，當事故發生時，能夠快速、有效地恢復資料。

（3）在複雜的電腦網路環境中，可能會包含各種操作平台，如 UNIX、Netware、Windows NT、VMS 等，並安裝了各種應用系統，如 ERP、資料庫、群件系統等。選用的備份軟體要支援各種作業系統、資料庫和典型應用。

（4）備份軟體應提供集中管理方式，使用者在一台電腦上就可以備份從伺服器到工作站的整個網路資料。

（5）支援快速的災難恢復。備份軟體應提供兩種機制，可以讓使用者在災難發生後，在非常短的時間內恢復伺服器和整個網路上的系統軟體和資料。

（6）能夠確保備份資料的完整性。對於某些大型資料庫系統，資料檔案是彼此關聯的，如果只備份其中的，所備份的資料很可能無法使用。只有確保備份資料的完整性，備份才有意義。

（7）全面保護作業系統核心資料。對作業系統的備份不僅是日常資料的備份，還有系統的核心資料，如 Netware 中的 NDS 資訊，Windows NT 中的登錄檔資訊等。這些資料不能以普通檔案方式備份。如果備份軟體不能備份這些資料，那麼對系統的迅速恢復就無法實現。

（8）支援在檔案和資料庫正被使用時的即時備份。對於許多 24X7 系統，可能在備份期間仍然有檔案和資料庫被開啟使用，系統應該能夠備份這些檔案和資料庫，否則會導致資料不完整。

（9）很多系統由於工作性質，對何時備份、用多長時間備份都有明確的要求。在員工下班期間系統負荷輕，適於備份，可是這會增加系統管理員的負擔，由於精神狀態等原因，還會給備份安全帶來潛在的隱憂。因此，備份方案應能支援多種備份方式，可以定時自動備份，並利用磁帶庫等技術進行自動換帶。除了支援正常備份方式（完全備份、增量備份、差分備份）以外，備份軟體還可以設定備份啟動日期和備份停止日期，且記錄系統情況，實現無人值守的備份。

（10）支援多種備份媒體，如磁帶、光碟、硬碟陣列等。

（11）具有對應的功能進行裝置管理，包含對磁帶機、磁帶庫、磁帶陣列等的管理，並且能夠儲存裝置活動情況記錄，如第一次格式化日期和格式化次數等。還應提供對重要備份媒體的保護，防止誤刪除、誤格式化。

（12）對資料量大的備份，應支援高速備份及超高速備份，如網路負載自動檢測、磁碟映射備份、支援磁帶庫備份等。

（13）支援多種驗證方法和資料容錯，以確保備份資料的正確性，如 CRC 驗證、磁帶與全部資料或部分資料的比較、RAID 容錯等。

（14）支援備份的安全性，在備份時應能夠設定備份的密碼以防止未授權的恢復。

2. 備份軟體的功能和作用

1）磁帶驅動器的管理
一般磁帶驅動器廠商並不提供裝置的驅動程式，對磁帶驅動器的管理和控制工作完全由備份軟體負責。磁帶的捲動、吞吐等機械動作都要靠備份軟體的控制來完成。所以，備份軟體和磁帶機之間存在相容性問題，兩者之間必須互相支援，備份系統才能得以正常工作。

2）磁帶庫的管理
與磁帶驅動器的一樣，磁帶庫廠商也不提供任何驅動程式，機械動作的管理和控制也全權交由備份軟體負責。磁帶庫與磁帶驅動器的區別是，它具有更複雜的內部結構，備份軟體的管理對應的也就更複雜。例如機械手的動作和位置、磁帶庫的槽位等。這些管理工作的複雜程度比單一磁帶驅動器要高出很多，所以幾乎所有的備份軟體都免費地支援單一磁帶機的管理，而對磁帶庫的管理則要收取一定的費用。

3）備份資料的管理

作為全自動的系統，備份軟體必須對備份下來的資料進行統一管理和維護。在簡單的情況下，備份軟體只需要記住資料儲存的位置就可以了，這一般是依靠建立一個索引來完成的。然而隨著技術的進步，備份系統的資料儲存方式也越來越複雜多變。舉例來說，一些備份軟體允許多個檔案同時寫入一碟磁帶，這時備份資料的管理就不再像傳統方式那麼簡單了，常常需要建立多重索引才能定位資料。

4）資料格式也是一個需要關心的問題

就像磁碟有不同的檔案系統格式一樣，磁帶的組織也有不同的格式。一般備份軟體會支援許多種磁帶格式，以確保自己的開放性和相容性，但是使用通用的磁帶格式也會損失一部分效能。所以，大型備份軟體一般還是偏愛某種特殊的格式。這些專用的格式一般都具有高容量、高備份效能的優勢，但需要注意的是，特殊格式對恢復工作來說，是一個小小的隱憂。

5）備份策略制定是一個重要部分

我們知道需要備份的資料都存在一個 2/8 原則，即 20% 的資料被更新的機率是 80%。這個原則告訴我們，每次備份都完整地複製所有資料是一種非常不合理的做法。事實上，真實環境中的備份工作常常是以一次完整備份之後為基礎的增量或差量備份。完整備份與增量備份和差量備份之間如何組合才能最有效地實現備份保護，這是備份策略所關心的問題。此外還有工作程序控制。根據預先制定的規則和策略，備份工作何時啟動、對哪些資料進行備份，以及工作過程中意外情況的處理，這些都是備份軟體不可推卸的責任。其中包含了與資料庫應用的配合介面，也包含了一些備份軟體本身的特殊功能。例如很多情況下需要對開啟的檔案進行備份，這就需要備份軟體能夠在確保資料完整性的情況下，對開啟的檔案操作。另外，由於備份工作一般都是在無人看管的環境下進行的，一旦出現意外，正常執行無法繼續時，備份軟體必須能夠具有一定的意外處理能力。

6）資料恢復工作

資料備份的目的是為了恢復，所以這部分功能自然也是備份軟體的重要部分。很多備份軟體對資料恢復過程都列出了相當強大的技術支援和保證。一些中低端備份軟體支持智慧災難恢復技術，即使用者幾乎無須干預資料恢復過程，只要利用備份資料媒體，就可以迅速自動地恢復資料。而一些高階的備份軟體在恢復時，支援多種恢復機制，使用者可以靈活地選擇恢復程度和恢復方式，相當大地方便了使用者。

3. 幾款流行備份軟體的廠商及其產品介紹

（1）備份軟體廠商的頭把交椅當屬 Veritas 公司，這家公司經過近幾年的發展和並購，在備份軟體市場已經佔據了 40% 左右的百分比。其備份產品主要是兩個系列——高階的 NetBackup 和低端的 Backup Exec。其中 NetBackup 適用於中型和大型的儲存系統，可以廣泛地支援各種開放平台。NetBackup 還支援複雜的網路備份方式和 LAN Free 的資料備份，其技術先進性在業界是有目共睹的。Backup Exec 是原 Seagate Soft 公司的產品，在 Windows 平台具有相當的普及率和認可度，微軟公司不僅在公司內部全面採用這款產品進行資料保護，還將其簡化版本包裝在 Windows 作業系統中。現在在 Windows 系統中使用的「備份」功能，就是 OEM 自 Backup Exec 的簡化版本。2000 年初，Veritas 收購了 Seagate Soft 之後，在原來的基礎上對這個產品進一步豐富和加強，現在這款產品在低端市場的佔用率已經穩穩地佔據第一的位置。

（2）Legato 公司是備份領域內僅次於 Veritas 公司的主要廠商。作為專業的備份軟體廠商，Legato 公司擁具有比 Veritas 公司更久的歷史，這使其具有了相當的競爭優勢，一些大型應用的產品中有關備份的部分都會率先考慮與 Legato 的介面問題。而且像 Oracle 等一些資料庫應用，索性內建整合了 Legato 公司的備份引擎。這些因素使得 Legato 公司成為了高階備份軟體領域中的一面旗幟。在高階市場這一領域，Legato 公司與 Veritas 公司一樣具有極強的技術和市場實力，兩家公司在高階市場的爭奪一直難分伯仲。

Legato 公司的備份軟體產品以 NetWorker 系列為主線，與 NetBackup 一樣，NetWorker 也是適用於大型的複雜網路環境，具有各種先進的備份技術機制，廣泛地支持各種開放系統平台。值得一提的是，NetWorker 中的 Cellestra 技術第一個在產品上實現了 Serverless Backup 的思想。僅就備份技術的先進性而言，Legato 公司是有實力面對任何強大對手的。

（3）除了 Veritas 和 Legato 公司這備份領域的兩大巨頭之外，IBM Tivoli 也是重要角色之一。IBM Tivoli Storage Manager 產品是高階備份產品中的有力競爭者。與 Veritas 的 NetBackup 和 Legato 的 NetWorker 相比，Tivoli Storage Manager 更多地適用於 IBM 主機為主的系統平台，其強大的網路備份功能，絕對可以勝任任何大規模的巨量儲存系統的備份需要。

（4）CA ARC Serve（CA）公司是軟體領域的巨無霸企業，雖然主要精力沒有放在儲存技術方面，但其原來的備份軟體 ARCServe 仍然在低端市場具有相當廣泛的影響力。近年來，隨著儲存市場的發展，CA 公司重新調整策略，併購了一些備份軟體廠商，整合之後推出了新一代備份產品──BrightStor，這款產品的定位直指中高階市場，看來 CA 公司誓要在高階市場與 Veritas 和 Legato 一決高下。

A.2.2 備份硬體

1. 系統備份對硬體的要求

（1）備份媒體應便於移動。對於每天備份的資料最好能由專人儲存在安全的地方。

（2）備份媒體應可以重複使用。

（3）備份媒體的容量應不小於現有系統的平均資料量。現在的系統資料備份均採用 GB 級的媒體。

（4）備份媒體應便宜。由於邏輯故障潛伏期長，對資料的備份應長期保留。這就需要大量備份媒體，選用昂貴的備份媒體會使備份成本過高，故不宜選用。

（5）備份媒體應可靠。不成熟的技術最好不要採用，應採用經得起實作檢驗的備份媒體。採用新型的備份媒體要小心謹慎。

（6）應使用高速度的備份裝置。備份裝置應支援即時資料壓縮，以進一步加強備份速度。

2. 備份硬體的選擇

資料備份硬體按照裝置所用儲存媒體的不同，主要分為以下 3 種形式：

1）硬碟媒體儲存

硬碟媒體儲存主要包含兩種儲存技術，即內部的磁碟機制（硬碟）和外部系統（磁碟陣列等）。在速度方面，硬碟無疑是存取速度最快的，因此它是備份即時儲存和快速讀取資料最理想的媒體。但是，與其他儲存技術相比，硬碟儲存所需費用是極其昂貴的。因此在大容量資料備份方面，我們所講的備份只是作為後備資料來儲存，並不需要即時資料儲存，不能只考慮存取的速度而不考慮投入的成本。所以，硬碟儲存更適合容量小但備份資料需讀取的系統。採用硬碟作為備份的媒體並不是大容量資料備份最佳的選擇。

2）光學媒體備份

光碟媒體備份主要包含 CD、DVD 等。光學儲存裝置具有可持久地儲存和便於攜帶資料等特點。與硬碟備份相比較，光碟提供了比較經濟的儲存解決方案，但是它們的存取時間比硬碟要長 2 ～ 6 倍（存取速度受光碟重量的影響），並且容量相對較小，備份大容量資料時，所需數量相當大，雖儲存的持久性較長，但整體可用性較低。所以，光學媒體的儲存更適合於資料的永久性歸檔和小容量資料的備份。採用光學材料作為備份的媒體也並不是大容量資料備份最佳的選擇。

3）磁帶儲存技術

磁帶儲存技術是一種安全、可靠、易使用和相對投資較小的備份方式。磁帶和光碟一樣是易於傳輸的，但單體容量卻是光碟成百上千倍，在絕大多數系統下都可以使用，也允許使用者在無人干涉的情況下進行備份與管理。磁帶備份的容量要設計得與系統容量相比對，自動載入磁帶機裝置對於擴大容量和實現磁帶轉換是非常有效的。在磁帶讀取速度沒有快到像光碟和硬碟一樣時，它可以在相對較短的時間內（典型是在夜間自動備份）備份大容量的資料，並可十分簡單地對原有系統進行恢復。磁帶備份包含硬體介質和軟體管理，目前它是用電子方法儲存大容量資料最經濟的方法。磁帶系統提供了廣泛的備份方案，並且它允許備份系統按使用者資料的增長而隨時擴充。因此，在大容量備份方面，磁帶機所具有的優勢是：容量大並可靈活設定、速度相對適中、媒體儲存長久、儲存時間超過 30 年、成本較低、資料安全性高、可實現無人操作的自動備份等。

所以一般來説,磁帶裝置是大容量網路備份使用者的主要選擇。遺憾的是磁帶本身有明顯缺陷:首先是物理特性方面,磁帶會發黴,因此需要防潮;

容易脱磁,所以不能接近磁性物品;放久了還有可能出現黏連,存取資料時還可能卡帶,也可能因為外力造成磁帶斷裂;更重要的是,其速度相對於硬碟慢了許多;最後資料恢復的不穩定、複雜等問題也讓部分企業「望而卻步」。

透過以上對目前各種主流的儲存 / 備份裝置的分析介紹不難發現,這幾種儲存裝置各自存在鮮明的特點,如果將它們獨立地作為儲存 / 備份裝置來看,它們也存在明顯的不足。在建置資料備份、災難恢復的相關係統中,如果單獨地使用它們,總會存在一些顧慮,是否可透過其他方式讓它們更進一步地發揮本身的優勢,同時又能彌補它們的弱點,進一步建置更安全、高效、穩定的資料災難恢復系統是需要考慮的問題。

3. 虛擬磁帶庫

硬碟價格的日益降低和磁碟陣列技術的不斷增強,使越來越多的客戶採用磁碟陣列來進行資料備份保護。然而,磁碟陣列缺乏磁帶庫的一些特性會使備份工作不夠靈活。如果使用硬碟模擬為磁帶庫(虛擬磁帶庫)進行備份即可兼具硬碟和磁帶庫的優點。

1)虛擬磁帶庫(Virtual Tape Library,VTL)的概念

虛擬帶庫是以磁碟作為本身儲存媒體,並能模擬為物理磁帶庫的產品。簡單地説,虛擬帶庫是將磁碟空間虛擬為磁帶空間,能夠在傳統的備份軟體上實現和傳統磁帶庫同樣功能的產品。

真正的虛擬磁帶庫其使用方式與傳統磁帶庫幾乎相同,但由於採用磁碟作為儲存媒體,備份和恢復速度可達 100 MB/s 以上,遠遠高於目前最快的磁帶機。同時,磁碟陣列的 RAID 保護技術使虛擬磁帶庫系統的可用性、可用性均比普通磁帶庫高出許多量級。

虛擬磁帶庫的概念早在 10 餘年前即已被 IBM、StorageTek 等著名儲存廠商所採用。然而,受限於磁碟和虛擬磁帶技術的發展,以及廠商為了保護其既有模

擬磁帶庫市場的考量，長期以來虛擬磁帶庫以價格高昂著稱，使其通常作為大型磁帶庫的前端快取使用，且依附於特定的主機系統（封閉系統），市場認知度一直很低。而在近些年，磁碟技術快速發展，出現了多種類型磁碟（SCSI、FC、ATA、SATA），使單位容量磁碟儲存的價格急劇下降，進而使磁碟陣列作為備份裝置的應用也愈加廣泛。

2）虛擬磁帶庫的效能

虛擬磁帶庫是磁碟備份的主流方式，但並非唯一方式。在使用磁碟媒體的備份解決方案中，還有一種被稱為「磁碟到磁碟（Disk to Disk）」的解決方案。「磁碟到磁碟」的備份通常指以磁碟或磁碟陣列作為備份裝置的備份資料儲存方式。物理磁帶庫、虛擬磁帶和磁碟陳列 3 種裝置效能對例如表 A-1 所示。

表 A-1　資料語意標記表

特性	物理磁帶庫	虛擬磁帶庫	磁碟陣列
儲存媒體	磁帶 (LTO、SDLT、AIT 等)	磁碟 (FC、SCSI、SATA)	磁碟 (FC、SCSI、SATA)
I/O 速度	額定 30MB/s(與主機和磁帶機類型有關)	實測 60 ～ 200MB/s（ 與主機和磁碟陣列效能有關)	60 ～ 130MB/s
儲存容量定位	2TB ～幾百 TB，超大容量	目前 1TB ～幾十 TB，中容量	目前 1TB ～幾十 TB，中容量
媒體行動性	可移動	透過虛擬磁帶匯出功能，匯出到物理磁帶	物理磁帶不能移動
主機介面	SCSI 或 FC，小型磁帶庫需要 SCSI-FC 橋接器轉換成 FC 介面	SCSI、FC、iSCSI	SCSI、FC、iSCSI
儲存裝置媒體容錯	大型磁帶庫具有電源容錯	磁碟陣列控制器電源、磁碟、風扇均採用容錯設定	磁碟陣列控制器電源、磁碟、風扇均採用容錯設定
環境影響	受濕度、粉塵影響大	不受濕度、粉塵影響	不受濕度、粉塵影響
元件故障率	磁帶機、機械手均為非封閉電控轉動、移動機械元件，故障率高	磁碟為封閉精密套件，故障率低，磁碟陣列有 RAID 保護	磁碟為封閉精密部件，故障率低，磁碟陣列有 RAID 保護
可維護性	低，需要專業人員	高，一般 IT 人員	高，一般 IT 人員

特性	物理磁帶庫	虛擬磁帶庫	磁碟陣列
適用範圍	適合大容量資料備份、離線歸檔應用	適合 1000TB 以下備份應用	使用範圍廣泛，幾百 GB ～上百 TB
軟體相容性	相容各種儲存、備份管理軟體	相容各種儲存、備份管理軟體	相容各種儲存、備份管理軟體
備份策略影響	傳統備份策略	傳統備份策略	磁碟備份

3）虛擬磁帶庫的主要實現方式

（1）純軟體虛擬磁帶庫方案（第 I 代 D2D）。

將磁帶庫模擬軟體直接安裝在備份伺服器上，把備份伺服器的某些檔案系統分區模擬成磁帶庫，進一步使備份軟體以磁帶庫方式使用磁碟檔案系統，如圖 A-1 所示。

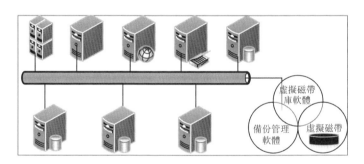

圖 A-1　純軟體虛擬磁帶庫示意圖

這種方案下的備份磁碟曝露於主機的作業系統，本質上依然「線上」。在使用者看來，依然線上的資料一定是不安全的。舉例來說，如果備份伺服器不幸被病毒感染，則該病毒完全可能在損毀線上磁碟上資料的同時，損毀備份碟陣上的資料。另外，這種方案佔用主機資源，效能受限。這種方案多由備份管理軟體作為一個功能模組提供，價格比較低廉。但由於受制於檔案系統，使其應用場合、I/O 效能及資料安全性具有一定限制。因此，這種方案主要用於備份快取，也即先備份到磁碟，然後在伺服器不忙時再將備份傳輸到物理磁帶庫上。

（2）專用伺服器級虛擬磁帶庫方案（第 II 代）。

圖 A-2 所示實際上是另外一種虛擬磁帶庫的軟體實現方案：透過把虛擬磁帶庫管理軟體安裝在一台獨立的專用伺服器（一般是 PC 伺服器）內，而將該伺服器及所連接的磁碟儲存裝置模擬成磁帶庫。

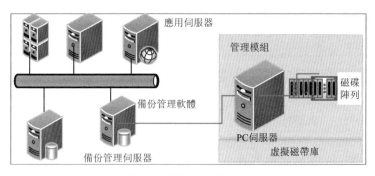

圖 A-2　專用伺服器級虛擬磁帶庫示意圖

在這種方式下，備份伺服器或其他應用主機透過 FC 或 SCSI 與專用的伺服器連接，此時專用伺服器及所連接的磁碟儲存系統一起表現為虛擬磁帶庫。

與純軟體虛擬磁帶庫方案不同的是，備份伺服器或應用伺服器把專用伺服器及其磁碟陣列當作一台磁帶庫裝置，實現了虛擬磁帶庫裝置與主機裝置的物理和邏輯上的分離。主機對這種方案下的虛擬磁帶庫的讀寫方式是資料區塊級（Block-Level）讀寫，比純軟體方案的讀寫速度快，並且不會從主機方對備份資料產生誤刪除操作，主機上的病毒也不會影響備份資料。

這種方案下，虛擬磁帶媒體——磁碟邏輯卷冊，不再是作業系統格式化的磁區，而是和磁帶一樣的裸媒體（Raw Disk），其上備份資料也是按順序 Byte 儲存的，在物理層上實現了磁碟讀寫的線性化，避免了檔案系統的碎塊問題，充分利用了磁碟裝置的高速 I/O 效能。

這種方案的不足，是需要利用一台具有一定擴充能力的 PC 伺服器作為虛擬磁帶庫管理員，系統最佳化性略低；另外控制器部分採用 PC 伺服器結構，不夠精簡。

（3）專用控制器級整合虛擬磁帶庫裝置方案（第 III 代）。
將磁帶庫模擬管理軟體固定在特別設計的硬體裝置中，就形成了專用的虛擬磁帶庫裝置，如圖 A-3 所示。這種裝置需要設定一定數量和類型的主機介面和後端儲存磁碟陣列介面，有的專用虛擬磁帶庫裝置還設定了歸檔磁帶庫介面。專用的虛擬磁帶庫裝置硬件結構不同於 PC 伺服器，設計採用了精簡的硬體模組和精簡的作業系統核心（一般為 Linux 核心），並且充分考慮了其與主機及儲存裝置的連接能力。

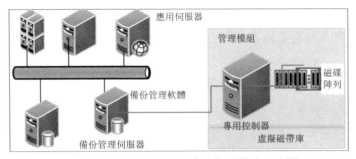

圖 A-3　專用控制器級整合虛擬磁帶庫示意圖

專用的虛擬磁帶庫裝置標誌著虛擬磁帶庫技術終於突破了作業系統和 PC 伺服器架構的限制,使虛擬磁帶庫真正成為了一種獨立的外接裝置,其使用方式也更接近於普通磁帶庫,而其優越性能也表現得更加充分。

專用虛擬磁帶庫裝置方案具有以下特點:

（1）效能大幅加強:可支援接近磁碟陣列極限速度的備份 / 恢復速度。

（2）免疫病毒:資料安全性等同普通磁帶庫。

（3）避免磁碟碎片:確保效能的持續性。

（4）相容性好:標準 FC、SCSI 或 iSCSI 周邊裝置,相容流行的主機裝置和作業系統。

（5）實用性好:與現有磁帶庫應用方式一致,不用更改現有儲存應用軟體的管理策略,保護使用者投資。

A.2.3　備份策略

選擇了儲存備份軟體、儲存備份硬體後,接下來需要確定資料備份的策略。備份策略指確定需備份的內容、備份時間及備份方式。各個單位要根據自己的實際情況來制定不同的備份策略。從備份策略來講,現在的備份可分為 4 種:完全備份、增量備份、差異備份和累加備份策略。

（1）完全備份（Full Backup）指複製指定電腦或檔案系統上的所有檔案,而不管它是否被改變。

（2）增量備份（Incremental Backup）指只備份上一次備份後增加和改動過的部分資料。增量備份可分為多級,每一次增量都來自上一次備份後的改動部分。

（3）差異備份（Differential Backup）指只備份上一次完全備份後有變化的部分資料。如果只存在兩次備份，則增量備份和差異備份內容一樣。

（4）累加備份（Cumulative Backup）採用資料庫的管理方式，記錄累積每個時間點的變化，並把變化後的值備份到對應的陣列中。這種備份方式可將資料恢復到指定的時間點。

一般在使用過程中，這 4 種策略常結合使用，常用的方法有：完全備份、完全備份 + 增量備份、完全備份 + 差異備份、完全備份 + 累加備份。

1. 完全備份

每天對自己的系統進行完全備份。舉例來說，星期一用一碟磁帶對整個系統進行備份，星期二再用另一碟磁帶對整個系統進行備份，依此類推。這種備份策略的好處是：當發生資料遺失時，只要用一碟磁帶（即災難發生前一天的備份磁帶），就可以恢復遺失的資料。然而完全備份亦有不足之處，首先，由於每天都對整個系統進行完全備份，造成備份的資料大量重複。這些重複的資料佔用了大量的磁帶空間，對使用者來說這就表示增加成本。其次，由於需要備份的資料量較大，因此備份所需的時間也就較長。對那些業務繁忙、備份時間有限的單位來說，選擇這種備份策略是不明智的。最後，完全備份會產生大量資料移動，選擇每天完全備份的客戶經常直接把磁帶媒體連接到每台計算機上（避免透過網路傳輸資料）。這樣，由於人的干預（放置磁帶或填充自動載入裝置），磁帶驅動器很少成為自動系統的一部分。其結果是較差的經濟效益和較高的人力花費。

2. 完全備份 + 增量備份

完全備份 + 增量備份來自完全備份，不過減少了資料移動，其思想是較少使用完全備份，如圖 A-4 所示。例如在週六晚上進行完全備份（此時對網路和系統的使用最少）。在其他 6 天（周日到週五）則進行增量備份。增量備份會問這樣的問題：自昨天以來，哪些檔案發生了變化？這些發生變化的檔案將儲存在當天的增量備份磁帶上。使用周日到週五的增量備份能確保只移動那些在最近 24h 內改變了的檔案，而非所有檔案。由於只有較少的資料被移動和儲存，因此增量備份減少了對磁帶媒體的需求。對客戶來講則可以在一個自動系統中應用更加集中的磁帶庫，以便允許多個客戶端共用昂貴的資源。

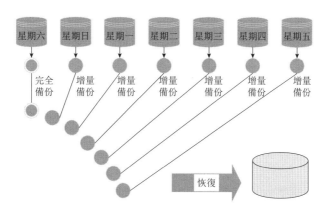

圖 A-4　完全備份 + 增量備份示意圖

完全備份 + 增量備份方法的明顯不足：恢復資料較為困難。完整的恢復過程首先需要恢復上週六晚的完全備份。然後再覆蓋自完全備份以來每天的增量備份。該過程最壞的情況是要設定 7 個磁帶集（每天一個）。如果檔案每天都改，則需要恢復 7 次才能得到最新狀態。

3. 完全備份 + 差異備份

為了解決完全備份 + 增量備份方法中資料恢復困難的問題，產生了完全備份 + 差異備份方法，如圖 A-5 所示。差異成為備份過程中要考慮的問題。增量備份考慮的是自昨天以來哪些檔案改變了？而差異方法考慮的是自完全備份以來哪些檔案發生了變化？對於完全備份後立即開始的備份過程（本例中週六），因為完全備份就在昨天，所以這兩個問題的答案是相同的。但到了週一，答案不一樣了。增量方法會問：昨天以後哪些檔案改變了？然後備份 24h 內改變了的檔案。差異方法會問：完全備份以來哪些檔案改變了？然後備份 48h 內改變了的檔案。到了週二，差異備份方法則備份 72h 內改變了的檔案。

儘管差異備份比增量備份移動和儲存了更多的資料，但恢復操作卻簡單多了。在完全備份 + 差異備份方法下，完整的恢復操作是首先恢復上週六晚的完全備份，然後，以差異方法直接跳向最近的磁帶，覆蓋累積的改變。以 IBM Tivoli 儲存產品為例，其備份過程如圖 A-5 所示。

第一次備份時，所有的檔案都將被移動。當備份複製發送到儲存管理員伺服器時，每個檔案單獨儲存在資料庫中。檔案名稱資訊、所有者和安全資訊、建立和修改時間以及複製本身都放置在儲存管理員伺服器連續儲存分層結構中。如果客戶策略要求複製到磁帶上，Tivoli 儲存管理員資料庫將記錄磁帶的條碼、起始塊位址和檔案長度。

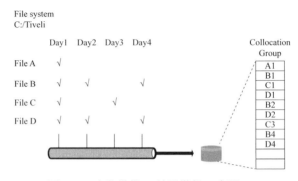

圖 A-5　完全備份 + 差異備份示意圖

在初始的備份之後，將只考慮增量問題（不再進行完全複製）。每天將只移動上次備份操作後改變了的檔案，並且，檔案發送到 Tivoli 儲存管理伺服器後被單獨儲存在資料庫中。當需要複製到磁帶時，Tivoli 儲存管理員伺服器查詢資料庫，確定從前的複製在哪一個磁帶上。一旦確定，將對該磁帶進行再設定並把新複製附加在磁帶尾端。這種對備份複製的收集都來自同一台電腦或檔案系統，於是形成了所謂的排列群組。每天，改變的檔案會累加到排列群組中。

現在來看看恢復操作。恢復操作的目標是讓檔案系統或電腦回到期望的某一時間點。常見的情況是客戶期望的時間點就是最近的某個時刻。在累加備份方法下，完成一個完全的恢復操作只需告訴 Tivoli 儲存管理員伺服器期望的時間點。利用時間點資訊，Tivoli 儲存管理員伺服器會查詢資料庫中的檔案集合，看它們是否在期望的時間點上。這些檔案存在於同一個排列群組上，通常也位於一個（或少數幾個）磁帶上。設定了正確的磁帶後，資料庫指定每個檔案的長度和起始塊位置。大多數現代的磁帶驅動器都具有快速掃描功能，能迅速定位到期望的備份複製並執行恢復操作，這樣便只移動了期望的檔案。可以把該過程看作是完整系統操作中一個完整的恢復過程。該過程就像在期望的時間點做了完全備份一樣，如圖 A-6 所示。

累加備份採用增量方式，加強了備份效率：採用排列群組，加強了媒體管理效率；準確地只移動期望的檔案，加強了恢復效率。該方法最大的功效還在於：

累加方法並不需要在一個完全備份後才能開始恢復過程，也就是說並不需要週期性地建立完全備份複製。而對完全備份＋增量備份或完全備份＋差異備份方法，無論是否改變，每週都要移動和儲存大量資料。有了累加備份方法，就不需要這樣做了，於是客戶節省了大量的網路帶寬（LAN、WAN 或 SAN）、磁帶媒體和時間。

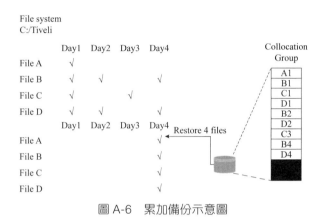

圖 A-6　累加備份示意圖

A.3 當今主流儲存技術

對企業而言，集中儲存不僅可以節省裝置成本和管理費用，而且可以強化企業對資料的控制，可以發揮資料的更大價值。就儲存而言，它可以採用直接連接儲存（Direct Attached Storage，DAS）、網路附加儲存（Network Attached Storage，NAS）、儲存區域網路（Storage Attached Network，SAN）等各種不同的技術和方法來實現。所有技術都有其本身的優勢和應用範圍，使用者在選擇直接連接儲存、網路附加儲存、儲存區域網路時，主要目標就是盡可能發揮其所選擇技術的優勢，然後再考慮其他因素。

A.3.1 直接連接儲存

直接連接儲存主要是以資料共用為目的而直接設定的屬於某一特定主機的儲存。本書所提及的直接連接儲存都是指單一主機系統，它們可能帶有自己的內建儲存裝置，或者附接外部儲存裝置（但不是 NAS 或 SAN）。

1. 直接連接儲存的概念

大多數人在聽到直接連接儲存一詞時，所想到的常常是那些在單一主機上的外部儲存裝置，或稱儲存子系統。但對大多數的直接連接儲存而言，它還應包含內建於主機內部的儲存裝置（如圖 A-7 所示）。

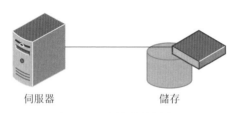

伺服器   儲存

圖 A-7 　直接連接儲存

從本質上講，直接連接儲存一詞是廣義的，它也包含其他類型的直接連接儲存設備，如磁帶裝置和光碟裝置等。儲存裝置可以透過各種不同的方式直接連接到主機上。儘管在電腦領域，人們常把直接連接儲存看作是某種形式的 SCSI 子系統技術（SCSI-1 到 Ultra X SCSI），它們透過 SCSI 控制器連接到主機上，但還有許多其他技術可以用於直接連接儲存，其中主要包含以下幾種：序列儲存結構（Serial Storage Architecture，SSA）、通用串行匯流排（Universal Serial Bus，USB）、IEEE 1394（火線）、高效能平行介面（High Performance Parallel Interface，HiPPI）、電子整合驅動器（Integrated Device Electronics，IDE）/ 進階技術連接（Advanced Technology Attachment，ATA）、各種版本和變形的小型電腦系統介面（SCSI）、乙太網路、iSCSI、光纖通道等。此外，還要考慮到某些廠商在技術實現上的某些附加特性，包含不同等級的廉價容錯磁碟陣列（RAID）以及高壓差動 SCSI 技術和低壓差動 SCSI 技術等。

2. 主要儲存結構

1）序列儲存結構（SSA）

序列儲存結構是一種高性能的開放式儲存介面，如圖 A-8 所示是一種 SSA 拓撲結構的實例。

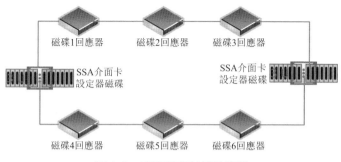

圖 A-8　序列儲存結構的容錯

2）通用序列匯流排（**USB**）

通用序列匯流排（USB）的開發始於 1996 年，它由康柏、DEC、IBM、英特爾、微軟、NEC 和北電等公司發起，其目的在於實現一種更加高速和靈活的序列介面技術，以便用於多台外部裝置的連接。圖 A-9 是一種 4 USB 通訊埠主機的邏輯裝置設定示意圖。

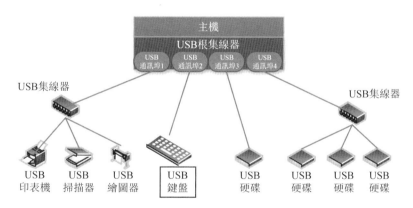

圖 A-9　通用序列匯流排（USB）連接示意圖

3）火線（**Firewire**）

火線（Firewire）（IEEE 1394）最早由蘋果公司開發，它的目的是希望利用更快更靈活的串列技術實現多台外部裝置的連接。但與 USB 不同，火線的設計主要是針對那些需要更高頻寬的裝置（如攝錄影裝置、硬碟機和高速印表機等）。火線周邊裝置，可以在不中斷電腦電源的情況下帶電抽換。火線與 USB 的差別之一是火線裝置之間可以實現對等通訊，而 USB 裝置則只能與主機進行通訊。因此,火線裝置可以在無須主機介入的情況下直接進行通訊。火線模式採用串列匯流排管理層、物理層、鏈路層和事務層 4 個協定層來傳輸資料,如圖 A-10 所示是設定圖。

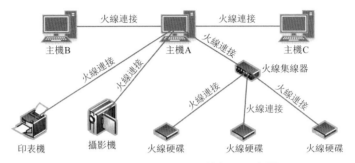

圖 A-10　IEEE 1394 火線網路示意圖

4）高性能平行介面 / 十億位元系統網路

高性能平行介面 / 十億位元系統網路（HiPPI/GSN）屬於 ANSI X3T 9.3 標準,它主要用於高速儲存裝置與大型主機、超級電腦之間的連接。HiPPI 技術的價格比較昂貴,因此與其他技術相比,它的應用並不十分廣泛。

HiPPI 技術透過不同的協定來提供不同的功能。HiPPI-PH 物理層協定定義了HiPPI 的機械、電氣和訊號特徵；HiPPI 頁框協定（HiPPI-FP）用於頁框的建立；HiPPI-SC 協定為切換式通訊協定；HiPPI-LE、HiPPI-FC 和 HiPPI-IPI 協定定義了 HiPPI 到其他協定的對映方法。如圖 A-11 所示是 HiPPI 用於內部裝置連接以及利用光纖延長器實現遠地連接的應用方式。

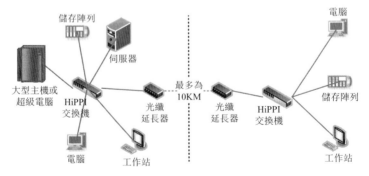

圖 A-11　高性能平行介面 / 十億位元系統網路（HiPPI/GSN）的應用

5）電子整合驅動器（IDE）/ 進階技術連接（ATA）

電子整合驅動器（IDE）技術主要用於目前的大多數以 PC 為基礎的系統。進階技術連接（ATA）是 ANSI 使用的一種正式名稱，它是 IDE 匯流排的一種擴充。每個 IDE 控制器可以連接兩個主輔設定的 IDE 裝置。如圖 A-12 所示是一個 4 台裝置的標準 IDE 設定。

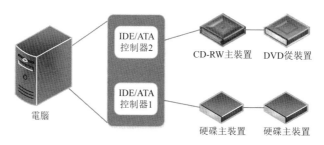

圖 A-12　進階電子整合驅動器 / 進階技術連接（IDE/ATA）的應用

6）小型電腦系統介面（SCSI）

小型電腦系統介面在對多種裝置的支援方面，與 USB、火線非常類似，它所支援的裝置包含硬碟、掃描器、印表機、CD-R、CD-RW 和 WORM 等。如果在一台主機上配備多個 SCSI 控制器，並配以高速硬碟機，就可以組成各種實用的儲存裝置。如圖 A-13 所示就是這種設定的實例。

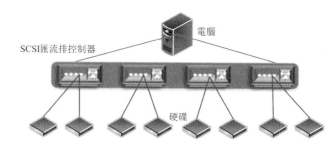

圖 A-13　以小型電腦系統介面（SCSI）控制器為基礎的儲存應用

3. 直接連接儲存的主要優缺點

直接連接儲存在我們生活中是非常常見的，尤其是在中小企業應用中，直接連接儲存是最主要的應用模式，儲存系統被直連到應用的伺服器中，在中小企業中，許多的資料應用是必須安裝在直接連接的記憶體上。直接連接儲存的主要優勢包含：

- 儲存資源是專用的。
- 解決方案價格低廉。
- 設定簡單。

直接連接儲存的主要缺點包含：

- 無法與其他伺服器高效共用資料。
- 非集中儲存。
- 無儲存整合。
- 無高可用性。

A.3.2 網路附加儲存

網路附加儲存通常是指利用網路連接實現的共用儲存（典型的是乙太網路），透過採用通用檔案協定的網路連接可以實現異質主機間的檔案共用。

1. 網路附加儲存的概念

網路附加儲存的基點，是透過網路拓撲實現共用的網路儲存裝置，常常被稱為網路儲存裝置，如圖 A-14 所示。由於網路附加儲存裝置存在多種不同的形式，每個廠商的裝置也具有不同的特點，這種差異以及裝置實現方式的不同，導致了網路附加儲存定義上的多樣性。許多廠商為了競爭的需要，在網路附加儲存產品上實現了許多過去只有在 SAN 環境下才具備的功能特性，這也使網路附加儲存的定義變得更加模糊。

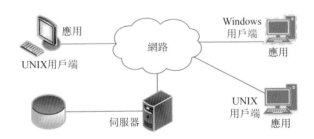

圖 A-14　網路附加儲存

和直接連接儲存一樣,大多數網路附加儲存和儲存區域網路裝置都提供類似 RAID 的容錯選項功能。與直接連接儲存實現中的主機檔案共用類似,網路附加儲存裝置帶有一個類似閘道的裝置,它也可以實現檔案共用。圖 A-15 是一個網路附加儲存裝置,它主要由儲存、作業系統和檔案系統三部分組成。

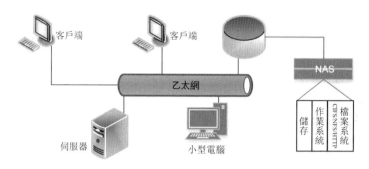

圖 A-15　網路附加儲存的裝置組成

從本質上講,網路附加儲存裝置具有很大的靈活性,尤其是在那些需要長距離通訊的環境下,例如網際網路環境等。但無論從功能方面還是安全角度來講,網路附加儲存並不一定適應所有的情況。由於網路附加儲存裝置的資料存取是以檔案為基礎的,而非像儲存區域網路那樣是以資料區塊為基礎的,因此,它們不適合資料庫的應用。資料庫應用通常要求具備多讀寫操作的快速平行處理處理能力,以適應多請求的回應速度要求。因此,在這種情況下,以資料區塊為基礎的儲存區域網路系統可能是一個更好的選擇。

2. 網路附加儲存的工作原理

1)基於 IP 通訊
網路附加儲存裝置採用 IP 作為自己的基本通訊方法,允許來自本機或遠端的各種不同系統的存取。由於目前的大多數裝置均採用 IP 通訊方式,因此,網路附加儲存設備為分散式資料環境向集中式資料網路環境傳輸提供了一個相對較為容易的遷移方法。

2)以檔案存取
網路附加儲存為基礎的最大特點是基於檔案存取,而非基於資料區塊存取。如果需要一個高性能的交易資料庫,就不能選擇網路附加儲存。如果追求系統的靈活性，要讓各種不同平台的使用者都可以存取資料，那麼，網路附加儲存就是最好的選擇。大數據的網路附加儲存裝置至少支援 CIFS/NFS（Common Internet File Systems，CIFS）/（Network File System，NFS），有些裝置還支援超級文字傳輸協定（HTTP）和檔案傳輸通訊協定（FTP）等。

3）客戶端—伺服器

裝置存取網路附加儲存的方式也與實際的網路附加儲存的產品有關。某些廠商的產品支援主機，包含終端使用者工作站的直接檔案存取；有些廠商的產品，可能會用到類似檔案伺服器的前端裝置；還有一些廠商的產品，可能要求所有存取網路附加儲存的裝置必須載入用戶端軟體。儘管所有這些裝置均處在同一個網路中，但只有滿足一定條件的裝置才能直接存取，圖 A-16 是不同設定類型的存取方式。

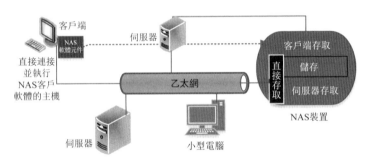

圖 A-16　網路附加儲存的設定

4）連接方式

網路附加儲存裝置的連接方式與其採用的檔案存取系統有關。那些單純依賴客戶端而無須透過伺服器認證所建立的連接（如本機 NFS）被視為無狀態連接，此時的伺服器認證以客戶端為物件，伺服器只是透過對客戶端 ID 的比較來確定對檔案的存取權限。這種連接方式只要利用一些現成的技術就很容易被突破。因此，許多網路附加儲存裝置除了用戶端的認證之外，還設定了自己的認證機制。狀態連接由於需要透過被存取裝置的認證，因此被認為更安全一些。這種認證過程可能直接發生在網路附加儲存裝置上，或採用某些其他的認證形式，例如微軟 Windows 與網域控制站以及遠端使用者撥入認證服務（Remote Authentication Dial In User Service，RADIUS）。因此，狀態連接通常可能利用兩層或多層的認證，它通常包含客戶端級、網路級和網路附加儲存級。

5）遠端使用者撥入認證服務

遠端使用者撥入認證伺服器是一種以客戶端一伺服器結構為基礎的裝置，它們可以提供集中的身份認證服務。根據目前的遠端使用者撥入認證服務裝置和 NAS 裝置的特性，可以允許遠端使用者撥入認證服務裝置作為網路附加儲存裝置的中央認證點。遠端使用者撥入認證服務伺服器的作用相當於網路附加儲存裝置的認證閘道。這無疑給網路附加儲存裝置的使用提供了一層額外的保護。圖 A-17 顯示了這種認證的過程。客戶端首先透過本機認證，然後再透過網域控制站的認證。當需要存取網路附加儲存裝置時，客戶端還必須首先透過遠端使用者撥入認證服務的認證，然後才可以存取網路附加儲存裝置。

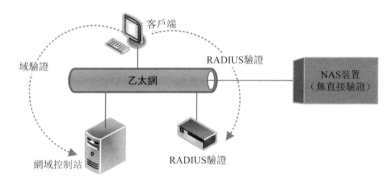

圖 A-17　遠端使用者撥入認證驗證過程

3. 網路附加儲存的主要優缺點

網路附加儲存的主要優勢如下：

- 它用於許多使用者對大量儲存的低容量存取。
- 異質環境。
- 集中儲存。

網路附加儲存（NAS）的主要缺點如下：

- 低效能。
- 可擴充性有限。
- 備份和恢復期間的網路擁塞。
- 乙太網路限制。

A.3.3 儲存區域網路（SAN）

儲存區域網路通常是指由多台互連主機透過光纖連接實現共用的儲存設施。這些主機可以直接連接到儲存區域網路上，也可以透過集線器或交換機連接。儲存區域網路是由儲存磁碟（或儲存區域網路磁帶庫等）組成的一種調整子網，它通常可以提供更多的儲存空間給整個區域網路或廣域網路絡共用，並且不會影響到網路服務或生產效率。

1. 儲存區域網路的概念

儲存區域網路是一種高速網路或子網路，提供在電腦與儲存系統之間的資料傳輸。儲存裝置是指一台或多台用以儲存電腦資料的磁碟裝置，通常是指磁碟陣列。從比較的角度來看，直接連接儲存和網路附加儲存都是透過網路實現共用的儲存裝置，而儲存區域網路則是連接主機與儲存裝置的高速網路。如圖 A-18 所示，儲存區域網路通常是與生產網路完全分開的，以確保儲存網路資料傳輸的確定性。這種確定性的特點正是資料庫這樣的一些應用所要求的。

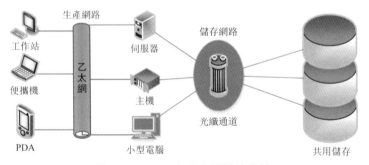

圖 A-18　SAN 與生產網路的分離

儲存區域網路不是裝置，而是以儲存共用為目的的一些相互連接並相互通訊的裝置的集合。與儲存區域網路相連接的每一台裝置都有其特定的安全需求，它們都必須納入整體安全考慮之中。

磁碟儲存並不是儲存區域網路的唯一儲存裝置，以儲存區域網路為基礎的光碟裝置以及各種備份解決方案都可以在儲存區域網路中使用。

目前大多數的儲存區域網路是以光纖通道為基礎的，但也可以利用 DAS 技術來建立儲存區域網路，如 SSA 和 HiPPI 等。儲存區域網路的儲存存取是以資料區片為基礎的，它需要通過主機來實現與其他客戶端的儲存共用。一個儲存區域網路有關很多裝置，包含主機匯流排介面卡（HBA）、集線器、交換機、磁碟儲存裝置、磁帶備份裝置以及光碟裝置等。儲存區域網路對檔案系統沒有規定，它由所連接主機的作業系統決定。

2. 儲存區域網路拓撲結構

可以用於建置儲存區域網路基礎的技術形式很多，最常見的儲存區域網路技術包含光纖通道、HiPPI、SSA、十億位元乙太網路等。

1）光纖通道

光纖通道是目前大多數廠商在儲存區域網路產品設計中廣泛採用的一種網路媒體。儲存區域網路裝置可以透過 FC 集線器、光纖通道交換機或其組合形式實現相互間的連接。當裝置採取直接連接方式時，這種設定方式被稱為點對點方式；當裝置透過集線器連接到邏輯環路中或多台裝置直接連接組成物理環路時，這種方式被稱為光纖通道仲裁環路（Fibre Channel Arbitrated Loop，FC-AL）。這種環路的功能與光纖分散式資料介面（Fiber Distributed Data Interface，FDDI）環非常類似，它也會隨著環路中裝置的增減或裝置故障進行環路本身的重構。該環路的另一個重要的特點是：隨著裝置數量的增加，環路的規模將不斷擴大；當儲存區域網路裝置採用光纖通道交換機連接時，這種網路又被稱為儲存區域網路架構。

2）高性能平行介面

高性能平行介面是用於儲存區域網路的另一種技術，它可以透過自己的平行連接器直接連接到儲存裝置上，或透過高性能平行介面平行光纖連接到高性能平行介面平行交換機上，組成儲存區域網路。此外，高性能平行介面串列光纖也可以用於實現點對點方式或交換方式的連接。

3）序列儲存結構

序列儲存結構也可以用作點對點的連接、線性鏈連接、環路連接或交換機連接。它的連接電纜可以採用標準的四芯銅線，也可以採用光纖。

4）十億位元乙太網路

由於十億位元乙太網路的市場普及率較高，價格又較光纖通道便宜，有些製造商已經設計出了採用十億位元乙太網路的儲存區域網路裝置。這些裝置與網路附加儲存裝置的主要差別仍表現在傳輸方式上。儘管它們的通訊仍然是封裝在 IP 中的，但它們的傳輸採用的是資料區塊方式。

3. 儲存區域網路的主要優缺點

儲存區域網路身為用於儲存的高速私人網路，它和通用網路之間存在一些根本性的不同，這些不同正是儲存區域網路的優點所在，主要表現在以下幾個方面。

■ 大容量、更好的可擴充性、高資料傳輸率。儲存區域網路提供了大型儲存區設備共用的解決方案。光纖通道把多個儲存裝置和伺服器連接在一起形成一個儲存區域網路。儲存裝置可以共同組成一個儲存池。新的儲存裝置可以動態加入到儲存池中。儲存裝置和伺服器都可以方便地增加到網路中去。此外，透過光纖通道技術，資料的傳送速率獲得大幅提升。

■ 高可用性、高容錯性、高安全性。儲存區域網路的裝置如伺服器、磁碟陣列和磁帶庫，都具有更高的可用性和效能。儲存區域網路中可以進行即時備份，使用具有容錯能力的磁碟陣列系統作為儲存區域網路的儲存裝置，可以防止由於硬碟損壞、資料遺失造成的重大損失。光纖通道和交換機技術使得即使在儲存區域網路中出現單點失敗，也不會影響整個網路的執行。在儲存區域網路中，維護或更換裝置以及設定，都不會影響整個網路。

■ 跨平台、高可用性。可以在同一種系統平台建造儲存區域網路，也可以在跨系統平台建造儲存區域網路，並且能共用儲存區域網路中的儲存裝置。舉例來說，數台 Windows Server 系統組建儲存區域網路。在儲存區域網路中，任意一台伺服器都可以接管其他有相同儲存裝置和使用者的伺服器工作。透過儲存區域網路，使用者可以利用新的叢集技術，透過任意一台伺服器存取到需要的資料。而且資料可以自動複製到需要的任意地方。使用者可以自由選擇複製的等級，是磁碟 / 卷冊級，還是資料庫 / 檔案系統級。對於關鍵作業，資料的任何改動都可以同步，使所有的備份同時更新；對於普通資料，更新的時間也只需要幾秒鐘或幾分鐘。可以說，儲存區域網路使可用性達到了一個前所未有的水準。

相對於直接連接儲存和網路附加儲存而言，儲存區域網路的主要缺點是價格較高，對於中、小企業而言，成本太高，不建議使用，租賃儲存系統可能是一種更好的解決方案。

A.4 資料備份系統的結構

災難恢復就像是一把保護傘，可使組織（或企業）從容應對各種災難和意外事件。時至今日，2008 年四川汶川特大地震在很多人心中還有揮之不去的陰影，它無時無刻不在提醒我們：為了確保組織（或企業）資訊系統的安全性和可用性，不僅要做好完整的本機備份工作，還要有目的地部署異地高可用性系統，讓資訊系統固若金湯。

A.4.1 資料災難恢復與資料備份的關係

企業關鍵資料遺失會中斷企業正常業務的執行，造成極大經濟損失，而要保護資料，就需要備份災難恢復系統。很多企業在架設了備份系統之後就認為高枕無憂了，其實還需要架設災難恢復系統。資料災難恢復與資料備份的聯繫主要表現在以下幾個方面：

1. 系統備份對軟體的要求

資料備份是資料可用性的最後一道防線，其目的是為了在系統資料當機時能夠快速地恢復資料。雖然它也算一種災難恢復方案，但這種災難恢復能力非常有限，因為傳統的備份主要是採用資料內建或外接的磁帶機進行冷備份，備份磁帶同時也在機房中統一管理，一旦整個機房出現了災難，如火災、盜竊和地震等災難時，這些備份磁帶也隨之銷毀，所儲存的磁帶備份也起不到任何災難恢復作用。

2. 災難恢復不是簡單備份

真正的資料災難恢復就是要避免傳統冷備份的先天不足，以便在災難發生時，全面、即時地恢復整個系統。災難恢復按其能力的高低可分為多個層次，例如國際標準 Share78 定義的災難恢復系統有 7 個層次，從最簡單的僅在本機進行磁帶備份，到將備份的磁帶儲存在異地，再到建立應用系統即時切換的異地備份系統，恢復時間也可以從幾天到小時級、分鐘級、秒級或零資料遺失等。無論採用哪種災難恢復方案，資料備份都是最基礎的，沒有備份的資料，任何災難恢復方案都沒有現實意義。但光有備份是不夠的，災難恢復也必不可少。容災對於 IT 而言，就是提供一個能防止各種災難的電腦資訊系統。

A.4.2 災難恢復的概念

災難恢復從保證的程度上一般分為 3 個等級：資料級、系統級和業務級。資料等級災難恢復的重點在於資料，即災難發生後可以確保使用者原有的資料不會遺失或遭到破壞。資料級災難恢復與備份不同，它要求資料的備份儲存在異地，也可以叫異地備份。初級的資料災難恢復是將備份的資料以人工方式儲存到異地；進階的資料災難恢復是建立一個異地的資料中心，兩個資料中心之間進行非同步或同步的資料備份，減少備份資料與實際資料的差異。

資料級災難恢復是災難恢復的基本底線，因為要等主系統的恢復，所以也是恢復時間最長的一種災難恢復方式。

系統級災難恢復是在資料級災難恢復的基礎上，再把執行應用處理能力（業務伺服器區）複製一份，也就是說，在備份網站同樣建置一套支撐系統。系統級災難恢復系統能提供不間斷的應用服務，讓使用者應用的服務請求能夠透明地繼續執行，而感受不到災難的發生，確保系統服務的完整、可靠和安全。

資料級災難恢復和系統級災難恢復都是在 IT 範圍之內，然而對於正常業務，僅有 IT 系統的保證是不夠的，有些使用者需要建置最高等級的業務級災難恢復。業務級災難恢復包含很多非 IT 系統，例如電話、辦公地點等。當一場大的災難發生時，使用者原有的辦公場所都會受到破壞，使用者除了需要原有的資料。原有的應用系統，更需要工作人員在一個備份工作場所能夠正常地開展業務。實際上，業務級災難恢復還關注業務連線網路的備份，不僅要考慮支撐系統的服務提供能力，還要考慮服務使用者的連線能力，甚至備份的工作人員。

A.4.3 災難恢復工程

所謂災難恢復工程，就是為了防範由於自然災害、社會動亂和人為破壞造成的企事業單位元資訊系統資料損失的一項系統工程。

使用者在建立災難恢復系統之前，首先要進行全面的系統分析，其中包含業務系統風險分析、災難恢復系統對業務系統的影響分析和投資效益分析。風險分析是檢查那些可能造成資料損失或系統癱瘓的外在和內在因素。既然是災難恢復，必須充分考慮業務系統所在地的自然環境，針對可能發生的災難，準備對應的災難恢復對策。災難恢復系統一定對業務系統的效能有一定影響，因此，對於那些高負荷執行的業務系統必須認真計算。建立災難恢復系統，除了需要購買必需裝置外，還要考慮系統維護管理成本和使用通訊線路的費用。設計災難恢復系統，必須提出設計指標。

既然建立災難恢復系統是為了資料或業務的快速恢復，災難恢復系統的設計指標就與業務系統的資料可恢復性密切相關。RTO（Recovery Time Objective）代表災難恢復系統在災難發生後資料或系統恢復所用的時間。RPO（Recovery Point Objective）代表災難發生時已經備份的資料與生產中心資料的時間差。此外，設計災難恢復系統還需要考慮選擇災難恢復備份中心地點。資料庫災難恢復要確保備份資料庫的一致性，最好能夠對備份資料庫進行對生產系統無干擾的即時檢驗。大部分的情況下，災難恢復系統投資較大，使用機率較低，因此，需要對整體投入成本（TEO）和投資回報率（ROI）進行認真的分析和計算。

目前，市場上有多種成熟的災難恢復技術可以選擇，這些災難恢復技術最主要的差異在於資料複製的發起平台和接收平台。資料備份後的異地儲存方式依靠備份媒體的移動和儲存。儲存子系統邏輯卷冊之間的資料複製依靠儲存子系統的資料複製軟體。應用系統邏輯卷冊之間的資料複製依靠主機卷冊管理軟體的遠端資料複製功能。虛擬儲存系統之間的資料複製依靠虛擬儲存管理平台的邏輯卷冊複製軟體。資料庫伺服器之間的資料庫複製依靠資料庫 ODS 功能的擴充。

企事業單位中的決策者在實施災難恢復系統工程時，必須制定詳細的災難恢復計畫。透過制訂災難恢復計畫幫助使用者根據自己的業務模式來確定災難恢復系統的設計要求，根據系統分析決定災難恢復系統設計參數，根據業務系統的區域網路環境選擇合適的災難恢復技術。災難恢復計畫還應該包含制定災難發生後的應急程式，建立啟動災難恢復系統的管理機構和各方面的行動小組，以及一些非技術的因素（如損失評估與保險商、裝置重建與供應商、社會公共關係與系統使用者等）。總而言之，災難恢復是一項系統工程，必須透過制定詳細的災難恢復計畫來實施。

1. 災難恢復工程的系統分析

災難恢復工程的系統分析包含業務系統的風險分析（Risk Analysis）、災難恢復系統對業務系統的影響分析（Business Impact Analysis）及災難恢復系統的投入和產出分析（Cost Benefit Analysis）。

1）業務系統的風險分析

建立災難恢復工程的最後目的是確保在災難造成對業務資料破壞後，業務資料的可恢復性，所以，首先要分析本機區影響業務資料安全性的災難有哪些種類。災難可以分為自然災難、社會災難和人為災難。

自然災難包含火災、水災、地震等突發自然災害造成的業務系統的災難，而不同地區自然災害的發生有一定的統計機率，且自然災害的影響範圍有一定區域，因此對自然災害的風險分析相比較較容易。在實施災難恢復工程時，特別要注意災難恢復備份中心的選擇應建立在自然災害較少的地方。在美國，一些州透過立法來規定災難恢復備份中心可選擇的地區。

社會災難包含區域性電力系統故障，恐怖分子製造的爆炸、戰爭引起定點破壞等災難，國內外社會存在不安定因素，這些必須引起足夠的憂患意識。美國「9·11」事件就是一個很好的實例，一些沒有採取任何災難恢復措施的企業由於核心業務資料的破壞而最後破產，而另一些採用了災難恢復措施的企業得以生存，有些建立了備用業務系統的企業的業務能夠很快恢復。

人為災難包含 IT 系統管理人員的誤操作、來自網路的惡意攻擊、電腦病毒發作造成的資料災難。近些年，人為災難更為突出，特別是電腦病毒造成的資料損失觸目驚心。舉例來說，迅速氾濫的「衝擊波」（Worm Blaster）病毒致使全球上百萬台電腦中毒，部分網路伺服器癱瘓，迄今已給全球商業界造成了幾十億美金的直接損失,儘管有關公司發佈了軟體更新,但餘波未平,「衝擊波」變種仍然伺機而動。研究結果表明,下一代電腦病毒傳播的速度將更快。一種名為 Flash 的病毒將在極短時間內感染所有的網路,而另一種名為 Warhol 的病毒將在 15min 之內傳遍全球。採用後發制人策略的防電腦病毒系統難以確保資料的安全,因此有必要建立資料的備份機制。

2)災難恢復系統對業務系統的影響分析

資料複製操作的發起來自業務系統。不論其來自系統的計算層、網路層還是儲存層,都會影響到業務系統的效能。對那些要求高性能的業務系統或已經是高負荷執行的業務系統,必須分析建立災難恢復系統對業務系統性能的影響。不同災難恢復技術對業務系統的影響不同。舉例來說,採用同步資料複製技術的災難恢復解決方案中,如果災難恢復備份中心與業務中心的距離超過 100km,就需要考慮資料傳輸延遲對業務系統性能造成的影響,距離越遠,業務系統性能下降的速度越快。

災難恢復備份系統執行平穩後,需要對備份資料(資料庫)的可用性進行檢查。正常情況下,備份中心的資料庫是不能開啟使用的,只有在業務系統工作中斷,或切斷災難恢復處理程序的情況下,才能對備份資料(資料庫)的可用性進行檢查,這樣勢必對業務系統的正常執行產生影響。此外,災難恢復系統包含傳輸資料的網路,當網路傳輸出現擁堵或中斷等情況時,資料複製同樣會造成業務系統性能下降甚至業務執行的中斷;而當等待傳輸資料溢位資料複製發起端的緩衝區時,則有可能造成資料的遺失,或資料傳輸次序的混亂,破壞備份資料庫的一致性,使資料庫不可恢復。

3)災難恢復系統的投入和產出分析(CBA)

整體投入成本 TCO 和投資回報率 ROI 是衡量災難恢復系統投入和回報的主要指標。CBA 強調的是對投產出的分析,從業務系統發展的角度來考慮災難恢復系統投資的合理性。

首先,要考慮準備建設的災難恢復系統與正在執行的業務系統的可延續性,保護前期投資,為建立新災難恢復系統而對原有業務系統進行大規模改造的情況應該儘量避免。其次,要考慮業務系統擴充對災難恢復系統的影響,特別是對儲存容量增加的影響和通訊線路負荷的影響。由於單業務災難恢復系統使用機率很低，CBA 的結果偏好選擇專業的資料災難恢復中心服務方式。

2. 災難恢復系統的設計指標

要建設災難恢復工程必須提出災難恢復系統設計指標作為衡量和選擇災難恢復解決方案的參數。目前，國際上通用的災難恢復系統評審標準為 Share 78，包含：

- 備份 / 恢復的範圍。
- 災難恢復計畫的狀態。
- 業務中心與災難恢復中心之間的距離。
- 業務中心與災難恢復中心之間如何相互連接？
- 資料是如何在兩個中心之間傳送的？
- 允許有多少資料被遺失？
- 怎樣保證更新的資料在災難恢復中心被更新？
- 災難恢復中心可以開始災難恢復處理程序的能力。

Share 78 只是建立災難恢復系統的評審標準，在設計災難恢復系統時，還需要提供更加實際的設計指標。建立災難恢復系統的最後目的，是為了在災難發生後能夠以最快的速度恢復資料服務，所以災難恢復中心的設計指標主要與災難恢復系統的資料恢復能力有關。最常見的設計指標有 RTO 和 RPO。

恢復時間指標是指災難發生後，從系統當機導致業務停頓到系統恢復至可以支援各部門運作、業務恢復營運間的時間段。一般而言，RTO 時間越短，表示要求在更短的時間內恢復至系統可使用狀態。雖然從管理的角度而言，RTO 時間越短越好，但是，這同時也表示更大成本的投入，即可能需要購買更快的儲存裝置或高可用性軟體。對不同產業的企業來説，其 RTO 目標一般是不相同的。即使是在同一企業，各企業因業務發展規模的不同，其 RTO 目標也會不盡相同。如前所述，RTO 目標越短，成本投入也越大。各企業都有其在該發展階段的單位時間盈利指數，確定了此指數後，就可以計算出業務停頓隨時間造成的損失大小。在企業有建置災難恢復系統的打算時，首先要找到對本身比較適合的 RTO 目標，即在該目標定義下，用於災難備份的投入應不大於對應的業務損失。

復原點指標是指災難發生後，災難恢復系統把資料恢復到災難發生前的那個時間點的資料，它是衡量企業在災難發生後會遺失多少生產資料的指標。理想狀態下，我們希望 RPO=0。RPO=0 即災難發生對企業生產毫無影響，既不會導致生產停頓，也不會導致生產資料遺失。從目前電腦技術水準來說，我們可以為使用者建設這種類型的災難恢復系統，其中最著名的實例當屬 VISA 和 Master 的結算系統。由於這兩個銀行結算組織在全球銀行結算業務方面佔據了重要地位，因此它們的結算系統不允許發生任何停頓和資料遺失的情況，即使在「9‧11」、大地震這種極端或毀滅性災難情況下。但實現這樣的災難恢復系統的投資極大，它需要結合儲存資料複製技術、伺服器作業系統映像檔技術、叢集技術、資料庫高可用性設計、應用系統高可用性設計、同步災難恢復技術、非同步災難恢復技術、同城容災方案、異地災難恢復方案，以及對應的管理流程和意外事件反應處理流程等詳細規章制度和人員配備、行政保證方法（實際是雙生產中心或多生產中心方案，並沒有單純的災難恢復中心）。但是採用這種方案時投資過於極大。

如果業務部門能確認 RTO/RPO 指標，那麼技術部門選擇合適的災難恢復技術及搭配的管理流程就可以確定投資規模了。可以利用最最佳化的建設方式來實現資料的災難恢復保護目的。舉例來說，如果業務部門確認，災難發生後，3h 內恢復生產就可以滿足使用者需求，且營業系統資料不遺失，那麼 RTO=3h，RPO=0，這就必須選擇以儲存平台資料複製技術為基礎的同步災難恢復方案：如果業務部門確認，災難發生後，3d 恢復經營分析系統工作，且以前的資料遺失可以忽略不計，那麼 RTO=3 天，RPO 為無，此時選擇低端的 ATA 磁碟實現異地備份，就能滿足資料保護的要求。

值得一提的是，為百年不遇的災難投入鉅資以建設一個災難恢復中心，而災難恢復中心的設備在災難發生前又不能給企業帶來效益，這是企業決策者難以接受的事實。因此建議，對中小型企業資料進行災難恢復保護時，可以合理地分配投資資源，將災難恢復中心建設成為第二生產中心，與生產中心共同形成支援企業正常執行的中心，並實現互為災難恢復，既可以降低整體擁有成本，又可以加強技資回報率。

總之，資料災難恢復備份技術憑藉其技術發展越來越成熟和平民化的實現形式，可以幫助不同需求、不同等級的企業使用者防止突發災難的破壞，實現重要資料的備份和保護。

A.4.4 資料災難恢復等級

1. 第 0 級無異地備份

這一級災難恢復方案僅在本機進行備份，沒有異地備份，並且也沒有制定災難恢復計畫。

2. 第 1 級異地冷備份

第 1 級災難恢復方案是將關鍵資料備份到本機磁帶媒體上，然後送往異地儲存，但是異地沒有可用的備份中心、備份資料處理系統和備份網路通訊系統，也沒有制定災難恢復計畫。災難發生後在本機使用新的主機，利用異地資料備份媒體（磁帶）恢復資料。

這種方案雖然成本較低，運用的是本機備份管理軟體，但可以在本機發生毀滅性災難後，將從異地運送過來的備份資料恢復到本機，繼而恢復業務；其缺點是難以管理，因為很難知道什麼資料在什麼地方，恢復時間長短依賴於硬體平台何時能夠準備好。這一等級方案作為異地災難恢復的方法，以前被許多進行關鍵業務生產的大企業廣泛採用。目前該方案在許多中小網站和中小企業使用者中採用較多，而對於要求快速進產業務恢復和巨量資料恢復的使用者則不會採用。

3. 第 2 級異地熱備份

第 2 級災難恢復方案是在第 1 級災難恢復備份的基礎上異地增加熱備份網站，利用備份管理軟體將運送來的資料備份到網站上。它將關鍵資料進行備份並儲存到異地，制定有對應災難恢復計畫，具有熱備份份網站災難恢復能力，一旦發生災難，利用熱備份份主機系統即可將資料恢復。它與第 1 級災難恢復方案的區別在於：異地沒有一個熱備份份網站，該網站有主機系統，平時利用異地的備份管理軟體將運送到的資料備份媒體（磁帶）上的資料備份到主機系統，當災難發生時可以快速接管應用。

由於增設了熱備份份網站，因此使用者的投資會增加，對應的管理人員也要增加。雖然這種方案在技術上實現簡單，即利用異地熱備份份系統可在本機發生毀滅性災難後快速進產業務恢復，但是，由於備份媒體是採用交通運輸方式送往異地的，異地熱備份份網站保存的資料是上一次備份的資料，所以可能會有幾天甚至幾周的資料遺失。這對於關鍵資料的災難恢復是不能接受的。

4. 第 3 級線上資料恢復

第 3 級災難恢復方案採用電子資料傳輸取代交通工具傳輸備份資料。它透過網路將關鍵資料備份並儲存至異地，並制定了對應的災難恢復計畫，有備份中心，並配備部分資料處理系統及網路通訊系統。該等級方案的特點是用電子資料傳輸來取代交通工具傳輸備份資料，進一步加強災難恢復的速度。利用異地的備份管理軟體將透過網路傳送到異地的資料備份到主機系統，一旦災難發生，需要的關鍵資料透過網路即可迅速恢復。透過網路切換，關鍵應用恢復時間可降低到一天或小時級。這一等級方案由於備份網站要保持持續執行，對網路的要求較高，因此成本對應有所增加。

5. 第 4 級定時資料備份

第 4 級災難恢復方案是利用備份管理軟體，自動透過通訊網路將部分關鍵資料定時備份至異地。它是在第 3 級災難恢復方案的基礎上，利用備份管理軟體自動透過網路將資料定時備份至異地，並制定對應的災難恢復計畫，一旦災難發生，利用備份中心已有資源及備份資料即可恢復關鍵業務系統的執行。

這一等級方案的特點是採用自動化的備份管理軟體備份資料到異地，備份中心儲存的資料是定時備份的資料。根據備份策略的不同，資料的遺失與恢復時間達到天或小時級。由於對備份管理軟體裝置和網路裝置的要求較高，因此使用者的投入成本也會增加。另外，該等級的業務恢復時間和資料遺失量不能滿足關鍵企業對資料災難恢復的要求。

6. 第 5 級即時資料備份

第 5 級災難恢復方案是資料在主中心和備份中心之間相互映像檔，由遠端非同步送出來實現同步。該方案在前幾個等級方案的基礎上使用了硬體映像檔技術和軟體資料複製技術，也就是説，可以實現主中心與備份中心資料的即時更新。資料在兩個網站之間相互映像檔,由遠端非同步送出方式實現資料的同步。因為關鍵應用採用雙重線上儲存,所以在災難發生時,僅有少部分資料被遺失,恢復的時間被降低到了分鐘級或秒級。由於對儲存系統和資料複製軟體的要求較高,所以該方案所需成本會大幅增加。

7. 第 6 級零資料遺失

第 6 級災難恢復方案是利用專用的儲存網路將關鍵資料同步映像檔至備份中心,資料不僅在本機進行確認,而且需要在異地(備份中心)進行確認。該方案是災難恢復中最昂貴的方式,也是速度最快的恢復方式,是災難恢復的最高等級,它利用專用的儲存網路將關鍵資料同步映像檔至備份中心。由於資料是映像檔地寫到兩個中心,所以災難發生時異地災難恢復系統保留了全部的資料,實現了零資料遺失。

這一方案利用雙重線上儲存和完全的網路切換技術,不僅確保了本機和遠端資料的完全一致性,而且儲存和網路等環境具備應用的自動切換能力,一旦發生災難,備份站點不僅有全部的資料,而且可以自動接管應用,實現零資料遺失。通常在兩個中心的光纖裝置連接中還提供容錯通道,以便工作通道出現故障時即時接替其工作。當然,由於對儲存系統和儲存系統私人網路絡的要求很高,使用者的投資極大,因此採用這種災難恢復方式的使用者主要是資金實力較為雄厚的企業或單位。在實際應用過程中,由於完全同步的方式對生產系統的執行效率會產生很大影響,所以適用於即時交易較少或非即時交易的關鍵資料系統。

A.5 災難恢復關鍵技術

在建立災難恢復備份系統時會有關多種技術,如 SAN/NAS 技術、遠端映像檔技術、虛擬儲存、以 IP 為基礎的 SAN 的互連技術、快照技術等。

A.5.1 遠端映像檔技術

遠端映像檔技術在主資料中心和備份資料中心之間進行資料備份時會用到。映像檔是在兩個或多個磁碟或磁碟子系統上產生同一個資料的映像檔視圖的資訊預存程序。磁碟子系統中有一個主映像檔系統，其餘為從映像檔系統。按主從映像檔儲存系統所處的位置可分為本地映像檔和遠端映像檔。本機映像檔的主從映像檔儲存系統處於同一個 RAID 陣列內，而遠端鏡像的主從映像檔儲存系統通常分佈在跨都會區網路或廣域網路的不同節點上。

遠端映像檔又叫遠端複製，是災難恢復備份的核心技術，同時也是保持遠端資料同步和實現災難恢復的基礎。它利用物理位置上分離的儲存裝置所具備的遠端資料連接功能，遠程維護一套資料映像檔，這樣一旦災難發生，分佈在異地記憶體上的資料備份不會受到波及。遠端映像檔按請求映像檔的主機是否需要遠端映像檔網站的確認資訊，又可分為同步遠端映像檔和非同步遠端映像檔。

1. 同步遠端映像檔

同步遠端映像檔（同步複製技術）是指透過遠端映像檔軟體，將本機資料以完全同步的方式複製到異地，每一個本機的 I/O 交易均需等待遠端複製的完成確認資訊，方予以釋放。同步映像檔使遠端複製總能與本機機要求複製的內容相比對。當主網站出現故障時，使用者的應用程式切換到備份的替代網站後，被映像檔的遠端備份可以確保業務繼續執行而沒有遺失資料。換言之，同步遠端映像檔的 RPO 值為 0（即不遺失任何資料），RTO 也以秒或分為計算單位。不過，由於往返傳輸會造成延遲時間較長，而且本機系統的效能與遠端備份裝置直接掛鉤，所以，同步遠端映像檔僅限於在相對較近的距離上應用，主從映像檔系統之間的間隔一般不超過 60s。

2. 非同步遠端映像檔

非同步遠端映像檔（非同步複製技術）則由本機儲存區系統提供給請求映像檔主機的 I/O 操作完成確認資訊，確保在更新遠端儲存視圖前完成向本機儲存區系統輸出 / 輸入資料的基本操作，也就是說它的 RPO 值可能是以秒計算的，也可能是以分或小時計算的。非同步遠程映像檔採用了「儲存轉發（Store And Forward）」技術，所有的 I/O 操作在後台同步進行，這使得本機系統性能受到的影響很小，大幅縮短了資料處理的等待時間。非同步遠端映像檔具有「對網路頻寬要求小，傳輸距離長（可達到 1000km 以上）」的優點。不過，由於許多遠端的從映像檔系統「寫」操作是沒有獲得確認的，所以當出於某種原因導致資料傳輸失敗時，極有可能會破壞主從系統的資料一致性。

同步遠端映像檔與非同步遠端映像檔最大的優點就在於，將因災難引發的資料損耗風險降到最低（非同步）甚至為零（同步）；其次，一旦發生災難，恢復處理程序所耗費的時間比較短。這是因為建立遠端資料映像檔是不需要經由代理伺服器的，它可以支援異質伺服器和應用程式。

3. 遠端映像檔的實現類型

遠端映像檔資料複製技術的實現類型包含：

（1）以主機。基於主機為基礎的資料複製技術，可以不考慮儲存系統的同構問題，只要保持主機是相同的作業系統即可。目前支援異質主機間的資料複製軟體有自由遁 NAS 的 DiskSafe Express，它不但支援遠端伺服器間的資料複製，還可以支援跨廣域網路的遠程即時複製。

（2）基於儲存系統。該類型利用儲存系統進行資料複製，複製的資料在儲存系統之間傳遞，和主機無關。這種方式的優勢是資料複製不佔用主機資源，不足之處是對災備中心的儲存系統和生產中心的儲存系統有嚴格的相容性要求，一般需要來自同一個廠家，這樣就給使用者高可用性中心的儲存系統的選型帶來了限制。

（3）基於光纖交換機。這項技術正在發展中，即利用光纖交換機的新功能或管理軟體來控制光纖交換機，對儲存系統進行虛擬化，再用管理軟體對虛擬儲存池進行卷冊管理、卷冊複製和映像檔等，來實現資料的遠端複製。比較典型的產品有 Storag-age，Falcon 等。

（4）以應用為基礎的資料複製。這項技術有一定的限制，只針對實際的應用。它主要利用資料庫本身提供的複製模組來完成，例如 Oracle Data Guard、Sybase Ep1ication 等。

4. 遠端映像檔技術的缺陷

遠端映像檔軟體和相關搭配裝置的售價普遍偏高，而且，至少得佔用兩倍以上的主磁碟空間。但是，如果業務流程本身對資料的復原點（RPO）或恢復時間（RTO）要求相對較高，則建立遠端映像檔將是最佳的解決之道。

除了價格昂貴之外，遠端映像檔技術還有一個致命的缺陷，就是它無法阻止系統失敗（rolling disaster），資料遺失、損壞和誤刪除等災難的發生。如果主站的資料遺失、損壞或被誤刪除，備份網站上的資料也將出現連鎖反應。目前市面上只有極少數的非同步遠程映像檔產品可做到給每一個交易蓋上時間戳記（timestamp），一旦發生資料損壞或誤刪除操作，使用者可以指定資料恢復到某個時間點的狀態。當然，要實現該功能，並不是僅安裝遠端映像檔軟體就夠了，使用者還需要採取其他一些必要的保護方法，如延遲複製技術（本機資料複製均在後台記錄檔區進行），在確保本機資料完好無損後再進行遠端資料更新。另外，遠端映像檔技術還會有無法支援異質磁碟陣列和內建儲存元件、支援軟體種類匱乏、無法提供檔案資訊等諸多缺點。

A.5.2 快照技術

遠端映像檔技術常常同快照技術結合起來實現遠端備份，即透過映像檔把資料備份到遠程儲存系統中，再用快照技術把遠端儲存系統中的資訊備份到遠端的磁帶庫、光盤點中。目前，越來越多的儲存裝置支援快照功能，快照技術的優勢包含快照數量多、佔用空間小等。

1. 快照的定義與作用

SNIA（儲存網路企業協會）對快照（snapshot）的定義是：關於指定資料集合的一個完全可用的複製，該複製包含對應資料在某個時間點（複製開始的時間點）的映像檔。快照可以是其表示的資料的備份，也可以是資料的複製品。

從實際的技術細節來講，快照是透過軟體對要備份的磁碟子系統的資料進行快速掃描，建立一個要備份資料的快照邏輯單元號 LUN 和快照快取區，在快速掃描時，把備份過程中即將要修改的資料區塊同時快速複製到快照快取區中。快照 LUN 是一組指標，它指在快照快取區和磁碟子系統中不變的資料區塊（在備份過程中）。在正常業務進行的同時，利用快照 LUN 實現對原資料的完全的備份。它可讓使用者在正常業務不受影響的情況下，即分時析目前線上業務資料。其「備份視窗」接近於零，可大幅增加系統業務的連續性，為實現系統真正的 7X24h 運轉提供了保證。快照以記憶體為緩衝區，由快照軟體提供系統磁碟儲存的即時資料映射，它存在緩衝區排程問題。

隨著儲存應用需求的加強，使用者需要以線上方式進行資料保護，快照就是線上儲存裝置防範資料遺失的有效方法之一，越來越多的裝置開始支援這項功能。

快照有 3 種基本形式：以檔案系統為基礎的、以子系統為基礎的和以卷冊管理員／虛擬化為基礎的，這 3 種形式之間差別很大。市場上已經出現了能夠自動產生快照的工具程式，例如 NetApp 的儲存裝置以檔案系統實現，高中低端裝置使用共同為基礎的作業系統，都能夠實現快照應用；舊的 EVA、HDS 通用儲存平台以及 EMC 的高階陣列基於子系統實現快照；而 Veritas 則基於卷冊管理員實現快照。

快照的作用主要是能夠進行線上資料恢復，當儲存裝置發生應用故障或檔案損壞時可以即時進行資料恢復，將資料恢復成快照產生時間點的狀態。快照的另一個作用是為儲存使用者提供了另一個資料存取通道，即當原資料進行線上應用處理時，使用者可以存取快照資料，還可以利用快照進行測試等工作。

因此，所有儲存系統，不論高中低端，只要應用於線上系統，那麼快照就成為一個不可或缺的功能。

2. 快照的類型

目前有兩大類儲存快照，一種叫作即寫即拷（Copy On Write）快照，另一種叫作分割映像檔快照。

圖 A-19 所示即寫即拷快照可以在每次輸入新資料或已有資料被更新時產生對儲存資料改動的快照。這樣可以在發生硬碟寫錯誤、檔案損壞或程式故障時迅速恢復資料。但是，如果需要對網路或儲存媒介上的所有資料進行完全的存檔或恢復時，所有以前的快照都必須可供使用。

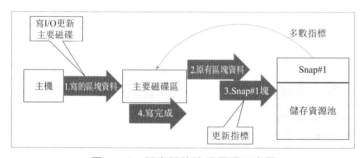

圖 A-19　即寫即拷快照原理示意圖

即寫即拷快照是表現資料外觀特徵的「照片」。這種方式也被稱為「中繼資料」複製，即所有的資料並沒有被真正複製到另一個位置，只是指示資料實際所處位置的指標被覆制。在使用這項技術的情況下，當已經有快照時，如果有人試圖改寫原始 LUN 上的資料，則快照軟體將首先將原始資料區塊複製到一個新位置（專用於複製操作的儲存資源池），然後再進行寫入操作。以後當參考原始資料時，快照軟體將指標對映到新位置，或當引用快照時將指標對映到舊位置。

分割映像檔快照參考映像檔硬碟群組上的所有資料。每次應用執行時期，都會產生整個卷冊的快照，而不只是新資料或更新的資料，這種方法使得離線存取資料成為可能，並且簡化了恢復、複製或儲存一顆硬碟上所有資料的過程。但是，這種方式需要消耗較多的時間，是個較慢的過程，而且每個快照需要佔用更多的儲存空間。

分割映像檔快照也叫作原樣複製，由於它是某一 LUN 或檔案系統上的資料的物理複製，有的管理員也稱之為複製、映射等。原樣複製的過程可以由主機（Windows 上的 MirrorSet、Veritas 的 Mirror 卷冊等）或在儲存級上用硬體完成（Clone、BCV、ShadowImage 等）。

3. 快照的使用方法

儲存管理員使用快照有 3 種形式，即冷快照複製、暖快照複製和熱快照複製。

1）冷快照複製

冷快照複製是確保系統可以被完全恢復的最安全的方式。在進行任何大的設定變化或維護前後，一般都需要進行冷複製，以確保資料完全恢復原狀。

冷複製還可以與複製技術相結合複製整個伺服器系統，以實現各種目的，如擴充、製作生產系統的備份供測試 / 開發之用以及向二層儲存遷移。

2）暖快照複製

暖快照複製利用了伺服器的暫停功能。當執行暫停動作時，程式計數器被停止，所有的活動記憶體都被儲存在啟動硬碟所在的檔案系統中的暫存檔案（.vmss 檔案）中，並且暫停伺服器應用。在這個時間點上，複製整個伺服器（包含記憶體內容檔案和所有的 LUN，以及相關的使用中的檔案系統）的資料。在這個複製中，伺服器和所有的資料將被凍結在完成暫停操作時的處理點上。

當快照操作完成時，伺服器可以被重新啟動，在暫停動作開始點上恢復執行。應用程式和伺服器過程將從同一時間點上恢復執行。從表面上看，就好像在快照活動期間按下了暫停鍵一樣，而從伺服器的網路用戶端機來看，則好像網路服務暫時中斷一樣。對適度載入的伺服器來說，這段時間通常在 30 ～ 120s。

3）熱快照複製

在熱快照複製狀態下，發生的所有的寫入操作都立即應用在一個虛擬硬碟上，以保持檔案系統的高度一致性。伺服器提供讓持續的虛擬硬碟處於熱備份模式的工具，以透過增加 REDO 記錄檔在硬碟子系統層上的資料。

一旦 REDO 記錄檔被啟動，複製包含伺服器檔案系統的 LUN 的快照是安全的。在快照操作完成後，可以發出另一個指令，這個指令將 REDO 記錄檔處理送出給下面的虛擬硬碟檔案。當送出活動完成後，所有的記錄檔項都將被應用，REDO 檔案將被刪除。在執行這個操作的過程中，會出現處理速度略微下降的情況，不過所有的操作將繼續執行。但是，在多數情況下，快照處理程序幾乎是瞬間完成的，REDO 的建立和送出時間非常短。

熱快照操作過程從表面上看基本上察覺不到伺服器速度下降。在最差情況下，它看起來就像是網路擁塞或超載的 CPU 可能造成的一般伺服器速度下降。在最好的情況下，不會出現可察覺到的影響。

A.5.3 互連技術

早期的主資料中心和備份資料中心之間的資料備份主要以 SAN 為基礎的遠端複製（鏡像），即透過光纖通道 FC，把兩個 SAN 連接起來，進行遠端映像檔（複製）。當災難發生時，由備份資料中心替代主資料中心以確保系統工作的連續性。這種遠端災難恢復備份方式存在一些缺陷，如實現成本高、裝置的互通性差、跨越的地理距離短（10km）等，這些因素阻礙了它的進一步推廣和應用。

目前出現了多種以 IP 為基礎的 SAN 的遠端資料災難恢復備份技術。它們是利用以 IP 為基礎的 SAN 的互連協定，將主資料中心 SAN 中的資訊透過現有的 TCP/IP 網路，遠端複製到備份中心 SAN 中。當備份中心儲存的資料量過大時，可利用快照技術將其備份到磁帶庫或光碟庫中。這種以 FC 為基礎的

SAN 的遠端災難恢復備份，可以跨越 LAN、MAN 和 WAN，成本低，可擴充性好，具有廣闊的發展前景。以 IP 為基礎的互連協定包含 FCIP、iFCP、Infiniband 和 iSCSI 等。

A.6 資料災難恢復典型案例

A.6.1 EMC 災難恢復技術與業務連續性方案

EMC 災難恢復技術為遠端映像檔技術，適用場景為主資料中心和備份中心之間的資料備份。映像檔是在兩個或多個磁碟或磁碟子系統上產生同一個資料的映像檔視圖的資訊預存程序，其餘叫主映像檔系統，其餘叫從映像檔系統。按主從映像檔儲存系統所處的位置可分為本機鏡像和遠端映像檔。本機映像檔的主從映像檔儲存系統處於同一個 RAID 陣列內，而遠端映像檔的主從映像檔儲存系統通常分佈在跨都會區網路或廣域網路的不同節點上。

西南某地理資訊服務機構（以下簡稱客戶）向 EMC 公司提出建立災難恢復方案的想法，但災難恢復技術和方案的設計極其複雜，客戶不能提供實際需求。了解了客戶的初步設想後，EMC 公司根據以往的經驗和成熟的業務連續性服務整合方法論，幫助客戶從評估現有服務水準入手，定義業務需求，研究高可用性和恢復技術，設計基礎架構，進行技術測試和實施，開發業務連續性技術，實施災難恢復測試演習，建立更新與維護制度，建立資源管理、改進考評系統，使災難恢復方案真正做到「養兵千日，用兵一時」。

1. 設計想法

EMC 在業務連續性服務方面具有一套完整的實施方法論，稱作業務連續性服務集成方法論（Business Continuity Solution Integration，BCSI）。它是 EMC 透過對多年實施業務連續性和災難恢復服務所累積的經驗進行歸納和提煉，開發出來的業務連續性實施方法論模型。該實施方法在全球許多相關專案中廣為應用並獲得驗證。

根據客戶災難恢復地點的選擇範圍，EMC 針對生產網站和災難恢復網站之間的距離推薦 3 種技術方案。第 1 種是北京、拉薩，距離在 1000km 以上，EMC

推薦使用 SRDF SAR 單轉發資料複製方案，該方案對於鏈路的頻寬沒有實際要求，可以滿足任何鏈路頻寬和 RPO 需求。第 2 種是西昌、綿陽、德陽等地，距離在 3h 車程以內，EMC 推薦使用 SRDF 異步資料複製方案，如果鏈路頻寬允許的話，可以考慮對最關鍵的業務資料實施同步複製保護；如果鏈路頻寬比較低，也可以考慮 SRDF SAR 單躍點資料複製模式。第 3 種是同城（雙流、青城山）災難恢復，EMC 推薦使用 SRDF 同步資料複製方案。根據高可用性中心和目前生產中心之間的物理距離，建議在同城的模式下，可以採用 SRDF 同步方式，對核心業務資料採用同步保護模式。

2. 三種方案

同城同步方案如圖 A-20 所示。城域災難恢復方案中，根據高可用性中心和目前生產中心之間的物理距離，建議對核心業務資料採用同步 / 非同步保護模式。如果網站距離在 100km 之內，而且鏈路仍然採用光纖鏈路，考慮到光纖訊號的延遲問題，可以對部分核心業務資料採用同步資料模式，其他資料採用非同步模式；如果採用以 IP 為基礎的資料連結，則最好採用非同步方式。

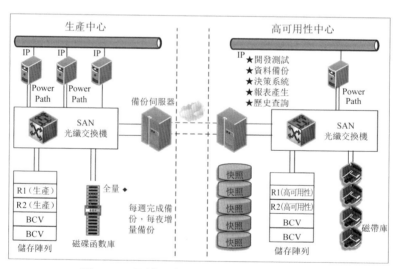

圖 A-20 同城同步災難恢復系統架構示意圖

在異地災難恢復方案中，考慮到異地間物理距離比較長，使用者租用高頻寬的鏈路成本很高，建議採用 EMC 特有的 Single HOP（單躍點）的方式，以滿足使用者在超常距離且有限頻寬條件下的 RPO 和 RTO 指標。

A.6.2 HDS 三資料中心災難恢復解決方案

1. 客戶需求

中國國際電子商務中心（CIECC）在 2005 年年初開始醞釀建設一套安全、可靠、高效的災難恢復系統。以北京亦莊的資料中心為主生產中心，在同城的東單建立同城災難恢復系統，並在廣州建立異地災難恢復系統，以此組成三資料中心災難恢復備份系統來實現最高等級的災難恢復能力和業務連續性，如圖 A-21 所示。

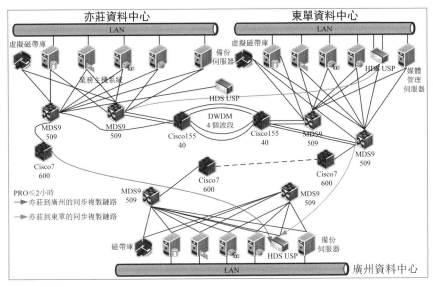

圖 A-21　三資料中心系統架構示意圖

經過對多家主流廠商的災難恢復方案進行謹慎和嚴格的評估，CIECC 最後於 2006 年年底選擇了由日立資料系統公司（HDS）提供的採用了 Delta Resync 技術的三資料中心容災解決方案。

2. 三地資料中心災難恢復模式

三地資料中心災難恢復其實並非全新的概念，自 2005 年起在全世界就已有應用，但是根據所採用技術的不同，它又包含 3 種實現方式：串聯方式，是最基本的也是最早出現的方式；Multi-target，是平行處理方式的三地資料中心解決方案；第 3 種是多採用 Delta Resync 技術的三地資料中心解決方案。

CIECC 最後採用的是第 3 種災難恢復方式。在這種災難恢復方式下,任意兩個網站之間都可以互為災難恢復備份,不會有資料遺失,因而實現了真正意義上的三地資料中心災難恢復,也是目前較高等級的災難恢復方案。

CIECC 決定採用 HDS 三地資料中心 Delta Resync 災難恢復解決方案經歷了一個嚴謹的論證過程,是在詳細分析和論證的基礎上做出的慎重決定。CIECC 建置了北京亦莊、東單和廣州三地資料中心儲存平台,其中對亦莊至東單的同城災難恢復系統的 RPO 要求近似為零,而亦莊至廣州以及東單至廣州的異地災難恢復系統 RPO 也要求不超過 2h。如果採用落後的災難恢復方案,那麼當東單高可用性中心出現故障時就會影響亦莊生產系統的正常執行,而且還需要多出一份複製卷冊以確保資料一致性,進一步導致未來系統擴充時增加成本。通過採用三地資料中心 Delta Resync 災難恢復方案,當東單高可用性中心出現故障時完全不會影響到亦莊的生產系統,而且由於不需要付出多餘容量來確保資料一致性,因此大幅降低了使用者的維護成本。

為了確保安全可靠和高效的災難恢復系統,同時也以 CIECC 目前及未來業務發展為基礎的需要,HDS 為該災難恢復專案中的 3 個資料中心各提供了 1 台 TagmaStore Universal Storage Platform(USP)為核心儲存系統,並為每台 USP 設定了 30TB 的容量。配合以 HDS 異步複製軟體 Hitachi Universal Replicator(HUR,日立通用複製軟體)、系統內複製軟體 Hitachi Shadow Image 及 TrueCopy 同步複製軟體等,實現了對 CIECC 現有異質儲存環境的先進的資料複製和災難保護機制。

A.6.3 StoreAge 災難恢復方案

1. 企業資訊需求分析

企業先後投入鉅資以 IBM、EMC、Veritas 等公司的技術建立其 IT 基礎架構,實施知識管理(KM),ERP、CRM、OA 和入口(Portal)等系統,對其所有分支機構和客戶提供資訊輸入、查詢、管理和分析等業務。

目前企業資訊系統主要面臨和急待解決的問題如下:

- 裝置許多,儲存資源使用率低,管理十分複雜,管理成本較高。
- 資料增長迅速,儲存擴充尋求更高的靈活性,避免「廠商」限制。

- 以伺服器為基礎的備份策略效率不佳，尋求 Server-Free 的備份策略。
- 業務連續性，高度依賴的資訊平台，需要系統進行不間斷的資料遠端複製實現災難恢復保護。

2. 災難恢復系統方案設計

根據以上情況和在儲存集中管理資料保護方面的經驗，採用虛擬化技術來實現和達到上述需求。因為儲存虛擬化技術是建置一個先進可靠的基礎架構的最佳選擇，也是未來的發展趨勢，如圖 A-22 所示。

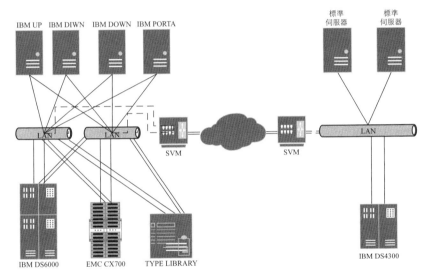

圖 A-22　StoreAge 災難恢復方案示意圖

1）建置以 SVM 為核心的虛擬化儲存架構

利用 StoreAge 虛擬化產品建置儲存的基礎架構，它利用頻外虛擬化技術在現有的 SAN 儲存架構增加虛擬化管理員（SVM）來實現更進階功能的管理。

將 SVM 連線 SAN 交換機，對目前系統中來自不同品牌的儲存 EMC CX700 和 DS6800 進行統一管理，將其聚合成一個或多個中央管理池，無須進行資料的物理轉移，而且不會破壞系統中原有的任何資料；在各主機系統安裝對應的 Agent（其中包含 MultiPath 多路徑軟體、UOMapping 與 SVM 通訊等功能）。

2）為生產卷冊建立時間點的 PiT（Point in Time）

MultiView 是一項開放、相容的以儲存網路為基礎的快照技術，它可以建立 SAN 中任何儲存裝置上的資料瞬間、讀取／寫、低容量的時間點（PiT）快照；能夠部署快照在 SAN 上，而非在每一個儲存裝置上。PiT 可以用來提供給任何主機存取使用，包含零視窗的資料備份、線上恢復、測試開發，同時生產資料保持線上和不受影響。

3）建立遠端網站部署 MultiMirror

MultiMirror 是一個企業級的災難恢復和資料行動解決方案，它能夠在網站之間連續地映像檔資料，而不用考慮使用的是何種作業系統或何種儲存子系統，由一個 SVM 虛擬卷冊作為源，可以任意向本機或遠端的或多個有足夠儲存空間的 SVM 傳遞並儲存資料。它能夠確保業務的連續性，將計畫內和非計畫內的停機造成的影響降到最低。

4）結合 MultiView 實現本機 Server-Free 備份

在一個融合磁帶、MultiView、非同步 MultiMirror 的環境中，每天的磁帶備份工作依舊進行，用於歸檔和離線儲存，業務連續性的等級、資料保護和恢復的能力大幅加強。

3. 實施應用效果

（1）本機採用全容錯 SAN 儲存架構，雙 HBA 卡、雙交換機、雙 SVM，以及資料鏈路容錯和負載平衡功能，以避免任何的單點故障。

（2）以儲存層之上為基礎的虛擬化技術可以實現本機資料中心的時間點恢復能力，按照設定策略，在出現人為、電腦病毒等邏輯錯誤時可以瞬間恢復時間點的資料狀態。

（3）結合 MultiView 技術可以輕鬆實現資料的 Server-Free 備份，將資料自儲存系統線上直接透過 SAN 網路備份到磁帶裝置上。本機資料中心發生極大災難時，將按照備援直接啟用遠端網站的資料，將資料引用到應用中，保持業務持續的能力。

（4）使用 S2100 ES2 VTL 替代使用者本機資料中心的 STK 機械磁帶庫，配合使用者原有的 Veritas NBU 軟體進行資料備份，使得整個系統的備份效能、無故障工作時間等指標獲得大幅提升。